国家科学技术学术著作出版基金资助出版

网络控制系统的优化设计

王玉龙　〔澳〕Qing-Long Han　费敏锐　著

科学出版社

北京

内 容 简 介

网络控制系统具有重要的应用价值，已成为近年来研究的热点之一。本书首先阐述了网络控制系统的国内外研究现状与发展趋势、存在的问题和不足；然后以网络控制系统的 H_∞ 性能优化控制器设计为主线，对变采样周期网络控制系统的 H_∞ 控制与故障检测问题进行讨论，提出了时延切换方法、时延切换与参数不确定性相结合的方法来处理网络诱导时延，给出了网络控制系统的丢包补偿方案，分析了网络控制系统的输出跟踪控制器设计问题，探讨了数据漂移对网络控制系统性能的影响；最后对网络控制系统有待进一步研究的问题进行展望。

本书可作为高等学校控制理论与控制工程、计算机科学与技术等专业研究生和高年级本科生的教材与参考用书，也可供网络控制系统相关领域的科研工作者和工程技术人员参考。

图书在版编目(CIP)数据

网络控制系统的优化设计/王玉龙，(澳)韩清龙(Qing-Long Han)，费敏锐著. —北京：科学出版社，2019.11

ISBN 978-7-03-062794-0

Ⅰ. ①网… Ⅱ. ①王… ②韩… ③费… Ⅲ.①计算机网络-控制系统设计 Ⅳ. ①TP273

中国版本图书馆 CIP 数据核字(2019)第 235644 号

责任编辑：朱英彪 赵晓廷／责任校对：王萌萌
责任印制：吴兆东／封面设计：蓝正设计

科学出版社 出版
北京东黄城根北街 16 号
邮政编码：100717
http://www.sciencep.com
北京中石油彩色印刷有限责任公司 印刷
科学出版社发行 各地新华书店经销
*
2019 年 11 月第 一 版 开本：720 × 1000 B5
2024 年 1 月第五次印刷 印张：14 1/2
字数：292 000

定价：118.00 元

(如有印装质量问题，我社负责调换)

前　　言

网络控制系统是通过网络连接传感器、控制器和执行器而形成的闭环系统。计算机网络相比于传统控制系统中的点对点结构具有诸多优点，例如，可以实现资源共享，具有较高的容错与故障诊断能力，以及较高的系统灵活性等。网络控制系统的提出具有很强的工程背景，促使这一研究方向迅速发展的一个重要动力来源于工业控制及军事领域，如石油化工、冶金等连续流程工业的生产控制和调度，以及现代飞机、汽车及巡航导弹中基于计算机和其他复杂信息处理装置的决策控制操作和实时控制等。近十几年来，国内外很多高校和科研院所成立了网络控制系统方向的研究团队，涌现了大量的关于网络控制系统方面的学术成果。但是，目前仍有一些具有较高价值的问题需要开展研究，如变采样周期网络控制系统的控制、网络丢包补偿、网络控制系统跟踪控制和数据漂移等。

本书作者多年来从事网络控制系统方面的研究工作，本书是对相关成果的总结。本书共 10 章。第 1 章介绍网络控制系统研究的现状和热点问题。第 2 章介绍本书用到的一些预备知识。第 3 章讨论变采样周期网络控制系统的 H_∞ 控制与故障检测问题，并提出一种主动变采样周期方法，以实现系统性能优化和网络带宽资源的充分利用。第 4 章提出时延切换方法及时延切换与参数不确定性相结合的方法，用来处理网络控制系统中的随机时延问题。第 5 章采用预测控制与基于线性估计的方法来补偿时延及丢包的负面影响，并讨论线性时不变系统的 H_∞ 性能分析和状态反馈控制器设计问题。第 6 章提出一种基于多信道共享的方法来补偿时延及丢包的负面影响，并给出线性时不变系统的 H_∞ 性能优化及控制器设计方案。第 7 章讨论常数及时变采样周期网络控制系统的输出跟踪控制问题。通过引入基于信道利用的切换控制器，第 8 章提出具有有限信道及数据漂移的离散时间网络控制系统建模及控制器设计方法。在同时考虑传感器–控制器及控制器–执行器网络诱导时延和丢包的情况下，第 9 章讨论连续时间网络控制系统的建模和基于观测器的 H_∞ 控制器设计问题。第 10 章对于本书的写作过程以及书中涉及领域的后续研究方向进行说明。

本书的出版得到了国家科学技术学术著作出版基金、 国家自然科学基金 (61633016, 61873335, 61833011)、上海高校特聘教授 (东方学者) 项目、高等学校学科创新引智计划 (D18003) 等的资助。参加本书编写整理工作的有博士研究生刘兆清，以及硕士研究生陈丽丽、和红磊、刘庸正等；在本书编写过程中，得到了东北大学杨光红教授、上海大学彭晨教授、澳大利亚斯威本科技大学张先明博士等相关学者的指导和帮助，同时也参考了大量国内外学者的相关研究成果，在此表示诚挚的谢意。

由于作者水平有限，书中难免存在不足之处，敬请广大读者批评指正。

作　者
2019 年 4 月

目　　录

前言
第 1 章　绪论 ······ 1
1.1　引言 ······ 1
1.2　网络控制系统的研究现状 ······ 2
1.2.1　时延及丢包 ······ 2
1.2.2　最优控制 ······ 4
1.2.3　通信受限 ······ 4
1.2.4　容错与故障检测 ······ 5
1.2.5　预测控制 ······ 5
1.2.6　跟踪控制 ······ 6
1.2.7　变采样周期 ······ 6
1.2.8　其他典型问题 ······ 7
1.3　网络控制系统研究的热点问题 ······ 8
1.4　本书主要内容 ······ 11
1.5　本章小结 ······ 14
参考文献 ······ 14
第 2 章　预备知识 ······ 25
2.1　网络控制系统 H_∞ 性能指标 ······ 25
2.2　主要引理 ······ 26
2.3　本章小结 ······ 27
参考文献 ······ 27
第 3 章　变采样周期网络控制系统 H_∞ 控制 ······ 28
3.1　引言 ······ 28
3.2　长时延多丢包被动时变采样周期网络控制系统设计 ······ 28
3.2.1　问题描述 ······ 29
3.2.2　时变采样周期网络控制系统 H_∞ 控制器设计 ······ 30
3.2.3　数值算例 ······ 39
3.3　被动时变采样周期网络控制系统综合 ······ 41
3.3.1　问题描述 ······ 42
3.3.2　H_∞ 性能优化与控制器设计 ······ 43

3.3.3 数值算例 ······ 53
3.4 主动时变采样周期网络控制系统设计 ······ 55
3.4.1 问题描述 ······ 56
3.4.2 无丢包补偿系统的 H_∞ 控制器设计 ······ 58
3.4.3 具有丢包补偿系统的 H_∞ 控制器设计 ······ 62
3.4.4 数值算例 ······ 65
3.5 主动变采样网络控制系统故障检测滤波器设计 ······ 67
3.5.1 基于主动变采样的网络控制系统建模 ······ 69
3.5.2 故障检测滤波器设计 ······ 71
3.5.3 数值算例 ······ 77
3.6 本章小结 ······ 80
参考文献 ······ 81
第 4 章 随机时延网络控制系统的性能优化 ······ 85
4.1 引言 ······ 85
4.2 基于时延切换的网络控制系统设计 ······ 85
4.2.1 问题描述 ······ 85
4.2.2 基于时延切换的 H_∞ 性能优化与控制器设计 ······ 87
4.2.3 基于参数不确定性的 H_∞ 控制器设计 ······ 89
4.2.4 数值算例 ······ 92
4.3 时延切换与参数不确定性相结合的网络控制系统设计 ······ 93
4.3.1 问题描述 ······ 93
4.3.2 时延切换与参数不确定性相结合的 H_∞ 控制器设计 ······ 97
4.3.3 数值算例 ······ 107
4.4 本章小结 ······ 110
参考文献 ······ 110
第 5 章 基于预测及线性估计的丢包补偿 ······ 113
5.1 引言 ······ 113
5.2 基于预测控制的时延及丢包补偿 ······ 114
5.2.1 问题描述 ······ 114
5.2.2 状态反馈网络控制系统的 H_∞ 控制器设计 ······ 116
5.2.3 基于观测器的 H_∞ 控制器设计 ······ 120
5.2.4 数值算例 ······ 123
5.3 基于线性估计的时延及丢包补偿 ······ 125
5.3.1 问题描述 ······ 125
5.3.2 基于时延切换的 H_∞ 控制器设计 ······ 128

5.3.3　时延切换与参数不确定性相结合的 H_∞ 控制器设计 ……131
5.3.4　数值算例 ……136
5.4　本章小结 ……137
参考文献 ……138
第 6 章　基于信道共享的丢包补偿 ……140
6.1　引言 ……140
6.2　问题描述 ……140
6.3　网络控制系统 H_∞ 性能分析及控制器设计 ……142
6.3.1　多共享信道网络控制系统 ……142
6.3.2　单信道网络控制系统 ……151
6.4　数值算例 ……153
6.5　本章小结 ……155
参考文献 ……155
第 7 章　网络控制系统的输出跟踪控制 ……156
7.1　引言 ……156
7.2　问题描述 ……156
7.2.1　常数采样周期网络控制系统扩展闭环模型 ……157
7.2.2　时变采样周期网络控制系统扩展闭环模型 ……158
7.3　H_∞ 输出跟踪性能分析及控制器设计 ……160
7.3.1　常数采样周期网络控制系统 ……160
7.3.2　时变采样周期网络控制系统 ……169
7.4　数值算例 ……171
7.5　本章小结 ……175
参考文献 ……175
第 8 章　有限信道及数据漂移网络控制系统控制器设计 ……177
8.1　引言 ……177
8.2　离散时间网络控制系统建模 ……178
8.3　H_∞ 性能分析 ……183
8.4　控制器设计 ……192
8.5　数值算例 ……196
8.6　本章小结 ……199
参考文献 ……199
第 9 章　基于观测器的建模与控制器设计 ……202
9.1　引言 ……202
9.2　基于观测器的连续时间网络控制系统建模 ……203

9.3　基于观测器的控制器设计 ········ 208
9.4　对现有结果的改进 ········ 214
9.5　数值算例 ········ 215
9.6　本章小结 ········ 217
参考文献 ········ 218
第 10 章　结论与展望 ········ 221

第1章　绪　　论

1.1　引　　言

随着计算机网络的广泛应用和网络技术的不断发展，传统的控制系统正在发生着深刻的变化。使用计算机网络代替传统控制系统中的点对点结构，实现传感器、控制器与执行器之间的互联，具有重要的应用价值。在这样的控制系统中，检测和控制等各种信号均可通过数据网络进行传输，而估计、控制和诊断等功能也可以在不同的网络节点中分布执行。通过网络连接传感器、控制器与执行器而形成的闭环系统称为网络控制系统 (networked control systems, NCS)[1-5]。

与传统的点对点结构的控制系统相比，网络控制系统具有可以实现资源共享、容错与故障诊断能力较强、安装与维护简单、能有效减少系统的体积、可增加系统的灵活性和可靠性等优点。网络控制系统的提出具有很强的工程背景，其本质上是控制技术、网络通信技术和计算机技术相结合的产物，目的是提高控制系统的灵活性和可靠性，而促使这一研究方向迅速发展的一个重要动力来源于工业控制及军事领域，如石油化工、冶金等连续流程工业的生产控制和调度、大城市交通系统的实时指挥和控制，以及现代飞机、汽车及巡航导弹中基于计算机和其他复杂信息处理装置的决策控制操作和实时控制等，正是这些实际工程问题和军事问题，使得网络控制系统的研究成为目前国际学术界的研究热点之一。一个典型的网络控制系统的结构如图 1.1 所示。

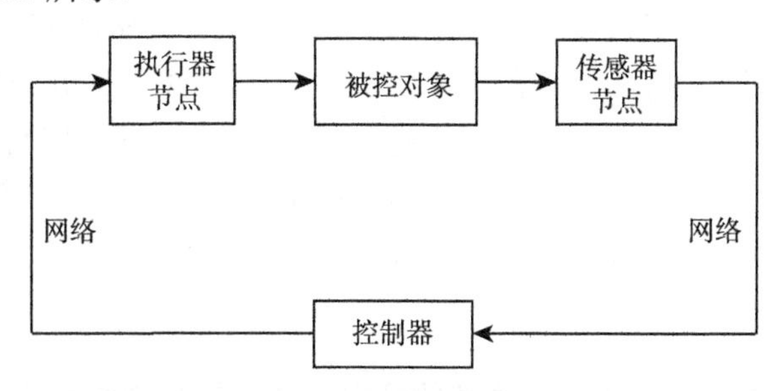

图 1.1　网络控制系统结构

网络控制系统虽然有诸多优点，但是网络的引入也给系统分析与设计带来新的挑战。网络控制系统面临的主要挑战如下。

(1) 在网络化系统下，多用户共享通信通道 (简称为信道)，必然会导致网络诱

导时延 (时间滞后)，且该时延一般情况下都是随机时变的。

(2) 网络中不可避免地存在网络拥塞和连接中断，这会导致发生数据包丢失的现象。

(3) 数据流可以经过不同信道传到控制器及执行器，而不同信道的时延不同，会导致数据包时序错乱。

(4) 计算机负载的变化、非周期性故障等会导致传感器的采样周期发生抖动。

(5) 由于受到网络带宽和数据包大小的限制，一个相对较大的数据包可能被分成若干相对较小的数据包，分别进行传输，而多包传输问题使网络控制系统的设计更加困难。

(6) 受网络通信限制的影响，控制输入可能只有部分分量能传到执行器，这样会降低系统的性能。

(7) 连续时间信号在通过通信网络传输之前需要进行采样。一般而言，可采用时间触发的采样和事件触发的采样两种方式，且不同的采样周期长度会影响系统性能和网络利用率。

要使网络控制系统达到稳态且具有良好的动态性能，必须合理解决以上问题。因此，通过合理的控制器设计，实现对网络控制系统性能的优化是非常必要的。本书对网络控制系统中存在的一些问题做了深入探讨，具有重要的理论意义和一定的应用价值。

1.2　网络控制系统的研究现状

近年来，网络控制系统的研究取得了一系列比较系统的成果，主要包括具有时延及丢包的网络控制系统的稳定性分析、控制器设计，网络控制系统的最优控制，基于预测控制的时延及丢包补偿，通信受限的网络控制系统的分析与设计，网络控制系统的容错控制及故障检测，输出反馈网络控制系统的稳定化及控制器设计，网络控制系统的输出跟踪控制，多信道网络控制系统，无线网络控制系统，变采样周期网络控制系统，多输入多输出的网络控制系统及多包传输，网络控制系统的保性能控制，以及网络控制系统的调度与量化等。

1.2.1　时延及丢包

具有时延及丢包的网络控制系统的稳定性分析与控制器设计是控制领域的研究热点，很多学者在该领域取得了一系列丰硕的研究成果 [6-21]。Du 等 [6] 和 Zhang 等 [7] 分别将网络诱导时延建模为区间时变时延和转换概率部分已知的马尔可夫链。Zhang 等 [8,9] 研究了网络环境下海洋平台的控制问题。网络控制系统的最大允许传输间隔 (maximum admissible transfer intervals, MATI) 问题越来越受到学者

的关注 [10-12]。Carnevale 等 [12] 通过理论证明改进了现有文献中的结果。通过把传感器–控制器及控制器–执行器时延建模为两个马尔可夫链，Zhang 等 [13] 研究了随机时延离散网络控制系统的稳定化问题，且给出了能使系统稳定的控制器存在的条件。Xie 等 [14] 和 Pan 等 [15] 利用基于线性矩阵不等式 (linear matrix inequality, LMI) 的方法讨论了时变网络时延系统的稳定化问题。通过把时变时延看作时变参数不确定性，Xie 等 [14] 给出了保证系统稳定性的充分条件且设计了系统的控制器。Pan 等 [15] 通过把时变时延分解为固定部分 (固定部分大小为采样周期的整数倍) 和时变部分 (时变部分长度小于一个采样周期)，给出了静态控制器的设计方法，该方法可以推广到时变时延长度大于一个采样周期的情况。Xie 等 [14] 和 Pan 等 [15] 在处理时变时延时采用了参数不确定性的方法，该方法可以简化系统分析，但是得到的结果保守性比较大。时延网络控制系统的 H_∞ 性能分析及控制器设计问题也引起了学者的研究兴趣 [16-20]。通过定义合适的李雅普诺夫 (Lyapunov) 泛函并采用自由加权矩阵方法，Yue 等 [18] 得到了比 Kim 等 [10] 研究结果更好的最大允许传输间隔。在网络控制系统的时延估计和补偿方面，也取得了一些有价值的成果 [21]。Diouri 等 [21] 在考虑控制质量的情况下优化网络调度机制，并为非受限的帧分配最大的带宽。

以上研究主要考虑了网络诱导时延，由于网络中不可避免地存在网络拥塞、传输超时、传输错误和连接中断等现象，所以数据包丢失在所难免。具有数据包丢失的网络控制系统的稳定化及控制器设计等问题引起了学者的广泛关注 [22-34]。Cloosterman 等 [22] 在离散时间域内将丢包与网络诱导时延建模为时变时延。Yu 等 [23] 基于切换系统方法研究了具有丢包的系统稳定化问题。通过把具有时延及丢包的网络控制系统建模为具有输入时延的一般线性系统，Yu 等 [24] 研究了连续及离散网络控制系统的状态反馈控制器设计问题，类似的结果见文献 [25]~文献 [28]。Rivera 等 [29] 讨论了时延及丢包所带来的不确定性对网络控制系统的影响，且给出了保证系统稳定性的充分条件。Wu 等 [30] 给出了单包及多包传输网络控制系统的模型，同时把传感器–控制器及控制器–执行器丢包行为描述成不同的相互独立的马尔可夫链，基于所得到的模型给出了保证系统随机稳定的充分条件并设计了系统的控制律。Yue 等 [31] 给出了同时存在网络时延及丢包的网络控制系统的新模型，并基于该模型得到了容许的网络时延的新上界。由于没有忽略 Lyapunov-Krasovskii 函数中的任何导数项，He 等 [32] 得到了比文献 [18] 和文献 [31] 中结果更好的最大容许时延。通过选择适当的采样周期以减少数据传输，引入合理的调度以使丢包数降到最低，并提出优化控制器设计等方法，Wen 等 [33] 给出了优化控制系统性能的方法。通过把丢包行为建模成独立同分布的伯努利 (Bernoulli) 过程，Hu 等 [34] 给出了具有丢包的离散时间网络控制系统稳定的条件。

在工业过程控制系统中，当物质和能量沿着一条特定的路径传输时就会出现时延，它是作为物理系统的一个固有特性而存在的，特别是纯粹的时延经常被用来理想地描述传递、转送过程中的滞后现象和惯性作用所导致的滞后现象。时延现象在许多控制系统中是普遍存在的，如航空、航天、生物、生态、经济以及各种工程系统。实践已经证明，在各类系统中时延的存在常常是造成系统不稳定的主要原因。由于其广泛的应用背景，时延系统的研究得到了许多学者的关注 [35-45]。事实上，丢包可以看作时延的一种特殊形式，而现有文献中关于一般时延系统的方法可以用来处理时延网络控制系统的稳定性分析及控制器设计问题。时延及丢包会降低系统性能甚至引起系统不稳定，因此关于该问题的研究得到了迅猛的发展，成为当前网络控制系统研究的热点之一。

1.2.2 最优控制

在网络控制系统的最优控制方面，也取得了较大进展 [46-52]。Hu 等 [46] 研究了在网络诱导时延大于一个采样周期的情况下系统的随机最优控制器及最优状态估计器的设计问题。Sinopoli 等 [47] 在离散时间域上研究了线性高斯二次型 (linear Gaussian quadratic) 最优控制问题，结果表明在存在数据包丢失的情况下，分离定理依然适用，类似的结果见文献 [48]。Rotkowitz 等 [49] 所研究的系统由多个子系统构成，每个子系统都有其各自的控制器，且每个子系统的动态都可以影响其他子系统的动态，控制器之间也可以相互通信；在一定的条件下，该系统的最优控制问题可以转化为凸优化问题。在网络诱导时延有界、未知、为采样周期长度整数倍的情况下，Dritsas 等 [50] 研究了一类特殊的网络控制系统的受限有限时间最优控制问题。Sahebsara 等 [51] 研究了多个数据包丢失的网络控制系统的最优 H_2 滤波问题，一个新的表达式被用来建模多个数据包丢失的情况，其中随机丢包率被转化为系统表达式中的随机参数。其他关于网络控制系统最优控制的结果，可参见文献 [52]。

1.2.3 通信受限

在网络控制系统中，网络带宽及每次发送的数据包的大小都是受到限制的，因此研究通信受限的情况下系统的稳定性分析、控制器设计和性能优化等有重要意义 [53-58]。对于有限信道网络控制系统，Guo [53] 研究了动态输出反馈控制器和网络存取序列的协同设计问题。对于由随机事件驱动的传感器和执行器网络构成的线性系统，Guo 等 [54] 研究了稳定性分析和控制器设计问题。Song 等 [55] 研究了通信受限的离散时间网络控制系统的 H_∞ 滤波问题。Rehbinder 等 [56] 提出了一种有限资源的最优离线调度方法。Gao 等 [57] 通过假设系统中存在量化、信号传输时延及丢包，研究了具有信息限制的标称系统的滤波器设计问题，并把研究结果扩展到了不确定系统的情况。Ishii [58] 通过假定控制器周期性地从多个传感器收到数据且将数据传到多个执行器，研究了具有通信限制和信息丢失的系统的 H_∞ 控制问题。其他关于通信限制和数据率受限的相关成果，详见文献 [59]~文献 [66]。

1.2.4 容错与故障检测

容错控制是提高控制系统可靠性的技术。“容错”原是计算机系统设计技术中的一个概念，是容忍故障的简称。故障检测与诊断是对系统运行的安全性和可靠性提出的较高要求。对于一般控制系统的容错控制，目前已经得到较为成熟的结果 [67-69]，对网络控制系统的容错控制及故障检测，也有较多成果 [70-79]。需要说明的是，Li 等 [70]、Sid[71]、Teixeira 等 [72] 和 Arrichiello 等 [73] 未考虑网络诱导时延的影响，而 Dong 等 [74] 考虑的是对象状态时延而非网络诱导时延。与前述文献不同，Wang 等 [75] 和 He 等 [76] 充分考虑了传感器–故障检测滤波器网络诱导时延的影响。网络控制系统的介质存取控制协议可以定义网络中的存取调度和冲突仲裁策略，对于传感器、控制器和执行器由不同的介质存取控制协议连接而构成的网络控制系统，Klinkhieo 等 [77] 研究了其容错控制问题，并利用网络控制系统信息包的概念描述了通过网络来控制某个特定系统的新过程。Mao 等 [78] 把具有传输时延、过程噪声和模型不确定性的网络控制系统建模为多输入多输出的离散时间系统，不仅给出一个故障估计方法来估计系统故障，还基于所估计的故障信息和滑模控制理论设计了系统的容错控制器。利用多速率采样法和扩展状态矩阵法，Mao 等 [79] 把长时延网络控制系统建模为马尔可夫跳变系统，并设计了系统的 H_∞ 故障检测滤波器。

1.2.5 预测控制

网络诱导时延及数据包丢失会降低系统性能甚至引起系统不稳定，因此合理地补偿网络诱导时延及数据包丢失的负面影响具有十分重要的意义。Kim 等 [80] 通过假定系统的前馈通道与反馈通道同时具有时延和丢包，提出一种 p 步提前状态估计算法来克服时延和丢包的负面影响；在时延上界为 p 个采样周期的情况下，所设计的系统可以容许 $p-1$ 个连续的数据包丢失。Yang 等 [81] 给出了一种基于预测控制的时延补偿方法，但是并未考虑控制器设计问题，且无论时延大小如何，系统都将一直用预测控制输入而非实际到达的控制输入，这样可能会导致短时延系统性能的降低 (由于预测误差的存在，当时延很小时用实际到达的控制输入可能会使系统有更好的性能)。Lian 等 [82] 提出了基于滑模控制和神经网络数据包时序错乱预测器的控制方案，以镇定非线性网络控制系统。Liu 等 [83] 采用预测控制方法来克服网络时延及丢包对系统的负面影响，通过定义扩展向量，给出了一个闭环系统模型，以及常时延闭环系统稳定的条件；对于具有有界随机时延的闭环系统，研究结果表明如果与该闭环系统相对应的切换系统稳定则该闭环系统也稳定。对于具有不规则量测信息和时变时延的系统，Sanchis 等 [84] 设计了其输出预测器，并在设计过程中考虑了存在时变时延和外部扰动时预测器的鲁棒性。其他预测控制的成果，详见文献 [85]~文献 [88]。

1.2.6 跟踪控制

跟踪控制的主要目的是使受控对象的输出尽可能地跟踪给定的参考模型的输出。Qiu 等 [89] 研究了随机通信时延双线性切换磁阻机的协同跟踪控制问题。Açlkmeşe 等 [90] 为了设计状态反馈控制器以使系统的输出渐近跟踪特定的常数参考信号且所有状态都是有界的，把最初的问题转换为一个与原系统相关的扩展系统的稳定化问题，并对特定的不确定/非线性系统，给出了其控制器设计过程。其他关于跟踪控制方面的相关成果，见文献 [91]~文献 [95]。网络控制与跟踪控制在实际工业系统中具有较高的应用价值，因此引起了国内外学者的广泛关注且得到了较多研究成果 [96-99]。Gao 等 [96] 考虑了网络控制系统的 H_∞ 模型参考控制问题，其中所考虑的受控对象和控制器分别是连续和离散的，利用采样数据方法给出了新的系统模型，并基于该模型设计了系统的状态反馈控制器；在设计过程中同时考虑了网络时延的下界和上界，与不考虑网络时延下界的方法相比，所得到的结果具有更小的保守性。van de Wouw 等 [97] 首先研究了具有不确定的、时变的采样间隔和时延的网络控制系统的跟踪控制问题，利用了两种建模方法：其一是离散时间模型，其二是基于时延脉冲微分方程的模型，然后给出了跟踪误差动态输入到状态稳定的充分条件。Li 等 [98] 研究了有通信限制和外部扰动的网络控制系统鲁棒跟踪控制问题。对于全向传感器网络，Foderaro 等 [99] 提出了分布式最优控制方法以实现对运动目标的协同跟踪。网络控制系统的跟踪控制将是一个研究热点。

1.2.7 变采样周期

在控制系统中，人们通常希望传感器的采样周期是固定的 [14,15,18,24,46]。然而，计算机负载的变化、非周期性故障等会导致传感器的采样周期发生抖动，因此系统的采样周期可能会在某一理想数值上下波动，这里称之为被动时变采样周期。时变采样周期的问题得到了广泛关注 [100-103]。其中，Lozano 等 [100] 和 Sala [101] 假定在两个采样时刻之间，控制输入是常数；Hu 等 [102] 所考虑的系统具有时变采样周期且该系统是由连续时间非线性对象互连构成的。对网络控制系统采样模式的研究，也取得了较大进展 [104-108]。考虑到网络带宽利用率与系统性能密切相关，Colandairaj 等 [104] 基于马尔可夫跳变线性系统理论提出一种静态采样策略来调整采样间隔，可以保证系统在均方意义下的稳定性，结果表明所提出的采样率调整策略可以改善系统的闭环稳定性；同时，当出现网络通道错误或较严重的通道竞争时，控制设计准则仍能满足。Hu 等 [105] 研究了具有时钟驱动的控制器和事件驱动的保持器的网络控制系统的分析与综合问题，通过定义新的李雅普诺夫泛函且采用一个更加宽松的条件，得到了更小保守性的时延依赖的稳定性结果。通过假设采样周期在一个已知区间内变化，Chen 等 [106] 研究了具有非周期性采样和时变网络诱导时延的网络控制系统稳定性问题。通过考虑异步非周期性采样、时变时延和量测误差的影响，Xiao 等 [107] 研究了多个局部互连线性子系统的同时稳定性问题。在时变采样数据控制框架下，Zhang 等 [108] 研究了网络化欧拉–拉格朗日 (Euler-Lagrange) 系统的一致性问题。

对具有时变采样周期的网络控制系统，执行器在一个采样周期内收到多个控制输入时系统的稳定性分析及控制器设计问题，有待于深入探讨。

1.2.8 其他典型问题

下面分析其他典型问题的研究现状。

1. 多时变时延

前面文献中所提到的具有时延的系统，一般考虑单个时延的情况，而在实际控制系统中可能存在多个时延 [109-111]。对于具有多个逐点分布式时延的线性系统，Cuvas 等 [109] 给出了保证系统稳定性的必要条件。通过李雅普诺夫稳定性理论，Li 等 [110] 研究了时变多时延电力系统的建模和控制器设计问题。Zhou 等 [111] 研究了具有多个时延的积分时延系统稳定性问题。在网络控制系统中，如果受控对象可以从多个信道接收控制输入，则系统中也可能存在多个时延，本书将对这一问题进行讨论。

2. 输出反馈

以上文献中的结果主要考虑状态反馈系统的分析与设计，对输出反馈系统的研究目前也引起了学者的广泛关注 [112-115]。关于网络控制系统的输出反馈控制问题已有一些成果，见文献 [116]~文献 [118]。对于无法由非延迟模糊静态输出反馈控制器镇定但可由延迟模糊静态输出反馈控制器镇定的 Takagi-Sugeno(T-S) 模糊系统，Zhang 等 [116] 研究了其网络化输出跟踪控制问题。针对前馈及反馈通道同时存在随机丢包和时延的网络控制系统，Qiu 等 [117] 研究了其输出反馈保成本控制问题。Zhang 等 [118] 所考虑的系统在反馈及前馈通道同时存在丢包，且网络时延小于一个采样周期，利用异步动态系统方法和平均驻留时间方法，给出了闭环网络控制系统指数稳定的充分条件且设计了基于观测器的输出反馈控制器。

3. 单包传输与多包传输

单包传输指网络控制系统中的传感器、控制器的一个待发送数据捆绑在一个数据包中进行发送；而多包传输指传感器、控制器的一个待发送数据被分成多个数据包进行传输。在网络控制系统中要进行多包传输，一方面是因为单包字节大小的限制；另一方面是因为传感器和执行器通常分布在一个很大的物理空间，要将这些数据放在一个数据包中往往是不可能的。不同的网络适合不同类型的传输，例如，以太网可以传输大批量的数据，因为其一个数据包中最大可以容纳 1500B 的数据，所以适合单包传输方式；而设备网 (devicenet) 的一个数据包中最大可以容纳 8B 的数据，因此其数据常常需要分成多包传输。Yu 等 [25] 考虑了传感器–控制器通道存在多包传输的情况，但要求控制器–执行器通道必须是单包传输的，如果控制器–执行器通道也是多包传输的，则 Yu 等的方法不再适用。另外，对多输入多输出控制系统的研究，也取得了一些进展 [119, 120]。

4. 网络调度

在网络控制系统中，控制环的性能不仅依赖于控制算法，也依赖于对共享的网络资源的调度。Zhao 等 [121] 采用了两种不同的调度算法来调度控制信号的传输，其一是静态速率单调的调度算法，其二是动态反馈调度算法，所设计的调度算法可以保证系统的稳定性。Zhang 等 [122] 研究了无线网络控制系统中最优拒绝服务攻击的调度问题。

此外，网络控制系统的保成本控制 [117,123-125]、量化 [126, 127]、无线通信技术 [128, 129]、模糊网络控制 [130, 131]、切换网络控制系统 [132-134]、异步网络 [135]、传感器网络 [136-138] 等也得到了学者的广泛关注。本书用到的相关经典技术，可参见文献 [139]～文献 [142]。

1.3 网络控制系统研究的热点问题

网络控制系统是目前国际学术界的研究热点，虽然关于网络控制系统的研究已取得了诸多成果，但是网络控制系统在通过共享网络资源给控制系统带来各种优点的同时，也给系统设计带来新的挑战。由于网络控制系统本身的网络诱导时延、丢包、数据包时序错乱等特点，某些传统的控制技术无法直接应用在网络控制系统中，要研究网络控制系统就必须发展与该系统相适应的控制理论与方法。目前，网络控制系统研究的热点问题有以下方面。

1. 稳定性分析与控制器设计

在网络环境下，多用户共享信道且流量变化不规则，因此当网络控制系统的传感器、控制器和执行器通过网络交换数据时必然会产生网络诱导时延，例如，在调度网络中，当节点在等待令牌或时间槽时会产生网络诱导时延。另外，由于网络中不可避免地会发生网络拥塞和连接中断，所以数据包丢失在所难免。网络诱导时延和数据包丢包的存在会降低系统性能甚至引起系统不稳定，因此研究具有时延及丢包的网络控制系统稳定性分析与控制器设计具有重要的现实意义。

2. 通信限制

在网络控制系统中，网络带宽和每次发送的数据包的大小都是受到限制的，因此讨论存在通信限制的情况下系统的稳定性分析、控制器设计和性能优化等有重要意义。另外，在保证系统性能的前提下，如果能减少网络上数据包的个数，从而缩短网络诱导时延且减小发生网络拥塞的可能性，也具有十分重要的意义。

3. 时变采样周期

在控制系统中，由于受计算机负载的变化、非周期性故障等外部因素的影响，传感器的采样周期可能会在某一理想数值上下波动，即采样周期是被动时变的。若传感器的采样周期为时变的，则分析网络控制系统的控制器设计方法从而保证系统的鲁棒性有较大的现实意义。现有文献中考虑的都是被动变采样周期，如果能够在网络空闲时缩短采样周期从而改善系统性能，在网络繁忙时适当延长采样周期从而减少网络上数据包的个数且相应地减小发生网络拥塞的可能性，则可以在控制系统的性能与网络利用之间进行折中处理。

4. 跟踪控制

跟踪控制的主要目的是使受控对象的输出尽可能地跟踪给定的参考模型的输出。网络控制与跟踪控制在实际工业系统中具有较高的应用价值，因此引起了国际学者的广泛关注。对网络控制系统跟踪控制的研究刚刚起步，如何将网络控制的特性与跟踪控制相结合，从而改善网络控制系统的跟踪性能是目前研究的一个难点。另外，如果在网络化跟踪控制系统中存在通信限制，则如何合理地设计控制器以改善系统性能也是一个研究难点。

5. 时延及丢包补偿

网络诱导时延及数据包丢失会降低系统性能甚至引起系统不稳定，因此合理地补偿网络诱导时延及数据包丢失所带来的负面影响具有十分重要的意义。预测控制通过提前若干步估计对象状态和控制输入，可以有效地减小时延及丢包的负面影响，其补偿效果在具有长时延和数据包丢包率高的网络控制系统中体现得更为明显。但是，现有文献中的有些预测控制方法在进行控制器设计时通常需要定义扩展向量，这会带来一定的保守性，因此研究如何克服这种负面影响是有积极意义的。

预测控制的主要思想是提前 p 步估计对象状态和控制输入，若某个控制输入因长时延或丢包不能在预定时刻到达，则使用预测的控制输入。如果在发生长时延或丢包时能利用现有的控制输入估计那些不能在预定时刻到达的控制输入，则也可以抵消时延及丢包的负面影响。

6. 随机最优控制

当网络诱导时延的分布特性未知时，可利用时延上界和下界进行稳定性分析、控制器设计和性能优化等，但是由于将每一次的传输时延转化为最大时延，人为地扩大了控制作用的滞后，从而降低了系统性能。如果网络诱导时延的分布特性已知，例如，时延是受马尔可夫链驱动的，则可以采用随机控制的方法。目前的研究热点之一是具有时延及噪声的网络控制系统的随机最优状态反馈与输出反馈控制律的设计、性能优化等。

7. 容错控制与故障检测

容错是计算机系统设计技术中的一个概念，其目的是提高控制系统的可靠性。精准的故障检测与诊断可提高系统运行的安全性和可靠性。由于在传统控制系统中引入网络会导致网络诱导时延，且网络中不可避免地存在网络拥塞和连接中断，所以数据包丢失在所难免；另外，当执行器、传感器或系统的其他元部件发生故障时，在传统的反馈控制器作用下闭环系统通常不具有期望的性能甚至不稳定，因此必须合理地设计网络控制系统，以使系统具有较高的安全性和可靠性。

8. 多包传输

在网络控制系统中，传感器-控制器通道和控制器-执行器通道可能都会发生多包传输现象，在这种情况下，需要研究多包传输的调度机制、网络固有的通信限制给系统设计所带来的影响、控制器设计和性能指标的优化等。

9. 信道共享

网络控制系统的一个典型特性就是资源共享。在某一时刻，如果有两个或以上的信道是空闲的，则它们都可以用来为某个受控对象传输控制输入，这样即便是某个信道中断或发生网络拥塞，受控对象仍然可以从其他的信道收到控制输入。与基于单通道的方法相比，多信道共享可以极大地改善系统性能。多信道共享会在系统中引入多个时延，研究具有多个时延及丢包的网络控制系统的稳定性分析、控制器设计和性能优化是有积极意义的。

10. 输出反馈

当系统的状态不可测时，需要基于对象输出生成控制信号。如果在传感器-控制器通道和控制器-执行器通道同时存在时延及丢包，且受控对象在一个采样周期内收到一个以上的控制输入，则系统模型将会变得比较复杂，对于得到的复杂系统模型，当前的一个难点就是进行动态输出反馈控制器设计。

11. 网络化多智能体系统一致性控制

多智能体系统采用分布式的传感、通信、计算和控制技术协同完成指定任务。一致性是多智能体系统协同控制中的基本问题。一致性可广泛应用于卫星姿态对准、多机器人编队和电网能量管理等领域，已经引起了学术界的极大关注。多智能体系统一致性的核心问题在于设计合适的分布式控制方案，并利用共享的通信网络实现邻居节点间的信息交换。

12. 网络化 H_∞ 滤波

滤波问题是控制领域的基本问题之一。当动态系统中出现过程噪声时，可通过滤波来利用受噪声影响的量测输出估计系统状态。当随机噪声的统计特性或功率谱密度已知时，卡尔曼滤波方法能提供一种递归算法以实现状态估计误差方差的最小化。卡尔曼滤波方法可广泛应用于电站控制系统、动力定位系统和高性能伺服系统等，但该方法对于外部噪声信号的不确定性十分敏感。如果噪声信号的统计特性未知，则可采用 H_∞ 滤波代替卡尔曼滤波。与卡尔曼滤波相比，H_∞ 滤波最主要的特征在于其仅需要知道输入和量测噪声谱密度的上界，因此可广泛应用于网络控制系统。目前，基于事件触发的 H_∞ 滤波、基于时延系统方法的 H_∞ 滤波等是热点研究方向。

1.4　本书主要内容

近年来，对于网络控制系统的研究倍受学者关注。网络控制系统中不可避免地会发生时延、丢包和数据包时序错乱等，因此分析网络控制系统的这些特性且优化系统性能具有积极意义。处理网络诱导时延及丢包的一个重要方法是基于参数不确定性的方法，利用时延上界进行稳定性分析和控制器设计，但是该方法的保守性较大。对于时变采样周期网络控制系统，现有结果通常假定控制输入在一个采样周期内是常数，而实际的系统中执行器在一个采样周期内可能收到多个控制输入；若网络诱导时延大于一个采样周期且连续丢包个数大于一个，此类系统的 H_∞ 性能分析和控制器设计也未得到足够重视；另外，可以通过主动地改变采样周期以充分利用网络带宽并减小发生网络拥塞的可能性，现有文献中并未提及该方法。通过预测控制可以补偿时延及丢包的负面影响，现有预测方法通常无论时延大小如何，系统都将一直用预测控制输入而非实际到达的控制输入，这样可能会导致短时延系统性能的降低 (由预测误差引起)。网络控制系统的一个典型特性是信道共享，这样即便某个信道中断或发生网络拥塞，受控对象仍然可以从其他信道收到控制输入，现有文献并未考虑该网络的特性。网络控制系统的跟踪控制具有较高的应用价值，但是关于该问题的探讨刚刚起步。另外，现有文献中并未考虑具有通信限制的跟踪控制问题。

本书的主要贡献是将线性矩阵不等式技术与网络控制系统的新特性成功结合，并利用其各自优点，建立一整套新的网络化控制的理论框架。本书在总结前人工作的基础上，针对网络控制系统中的时延及丢包现象，提出主动变采样周期方法以充分利用网络带宽。提出时延切换的方法来处理网络诱导时变时延；提出时延切换与参数不确定性相结合的方法，该方法的计算量比时延切换方法要小，且保守性也比基于参数不确定性的方法要小。改进现有文献中基于预测控制的方法以补偿时延及丢包的负面影响；提出基于线性估计的方法和基于多信道共享的方法来补偿时延及丢包的负面影响，与不考虑补偿的方法相比，所提出的方法可在较大程度上改善系统性能。探讨网络控制系统的 H_∞ 输出跟踪性能优化和控制器设计问题。讨论具有有限信道和数据漂移的离散时间网络控制系统建模及控制器设计问题。在同时考虑传感器–控制器和控制器–执行器网络诱导时延和丢包的情况下，探讨连续时间网络控制系统的建模和基于观测器的 H_∞ 控制器设计问题。书中的主要结果均给出相应的数值算例，其中部分结果已应用到卫星系统、倒立摆模型的仿真中，这也从直观的角度表明书中结论的可行性和优越性。

本书的后续部分具体安排如下。

第 2 章为预备知识，给出网络控制系统 H_∞ 性能指标的概念及书中要使用的几个引理。

第 3 章考虑被动时变采样周期和主动变采样周期网络控制系统的稳定性分析及 H_∞ 控制器设计问题。对被动时变采样周期网络控制系统，既考虑时延大于一个采样周期且连续丢包数大于一个的情况，也考虑执行器在一个采样周期内收到一个以上的控制输入的情况，而这两种情况在现有文献中很少考虑。被动时变采样周期是由外部因素引起的，因此提出一种主动变采样周期方法，其核心是在网络空闲时传感器主动地缩短采样周期从而改善系统性能，在网络比较忙时适当延长采样周期从而减少网络上数据包的个数并相应地减小发生网络拥塞的可能性。对两种不同的变采样周期网络控制系统，首先给出系统的模型，通过定义适当的李雅普诺夫泛函并结合多目标优化方法、线性矩阵不等式方法、自由加权矩阵方法和 Jensen 不等式方法等，给出系统渐近稳定的充分条件且设计系统的控制器。针对受控对象发生故障的情况，讨论主动变采样周期网络控制系统的故障检测滤波器设计问题。仿真结果表明，本章所提出的方法具有较小的保守性，同时计算复杂性也比较小 (原因是采用了 Jensen 不等式)。

第 4 章采用时延切换方法和时延切换与参数不确定性相结合的方法处理网络

控制系统中的随机时延。由于现有文献中基于参数不确定性的方法在处理随机时延时具有较大的保守性，首先提出基于时延切换的方法来处理网络诱导时延，并通过理论推导证明时延切换的方法比基于参数不确定性的方法具有更小的保守性。考虑到时延切换方法会增大计算量，又提出时延切换与参数不确定性相结合的方法，该方法的计算量比时延切换方法要小，且保守性也比参数不确定性方法小。对这三种不同的方法，给出系统模型，并通过定义适当的李雅普诺夫泛函给出系统的控制器设计方法。由于第 3 章中提出的主动变采样周期方法不能避免采样周期的频繁切换，本章提出一种改进的主动变采样周期方法，该方法既可以保证网络带宽的充分利用，又可以避免采样周期的频繁切换。另外，通过数值算例验证本章所提方法的优越性。

第 5 章采用预测控制与基于线性估计的方法来补偿时延及丢包的负面影响，并讨论线性时不变系统的 H_∞ 性能分析和状态反馈控制器设计问题。对基于预测的补偿方法而言，在为系统选择控制输入时，充分考虑了网络时延的大小：如果某个控制输入的传输时延小于一个给定的阈值，则使用该控制输入；如果时延大于该阈值，则使用预测的控制输入，这样可有效减小预测误差的负面影响。另外，提出一种新的基于线性估计的方法来补偿时延及丢包的负面影响，其主要思想是在发生长时延或丢包时利用现有的控制输入去估计那些不能在预定时刻到达的控制输入。与基于预测控制的补偿方法相比，该方法不需要提前若干步估计控制输入并发送到执行器，因此可有效地减小网络负载。基于以上两种补偿方法，给出两个新的系统模型，并利用线性矩阵不等式方法给出系统的 H_∞ 控制器设计方法。最后的数值算例验证了所提出补偿方法的有效性。

第 6 章提出一种基于多信道共享的方法来补偿时延及丢包的负面影响，并讨论线性时不变系统的 H_∞ 性能优化和控制器设计问题。其核心思想是充分利用所有空闲的信道来为某个受控对象传输控制输入，这样即便是某个信道中断或发生网络拥塞，受控对象仍然可以从其他信道收到控制输入。与基于单信道的方法相比，对空闲信道的共享可以补偿时延及丢包的负面影响，且不会增加系统的硬件成本。与基于预测控制或估计的补偿方法相比，基于多信道共享的方法可以避免预测误差或估计误差可能给系统带来的负面影响。通过定义合适的李雅普诺夫泛函并结合线性矩阵不等式方法，讨论系统的 H_∞ 控制器设计和 H_∞ 性能优化问题。由于避免了对向量交叉积的放大，本章所提出的设计方法具有较小的保守性，而数值算例也验证了这一点。

第 7 章探讨网络控制系统的输出跟踪控制问题。对存在时延及丢包的连续时间网络控制系统，给出其离散化模型，并结合参考模型的状态给出一个扩展闭环系统。对于扩展闭环系统，利用基于线性矩阵不等式的方法和离散 Jensen 不等式，讨论常数采样周期网络控制系统的 H_∞ 输出跟踪性能优化和控制器设计。对于时变采样周期网络控制系统，采用多目标优化方法来优化系统的 H_∞ 输出跟踪性能，并相应地给出控制器设计方法。由于采用离散 Jensen 不等式，本章所提出的 H_∞ 输出跟踪控制器设计方法比基于自由加权矩阵的方法 [35, 39, 96] 具有更小的计算复杂性。另外，通过数值算例进一步验证所提出的 H_∞ 输出跟踪控制器设计方法的有效性。

第 8 章讨论具有有限信道和数据漂移的离散时间网络控制系统建模及控制器设计问题。通过引入基于信道利用的切换控制器，并在同时考虑有限信道和控制器–执行器数据漂移的情况下建立新的网络控制系统模型。基于所建立的模型，探讨 H_∞ 性能分析和控制器设计问题。对于同时考虑传感器–控制器和控制器–执行器数据漂移的网络控制系统，本章所提出的建模和控制器设计方法依然是可行的，且所设计的控制器可以改善系统对于数据漂移和外部扰动的鲁棒性。

第 9 章在同时考虑传感器–控制器和控制器–执行器网络诱导时延及丢包的情况下，讨论连续时间网络控制系统的建模和基于观测器的 H_∞ 控制器设计问题。通过引入人工时延和基于线性估计的人工时延补偿方法，建立新的基于观测器的连续时间网络控制系统模型。通过构造基于区间时变时延分解的李雅普诺夫泛函来得到一些控制器设计准则。另外，提出新的放大不等式，以便将非线性矩阵不等式转化为可解的优化问题。本章基于凸分析方法所得到的结果比一些现有结果具有更小的保守性。

第 10 章总结本书的主要工作，对下一步的研究工作进行展望。

1.5 本章小结

本章介绍了网络控制系统的研究现状和当前的热点问题，并简要介绍了本书的主要内容。首先分析了网络控制系统的应用价值；然后介绍了网络控制系统中时延及丢包、通信限制、预测控制、跟踪控制和变采样周期等问题的研究现状，并分析了网络控制系统中的热点问题，如稳定性分析与控制器设计、时变采样周期、时延及丢包补偿、容错控制与故障检测、信道共享等；最后介绍了本书的主要内容。

参考文献

[1] Hespanha J P, Naghshtabrizi P, Xu Y G. A survey of recent results in networked control systems[J]. Proceedings of the IEEE, 2007, 95(1): 138-162.

[2] Baillieul J, Antsaklis P J. Control and communication challenges in networked real-time systems[J]. Proceedings of the IEEE, 2007, 95(1): 9-28.

[3] Zhang X M, Han Q L, Yu X H. Survey on recent advances in networked control systems[J]. IEEE Transactions on Industrial Informatics, 2016, 12(5): 1740-1752.

[4] Zhang X M, Han Q L, Zhang B L. An overview and deep investigation on sampled-data-based event-triggered control and filtering for networked systems[J]. IEEE Transactions on Industrial Informatics, 2017, 13(1): 4-16.

[5] 王玉龙. 基于 LMI 技术的网络控制系统优化设计[D]. 沈阳: 东北大学, 2008.

[6] Du Z P, Yue D, Hu S L. H-infinity stabilization for singular networked cascade control systems with state delay and disturbance[J]. IEEE Transactions on Industrial Informatics, 2014, 10(2): 882-894.

[7] Zhang X M, Han Q L. Network-based H_∞ filtering for discrete-time systems[J]. IEEE Transactions on Signal Processing, 2012, 60(2): 956-961.

[8] Zhang B L, Han Q L, Zhang X M, et al. Sliding mode control with mixed current and delayed states for offshore steel jacket platforms[J]. IEEE Transactions on Control Systems Technology, 2014, 22(5): 1769-1783.

[9] Zhang B L, Han Q L. Network-based modelling and active control for offshore steel jacket platform with TMD mechanisms[J]. Journal of Sound and Vibration, 2014, 333(25): 6796-6814.

[10] Kim D S, Lee Y S, Kwon W H, et al. Maximum allowable delay bounds of networked control systems[J]. Control Engineering Practice, 2003, 11(11): 1301-1313.

[11] Walsh G C, Ye H, Bushnell L G. Stability analysis of networked control systems[J]. IEEE Transactions on Control Systems Technology, 2002, 10(3): 438-446.

[12] Carnevale D, Teel A R, Nešić D. A Lyapunov proof of an improved maximum allowable transfer interval for networked control systems[J]. IEEE Transactions on Automatic Control, 2007, 52(5): 892-897.

[13] Zhang L Q, Shi Y, Chen T W, et al. A new method for stabilization of networked control systems with random delays[J]. IEEE Transactions on Automatic Control, 2005, 50(8): 1177-1181.

[14] Xie G M, Wang L. Stabilization of networked control systems with time-varying network-induced delay[C]. Proceedings of the 43rd IEEE Conference on Decision and Control, Nassau, 2004: 3551-3556.

[15] Pan Y J, Marquez H J, Chen T W. Remote stabilization of networked control systems with unknown time varying delays by LMI techniques[C]. Proceedings of the 44th IEEE Conference on Decision and Control, Seville, 2005: 1589-1594.

[16] Gao H J, Chen T W, Lam J. A new delay system approach to network-based control[J]. Automatica, 2008, 44(1): 39-52.

[17] Chen C H, Lin C L, Hwang T S. Stability of networked control systems with time-varying delays[J]. IEEE Communications Letters, 2007, 11(3): 270-272.

[18] Yue D, Han Q L, Lam J. Network-based robust H_∞ control of systems with uncertainty[J]. Automatica, 2005, 41(6): 999-1007.

[19] Yang F W, Wang Z D, Hung Y S, et al. H_∞ control for networked systems with

random communication delays[J]. IEEE Transactions on Automatic Control, 2006, 51(3): 511-518.

[20] Jiang X F, Han Q L. Network-induced delay-dependent H_∞ controller design for a class of networked control systems[J]. Asian Journal of Control, 2006, 8(2): 97-106.

[21] Diouri I, Georges J P, Rondeau E. Accommodation of delays for networked control systems using classification of service[C]. Proceedings of the IEEE International Conference on Networking, Sensing and Control, London, 2007: 410-415.

[22] Cloosterman M B G, Hetel L, van de Wouw N, et al. Controller synthesis for networked control systems[J]. Automatica, 2010, 46(10): 1584-1594.

[23] Yu M, Wang L, Chu T G, et al. Stabilization of networked control systems with data packet dropout and network delays via switching system approach[C]. Proceedings of the 43rd IEEE Conference on Decision and Control, Nassau, 2004: 3539-3544.

[24] Yu M, Wang L, Chu T G, et al. An LMI approach to networked control systems with data packet dropout and transmission delays[C]. Proceedings of the 43rd IEEE Conference on Decision and Control, Nassau, 2004: 3545-3550.

[25] Yu M, Wang L, Chu T G, et al. Stabilization of networked control systems with data packet dropout and transmission delays: Continuous-time case[J]. European Journal of Control, 2005, 11(1): 40-49.

[26] Yu M, Wang L, Chu T G. Stability analysis of networked systems with packet dropout and transmission delays: Discrete-time case[J]. Asian Journal of Control, 2005, 7(4): 433-439.

[27] Ishii H, Francis B A. Stabilization with control networks[J]. Automatica, 2002, 38(10): 1745-1751.

[28] Xiong J L, Lam J. Stabilization of linear systems over networks with bounded packet loss[J]. Automatica, 2007, 43(1): 80-87.

[29] Rivera M G, Barreiro A. Analysis of networked control systems with drops and variable delays[J]. Automatica, 2007, 43(12): 2054-2059.

[30] Wu J, Chen T W. Design of networked control systems with packet dropouts[J]. IEEE Transactions on Automatic Control, 2007, 52(7): 1314-1319.

[31] Yue D, Han Q L, Peng C. State feedback controller design of networked control systems[J]. IEEE Transactions on Circuits and Systems II: Express Briefs, 2004, 51(11): 640-644.

[32] He Y, Liu G P, Rees D, et al. Improved stabilisation method for networked control systems[J]. IET Control Theory & Applications, 2007, 1(6): 1580-1585.

[33] Wen P, Cao J Y, Li Y. Design of high-performance networked real-time control systems[J]. IET Control Theory & Applications, 2007, 1(5): 1329-1335.

[34] Hu S, Yan W Y. Stability robustness of networked control systems with respect to packet loss[J]. Automatica, 2007, 43(7): 1243-1248.

[35] Wu M, He Y, She J H, et al. Delay-dependent criteria for robust stability of time-varying delay systems[J]. Automatica, 2004, 40(8): 1435-1439.

[36] Darouach M. Linear functional observers for systems with delays in state variables: The discrete-time case[J]. IEEE Transactions on Automatic Control, 2005, 50(2): 228-233.

[37] Moon Y S, Park P, Kwon W H, et al. Delay-dependent robust stabilization of uncertain state-delayed systems[J]. International Journal of Control, 2001, 74(14): 1447-1455.

[38] Lee Y S, Moon Y S, Kwon W H, et al. Delay-dependent robust H_∞ control for uncertain systems with a state-delay[J]. Automatica, 2004, 40(1): 65-72.

[39] Gao H J, Chen T W. New results on stability of discrete-time systems with time-varying state delay[J]. IEEE Transactions on Automatic Control, 2007, 52(2): 328-334.

[40] Jing X J, Tan D L, Wang Y C. An LMI approach to stability of systems with severe time-delay[J]. IEEE Transactions on Automatic Control, 2004, 49(7): 1192-1195.

[41] Xiao L, Hassibi A, How J P. Control with random communication delays via a discrete-time jump linear system approach[C]. Proceedings of the American Control Conference, Chicago, 2000: 2199-2204.

[42] Li X, de Souza C E. Delay-dependent robust stability and stabilization of uncertain linear delay systems: A linear matrix inequality approach[J]. IEEE Transactions on Automatic Control, 1997, 42(8): 1144-1148.

[43] Jiang X F, Han Q L, Yu X H. Stability criteria for linear discrete-time systems with interval-like time-varying delay[C]. Proceedings of the American Control Conference, Portland, 2005: 2817-2822.

[44] Wei G L, Wang Z D, Shu H S, et al. Delay-dependent stabilization of stochastic interval delay systems with nonlinear disturbances[J]. Systems & Control Letters, 2007, 56(9-10): 623-633.

[45] Shustin E, Fridman E. On delay-derivative-dependent stability of systems with fast-varying delays[J]. Automatica, 2007, 43(9): 1649-1655.

[46] Hu S S, Zhu Q X. Stochastic optimal control and analysis of stability of networked control systems with long delay[J]. Automatica, 2003, 39(11): 1877-1884.

[47] Sinopoli B, Schenato L, Franceschetti M, et al. Time varying optimal control with packet losses[C]. Proceedings of the 43rd IEEE Conference on Decision and Control, Nassau, 2004: 1938-1943.

[48] Sinopoli B, Schenato L, Franceschetti M, et al. An LQG optimal linear controller for control systems with packet losses[C]. Proceedings of the 44th IEEE Conference on Decision and Control, Seville, 2005: 458-463.

[49] Rotkowitz M, Cogill R, Lall S. A simple condition for the convexity of optimal control

over networks with delays[C]. Proceedings of the 44th IEEE Conference on Decision and Control, Seville, 2005: 6686-6691.

[50] Dritsas L, Nikolakopoulos G, Tzes A. Constrained optimal control for a special class of networked systems[C]. Proceedings of the American Control Conference, New York, 2007: 1009-1014.

[51] Sahebsara M, Chen T W, Shah S L. Optimal H_2 filtering in networked control systems with multiple packet dropout[J]. IEEE Transactions on Automatic Control, 2007, 52(8): 1508-1513.

[52] Hirano H, Mukai M, Azuma T, et al. Optimal control of discrete-time linear systems with network-induced varying delay[C]. Proceedings of the American Control Conference, Portland, 2005: 1419-1424.

[53] Guo G. A switching system approach to sensor and actuator assignment for stabilisation via limited multi-packet transmitting channels[J]. International Journal of Control, 2011, 84(1): 78-93.

[54] Guo G, Lu Z B, Han Q L. Control with markov sensors/actuators assignment[J]. IEEE Transactions on Automatic Control, 2012, 57(7): 1799-1804.

[55] Song H Y, Zhang W A, Yu L. H_∞ filtering of network-based systems with communication constraints[J]. IET Signal Processing, 2010, 41(1): 69-77.

[56] Rehbinder H, Sanfridson M. Scheduling of a limited communication channel for optimal control[J]. Automatica, 2004, 40(3): 491-500.

[57] Gao H J, Chen T W. H_∞ estimation for uncertain systems with limited communication capacity[J]. IEEE Transactions on Automatic Control, 2007, 52(11): 2070-2084.

[58] Ishii H. H_∞ control with limited communication and message losses[J]. Systems & Control Letters, 2008, 57(4): 322-331.

[59] Li T, Fu M Y, Xie L H, et al. Distributed consensus with limited communication data rate[J]. IEEE Transactions on Automatic Control, 2011, 56(2): 279-292.

[60] Münz U, Papachristodoulou A, Allgöwer F. Robust consensus controller design for nonlinear relative degree two multi-agent systems with communication constraints[J]. IEEE Transactions on Automatic Control, 2011, 56(1): 145-151.

[61] Shi L, Zhang H S. Scheduling two Gauss-Markov systems: An optimal solution for remote state estimation under bandwidth constraint[J]. IEEE Transactions on Signal Processing, 2012, 60(4): 2038-2042.

[62] Lopez I, Abdallah C T. Rate-limited stabilization for network control systems[C]. Proceedings of the American Control Conference, New York, 2007: 275-280.

[63] Rabello A, Bhaya A. Stability of asynchronous dynamical systems with rate constraints and applications[J]. IEE Proceedings—Control Theory & Applications, 2003, 150(5): 546-550.

[64] Varsakelis D H. Stabilization of networked control systems with access constraints

and delays[C]. Proceedings of the 45th IEEE Conference on Decision and Control, San Diego, 2006: 1123-1128.

[65] Elia N, Mitter S K. Stabilization of linear systems with limited information[J]. IEEE Transactions on Automatic Control, 2001, 46(9): 1384-1400.

[66] Tatikonda S, Mitter S. Control under communication constraints[J]. IEEE Transactions on Automatic Control, 2004, 49(7): 1056-1068.

[67] Ye D, Yang G H. Adaptive fault tolerant tracking control against actuator faults with application to flight control[J]. IEEE Transactions on Control Systems Technology, 2006, 14(6): 1088-1096.

[68] Yang G H, Wang H, Xie L H. Fault detection for output feedback control systems with actuator stuck faults: A steady-state-based approach[J]. International Journal of Robust and Nonlinear Control, 2010, 20(15): 1739-1757.

[69] Ye D, Park J H, Fan Q Y. Adaptive robust actuator fault compensation for linear systems using a novel fault estimation mechanism[J]. International Journal of Robust and Nonlinear Control, 2016, 26(8): 1597-1614.

[70] Li F W, Shi P, Wang X C, et al. Fault detection for networked control systems with quantization and Markovian packet dropouts[J]. Signal Processing, 2015, 111: 106-112.

[71] Sid M A. Sensor scheduling strategies for fault isolation in networked control system[J]. ISA Transactions, 2015, 54: 92-100.

[72] Teixeira A, Shames I, Sandberg H, et al. Distributed fault detection and isolation resilient to network model uncertainties[J]. IEEE Transactions on Cybernetics, 2014, 44(11): 2024-2037.

[73] Arrichiello F, Marino A, Pierri F. Observer-based decentralized fault detection and isolation strategy for networked multirobot systems[J]. IEEE Transactions on Control Systems Technology, 2015, 23(4): 1465-1476.

[74] Dong H L, Wang Z D, Lam J, et al. Fuzzy-model-based robust fault detection with stochastic mixed time delays and successive packet dropouts[J]. IEEE Transactions on Systems, Man, and Cybernetics, Part B: Cybernetics, 2012, 42(2): 365-376.

[75] Wang Y Q, Lu J W, Li Z, et al. Fault detection for a class of non-linear networked control systems in the presence of Markov sensors assignment with partially known transition probabilities[J]. IET Control Theory & Applications, 2015, 9(10): 1491-1500.

[76] He X, Wang Z D, Liu Y, et al. Least-squares fault detection and diagnosis for networked sensing systems using a direct state estimation approach[J]. IEEE Transactions on Industrial Informatics, 2013, 9(3): 1670-1679.

[77] Klinkhieo S, Kambhampati C, Patton R J. Fault tolerant control in NCS medium access constraints[C]. Proceedings of the IEEE International Conference on Networking,

Sensing and Control, London, 2007: 416-423.

[78] Mao Z H, Jiang B. Fault estimation and accommodation for networked control systems with transfer delay[J]. Acta Automatica Sinica, 2007, 33(7): 738-743.

[79] Mao Z H, Jiang B, Shi P. H_∞ fault detection filter design for networked control systems modelled by discrete Markovian jump systems[J]. IET Control Theory & Applications, 2007, 1(5): 1336-1343.

[80] Kim W J, Ji K, Ambike A. Networked real-time control strategies dealing with stochastic time delays and packet losses[C]. Proceedings of the American Control Conference, Portland, 2005: 621-626.

[81] Yang Y, Wang Y J, Yang S H. A networked control systems with stochastically varying transmission delay and uncertain process parameters[C]. Proceedings of the 16th Triennial World Congress, Prague, 2005: 91-96.

[82] Lian B S, Zhang Q L, Li J N. Integrated sliding mode control and neural networks based packet disordering prediction for nonlinear networked control systems[J]. IEEE Transactions on Neural Networks and Learning Systems, 2019, 30(8): 2324-2335.

[83] Liu G P, Xia Y Q, Chen J, et al. Networked predictive control of systems with random network delays in both forward and feedback channels[J]. IEEE Transactions on Industrial Electronics, 2007, 54(3): 1282-1297.

[84] Sanchis R, Peñarrocha I, Albertos P. Design of robust output predictors under scarce measurements with time-varying delays[J]. Automatica, 2007, 43(2): 281-289.

[85] Liu G P, Xia Y Q, Rees D, et al. Design and stability criteria of networked predictive control systems with random network delay in the feedback channel[J]. IEEE Transactions on Systems, Man, and Cybernetics Part C: Applications and Reviews, 2007, 37(2): 173-184.

[86] Peng H, Razi A, Afghah F, et al. A unified framework for joint mobility prediction and object profiling of drones in UAV networks[J]. Journal of Communications and Networks, 2018, 20(5): 434-442.

[87] Chai S C, Liu G P, Rees D, et al. Design and practical implementation of internet-based predictive control of a servo system[J]. IEEE Transactions on Control Systems Technology, 2008, 16(1): 158-168.

[88] Hu W S, Liu G P, Rees D. Event-driven networked predictive control[J]. IEEE Transactions on Industrial Electronics, 2007, 54(3): 1603-1613.

[89] Qiu L, Shi Y, Pan J F, et al. Collaborative tracking control of dual linear switched reluctance machines over communication network with time delays[J]. IEEE Transactions on Cybernetics, 2017, 47(12): 4432-4442.

[90] Açlkmeşe A B, Corless M. Robust output tracking for uncertain/nonlinear systems subject to almost constant disturbances[J]. Automatica, 2002, 38(11): 1919-1926.

[91] Wang N, Sun J C, Er M J. Tracking-error-based universal adaptive fuzzy control for

output tracking of nonlinear systems with completely unknown dynamics[J]. IEEE Transactions on Fuzzy Systems, 2018, 26(2): 869-883.

[92] Xue W C, Madonski R, Lakomy K, et al. Add-on module of active disturbance rejection for set-point tracking of motion control systems[J]. IEEE Transactions on Industry Applications, 2017, 53(4): 4028-4040.

[93] Zhang Z H, Leifeld T, Zhang P. Finite horizon tracking control of boolean control networks[J]. IEEE Transactions on Automatic Control, 2018, 63(6): 1798-1805.

[94] Jung S, Cho H T, Hsia T C. Neural network control for position tracking of a two-axis inverted pendulum system: Experimental studies[J]. IEEE Transactions on Neural Networks, 2007, 18(4): 1042-1048.

[95] Marconi L, Naldi R. Robust full degree-of-freedom tracking control of a helicopter[J]. Automatica, 2007, 43(11): 1909-1920.

[96] Gao H J, Chen T W. H_∞ model reference control for networked feedback systems[C]. Proceedings of the 45th IEEE Conference on Decision and Control, San Diego, 2006: 5591-5596.

[97] van de Wouw N, Naghshtabrizi P, Cloosterman M, et al. Tracking control for networked control systems[C]. Proceedings of the 46th IEEE Conference on Decision and Control, New Orleans, 2007: 4441-4446.

[98] Li M, Chen Y. Robust tracking control of networked control systems with communication constraints and external disturbance[J]. IEEE Transactions on Industrial Electronics, 2017, 64(5): 4037-4047.

[99] Foderaro G, Zhu P P, Wei H C, et al. Distributed optimal control of sensor networks for dynamic target tracking[J]. IEEE Transactions on Control of Network Systems, 2018, 5(1): 142-153.

[100] Lozano R, Castillo P, Garcia P, et al. Robust prediction-based control for unstable delay systems: Application to the yaw control of a mini-helicopter[J]. Automatica, 2004, 40(4): 603-612.

[101] Sala A. Computer control under time-varying sampling period: An LMI gridding approach[J]. Automatica, 2005, 41(12): 2077-2082.

[102] Hu B, Michel A N. Stability analysis of digital feedback control systems with time-varying sampling periods[J]. Automatica, 2000, 36(6): 897-905.

[103] 肖建. 多采样率数字控制系统[M]. 北京: 科学出版社, 2003.

[104] Colandairaj J, Irwin G W, Scanlon W G. Wireless networked control systems with QoS-based sampling[J]. IET Control Theory & Applications, 2007, 1(1): 430-438.

[105] Hu L S, Bai T, Shi P, et al. Sampled-data control of networked linear control systems[J]. Automatica, 2007, 43(5): 903-911.

[106] Chen J, Meng S, Sun J. Stability analysis of networked control systems with aperiodic sampling and time-varying delay[J]. IEEE Transactions on Cybernetics, 2017, 47(8):

2312-2320.

[107] Xiao F, Shi Y, Ren W. Robustness analysis of asynchronous sampled-data multi-agent networks with time-varying delays[J]. IEEE Transactions on Automatic Control, 2018, 63(7): 2145-2152.

[108] Zhang W B, Tang Y, Huang T W, et al. Consensus of networked Euler–Lagrange systems under time-varying sampled-data control[J]. IEEE Transactions on Industrial Informatics, 2018, 14(2): 535-544.

[109] Cuvas C, Mondié S. Necessary stability conditions for delay systems with multiple pointwise and distributed delays[J]. IEEE Transactions on Automatic Control, 2016, 61(7): 1987-1994.

[110] Li J, Chen Z H, Cai D S, et al. Delay-dependent stability control for power system with multiple time-delays[J]. IEEE Transactions on Power Systems, 2016, 31(3): 2316-2326.

[111] Zhou B, Li Z Y. Stability analysis of integral delay systems with multiple delays[J]. IEEE Transactions on Automatic Control, 2016, 61(1): 188-193.

[112] Li Y M, Tong S C, Li T S. Composite adaptive fuzzy output feedback control design for uncertain nonlinear strict-feedback systems with input saturation[J]. IEEE Transactions on Cybernetics, 2015, 45(10): 2299-2308.

[113] Li Y X, Yang G H. Fuzzy adaptive output feedback fault-tolerant tracking control of a class of uncertain nonlinear systems with nonaffine nonlinear faults[J]. IEEE Transactions on Fuzzy Systems, 2016, 24(1): 223-234.

[114] Dong X W, Hu G Q. Time-varying output formation for linear multiagent systems via dynamic output feedback control[J]. IEEE Transactions on Control of Network Systems, 2017, 4(2): 236-245.

[115] Meng A W, Lam H K, Yu Y, et al. Static output feedback stabilization of positive polynomial fuzzy systems[J]. IEEE Transactions on Fuzzy Systems, 2018, 26(3): 1600-1612.

[116] Zhang D W, Han Q L, Jia X C. Network-based output tracking control for a class of T-S fuzzy systems that can not be stabilized by nondelayed output feedback controllers[J]. IEEE Transactions on Cybernetics, 2015, 45(8): 1511-1524.

[117] Qiu L, Yao F Q, Xu G, et al. Output feedback guaranteed cost control for networked control systems with random packet dropouts and time delays in forward and feedback communication links[J]. IEEE Transactions on Automation Science and Engineering, 2016, 13(1): 284-295.

[118] Zhang W A, Yu L. Output feedback stabilization of networked control systems with packet dropouts[J]. IEEE Transactions on Automatic Control, 2007, 52(9): 1705-1710.

[119] Qian J H, He Z S, Huang N, et al. Transmit designs for spectral coexistence of

MIMO radar and MIMO communication systems[J]. IEEE Transactions on Circuits and Systems II: Express Briefs, 2018, 65(12): 2072-2076.

[120] Sapra R, Jagannatham A K. EXIT chart based BER expressions for turbo decoding in fading MIMO wireless systems[J]. IEEE Communications Letters, 2015, 19(1): 10-13.

[121] Zhao Y B, Liu G P, Rees D. Integrated predictive control and scheduling co-design for networked control systems[J]. IET Control Theory & Applications, 2008, 2(1): 7-15.

[122] Zhang H, Cheng P, Shi L, et al. Optimal DoS attack scheduling in wireless networked control system[J]. IEEE Transactions on Control Systems Technology, 2016, 24(3): 843-852.

[123] Lu R Q, Cheng H L, Bai J J. Fuzzy-model-based quantized guaranteed cost control of nonlinear networked systems[J]. IEEE Transactions on Fuzzy Systems, 2015, 23(3): 567-575.

[124] Yan H C, Zhang H, Yang F W, et al. Event-triggered asynchronous guaranteed cost control for Markov jump discrete-time neural networks with distributed delay and channel fading[J]. IEEE Transactions on Neural Networks and Learning Systems, 2018, 29(8): 3588-3598.

[125] Zhang H G, Yang D D, Chai T Y. Guaranteed cost networked control for T-S fuzzy systems with time delays[J]. IEEE Transactions on Systems, Man, and Cybernetics, Part C: Applications and Reviews, 2007, 37(2): 160-172.

[126] Lu Z D, Ran G T, Zhang G L, et al. Event-triggered H_∞ fuzzy filtering for networked control systems with quantization and delays[J]. IEEE Access, 2018, 6: 20231-20241.

[127] Zou L, Wang Z D, Han Q L, et al. Ultimate boundedness control for networked systems with Try-Once-Discard protocol and uniform quantization effects[J]. IEEE Transactions on Automatic Control, 2017, 62(12): 6582-6588.

[128] Xu D, Li Q. Joint power control and time allocation for wireless powered underlay cognitive radio networks[J]. IEEE Wireless Communications Letters, 2017, 6(3): 294-297.

[129] Sadi Y, Ergen S C. Joint optimization of wireless network energy consumption and control system performance in wireless networked control systems[J]. IEEE Transactions on Wireless Communications, 2017, 16(4): 2235-2248.

[130] Wang Y L, Han Q L, Fei M R, et al. Network-based T-S fuzzy dynamic positioning controller design for unmanned marine vehicles[J]. IEEE Transactions on Cybernetics, 2018, 48(9): 2750-2763.

[131] Xie W B, Wang Y L, Zhang J, et al. Novel separation principle based H_∞ observer-controller design for a class of T-S fuzzy systems[J]. IEEE Transactions on Fuzzy Systems, 2018, 26(6): 3206-3221.

[132] Minakhmetov A, Ware C, Iannone L. TCP congestion control in datacenter optical packet networks on hybrid switches[J]. IEEE/OSA Journal of Optical Communications and Networking, 2018, 10(7): 71-81.

[133] Chen Q X, Liu A D. D-stability and disturbance attenuation properties for networked control systems: Switched system approach[J]. Journal of Systems Engineering and Electronics, 2016, 27(5): 1108-1114.

[134] Zhang D, Nguang S K, Yu L. Distributed control of large-scale networked control systems with communication constraints and topology switching[J]. IEEE Transactions on Systems, Man, and Cybernetics: Systems, 2017, 47(7): 1746-1757.

[135] Wang G, Ansari N, Li Y M. A fractional programming method for target localization in asynchronous networks[J]. IEEE Access, 2018, 6: 56727-56736.

[136] Ma C F, Liang W, Zheng M, et al. A connectivity-aware approximation algorithm for relay node placement in wireless sensor networks[J]. IEEE Sensors Journal, 2016, 16(2): 515-528.

[137] Usman M, Har D, Koo I. Energy-efficient infrastructure sensor network for ad hoc cognitive radio network[J]. IEEE Sensors Journal, 2016, 16(8): 2775-2787.

[138] Kim H, Han S W. An efficient sensor deployment scheme for large-scale wireless sensor networks[J]. IEEE Communications Letters, 2015, 19(1): 98-101.

[139] Biernacki R M, Hwang H, Bhattacharyya S P. Robust stability with structured real parameter perturbations[J]. IEEE Transactions on Automatic Control, 1987, 32(6): 495-506.

[140] El Ghaoui L, Oustry F, AitRami M. A cone complementarity linearization algorithm for static output-feedback and related problems[J]. IEEE Transactions on Automatic Control, 1997, 42(8): 1171-1176.

[141] 俞立. 鲁棒控制 —— 线性矩阵不等式处理方法[M]. 北京: 清华大学出版社, 2002.

[142] 周克敏, Doyle J C, Glover K. 鲁棒与最优控制[M]. 北京: 国防工业出版社, 2002.

第2章 预 备 知 识

本章主要介绍将要用到的一些预备知识。首先给出网络控制系统 H_∞ 性能指标的定义，然后介绍书中要使用的几个引理。

2.1 网络控制系统 H_∞ 性能指标

本节针对线性时不变系统给出 H_∞ 性能指标的定义。

定义 2.1 [1] 考虑线性时不变连续系统:

$$\begin{cases} \dot{x}(t) = Ax(t) + B_1\omega(t) \\ z(t) = Cx(t) + D_1\omega(t) \end{cases} \tag{2.1}$$

式中，$x(t) \in \mathbb{R}^n$ 是系统的状态；$\omega(t) \in L_2[0,\infty)$ 为能量有界的外部扰动，即

$$||\omega(t)||_2^2 = \int_0^\infty \omega^{\mathrm{T}}(t)\omega(t)\mathrm{d}t < \infty$$

$z(t) \in \mathbb{R}^r$ 是系统的被调输出；A、B_1、C、D_1 是已知的常数矩阵。

对给定的正常数 γ，如果系统 (2.1) 具有以下性质:

(1) 系统是渐近稳定的；

(2) 从外部扰动 $\omega(t)$ 到被调输出 $z(t)$ 的传递函数矩阵 $T_{\omega z}(s)$ 的 H_∞ 范数不超过给定的常数 γ，即在零初始条件 $x(t) = 0$ 下

$$||T_{\omega z}(s)||_\infty := \sup_{||\omega||_2 \leqslant 1} \frac{||z||_2}{||\omega||_2} \leqslant \gamma \tag{2.2}$$

等价于

$$\int_0^\infty z^{\mathrm{T}}(t)z(t)\mathrm{d}t \leqslant \gamma^2 \int_0^\infty \omega^{\mathrm{T}}(t)\omega(t)\mathrm{d}t, \quad \forall\omega(t) \in L_2[0,\infty) \tag{2.3}$$

则称系统 (2.1) 具有 H_∞ 性能 γ。

不等式 (2.3) 反映了系统对外部扰动的抑制能力，因此 γ 也称为系统对外部扰动的抑制度。γ 越小，表明系统的性能越好。

离散时间系统 H_∞ 性能指标的定义类似于定义 2.1，此处略。

2.2 主要引理

本节给出书中将要用到的一些引理。

引理 2.1[1] (Schur 补定理) 对给定的对称矩阵 $S=\begin{bmatrix} S_{11} & S_{12} \\ S_{12}^{\mathrm{T}} & S_{22} \end{bmatrix}$，其中 S_{11} 是 $r\times r$ 矩阵，以下三个条件是等价的：

(1) $S<0$;

(2) $S_{11}<0, S_{22}-S_{12}^{\mathrm{T}}S_{11}^{-1}S_{12}<0$;

(3) $S_{22}<0, S_{11}-S_{12}S_{22}^{-1}S_{12}^{\mathrm{T}}<0$。

引理 2.2 [2] 对于任意 $a\in\mathbb{R}^n$, $b\in\mathbb{R}^m$, $G\in\mathbb{R}^{n\times m}$, $X\in\mathbb{R}^{n\times n}$, $Y\in\mathbb{R}^{n\times m}$, $Z\in\mathbb{R}^{m\times m}$，有下面的不等式成立：

$$-2a^{\mathrm{T}}Gb\leqslant\begin{bmatrix} a \\ b \end{bmatrix}^{\mathrm{T}}\begin{bmatrix} X & Y-G \\ Y^{\mathrm{T}}-G^{\mathrm{T}} & Z \end{bmatrix}\begin{bmatrix} a \\ b \end{bmatrix} \tag{2.4}$$

式中，

$$\begin{bmatrix} X & Y \\ Y^{\mathrm{T}} & Z \end{bmatrix}\geqslant 0$$

引理 2.3 [3] 假定 D、E、F 是有适当维数的实矩阵，且 $F=\mathrm{diag}(F_1, F_2,\cdots,F_r)$，$F_i^{\mathrm{T}}F_i\leqslant I$，$i=1, 2, \cdots, r$，则对任意实矩阵 $\Delta=\mathrm{diag}(\delta_1 I, \delta_2 I, \cdots, \delta_r I)>0$，有以下不等式成立：

$$DFE+E^{\mathrm{T}}F^{\mathrm{T}}D^{\mathrm{T}}\leqslant D\Delta D^{\mathrm{T}}+E^{\mathrm{T}}\Delta^{-1}E \tag{2.5}$$

引理 2.4 [4] 假设 D、E、F 是具有适当维数的实矩阵，且 $||F||\leqslant 1$，对任意标量 $\varepsilon>0$，有以下不等式成立：

$$DFE+E^{\mathrm{T}}F^{\mathrm{T}}D^{\mathrm{T}}\leqslant \varepsilon DD^{\mathrm{T}}+\varepsilon^{-1}E^{\mathrm{T}}E \tag{2.6}$$

引理 2.5 [5] 对任意半正定对称常数矩阵 $M\in\mathbb{R}^{m\times m}$，以及满足 $\beta_2\geqslant\beta_1\geqslant 1$ 的两个正整数 β_1 和 β_2，有以下不等式成立：

$$-(\beta_2-\beta_1+1)\sum_{i=\beta_1}^{\beta_2}\psi^{\mathrm{T}}(i)M\psi(i)\leqslant-\sum_{i=\beta_1}^{\beta_2}\psi^{\mathrm{T}}(i)M\sum_{i=\beta_1}^{\beta_2}\psi(i) \tag{2.7}$$

注 2.1 在本书中，M^{T} 表示矩阵 M 的转置；I 表示具有适当维数的单位矩阵。对于一个对称矩阵 A，$A>(\geqslant)\ 0$ 和 $A<(\leqslant)\ 0$ 分别表示正定 (半正定) 和负定 (半负定)。一个矩阵中的符号 $*$ 表示可以通过对称得到的元素。$\sigma_{\max}(G)$ 和 $\sigma_{\min}(G)$ 分别表示矩阵 G 的最大奇异值和最小奇异值。如未特别说明，本书中假定所用到的矩阵和向量都具有适当的维数。

2.3　本 章 小 结

本章给出了网络控制系统 H_∞ 性能指标的定义，以及要使用的引理和一些数学符号的含义。

参 考 文 献

[1] 俞立. 鲁棒控制 —— 线性矩阵不等式处理方法[M]. 北京: 清华大学出版社, 2002.

[2] Moon Y S, Park P, Kwon W H, et al. Delay-dependent robust stabilization of uncertain state-delayed systems[J]. International Journal of Control, 2001, 74(14): 1447-1455.

[3] Lee Y S, Moon Y S, Kwon W H, et al. Delay-dependent robust H_∞ control for uncertain systems with a state-delay[J]. Automatica, 2004, 40(1): 65-72.

[4] Li X, de Souza C E. Delay-dependent robust stability and stabilization of uncertain linear delay systems: A linear matrix inequality approach[J]. IEEE Transactions on Automatic Control, 1997, 42(8): 1144-1148.

[5] Jiang X F, Han Q L, Yu X H. Stability criteria for linear discrete-time systems with interval-like time-varying delay[C]. Proceedings of the American Control Conference, Portland, 2005: 2817-2822.

第 3 章　变采样周期网络控制系统 H_∞ 控制

3.1 引　　言

在网络控制系统中，采用固定的采样周期可简化系统的分析与设计 [1-5]。然而，计算机负载的变化、非周期性故障等会导致传感器的采样周期是时变的。传统控制系统中的时变采样周期问题得到了广泛关注 [6-9]。对网络控制系统采样模式的研究也引起了学术界的较大兴趣 [10-14]，并得到一些新成果。例如，Chen 等 [12] 研究了具有非周期性采样和时变网络诱导时延的网络控制系统稳定性问题；Xiao 等 [13] 研究了具有异步非周期性采样的多个局部互连线性子系统的同时稳定性问题；在时变采样数据控制框架下，Zhang 等 [14] 研究了网络化欧拉–拉格朗日系统的一致性问题。

对被动时变采样周期网络控制系统，当出现长时延和多个连续的数据包丢失时系统的H_∞控制问题并未得到足够重视，而当执行器在一个采样周期内收到多个控制输入时系统的稳定性分析和控制器设计问题也少有深入研究。

对常数采样周期网络控制系统 [1-5] 而言，如果常数采样周期的大小为 h，则 h 应该充分大以保证在网络负载最大时不至于发生网络拥塞。因此，当网络空闲时网络资源将不能被充分利用。

本章将讨论被动和主动可变采样周期网络控制系统的H_∞控制问题。对被动时变采样周期网络控制系统，既考虑时延大于一个采样周期且连续丢包数大于一个的情况，也考虑执行器在一个采样周期内收到一个以上的控制输入的情况。本章提出一种主动变采样周期方法，其核心是在网络空闲时缩短采样周期从而充分利用网络资源以改善系统性能，在网络比较忙时延长采样周期从而减少网络上数据包的个数且相应地减小发生网络拥塞的可能性。对两种不同类型的时变采样周期，本章采用多目标优化方法来优化系统的 H_∞ 性能。通过数值算例进一步验证所提出的被动时变采样周期网络控制系统控制器设计的有效性和主动变采样周期方法的优越性。

3.2 长时延多丢包被动时变采样周期网络控制系统设计

时变采样周期系统的稳定性分析与控制器设计问题引起了较大关注 [6-9]。对网络控制系统而言，当传感器的采样周期发生小的波动时保证系统的鲁棒性是十分重要的。然而，对被动时变采样周期网络控制系统，现有研究很少讨论当网络诱导时延大于一个采样周期且连续丢包数大于一个时系统的 H_∞ 性能优化问题。本节将提出一种采样周期切换的方法来处理时变采样周期，并基于该方法给出系统模型，且在两个采样时刻之间，系统的控制输入是可变的。通过把一个非凸的可行性问题转化为受线性矩阵不等式约束的多目标优化问题并利用采样周期切换方法，探讨系统的 H_∞ 性能优化和控制器设计问题。

3.2.1　问题描述

考虑如下线性时不变系统:

$$\begin{cases} \dot{x}(t) = Ax(t) + B_1u(t) + B_2\omega(t) \\ z(t) = C_1x(t) + D_1u(t) \end{cases} \tag{3.1}$$

式中，$x(t)$、$u(t)$、$z(t)$、$\omega(t)$ 分别是状态向量、控制输入向量、受控输出、扰动输入，且 $\omega(t)$ 是分段常数；A、B_1、B_2、C_1、D_1 是具有适当维数的常数矩阵。

下面用采样周期切换的方法来描述采样周期的变化。

对时变采样周期网络控制系统，定义 t_k 为第 k 个采样时刻，t_{k+1} 为第 $k+1$ 个采样时刻，h_k 为第 k 个采样周期的长度，h 为理想的采样周期的长度，则 $h_k = t_{k+1} - t_k$。设 σ 是标量且 $-h < \sigma < h$，l 是正整数且 $l > 1$，定义 $\vartheta_1 = \{h, h \pm \sigma/l, h \pm 2\sigma/l, \cdots, h \pm \sigma\}$。本节中，假定采样周期 $h_k \in \vartheta_1$，也就是说采样周期 h_k 在有限集 ϑ_1 内切换。

图 3.1 为具有长时延及丢包的时变采样周期网络控制系统信号传输示意图，其中带箭头的虚线表示相应的控制输入被丢失，不带箭头的虚线表示理想状态下的采样时刻。从图 3.1 可以看出，传感器的实际采样周期在理想采样周期附近发生了波动。

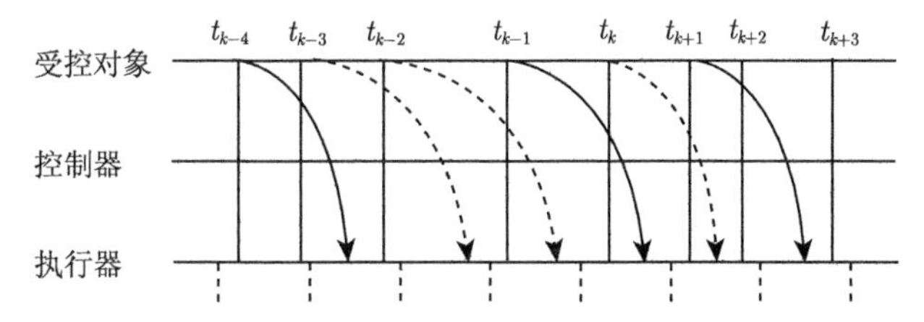

图 3.1　具有长时延及丢包的时变采样周期网络控制系统信号传输示意图

设 τ_{k-n} 是控制输入 u_{k-n} 的传感器–执行器时延，且 $\tau_{k-n} = t_k - t_{k-n} + \varepsilon_{k-n}$，其中，$n$ 是正整数，ε_{k-n} 未知且 $\varepsilon_{k-n} \in [0,\ h_k]$。定义控制输入 u_{k-n} 到达执行器的时刻为 $\tilde{k}$，由 τ_{k-n} 和 ε_{k-n} 的定义，可以得到 $\tilde{k} \in [t_k,\ t_{k+1}]$。设控制输入 u_{k-L_k} 和 u_{k-n} 成功地传到了执行器 $(L_k > n)$，而控制输入 u_{k-L_k+1}, u_{k-L_k+2}, $\cdots$, u_{k-n-1} 在传输过程中丢失。

本节中，假定 ε_{k-n} 在有限集 ϑ_2 内切换，且 $\vartheta_2=\{0, h_k/l, 2h_k/l, \cdots, (l-1)h_k/l, h_k\}$，则

$$u(t)=\begin{cases} u_{k-L_k}, & t\in[t_k,\ t_k+ah_k/l) \\ u_{k-n}, & t\in[t_k+ah_k/l,\ t_{k+1}] \end{cases} \tag{3.2}$$

式中，u_{k-L_k} 是在 t_k 时刻系统可用的最新控制输入；L_k 的上界和下界分别为 $L_{\max}$ 和 $L_{\min}$。

如果存在数据包时序错乱，则执行器将用最新的控制输入而丢掉发生时序错乱的那些控制输入。系统 (3.1) 的离散时间表达式如下：

$$\begin{cases} x_{k+1}=\Phi_k x_k+\Gamma_0(\varepsilon_{k-n})u_{k-n}+\Gamma_1(\varepsilon_{k-n})u_{k-L_k}+\Gamma_{2k}\omega_k \\ z_k=C_1x_k+D_1u_{k-L_k} \end{cases} \tag{3.3}$$

式中，$\Phi_k=\mathrm{e}^{Ah_k}$；$\Gamma_0(\varepsilon_{k-n})=\int_0^{h_k-\varepsilon_{k-n}}\mathrm{e}^{As}\mathrm{d}sB_1$；$\Gamma_1(\varepsilon_{k-n})=\int_{h_k-\varepsilon_{k-n}}^{h_k}\mathrm{e}^{As}\mathrm{d}sB_1$；$\Gamma_{2k}=\int_0^{h_k}\mathrm{e}^{As}\mathrm{d}sB_2$；$u_k=-Kx_k$。

为简单起见，定义 $\Gamma_0(\varepsilon_{k-n})$、$\Gamma_1(\varepsilon_{k-n})$、$\Gamma_{2k}$ 分别为 $\Psi_{1(k-n)}$、$\Psi_{2(k-n)}$、Ψ_{3k}，则系统 (3.3) 可以写为

$$\begin{cases} x_{k+1}=\Phi_k x_k-\Psi_{1(k-n)}Kx_{k-n}-\Psi_{2(k-n)}Kx_{k-L_k}+\Psi_{3k}\omega_k \\ z_k=C_1x_k+D_1u_{k-L_k} \end{cases} \tag{3.4}$$

由以上分析可知，采样周期 h_k 在有限集 $\vartheta_1=\{h, h\pm\bar{\sigma}/l, h\pm2\bar{\sigma}/l, \cdots, h\pm\bar{\sigma}\}$ 内切换，而 ε_{k-n} 在有限集 $\vartheta_2=\{0, h_k/l, 2h_k/l, \cdots, (l-1)h_k/l, h_k\}$ 内切换，因此 Φ_k、$\Psi_{1(k-n)}$、$\Psi_{2(k-n)}$、Ψ_{3k} 也在有限集内切换，则系统 (3.1) 的 H_∞ 控制器设计问题可以转化为系统 (3.4) 的 H_∞ 控制器设计问题。

基于离散时间状态方程 (3.4)，可以讨论具有时变采样周期、长时延和丢包的网络控制系统的 H_∞ 性能优化与控制器设计问题。

3.2.2 时变采样周期网络控制系统 H_∞ 控制器设计

下面将基于系统 (3.4) 讨论状态反馈控制律的设计问题，所提出的设计方法可以保证系统 (3.4) 渐近稳定且相应的 H_∞ 范数界为 γ_k (γ_k 表示与采样周期 h_k 相对应的 H_∞ 范数界)。

定理 3.1 对给定的标量 $n>0$、$L_{\max}>0$、$L_{\min}>0$，如果存在对称正定矩阵 M、$\widetilde{Q}_1$、$\widetilde{Q}_2$、W_1、W_2，矩阵 $\widetilde{X}_1$、$\widetilde{X}_2$、$\widetilde{Y}_1$、$\widetilde{Y}_2$、N，标量 $\gamma_k>0$，使得以下不等式对

Φ_k、$\Psi_{1(k-n)}$、$\Psi_{2(k-n)}$ 和 Ψ_{3k} 的每个可能的值都成立：

$$\begin{bmatrix} \Lambda_{11} & \widetilde{Y}_1 & \widetilde{Y}_2 & 0 & MC_1^{\mathrm{T}} & M\Phi_k^{\mathrm{T}} & M(\Phi_k-I)^{\mathrm{T}} & M(\Phi_k-I)^{\mathrm{T}} \\ * & -\widetilde{Q}_1 & 0 & 0 & 0 & -N\Psi_{1(k-n)}^{\mathrm{T}} & -N\Psi_{1(k-n)}^{\mathrm{T}} & -N\Psi_{1(k-n)}^{\mathrm{T}} \\ * & * & -\widetilde{Q}_2 & 0 & -ND_1^{\mathrm{T}} & -N\Psi_{2(k-n)}^{\mathrm{T}} & -N\Psi_{2(k-n)}^{\mathrm{T}} & -N\Psi_{2(k-n)}^{\mathrm{T}} \\ * & * & * & -\gamma_k I & 0 & \Psi_{3k}^{\mathrm{T}} & \Psi_{3k}^{\mathrm{T}} & \Psi_{3k}^{\mathrm{T}} \\ * & * & * & * & -\gamma_k I & 0 & 0 & 0 \\ * & * & * & * & * & -M & 0 & 0 \\ * & * & * & * & * & * & -n^{-1}W_1 & 0 \\ * & * & * & * & * & * & * & -L_{\max}^{-1}W_2 \end{bmatrix} < 0 \tag{3.5}$$

$$\begin{bmatrix} \widetilde{X}_1 & \widetilde{Y}_1 \\ \widetilde{Y}_1^{\mathrm{T}} & MW_1^{-1}M \end{bmatrix} \geqslant 0 \tag{3.6}$$

$$\begin{bmatrix} \widetilde{X}_2 & \widetilde{Y}_2 \\ \widetilde{Y}_2^{\mathrm{T}} & MW_2^{-1}M \end{bmatrix} \geqslant 0 \tag{3.7}$$

式中，

$$\begin{aligned} \Lambda_{11} = & -M + \widetilde{Q}_1 + (L_{\max} - L_{\min} + 1)\widetilde{Q}_2 + n\widetilde{X}_1 + L_{\max}\widetilde{X}_2 \\ & -\widetilde{Y}_1 - \widetilde{Y}_1^{\mathrm{T}} - \widetilde{Y}_2 - \widetilde{Y}_2^{\mathrm{T}} \end{aligned}$$

则在以下控制律的作用下：

$$u_k = -Kx_k, \quad K = N^{\mathrm{T}}M^{-1} \tag{3.8}$$

系统 (3.4) 渐近稳定且相应的 H_∞ 范数界为 γ_k。

证明　考虑以下的李雅普诺夫泛函：

$$V_k = V_{1k} + V_{2k} + V_{3k} + V_{4k} + V_{5k} + V_{6k} \tag{3.9}$$

式中，

$$\begin{aligned} V_{1k} &= x_k^{\mathrm{T}}Px_k \\ V_{2k} &= \sum_{i=-n}^{-1}\sum_{j=k+i+1}^{k}(x_j - x_{j-1})^{\mathrm{T}}Z_1(x_j - x_{j-1}) \\ V_{3k} &= \sum_{i=k-n}^{k-1} x_i^{\mathrm{T}}Q_1x_i \\ V_{4k} &= \sum_{i=k-L_k}^{k-1} x_i^{\mathrm{T}}Q_2x_i \end{aligned}$$

$$V_{5k} = \sum_{i=-L_{\min}+2}^{-L_{\min}+1} \sum_{j=k+i-1}^{k-1} x_j^{\mathrm{T}} Q_2 x_j$$

$$V_{6k} = \sum_{i=-L_{\max}}^{-1} \sum_{j=k+i}^{k-1} (x_{j+1} - x_j)^{\mathrm{T}} Z_2 (x_{j+1} - x_j)$$

P、Q_1、Q_2、Z_1、Z_2 是具有适当维数的对称正定矩阵。

注意到

$$\begin{aligned} x_{k+1} = {} & \Psi_{0k} x_k + \Psi_{1(k-n)} K \sum_{j=k-n+1}^{k} (x_j - x_{j-1}) \\ & + \Psi_{2(k-n)} K \sum_{j=k-L_k}^{k-1} (x_{j+1} - x_j) + \Psi_{3k} \omega_k \end{aligned} \tag{3.10}$$

式中，$\Psi_{0k} = \Phi_k - \Psi_{1(k-n)} K - \Psi_{2(k-n)} K$。

函数 V_k 相对于系统 (3.4) 的前向差如下：

$$\begin{aligned} \Delta V_{1k} = {} & x_{k+1}^{\mathrm{T}} P x_{k+1} - x_k^{\mathrm{T}} P x_k \\ = {} & x_k^{\mathrm{T}} (\Psi_{0k}^{\mathrm{T}} P \Psi_{0k} - P) x_k + 2 x_k^{\mathrm{T}} \Psi_{0k}^{\mathrm{T}} P \Psi_{3k} \omega_k \\ & + 2 x_k^{\mathrm{T}} \Psi_{0k}^{\mathrm{T}} P \Psi_{1(k-n)} K \sum_{j=k-n+1}^{k} (x_j - x_{j-1}) \\ & + 2 x_k^{\mathrm{T}} \Psi_{0k}^{\mathrm{T}} P \Psi_{2(k-n)} K \sum_{j=k-L_k}^{k-1} (x_{j+1} - x_j) \\ & + (x_k - x_{k-n})^{\mathrm{T}} K^{\mathrm{T}} \Psi_{1(k-n)}^{\mathrm{T}} P \Psi_{1(k-n)} K (x_k - x_{k-n}) \\ & + 2 (x_k - x_{k-n})^{\mathrm{T}} K^{\mathrm{T}} \Psi_{1(k-n)}^{\mathrm{T}} P \Psi_{2(k-n)} K (x_k - x_{k-L_k}) \\ & + 2 (x_k - x_{k-n})^{\mathrm{T}} K^{\mathrm{T}} \Psi_{1(k-n)}^{\mathrm{T}} P \Psi_{3k} \omega_k + \omega_k^{\mathrm{T}} \Psi_{3k}^{\mathrm{T}} P \Psi_{3k} \omega_k \\ & + (x_k - x_{k-L_k})^{\mathrm{T}} K^{\mathrm{T}} \Psi_{2(k-n)}^{\mathrm{T}} P \Psi_{2(k-n)} K (x_k - x_{k-L_k}) \\ & + 2 (x_k - x_{k-L_k})^{\mathrm{T}} K^{\mathrm{T}} \Psi_{2(k-n)}^{\mathrm{T}} P \Psi_{3k} \omega_k \end{aligned} \tag{3.11}$$

定义 $a^{\mathrm{T}} = -x_k^{\mathrm{T}}$, $G = \Psi_{0k}^{\mathrm{T}} P \Psi_{1(k-n)} K$, $b = x_j - x_{j-1}$，由引理 2.2，可得到

$$\begin{aligned} & 2 x_k^{\mathrm{T}} \Psi_{0k}^{\mathrm{T}} P \Psi_{1(k-n)} K \sum_{j=k-n+1}^{k} (x_j - x_{j-1}) \\ \leqslant {} & n x_k^{\mathrm{T}} X_1 x_k - 2 x_k^{\mathrm{T}} (Y_1 - \Psi_{0k}^{\mathrm{T}} P \Psi_{1(k-n)} K)(x_k - x_{k-n}) \\ & + \sum_{j=k-n+1}^{k} (x_j - x_{j-1})^{\mathrm{T}} Z_1 (x_j - x_{j-1}) \end{aligned} \tag{3.12}$$

类似地，由 $L_k \leqslant L_{\max}$，可得到

$$\begin{aligned}&2x_k^{\mathrm{T}}\varPsi_{0k}^{\mathrm{T}}P\varPsi_{2(k-n)}K\sum_{j=k-L_k}^{k-1}(x_{j+1}-x_j)\\&\leqslant L_{\max}x_k^{\mathrm{T}}X_2x_k-2x_k^{\mathrm{T}}(Y_2-\varPsi_{0k}^{\mathrm{T}}P\varPsi_{2(k-n)}K)(x_k-x_{k-L_k})\\&\quad+\sum_{j=k-L_{\max}}^{k-1}(x_{j+1}-x_j)^{\mathrm{T}}Z_2(x_{j+1}-x_j)\end{aligned}\tag{3.13}$$

式中，

$$\begin{bmatrix}X_1 & Y_1\\ Y_1^{\mathrm{T}} & Z_1\end{bmatrix}\geqslant 0,\quad \begin{bmatrix}X_2 & Y_2\\ Y_2^{\mathrm{T}} & Z_2\end{bmatrix}\geqslant 0\tag{3.14}$$

另外，

$$\begin{aligned}\Delta V_{2k}&=n(x_{k+1}-x_k)^{\mathrm{T}}Z_1(x_{k+1}-x_k)-\sum_{j=k-n+1}^{k}(x_j-x_{j-1})^{\mathrm{T}}Z_1(x_j-x_{j-1})\\&=n[(\varPhi_k-I)x_k-\varPsi_{1(k-n)}Kx_{k-n}-\varPsi_{2(k-n)}Kx_{k-L_k}+\varPsi_{3k}\omega_k]^{\mathrm{T}}Z_1\\&\quad\times[(\varPhi_k-I)x_k-\varPsi_{1(k-n)}Kx_{k-n}-\varPsi_{2(k-n)}Kx_{k-L_k}+\varPsi_{3k}\omega_k]\\&\quad-\sum_{j=k-n+1}^{k}(x_j-x_{j-1})^{\mathrm{T}}Z_1(x_j-x_{j-1})\end{aligned}\tag{3.15}$$

$$\Delta V_{3k}=x_k^{\mathrm{T}}Q_1x_k-x_{k-n}^{\mathrm{T}}Q_1x_{k-n}\tag{3.16}$$

$$\begin{aligned}\Delta V_{4k}&=\sum_{i=k+1-L_{k+1}}^{k}x_i^{\mathrm{T}}Q_2x_i-\sum_{i=k-L_k}^{k-1}x_i^{\mathrm{T}}Q_2x_i\\&=x_k^{\mathrm{T}}Q_2x_k+\sum_{i=k+1-L_{k+1}}^{k-L_{\min}}x_i^{\mathrm{T}}Q_2x_i+\sum_{i=k+1-L_{\min}}^{k-1}x_i^{\mathrm{T}}Q_2x_i\\&\quad-\sum_{i=k+1-L_k}^{k-1}x_i^{\mathrm{T}}Q_2x_i-x_{k-L_k}^{\mathrm{T}}Q_2x_{k-L_k}\end{aligned}\tag{3.17}$$

由 $L_k \geqslant L_{\min}$，$L_{k+1} \leqslant L_{\max}$，可得到

$$\Delta V_{4k}\leqslant x_k^{\mathrm{T}}Q_2x_k+\sum_{i=k+1-L_{\max}}^{k-L_{\min}}x_i^{\mathrm{T}}Q_2x_i-x_{k-L_k}^{\mathrm{T}}Q_2x_{k-L_k}\tag{3.18}$$

$$\begin{aligned}\Delta V_{5k}&=\sum_{i=-L_{\max}+2}^{-L_{\min}+1}(x_k^{\mathrm{T}}Q_2x_k-x_{k+i-1}^{\mathrm{T}}Q_2x_{k+i-1})\\&=(L_{\max}-L_{\min})x_k^{\mathrm{T}}Q_2x_k-\sum_{i=k-L_{\max}+1}^{k-L_{\min}}x_i^{\mathrm{T}}Q_2x_i\end{aligned}\tag{3.19}$$

$$
\begin{aligned}
\Delta V_{6k} &= L_{\max}(x_{k+1}-x_k)^{\mathrm{T}}Z_2(x_{k+1}-x_k) - \sum_{i=k-L_{\max}}^{k-1}(x_{i+1}-x_i)^{\mathrm{T}}Z_2(x_{i+1}-x_i) \\
&= L_{\max}[(\varPhi_k - I)x_k - \varPsi_{1(k-n)}Kx_{k-n} - \varPsi_{2(k-n)}Kx_{k-L_k} + \varPsi_{3k}\omega_k]^{\mathrm{T}} \\
&\quad \times Z_2[(\varPhi_k - I)x_k - \varPsi_{1(k-n)}Kx_{k-n} - \varPsi_{2(k-n)}Kx_{k-L_k} + \varPsi_{3k}\omega_k] \\
&\quad - \sum_{i=k-L_{\max}}^{k-1}(x_{i+1}-x_i)^{\mathrm{T}}Z_2(x_{i+1}-x_i)
\end{aligned} \tag{3.20}
$$

结合式 (3.11)~式 (3.13) 和式 (3.15)~式 (3.20)，可得到

$$
\Delta V_k = \Delta V_{1k} + \Delta V_{2k} + \Delta V_{3k} + \Delta V_{4k} + \Delta V_{5k} + \Delta V_{6k} \leqslant \xi_k^{\mathrm{T}}\varLambda\xi_k \tag{3.21}
$$

式中，

$$
\xi_k = \begin{bmatrix} x_k \\ x_{k-n} \\ x_{k-L_k} \\ \omega_k \end{bmatrix}, \quad \varLambda = \begin{bmatrix} \varLambda_{11} & \varLambda_{12} & \varLambda_{13} & \varLambda_{14} \\ * & \varLambda_{22} & \varLambda_{23} & \varLambda_{24} \\ * & * & \varLambda_{33} & \varLambda_{34} \\ * & * & * & \varLambda_{44} \end{bmatrix}
$$

这里，

$$
\begin{aligned}
\varLambda_{11} &= \hat{\varLambda}_{11} + (\varPhi_k - I)^{\mathrm{T}}(nZ_1 + L_{\max}Z_2)(\varPhi_k - I) + \varPhi_k^{\mathrm{T}}P\varPhi_k \\
\hat{\varLambda}_{11} &= -P + Q_1 + (L_{\max} - L_{\min} + 1)Q_2 + nX_1 + L_{\max}X_2 \\
&\quad - Y_1 - Y_1^{\mathrm{T}} - Y_2 - Y_2^{\mathrm{T}} \\
\varLambda_{12} &= Y_1 - \varPhi_k^{\mathrm{T}}P\varPsi_{1(k-n)}K - (\varPhi_k - I)^{\mathrm{T}}(nZ_1 + L_{\max}Z_2)\varPsi_{1(k-n)}K \\
\varLambda_{13} &= Y_2 - \varPhi_k^{\mathrm{T}}P\varPsi_{2(k-n)}K - (\varPhi_k - I)^{\mathrm{T}}(nZ_1 + L_{\max}Z_2)\varPsi_{2(k-n)}K \\
\varLambda_{14} &= \varPhi_k^{\mathrm{T}}P\varPsi_{3k} + (\varPhi_k - I)^{\mathrm{T}}(nZ_1 + L_{\max}Z_2)\varPsi_{3k} \\
\varLambda_{22} &= K^{\mathrm{T}}\varPsi_{1(k-n)}^{\mathrm{T}}P\varPsi_{1(k-n)}K - Q_1 + K^{\mathrm{T}}\varPsi_{1(k-n)}^{\mathrm{T}}(nZ_1 + L_{\max}Z_2)\varPsi_{1(k-n)}K \\
\varLambda_{23} &= K^{\mathrm{T}}\varPsi_{1(k-n)}^{\mathrm{T}}P\varPsi_{2(k-n)}K + K^{\mathrm{T}}\varPsi_{1(k-n)}^{\mathrm{T}}(nZ_1 + L_{\max}Z_2)\varPsi_{2(k-n)}K \\
\varLambda_{24} &= -K^{\mathrm{T}}\varPsi_{1(k-n)}^{\mathrm{T}}P\varPsi_{3k} - K^{\mathrm{T}}\varPsi_{1(k-n)}^{\mathrm{T}}(nZ_1 + L_{\max}Z_2)\varPsi_{3k} \\
\varLambda_{33} &= K^{\mathrm{T}}\varPsi_{2(k-n)}^{\mathrm{T}}P\varPsi_{2(k-n)}K - Q_2 + K^{\mathrm{T}}\varPsi_{2(k-n)}^{\mathrm{T}}(nZ_1 + L_{\max}Z_2)\varPsi_{2(k-n)}K \\
\varLambda_{34} &= -K^{\mathrm{T}}\varPsi_{2(k-n)}^{\mathrm{T}}P\varPsi_{3k} - K^{\mathrm{T}}\varPsi_{2(k-n)}^{\mathrm{T}}(nZ_1 + L_{\max}Z_2)\varPsi_{3k} \\
\varLambda_{44} &= \varPsi_{3k}^{\mathrm{T}}P\varPsi_{3k} + \varPsi_{3k}^{\mathrm{T}}(nZ_1 + L_{\max}Z_2)\varPsi_{3k}
\end{aligned}
$$

在 t_k 时刻，执行器可用的最新控制输入为 $u_k = -Kx_{k-L_k}$，对任意非零的 ξ_k，可得到

$$
\gamma_k^{-1}z_k^{\mathrm{T}}z_k - \gamma_k\omega_k^{\mathrm{T}}\omega_k = \xi_k^{\mathrm{T}}\varXi\xi_k
$$

式中，

$$
\Xi = \begin{bmatrix} \gamma_k^{-1}C_1^{\mathrm{T}}C_1 & 0 & -\gamma_k^{-1}C_1^{\mathrm{T}}D_1K & 0 \\ 0 & 0 & 0 & 0 \\ -\gamma_k^{-1}K^{\mathrm{T}}D_1^{\mathrm{T}}C_1 & 0 & \gamma_k^{-1}K^{\mathrm{T}}D_1^{\mathrm{T}}D_1K & 0 \\ 0 & 0 & 0 & -\gamma_k I \end{bmatrix}
$$

因此，$\gamma_k^{-1}z_k^{\mathrm{T}}z_k - \gamma_k\omega_k^{\mathrm{T}}\omega_k + \Delta V_k \leqslant \xi_k^{\mathrm{T}}\Omega\xi_k$，其中，$\Omega = \Lambda + \Xi$。

下面将证明 $\gamma_k^{-1}z_k^{\mathrm{T}}z_k - \gamma_k\omega_k^{\mathrm{T}}\omega_k + \Delta V_k < 0$，即 $\Omega < 0$。由矩阵 Schur 补可知，$\Omega < 0$ 等价于

$$
\begin{bmatrix} \hat{\Lambda}_{11} & Y_1 & Y_2 & 0 & C_1^{\mathrm{T}} & \Phi_k^{\mathrm{T}} & (\Phi_k - I)^{\mathrm{T}} & (\Phi_k - I)^{\mathrm{T}} \\ * & -Q_1 & 0 & 0 & 0 & -K^{\mathrm{T}}\Psi_{1(k-n)}^{\mathrm{T}} & -K^{\mathrm{T}}\Psi_{1(k-n)}^{\mathrm{T}} & -K^{\mathrm{T}}\Psi_{1(k-n)}^{\mathrm{T}} \\ * & * & -Q_2 & 0 & -K^{\mathrm{T}}D_1^{\mathrm{T}} & -K^{\mathrm{T}}\Psi_{2(k-n)}^{\mathrm{T}} & -K^{\mathrm{T}}\Psi_{2(k-n)}^{\mathrm{T}} & -K^{\mathrm{T}}\Psi_{2(k-n)}^{\mathrm{T}} \\ * & * & * & -\gamma_k I & 0 & \Psi_{3k}^{\mathrm{T}} & \Psi_{3k}^{\mathrm{T}} & \Psi_{3k}^{\mathrm{T}} \\ * & * & * & * & -\gamma_k I & 0 & 0 & 0 \\ * & * & * & * & * & -P^{-1} & 0 & 0 \\ * & * & * & * & * & * & -n^{-1}Z_1^{-1} & 0 \\ * & * & * & * & * & * & * & -L_{\max}^{-1}Z_2^{-1} \end{bmatrix} < 0 \tag{3.22}
$$

对式 (3.22) 前后分别乘以 $\mathrm{diag}(P^{-1}, P^{-1}, P^{-1}, I, I, I, I, I)$ 和 $\mathrm{diag}(P^{-1}, P^{-1}, P^{-1}, I, I, I, I, I)$，定义 $P^{-1} = M$, $Z_1^{-1} = W_1$, $Z_2^{-1} = W_2$, $P^{-1}Q_1P^{-1} = \widetilde{Q}_1$, $P^{-1}Q_2P^{-1} = \widetilde{Q}_2$, $P^{-1}X_1P^{-1} = \widetilde{X}_1$, $P^{-1}X_2P^{-1} = \widetilde{X}_2$, $P^{-1}Y_1P^{-1} = \widetilde{Y}_1$, $P^{-1}Y_2P^{-1} = \widetilde{Y}_2$, $P^{-1}K^{\mathrm{T}} = N$，则式 (3.22) 等价于式 (3.5)。

另外，为保证式 (3.12) 和式 (3.13) 成立，式 (3.14) 应该成立。对式 (3.14) 的第一个和第二个矩阵不等式前后分别乘以 $\mathrm{diag}(P^{-1}, P^{-1})$ 和 $\mathrm{diag}(P^{-1}, P^{-1})$，则式 (3.14) 的第一个和第二个矩阵不等式分别等价于式 (3.6) 和式 (3.7)。因此，如果式 (3.5)~式 (3.7) 成立，则 $\gamma_k^{-1}z_k^{\mathrm{T}}z_k - \gamma_k\omega_k^{\mathrm{T}}\omega_k + \Delta V_k < 0$。

对 $\gamma_k^{-1}z_k^{\mathrm{T}}z_k - \gamma_k\omega_k^{\mathrm{T}}\omega_k + \Delta V_k < 0$ 中的 z_k、ω_k、V_k 从 $k = 0 \to n$ 求和，利用零初始条件，可得到

$$
\sum_{k=0}^{n} ||z_k||^2 < \gamma_k^2 \sum_{k=0}^{n} ||\omega_k||^2 - \gamma_k V_{n+1}
$$

以上不等式对所有 n 都成立，令 $n \to \infty$，可得到 $||z||_2^2 < \gamma_k^2||\omega||_2^2$。

如果扰动输入 $\omega_k = 0$，则式 (3.5)~式 (3.7) 能够保证系统 (3.4) 的渐近稳定性；如果 $\omega_k \neq 0$，则可得到 $||z||_2^2 < \gamma_k^2||\omega||_2^2$。因此，如果式 (3.5)~式 (3.7) 满足，则系统 (3.4) 在控制器增益 $K = N^{\mathrm{T}}M^{-1}$ 时渐近稳定且相应的 H_∞ 范数界为 γ_k。证毕。

注 3.1 式 (3.6) 和式 (3.7) 不是线性矩阵不等式，因此定理 3.1 的条件不能直接求解。然而，利用文献 [15] 中的方法，可以把这个非凸的可行性问题转化为受

线性矩阵不等式约束的优化问题。

定义新变量 U_1 和 U_2 使得 $MW_1^{-1}M \geqslant U_1$，$MW_2^{-1}M \geqslant U_2$，将式 (3.6) 和式 (3.7) 分别用以下两个条件替换：

$$\begin{bmatrix} \widetilde{X}_1 & \widetilde{Y}_1 \\ \widetilde{Y}_1^{\mathrm{T}} & U_1 \end{bmatrix} \geqslant 0, \quad MW_1^{-1}M \geqslant U_1 \tag{3.23}$$

$$\begin{bmatrix} \widetilde{X}_2 & \widetilde{Y}_2 \\ \widetilde{Y}_2^{\mathrm{T}} & U_2 \end{bmatrix} \geqslant 0, \quad MW_2^{-1}M \geqslant U_2 \tag{3.24}$$

由于不等式 $MW_1^{-1}M \geqslant U_1$ 和 $MW_2^{-1}M \geqslant U_2$ 分别等价于 $M^{-1}W_1M^{-1} \leqslant U_1^{-1}$ 和 $M^{-1}W_2M^{-1} \leqslant U_2^{-1}$，所以式 (3.23) 和式 (3.24) 分别等价于

$$\begin{bmatrix} \widetilde{X}_1 & \widetilde{Y}_1 \\ \widetilde{Y}_1^{\mathrm{T}} & U_1 \end{bmatrix} \geqslant 0, \quad \begin{bmatrix} U_1^{-1} & M^{-1} \\ M^{-1} & W_1^{-1} \end{bmatrix} \geqslant 0 \tag{3.25}$$

$$\begin{bmatrix} \widetilde{X}_2 & \widetilde{Y}_2 \\ \widetilde{Y}_2^{\mathrm{T}} & U_2 \end{bmatrix} \geqslant 0, \quad \begin{bmatrix} U_2^{-1} & M^{-1} \\ M^{-1} & W_2^{-1} \end{bmatrix} \geqslant 0 \tag{3.26}$$

则式 (3.6) 和式 (3.7) 可以用以下条件替换：

$$\begin{bmatrix} \widetilde{X}_1 & \widetilde{Y}_1 \\ \widetilde{Y}_1^{\mathrm{T}} & U_1 \end{bmatrix} \geqslant 0, \quad \begin{bmatrix} V_1 & J \\ J & S_1 \end{bmatrix} \geqslant 0, \quad U_1^{-1} = V_1, \quad M^{-1} = J, \quad W_1^{-1} = S_1 \tag{3.27}$$

$$\begin{bmatrix} \widetilde{X}_2 & \widetilde{Y}_2 \\ \widetilde{Y}_2^{\mathrm{T}} & U_2 \end{bmatrix} \geqslant 0, \quad \begin{bmatrix} V_2 & J \\ J & S_2 \end{bmatrix} \geqslant 0, \quad U_2^{-1} = V_2, \quad M^{-1} = J, \quad W_2^{-1} = S_2 \tag{3.28}$$

利用锥补方法 [15]，定理 3.1 中的非凸可行性问题可以转化为以下具有线性矩阵不等式约束的非线性最小化问题：

$$\begin{aligned} & \min \ \mathrm{tr}(MJ + U_1V_1 + U_2V_2 + W_1S_1 + W_2S_2) \\ & \text{满足式(3.5) 以及} \\ & \begin{bmatrix} \widetilde{X}_1 & \widetilde{Y}_1 \\ \widetilde{Y}_1^{\mathrm{T}} & U_1 \end{bmatrix} \geqslant 0, \quad \begin{bmatrix} \widetilde{X}_2 & \widetilde{Y}_2 \\ \widetilde{Y}_2^{\mathrm{T}} & U_2 \end{bmatrix} \geqslant 0, \quad \begin{bmatrix} V_1 & J \\ J & S_1 \end{bmatrix} \geqslant 0 \\ & \begin{bmatrix} V_2 & J \\ J & S_2 \end{bmatrix} \geqslant 0, \quad \begin{bmatrix} M & I \\ I & J \end{bmatrix} \geqslant 0, \quad \begin{bmatrix} U_1 & I \\ I & V_1 \end{bmatrix} \geqslant 0 \\ & \begin{bmatrix} U_2 & I \\ I & V_2 \end{bmatrix} \geqslant 0, \quad \begin{bmatrix} W_1 & I \\ I & S_1 \end{bmatrix} \geqslant 0, \quad \begin{bmatrix} W_2 & I \\ I & S_2 \end{bmatrix} \geqslant 0 \end{aligned} \tag{3.29}$$

式中，函数 $\mathrm{tr}(\cdot)$ 表示求矩阵的迹。

如果式 (3.29) 中最小化问题的解为 $5d_x$(d_x 表示 $x(t)$ 的维数)，即 $\mathrm{tr}(MJ + U_1V_1 + U_2V_2 + W_1S_1 + W_2S_2) = 5d_x$，则定理 3.1 的条件是可解的。事实上，可以修改文献 [15] 中的算法 1 来求解以上问题。类似的算法，可参见文献 [16]。

另外，采样周期 h_k 在 $2l+1$ 个不同的值之间切换，相应地可以得到 $2l+1$ 个 H_∞ 范数界 γ_1，γ_2，$\cdots$，γ_{2l+1}。设

$$\alpha_1\gamma_1+\alpha_2\gamma_2+\cdots+\alpha_{2l+1}\gamma_{2l+1}<\gamma_{\rm sum} \tag{3.30}$$

式中，α_1，α_2，$\cdots$，α_{2l+1} 和 $\gamma_{\rm sum}$ 是预先给定的正标量，且 $\alpha_1,\alpha_2,\cdots,\alpha_{2l+1}$ 应该合适地进行选择以保证系统有更好的 H_∞ 性能。

结合优化问题 (3.29) 和式 (3.5)，给出以下的优化算法。

算法 3.1　(1) 为 $\gamma_{\rm ini}>0$ 选择一个充分大的初始值，使得式 (3.5)、式 (3.29) 和式 (3.30) 有可行解，令 $\gamma_{\rm sum}=\gamma_{\rm ini}$。

(2) 求解可行集 $(M,\widetilde{Q}_1,\widetilde{Q}_2,W_1,W_2,\widetilde{X}_1,\widetilde{X}_2,\widetilde{Y}_1,\widetilde{Y}_2,N,J,U_1,V_1,U_2,V_2,S_1,S_2,\gamma_1,\gamma_2,\cdots,\gamma_{2l+1})^0$ 满足式 (3.5)、式 (3.29) 和式 (3.30)，并令 $j=0$。

(3) 求解以下线性矩阵不等式问题：

$$\begin{aligned}&\min\ {\rm tr}(M^jJ+J^jM+U_1^jV_1+V_1^jU_1+U_2^jV_2+V_2^jU_2\\&\qquad+W_1^jS_1+S_1^jW_1+W_2^jS_2+S_2^jW_2)\\&\text{满足式(3.5)、式(3.29) 和式(3.30)}\end{aligned}$$

令 $M^{j+1}=M$，$J^{j+1}=J$，$U_1^{j+1}=U_1$，$V_1^{j+1}=V_1$，$U_2^{j+1}=U_2$，$V_2^{j+1}=V_2$，$W_1^{j+1}=W_1$，$W_2^{j+1}=W_2$，$S_1^{j+1}=S_1$，$S_2^{j+1}=S_2$。

(4) 如果条件 (3.6) 和条件 (3.7) 满足，则令 $\gamma_{\rm sum}=\gamma_{\rm ini}$，把 $\gamma_{\rm ini}$ 减小一定程度且返回步骤 (2)。如果条件 (3.6) 和条件 (3.7) 在 $j_{\max}$ 步迭代后仍不满足，则退出；否则，令 $j=j+1$ 并转至步骤 (3)。

定理 3.1 给出了进行 H_∞ 控制器设计的充分条件，由于需要用锥补方法进行求解，所以计算量比较大。下面给出另外的方法来求解定理 3.1 的条件。

推论 3.1　对给定的标量 $n>0$、$L_{\max}>0$、$L_{\min}>0$，如果存在对称正定矩阵 M、$\widetilde{Q}_1$、$\widetilde{Q}_2$、$\widetilde{Z}_1$、$\widetilde{Z}_2$，矩阵 $\widetilde{X}_1$、$\widetilde{X}_2$、$\widetilde{Y}_1$、$\widetilde{Y}_2$、N，标量 $\gamma_k>0$，使得以下不等式对 $\varPhi_k$、$\varPsi_{1(k-n)}$、$\varPsi_{2(k-n)}$ 和 $\varPsi_{3k}$ 的每个可能的值都成立：

$$\begin{bmatrix}\varLambda_{11}&\widetilde{Y}_1&\widetilde{Y}_2&0&MC_1^{\rm T}&M\varPhi_k^{\rm T}&M(\varPhi_k-I)^{\rm T}&M(\varPhi_k-I)^{\rm T}\\ *&-\widetilde{Q}_1&0&0&0&-N\varPsi_{1(k-n)}^{\rm T}&-N\varPsi_{1(k-n)}^{\rm T}&-N\varPsi_{1(k-n)}^{\rm T}\\ *&*&-\widetilde{Q}_2&0&-ND_1^{\rm T}&-N\varPsi_{2(k-n)}^{\rm T}&-N\varPsi_{2(k-n)}^{\rm T}&-N\varPsi_{2(k-n)}^{\rm T}\\ *&*&*&-\gamma_kI&0&\varPsi_{3k}^{\rm T}&\varPsi_{3k}^{\rm T}&\varPsi_{3k}^{\rm T}\\ *&*&*&*&-\gamma_kI&0&0&0\\ *&*&*&*&*&-M&0&0\\ *&*&*&*&*&*&\varLambda_{77}&0\\ *&*&*&*&*&*&*&\varLambda_{88}\end{bmatrix}<0 \tag{3.31}$$

$$\begin{bmatrix} \widetilde{X}_1 & \widetilde{Y}_1 \\ \widetilde{Y}_1^{\mathrm{T}} & \widetilde{Z}_1 \end{bmatrix} \geqslant 0, \quad \begin{bmatrix} \widetilde{X}_2 & \widetilde{Y}_2 \\ \widetilde{Y}_2^{\mathrm{T}} & \widetilde{Z}_2 \end{bmatrix} \geqslant 0 \tag{3.32}$$

式中，

$$\begin{aligned} \varLambda_{11} &= -M + \widetilde{Q}_1 + (L_{\max} - L_{\min} + 1)\widetilde{Q}_2 + n\widetilde{X}_1 + L_{\max}\widetilde{X}_2 \\ &\quad -\widetilde{Y}_1 - \widetilde{Y}_1^{\mathrm{T}} - \widetilde{Y}_2 - \widetilde{Y}_2^{\mathrm{T}} \\ \varLambda_{77} &= n^{-1}(\widetilde{Z}_1 - 2M) \\ \varLambda_{88} &= L_{\max}^{-1}(\widetilde{Z}_2 - 2M) \end{aligned} \tag{3.33}$$

则在控制律 $u_k = -Kx_k, K = N^{\mathrm{T}}M^{-1}$ 的作用下，系统 (3.4) 渐近稳定且相应的 H_∞ 范数界为 γ_k。

证明　为简单起见，证明略。

事实上，如果采样周期为常数，即 $h_k = h$，则仍可以讨论系统 (3.4) 的 H_∞ 控制器设计问题，具体设计方法如下。

定理 3.2　对给定的标量 $n>0$、$L_{\max}>0$、$L_{\min}>0$，如果存在对称正定矩阵 M、$\widetilde{Q}_1$、$\widetilde{Q}_2$、W_1、W_2，矩阵 $\widetilde{X}_1$、$\widetilde{X}_2$、$\widetilde{Y}_1$、$\widetilde{Y}_2$、N，以及标量 $\gamma>0$，使得以下不等式对 $\widetilde{\varPsi}_{1(k-n)}$、$\widetilde{\varPsi}_{2(k-n)}$ 的每个可能的值都成立 ($\widetilde{\varPsi}_{1(k-n)} = \int_0^{h-\varepsilon_{k-n}} \mathrm{e}^{As}\mathrm{d}sB_1$, $\widetilde{\varPsi}_{2(k-n)} = \int_{h-\varepsilon_{k-n}}^{h} \mathrm{e}^{As}\mathrm{d}sB_1$, $\varepsilon_{k-n} \in \{0,\ h/l,\ 2h/l,\ \cdots,\ h\}$)：

$$\begin{bmatrix} \varLambda_{11} & \widetilde{Y}_1 & \widetilde{Y}_2 & 0 & MC_1^{\mathrm{T}} & M\varPhi^{\mathrm{T}} & M(\varPhi - I)^{\mathrm{T}} & M(\varPhi - I)^{\mathrm{T}} \\ * & -\widetilde{Q}_1 & 0 & 0 & 0 & -N\widetilde{\varPsi}_{1(k-n)}^{\mathrm{T}} & -N\widetilde{\varPsi}_{1(k-n)}^{\mathrm{T}} & -N\widetilde{\varPsi}_{1(k-n)}^{\mathrm{T}} \\ * & * & -\widetilde{Q}_2 & 0 & -ND_1^{\mathrm{T}} & -N\widetilde{\varPsi}_{2(k-n)}^{\mathrm{T}} & -N\widetilde{\varPsi}_{2(k-n)}^{\mathrm{T}} & -N\widetilde{\varPsi}_{2(k-n)}^{\mathrm{T}} \\ * & * & * & -\gamma I & 0 & \varPsi_3^{\mathrm{T}} & \varPsi_3^{\mathrm{T}} & \varPsi_3^{\mathrm{T}} \\ * & * & * & * & -\gamma I & 0 & 0 & 0 \\ * & * & * & * & * & -M & 0 & 0 \\ * & * & * & * & * & * & -n^{-1}W_1 & 0 \\ * & * & * & * & * & * & * & -L_{\max}^{-1}W_2 \end{bmatrix} < 0 \tag{3.34}$$

$$\begin{bmatrix} \widetilde{X}_1 & \widetilde{Y}_1 \\ \widetilde{Y}_1^{\mathrm{T}} & MW_1^{-1}M \end{bmatrix} \geqslant 0, \quad \begin{bmatrix} \widetilde{X}_2 & \widetilde{Y}_2 \\ \widetilde{Y}_2^{\mathrm{T}} & MW_2^{-1}M \end{bmatrix} \geqslant 0 \tag{3.35}$$

式中，

$$\begin{aligned} \varLambda_{11} &= -M + \widetilde{Q}_1 + (L_{\max} - L_{\min} + 1)\widetilde{Q}_2 + n\widetilde{X}_1 + L_{\max}\widetilde{X}_2 \\ &\quad -\widetilde{Y}_1 - \widetilde{Y}_1^{\mathrm{T}} - \widetilde{Y}_2 - \widetilde{Y}_2^{\mathrm{T}} \\ \varPhi &= \mathrm{e}^{Ah} \\ \varPsi_3 &= \int_0^h \mathrm{e}^{As}\mathrm{d}sB_2 \end{aligned} \tag{3.36}$$

则在控制律 $u_k = -Kx_k, K = N^{\mathrm{T}}M^{-1}$ 的作用下, 常数采样周期系统 (3.4) 渐近稳定且相应的 H_∞ 范数界为 γ。

结合定理 3.2 和式 (3.29) 中的锥补方法，也可以给出优化系统 (3.4) 的 H_∞ 性能的算法，此处略。

从定理 3.2 和推论 3.1，可以得到推论 3.2。

推论 3.2　对给定的标量 $n>0$、$L_{\max}>0$、$L_{\min}>0$，如果存在对称正定矩阵 M、$\widetilde{Q}_1$、$\widetilde{Q}_2$、$\widetilde{Z}_1$、$\widetilde{Z}_2$，矩阵 $\widetilde{X}_1$、$\widetilde{X}_2$、$\widetilde{Y}_1$、$\widetilde{Y}_2$、N，标量 $\gamma>0$，使得以下不等式对 $\widetilde{\Psi}_{1(k-n)}$、$\widetilde{\Psi}_{2(k-n)}$ 的每个可能的值都成立 ($\widetilde{\Psi}_{1(k-n)}$、$\widetilde{\Psi}_{2(k-n)}$ 同定理 3.2)：

$$\begin{bmatrix} \Lambda_{11} & \widetilde{Y}_1 & \widetilde{Y}_2 & 0 & MC_1^{\mathrm{T}} & M\Phi^{\mathrm{T}} & M(\Phi-I)^{\mathrm{T}} & M(\Phi-I)^{\mathrm{T}} \\ * & -\widetilde{Q}_1 & 0 & 0 & 0 & -N\widetilde{\Psi}_{1(k-n)}^{\mathrm{T}} & -N\widetilde{\Psi}_{1(k-n)}^{\mathrm{T}} & -N\widetilde{\Psi}_{1(k-n)}^{\mathrm{T}} \\ * & * & -\widetilde{Q}_2 & 0 & -ND_1^{\mathrm{T}} & -N\widetilde{\Psi}_{2(k-n)}^{\mathrm{T}} & -N\widetilde{\Psi}_{2(k-n)}^{\mathrm{T}} & -N\widetilde{\Psi}_{2(k-n)}^{\mathrm{T}} \\ * & * & * & -\gamma I & 0 & \Psi_3^{\mathrm{T}} & \Psi_3^{\mathrm{T}} & \Psi_3^{\mathrm{T}} \\ * & * & * & * & -\gamma I & 0 & 0 & 0 \\ * & * & * & * & * & -M & 0 & 0 \\ * & * & * & * & * & * & \Lambda_{77} & 0 \\ * & * & * & * & * & * & * & \Lambda_{88} \end{bmatrix} < 0 \tag{3.37}$$

$$\begin{bmatrix} \widetilde{X}_1 & \widetilde{Y}_1 \\ \widetilde{Y}_1^{\mathrm{T}} & \widetilde{Z}_1 \end{bmatrix} \geqslant 0, \quad \begin{bmatrix} \widetilde{X}_2 & \widetilde{Y}_2 \\ \widetilde{Y}_2^{\mathrm{T}} & \widetilde{Z}_2 \end{bmatrix} \geqslant 0 \tag{3.38}$$

式中，Λ_{11}、Φ、Ψ_3 同定理 3.2，

$$\Lambda_{77} = n^{-1}(\widetilde{Z}_1 - 2M)$$
$$\Lambda_{88} = L_{\max}^{-1}(\widetilde{Z}_2 - 2M)$$

则在控制律 $u_k = -Kx_k$，$K = N^{\mathrm{T}}M^{-1}$ 的作用下，常数采样周期系统 (3.4) 渐近稳定且相应的 H_∞ 范数界为 γ。

注 3.2　为表述方便，把不等式 (3.5) 和不等式 (3.34) 的不等号左侧内容分别记为 Θ 和 Ω。如果 $L_{\max}$ 变为 $L_{\max}+1$，则不等式 (3.5) 和不等式 (3.34) 的左侧可以分别写为 $\Theta+\widetilde{\Theta}$ 和 $\Omega+\widetilde{\Omega}$，其中，$\widetilde{\Theta}=\widetilde{\Omega}=\mathrm{diag}(\widetilde{Q}_2+\widetilde{X}_2, 0, 0, 0, 0, 0, 0, \dfrac{W_2}{L_{\max}(L_{\max}+1)})$。由 $\widetilde{Q}_2$、$\widetilde{X}_2$、W_2 的定义可以看出，$\widetilde{\Theta}=\widetilde{\Omega}\geqslant 0$。因此，系统 (3.4) 的 H_∞ 性能将会随 $L_{\max}$ 的增大而降低。

3.2.3 数值算例

为说明本节控制器设计方法的有效性，下面给出两个算例。

算例 3.1　时变采样周期网络控制系统的 H_∞ 控制器设计。考虑如下开环不稳定系统：

$$\begin{cases} \dot{x}(t)=\begin{bmatrix}-1.8 & -5.8\\ -2.0 & -5.6\end{bmatrix}x(t)+\begin{bmatrix}1.5\\ -8.6\end{bmatrix}u(t)+\begin{bmatrix}6.6\\ 3.3\end{bmatrix}\omega(t)\\ z(t)=[-1.4\quad -0.12]x(t)-0.54u(t)\end{cases} \tag{3.39}$$

设理想的采样周期长度为 $h=0.11$s，且采样周期 h_k 在 0.1s、0.11s、0.12s 之间任意切换。在时间段 $[t_k,\ t_{k+1}]$ 内，只有控制输入 u_{k-n} 成功地到达执行器。不失一般性，设 $n=1$，ε_{k-n} 在 $0.3h_k$ 和 $0.6h_k$ 间切换，$L_{\min}=2$，标量 α_1、α_2、α_3 的值分别为 0.8、0.5、0.2。

设对应于采样周期 0.1s、0.11s、0.12s 的 H_∞ 范数界分别为 γ_1、γ_2、γ_3。求解优化问题 (3.29)，可以得到对应于不同 $L_{\max}$ 的 H_∞ 范数界 (表 3.1)。从表 3.1 可以看出，系统的 H_∞ 性能随 $L_{\max}$ 的增大而降低；另外，本节提出的控制器设计方法可以保证当系统的采样周期等于理想的采样周期时系统有较好的 H_∞ 性能。表 3.2 给出了 $L_{\max}=L_{\min}=4$ 时相对于不同的 n 所得到的 H_∞ 范数界，可以看出系统的 H_∞ 性能也会随 n 的增大而降低。

表 3.1　H_∞ 范数界 ($n=1$)

范数界	$L_{\max}=2$ ($\gamma_{\text{sum}}=6.4$)	$L_{\max}=3$ ($\gamma_{\text{sum}}=11$)	$L_{\max}=4$ ($\gamma_{\text{sum}}=18.5$)
γ_1	4.1304	7.0354	11.6196
γ_2	4.0773	6.8794	11.3531
γ_3	5.2852	9.6600	17.6387

表 3.2　H_∞ 范数界 ($L_{\max}=L_{\min}=4$)

范数界	$n=1$ ($\gamma_{\text{sum}}=9.7$)	$n=2$ ($\gamma_{\text{sum}}=11.8$)
γ_1	6.2434	7.5505
γ_2	6.1577	7.4970
γ_3	8.1321	10.0555

设系统的初始状态为 $x_0=[1\quad -1]^{\mathrm{T}}$，且基于对象状态 $x_0, x_2, x_4, \cdots$ 得到的控制输入被成功地传到了执行器，而基于对象状态 $x_1, x_3, x_5, \cdots$ 得到的控制输入丢失。设在时间段 [0s, 4s)、[4s, 6.2s) 和 [6.2s, 11.96s)，采样周期分别为 0.1s、0.11s 和 0.12s，且 $\varepsilon_{k-n}=0.3h_k$。在时间段 [2s, 4s)，扰动输入 $\sin j$ $(j=1, 2, \cdots, 20)$ 被加入到系统中；在时间段 [4s, 6.2s)，扰动输入 $\sin j$ $(j=1, 2, \cdots, 20)$ 被加入到系统中；在时间段 [6.2s, 8.6s)，扰动输入 $\sin j$ $(j=1, 2, \cdots, 20)$ 被加入到系统中。求解具有线性矩阵不等式约束 (3.5) 的优化问题 (3.29)，可以得到控制器增益 $K=[0.1753\quad 0.0059]$。图 3.2 给出了系统的状态响应及受控输出曲线，其中，x_1 和

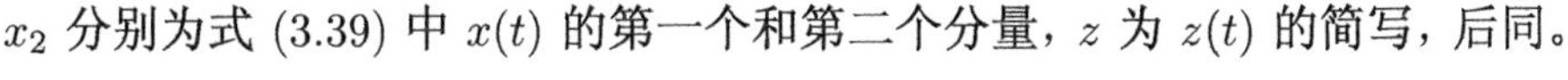
x_2 分别为式 (3.39) 中 $x(t)$ 的第一个和第二个分量，z 为 $z(t)$ 的简写，后同。

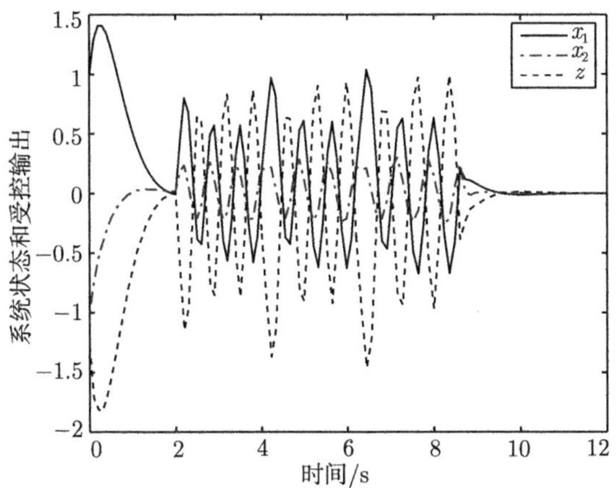

图 3.2　系统 (3.39) 的状态响应和受控输出曲线

表 3.1、表 3.2 和图 3.2 说明了本节为具有时变采样周期、长时延及丢包的网络控制系统所设计的 H_∞ 控制器是有效的。

算例 3.2　计算常数采样周期网络控制系统丢包数的上界。考虑线性时不变系统：

$$\dot{x}(t)=\begin{bmatrix}-1 & -0.01\\ 1 & 0.02\end{bmatrix}x(t)+\begin{bmatrix}0.4\\ 0.1\end{bmatrix}u(t) \tag{3.40}$$

设系统采样周期为常数，且 $h=0.2\mathrm{s}$，扰动输入 $\omega(t)=0$。用定理 3.2 中的方法设计系统的控制器，设在时间段 $[t_k,\ t_{k+1}]$ 内，只有控制输入 u_{k-n} 成功地到达执行器，且 $n=1$，ε_{k-n} 在 $0.3h$ 和 $0.6h$ 间切换，$L_{\min}=2$。如果用文献 [17] 中的定理 2 来设计控制器，则文献 [17] 中式 (1) 的矩阵 A 和 B 分别为 $A=\begin{bmatrix}0.8186 & -0.0018\\ 0.1816 & 1.0038\end{bmatrix}$，$B=\begin{bmatrix}0.0725\\ 0.0275\end{bmatrix}$。表 3.3 列出了容许的丢包数的上界 (记为 $d_{\max}$)，可见定理 3.2 比文献 [4] 和文献 [17] 中相应的结果有更小的保守性。

表 3.3　连续丢包数的上界

方法	定理 1[4]	定理 2[17]	定理 3.2
$d_{\max}$	2	0	16

3.3　被动时变采样周期网络控制系统综合

本节讨论被动时变采样周期网络控制系统的 H_∞ 性能优化和控制器设计问题，

时延、丢包被充分地考虑，且执行器在一个采样周期内可能会收到两个或两个以上的控制输入。在设计过程中由于应用了 Jensen 不等式 (见引理 2.5) 且没有引入任何冗余矩阵，所以计算量减少。

3.3.1　问题描述

本节考虑连续时间网络控制系统 (3.1)。时变采样周期 h_k 的定义同 3.2 节。设 $\bar{\sigma}$ 是标量且 $-h \leqslant \bar{\sigma} \leqslant h$，$l$ 是正整数且 $l > 1$，定义 $\vartheta_1 = \{h, h \pm \bar{\sigma}/l, h \pm 2\bar{\sigma}/l, \cdots, h \pm \bar{\sigma}\}$。本节中，假设采样周期 $h_k \in \vartheta_1$，即 h_k 在有限集 ϑ_1 内切换。

图 3.3 为执行器在一个采样周期内收到两个控制输入的时变采样周期网络控制系统信号传输示意图，其中带箭头的虚线表示相应的控制输入丢失，而不带箭头的虚线表示理想状态下的采样时刻。从图 3.3 可以看出，传感器的实际采样周期在理想采样周期上下发生了波动。

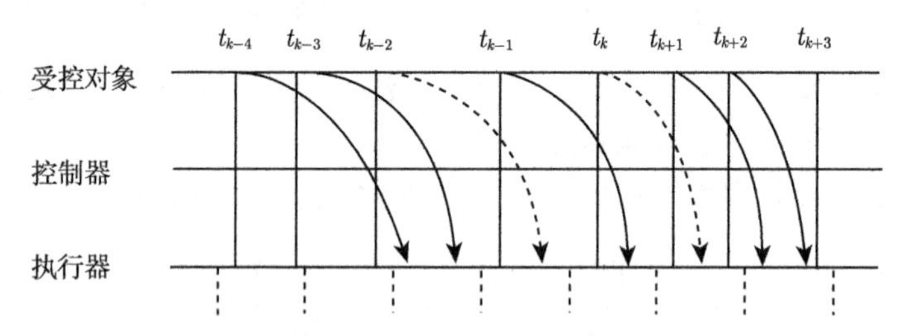

图 3.3　时变采样周期网络控制系统信号传输示意图

下面，将给出执行器在一个采样周期内收到两个控制输入时系统的离散时间模型。执行器在一个采样周期内收到两个以上控制输入的情况将在后续小节中讨论。

设 u_{k-l_k} 是在 t_k 时刻执行器可用的最新控制输入，在采样周期 $[t_k,\ t_{k+1}]$ 内，控制输入 u_{k-r_k} 和 $u_{k-\rho_k}$ 分别在 $t_k + \varepsilon_{k1}$ 和 $t_k + \varepsilon_{k2}$ 时到达执行器，其中，$\varepsilon_{k1} \in [0,\ h_k]$，$\varepsilon_{k2} \in [0,\ h_k]$，$\varepsilon_{k1} \leqslant \varepsilon_{k2}$。本节中，假设 $l_m \leqslant l_k \leqslant l_M$，$r_m \leqslant r_k \leqslant r_M$，$\rho_m \leqslant \rho_k \leqslant \rho_M$，$\varepsilon_{k1}$ 和 ε_{k2} 在有限集 ϑ_2 内切换，其中，$\vartheta_2 = \{\beta | \beta \in [0,\ h_k]\}$。定义 n 为连续丢包数的最大值，则 $l_M = r_M + n + 1$。另外，由于控制输入 u_{k-r_k} 和 $u_{k-\rho_k}$ 的时延可能小于一个采样周期，则 $r_m = \rho_m = 0$。

对具有长时延、丢包及时变采样周期的网络控制系统而言，如果执行器在采样周期 $[t_k,\ t_{k+1}]$ 内收到控制输入 u_{k-r_k} 和 $u_{k-\rho_k}$，则系统 (3.1) 的离散时间表达式如下：

$$\begin{cases} x_{k+1} = \Phi_k x_k + \Gamma_{l_k}^k u_{k-l_k} + \Gamma_{r_k}^k u_{k-r_k} + \Gamma_{\rho_k}^k u_{k-\rho_k} + \widetilde{\Gamma}_k \omega_k \\ z_k = C_1 x_k + D_1 u_k \end{cases} \tag{3.41}$$

式中，$\varPhi_k = \mathrm{e}^{Ah_k}$；$\varGamma_{l_k}^k = \int_0^{\varepsilon_{k1}} \mathrm{e}^{A(h_k-s)}\mathrm{d}sB_1$；$\varGamma_{r_k}^k = \int_{\varepsilon_{k1}}^{\varepsilon_{k2}} \mathrm{e}^{A(h_k-s)}\mathrm{d}sB_1$；$\varGamma_{\rho_k}^k = \int_{\varepsilon_{k2}}^{h_k} \mathrm{e}^{A(h_k-s)}\mathrm{d}sB_1$；$\widetilde{\varGamma}_k = \int_0^{h_k} \mathrm{e}^{As}\mathrm{d}sB_2$；$u_k = -Kx_k$。

分别定义 $\varPhi_k$、$-\varGamma_{l_k}^k K$、$-\varGamma_{r_k}^k K$、$-\varGamma_{\rho_k}^k K$、$\widetilde{\varGamma}_k$ 为 $\varPsi_1$、$\varPsi_2$、$\varPsi_3$、$\varPsi_4$、$\varPsi_5$。在 t_k 时刻，执行器可用的最新控制输入为 $-Kx_{k-l_k}$，则系统 (3.41) 可以写为

$$\begin{cases} x_{k+1} = \varPsi_1 x_k + \varPsi_2 x_{k-l_k} + \varPsi_3 x_{k-r_k} + \varPsi_4 x_{k-\rho_k} + \varPsi_5 \omega_k \\ z_k = C_1 x_k - D_1 K x_{k-l_k} \end{cases} \tag{3.42}$$

系统 (3.1) 的 H_∞ 控制器设计问题可以转化为系统 (3.42) 的相应问题。

3.3.2　H_∞ 性能优化与控制器设计

下面基于模型 (3.42) 讨论系统的 H_∞ 性能优化与控制器增益 K 的设计问题，以使系统 (3.42) 渐近稳定且相应的 H_∞ 范数界为 γ_k。

定理 3.3　对给定的正标量 l_M、l_m、r_M、r_m、ρ_M、ρ_m，如果存在对称正定矩阵 N、$\widetilde{Q}_i\ (i = 1,2,\cdots,7)$、$\widetilde{R}_j\ (j = 1,2,\cdots,5)$ 和矩阵 V，且标量 $\gamma_k > 0$，使得以下不等式对 h_k、ε_{k1}、ε_{k2} 的每个可能的值都成立 $(h_k \in \vartheta_1,\ \varepsilon_{k1} \in \vartheta_2,\ \varepsilon_{k2} \in \vartheta_2)$：

$$\left[\begin{array}{cccccccccc}
\widetilde{\varLambda}_{11} & 0 & \widetilde{R}_3 & \widetilde{R}_1 & 0 & \widetilde{R}_4 & 0 & \widetilde{R}_5 & 0 & N\varPhi_k^{\mathrm{T}} \\
* & \widetilde{\varLambda}_{22} & \widetilde{R}_2 & \widetilde{R}_2 & 0 & 0 & 0 & 0 & 0 & -V\varGamma_{l_k}^{k\mathrm{T}} \\
* & * & \widetilde{\varLambda}_{33} & 0 & 0 & 0 & 0 & 0 & 0 & 0 \\
* & * & * & \widetilde{\varLambda}_{44} & 0 & 0 & 0 & 0 & 0 & 0 \\
* & * & * & * & -\widetilde{Q}_4 & 0 & 0 & 0 & 0 & -V\varGamma_{r_k}^{k\mathrm{T}} \\
* & * & * & * & * & \widetilde{\varLambda}_{66} & 0 & 0 & 0 & 0 \\
* & * & * & * & * & * & -\widetilde{Q}_6 & 0 & 0 & -V\varGamma_{\rho_k}^{k\mathrm{T}} \\
* & * & * & * & * & * & * & \widetilde{\varLambda}_{88} & 0 & 0 \\
* & * & * & * & * & * & * & * & -\gamma_k I & \widetilde{\varGamma}_k^{\mathrm{T}} \\
* & * & * & * & * & * & * & * & * & -N \\
* & * & * & * & * & * & * & * & * & * \\
* & * & * & * & * & * & * & * & * & * \\
* & * & * & * & * & * & * & * & * & * \\
* & * & * & * & * & * & * & * & * & * \\
* & * & * & * & * & * & * & * & * & * \\
* & * & * & * & * & * & * & * & * & *
\end{array}\right.$$

$$
\left.\begin{matrix}
N\Phi_k^{\mathrm{T}}-N & N\Phi_k^{\mathrm{T}}-N & N\Phi_k^{\mathrm{T}}-N & N\Phi_k^{\mathrm{T}}-N & N\Phi_k^{\mathrm{T}}-N & NC_1^{\mathrm{T}} \\
-V\Gamma_{l_k}^{k\,\mathrm{T}} & -V\Gamma_{l_k}^{k\,\mathrm{T}} & -V\Gamma_{l_k}^{k\,\mathrm{T}} & -V\Gamma_{l_k}^{k\,\mathrm{T}} & -V\Gamma_{l_k}^{k\,\mathrm{T}} & -VD_1^{\mathrm{T}} \\
0 & 0 & 0 & 0 & 0 & 0 \\
0 & 0 & 0 & 0 & 0 & 0 \\
-V\Gamma_{r_k}^{k\,\mathrm{T}} & -V\Gamma_{r_k}^{k\,\mathrm{T}} & -V\Gamma_{r_k}^{k\,\mathrm{T}} & -V\Gamma_{r_k}^{k\,\mathrm{T}} & -V\Gamma_{r_k}^{k\,\mathrm{T}} & 0 \\
0 & 0 & 0 & 0 & 0 & 0 \\
-V\Gamma_{\rho_k}^{k\,\mathrm{T}} & -V\Gamma_{\rho_k}^{k\,\mathrm{T}} & -V\Gamma_{\rho_k}^{k\,\mathrm{T}} & -V\Gamma_{\rho_k}^{k\,\mathrm{T}} & -V\Gamma_{\rho_k}^{k\,\mathrm{T}} & 0 \\
0 & 0 & 0 & 0 & 0 & 0 \\
\widetilde{\Gamma}_k^{\mathrm{T}} & \widetilde{\Gamma}_k^{\mathrm{T}} & \widetilde{\Gamma}_k^{\mathrm{T}} & \widetilde{\Gamma}_k^{\mathrm{T}} & \widetilde{\Gamma}_k^{\mathrm{T}} & 0 \\
0 & 0 & 0 & 0 & 0 & 0 \\
\widetilde{\Lambda}_{11,11} & 0 & 0 & 0 & 0 & 0 \\
* & \widetilde{\Lambda}_{12,12} & 0 & 0 & 0 & 0 \\
* & * & \widetilde{\Lambda}_{13,13} & 0 & 0 & 0 \\
* & * & * & \widetilde{\Lambda}_{14,14} & 0 & 0 \\
* & * & * & * & \widetilde{\Lambda}_{15,15} & 0 \\
* & * & * & * & * & -\gamma_k I
\end{matrix}\right] < 0 \tag{3.43}
$$

式中，

$$
\begin{aligned}
\widetilde{\Lambda}_{11} &= -N+(l_M-l_m+1)\widetilde{Q}_1+\widetilde{Q}_2+\widetilde{Q}_3+(r_M-r_m+1)\widetilde{Q}_4 \\
&\quad +\widetilde{Q}_5+(\rho_M-\rho_m+1)\widetilde{Q}_6+\widetilde{Q}_7-\widetilde{R}_1-\widetilde{R}_3-\widetilde{R}_4-\widetilde{R}_5 \\
\widetilde{\Lambda}_{22} &= -\widetilde{Q}_1-2\widetilde{R}_2 \\
\widetilde{\Lambda}_{33} &= -\widetilde{Q}_3-\widetilde{R}_2-\widetilde{R}_3 \\
\widetilde{\Lambda}_{44} &= -\widetilde{Q}_2-\widetilde{R}_1-\widetilde{R}_2 \\
\widetilde{\Lambda}_{66} &= -\widetilde{Q}_5-\widetilde{R}_4 \\
\widetilde{\Lambda}_{88} &= -\widetilde{Q}_7-\widetilde{R}_5 \\
\widetilde{\Lambda}_{11,11} &= l_M^{-2}(\widetilde{R}_1-2N) \\
\widetilde{\Lambda}_{12,12} &= (l_M-l_m)^{-2}(\widetilde{R}_2-2N) \\
\widetilde{\Lambda}_{13,13} &= l_m^{-2}(\widetilde{R}_3-2N) \\
\widetilde{\Lambda}_{14,14} &= r_M^{-2}(\widetilde{R}_4-2N) \\
\widetilde{\Lambda}_{15,15} &= \rho_M^{-2}(\widetilde{R}_5-2N)
\end{aligned}
$$

则在控制律 $u_k=-Kx_k, K=V^{\mathrm{T}}N^{-1}$ 的作用下，系统 (3.42) 渐近稳定且相应的 H_∞ 范数界为 γ_k。

证明　考虑以下李雅普诺夫泛函：

$$V_k = \sum_{s=1}^{16} V_{sk} \tag{3.44}$$

式中，

$$\begin{aligned}
V_{1k} &= x_k^{\mathrm{T}} P x_k \\
V_{2k} &= \sum_{i=k-l_k}^{k-1} x_i^{\mathrm{T}} Q_1 x_i \\
V_{3k} &= \sum_{i=-l_M+1}^{-l_m} \sum_{j=k+i}^{k-1} x_j^{\mathrm{T}} Q_1 x_j \\
V_{4k} &= \sum_{i=k-l_M}^{k-1} x_i^{\mathrm{T}} Q_2 x_i \\
V_{5k} &= \sum_{i=k-l_m}^{k-1} x_i^{\mathrm{T}} Q_3 x_i \\
V_{6k} &= l_M \sum_{i=-l_M}^{-1} \sum_{j=k+i}^{k-1} \eta_j^{\mathrm{T}} R_1 \eta_j \\
V_{7k} &= (l_M - l_m) \sum_{i=-l_M}^{-l_m-1} \sum_{j=k+i}^{k-1} \eta_j^{\mathrm{T}} R_2 \eta_j \\
V_{8k} &= l_m \sum_{i=-l_m}^{-1} \sum_{j=k+i}^{k-1} \eta_j^{\mathrm{T}} R_3 \eta_j \\
V_{9k} &= \sum_{i=k-r_k}^{k-1} x_i^{\mathrm{T}} Q_4 x_i \\
V_{10k} &= \sum_{i=-r_M+1}^{-r_m} \sum_{j=k+i}^{k-1} x_j^{\mathrm{T}} Q_4 x_j \\
V_{11k} &= \sum_{i=k-r_M}^{k-1} x_i^{\mathrm{T}} Q_5 x_i \\
V_{12k} &= r_M \sum_{i=-r_M}^{-1} \sum_{j=k+i}^{k-1} \eta_j^{\mathrm{T}} R_4 \eta_j \\
V_{13k} &= \sum_{i=k-\rho_k}^{k-1} x_i^{\mathrm{T}} Q_6 x_i
\end{aligned} \tag{3.45}$$

$$V_{14k} = \sum_{i=-\rho_M+1}^{-\rho_m} \sum_{j=k+i}^{k-1} x_j^{\mathrm{T}} Q_6 x_j$$

$$V_{15k} = \sum_{i=k-\rho_M}^{k-1} x_i^{\mathrm{T}} Q_7 x_i$$

$$V_{16k} = \rho_M \sum_{i=-\rho_M}^{-1} \sum_{j=k+i}^{k-1} \eta_j^{\mathrm{T}} R_5 \eta_j$$

$P, Q_1, Q_2, \cdots, Q_7, R_1, R_2, \cdots, R_5$ 是对称正定矩阵且 $\eta_j = x_{j+1} - x_j$。

由引理 2.5 可以得到

$$\begin{aligned} -l_M \sum_{i=k-l_M}^{k-1} \eta_i^{\mathrm{T}} R_1 \eta_i &\leqslant - \sum_{i=k-l_M}^{k-1} \eta_i^{\mathrm{T}} R_1 \sum_{i=k-l_M}^{k-1} \eta_i \\ &= -(x_k - x_{k-l_M})^{\mathrm{T}} R_1 (x_k - x_{k-l_M}) \end{aligned} \tag{3.46}$$

$$\begin{aligned} -(l_M - l_m) \sum_{i=k-l_M}^{k-l_m-1} \eta_i^{\mathrm{T}} R_2 \eta_i &= -(l_M - l_m) \sum_{i=k-l_k}^{k-l_m-1} \eta_i^{\mathrm{T}} R_2 \eta_i \\ &\quad - (l_M - l_m) \sum_{i=k-l_M}^{k-l_k-1} \eta_i^{\mathrm{T}} R_2 \eta_i \\ &\leqslant - \sum_{i=k-l_k}^{k-l_m-1} \eta_i^{\mathrm{T}} R_2 \sum_{i=k-l_k}^{k-l_m-1} \eta_i \\ &\quad - \sum_{i=k-l_M}^{k-l_k-1} \eta_i^{\mathrm{T}} R_2 \sum_{i=k-l_M}^{k-l_k-1} \eta_i \\ &= -(x_{k-l_m} - x_{k-l_k})^{\mathrm{T}} R_2 (x_{k-l_m} - x_{k-l_k}) \\ &\quad - (x_{k-l_k} - x_{k-l_M})^{\mathrm{T}} R_2 (x_{k-l_k} - x_{k-l_M}) \end{aligned} \tag{3.47}$$

$$\begin{aligned} -l_m \sum_{i=k-l_m}^{k-1} \eta_i^{\mathrm{T}} R_3 \eta_i &\leqslant - \sum_{i=k-l_m}^{k-1} \eta_i^{\mathrm{T}} R_3 \sum_{i=k-l_m}^{k-1} \eta_i \\ &= -(x_k - x_{k-l_m})^{\mathrm{T}} R_3 (x_k - x_{k-l_m}) \end{aligned} \tag{3.48}$$

$$\begin{aligned} -r_M \sum_{i=k-r_M}^{k-1} \eta_i^{\mathrm{T}} R_4 \eta_i &\leqslant - \sum_{i=k-r_M}^{k-1} \eta_i^{\mathrm{T}} R_4 \sum_{i=k-r_M}^{k-1} \eta_i \\ &= -(x_k - x_{k-r_M})^{\mathrm{T}} R_4 (x_k - x_{k-r_M}) \end{aligned} \tag{3.49}$$

$$
\begin{aligned}
-\rho_M \sum_{i=k-\rho_M}^{k-1} \eta_i^{\mathrm{T}} R_5 \eta_i &\leqslant - \sum_{i=k-\rho_M}^{k-1} \eta_i^{\mathrm{T}} R_5 \sum_{i=k-\rho_M}^{k-1} \eta_i \\
&= -(x_k - x_{k-\rho_M})^{\mathrm{T}} R_5 (x_k - x_{k-\rho_M})
\end{aligned} \tag{3.50}
$$

定义 $\Delta V_k = V_{k+1} - V_k$，则

$$
\Delta V_{1k} = x_{k+1}^{\mathrm{T}} P x_{k+1} - x_k^{\mathrm{T}} P x_k \tag{3.51}
$$

$$
\begin{aligned}
\Delta V_{2k} =& \sum_{i=k-l_{k+1}+1}^{k} x_i^{\mathrm{T}} Q_1 x_i - \sum_{i=k-l_k}^{k-1} x_i^{\mathrm{T}} Q_1 x_i \\
=& x_k^{\mathrm{T}} Q_1 x_k + \sum_{i=k-l_{k+1}+1}^{k-l_m} x_i^{\mathrm{T}} Q_1 x_i + \sum_{i=k-l_m+1}^{k-1} x_i^{\mathrm{T}} Q_1 x_i \\
& - \sum_{i=k-l_k+1}^{k-1} x_i^{\mathrm{T}} Q_1 x_i - x_{k-l_k}^{\mathrm{T}} Q_1 x_{k-l_k} \\
\leqslant& x_k^{\mathrm{T}} Q_1 x_k + \sum_{i=k-l_M+1}^{k-l_m} x_i^{\mathrm{T}} Q_1 x_i - x_{k-l_k}^{\mathrm{T}} Q_1 x_{k-l_k}
\end{aligned} \tag{3.52}
$$

$$
\begin{aligned}
\Delta V_{3k} =& \sum_{i=-l_M+1}^{-l_m} (x_k^{\mathrm{T}} Q_1 x_k - x_{k+i}^{\mathrm{T}} Q_1 x_{k+i}) \\
=& (l_M - l_m) x_k^{\mathrm{T}} Q_1 x_k - \sum_{i=k-l_M+1}^{k-l_m} x_i^{\mathrm{T}} Q_1 x_i
\end{aligned} \tag{3.53}
$$

$$
\Delta V_{4k} = x_k^{\mathrm{T}} Q_2 x_k - x_{k-l_M}^{\mathrm{T}} Q_2 x_{k-l_M} \tag{3.54}
$$

$$
\Delta V_{5k} = x_k^{\mathrm{T}} Q_3 x_k - x_{k-l_m}^{\mathrm{T}} Q_3 x_{k-l_m} \tag{3.55}
$$

$$
\begin{aligned}
\Delta V_{6k} =& l_M \sum_{i=-l_M}^{-1} (\eta_k^{\mathrm{T}} R_1 \eta_k - \eta_{k+i}^{\mathrm{T}} R_1 \eta_{k+i}) \\
=& l_M^2 (x_{k+1} - x_k)^{\mathrm{T}} R_1 (x_{k+1} - x_k) - l_M \sum_{i=k-l_M}^{k-1} \eta_i^{\mathrm{T}} R_1 \eta_i
\end{aligned} \tag{3.56}
$$

$$
\begin{aligned}
\Delta V_{7k} =& (l_M - l_m) \sum_{i=-l_M}^{-l_m-1} (\eta_k^{\mathrm{T}} R_2 \eta_k - \eta_{k+i}^{\mathrm{T}} R_2 \eta_{k+i}) \\
=& (l_M - l_m)^2 (x_{k+1} - x_k)^{\mathrm{T}} R_2 (x_{k+1} - x_k) - (l_M - l_m) \sum_{i=k-l_M}^{k-l_m-1} \eta_i^{\mathrm{T}} R_2 \eta_i
\end{aligned} \tag{3.57}
$$

$$\begin{aligned}\Delta V_{8k} &= l_m \sum_{i=-l_m}^{-1} (\eta_k^{\mathrm{T}} R_3 \eta_k - \eta_{k+i}^{\mathrm{T}} R_3 \eta_{k+i}) \\ &= l_m^2 (x_{k+1} - x_k)^{\mathrm{T}} R_3 (x_{k+1} - x_k) - l_m \sum_{i=k-l_m}^{k-1} \eta_i^{\mathrm{T}} R_3 \eta_i \end{aligned} \tag{3.58}$$

类似地，有

$$\Delta V_{9k} \leqslant x_k^{\mathrm{T}} Q_4 x_k + \sum_{i=k-r_M+1}^{k-r_m} x_i^{\mathrm{T}} Q_4 x_i - x_{k-r_k}^{\mathrm{T}} Q_4 x_{k-r_k} \tag{3.59}$$

$$\Delta V_{10k} = (r_M - r_m) x_k^{\mathrm{T}} Q_4 x_k - \sum_{i=k-r_M+1}^{k-r_m} x_i^{\mathrm{T}} Q_4 x_i \tag{3.60}$$

$$\Delta V_{11k} = x_k^{\mathrm{T}} Q_5 x_k - x_{k-r_M}^{\mathrm{T}} Q_5 x_{k-r_M} \tag{3.61}$$

$$\Delta V_{12k} = r_M^2 (x_{k+1} - x_k)^{\mathrm{T}} R_4 (x_{k+1} - x_k) - r_M \sum_{i=k-r_M}^{k-1} \eta_i^{\mathrm{T}} R_4 \eta_i \tag{3.62}$$

$$\Delta V_{13k} \leqslant x_k^{\mathrm{T}} Q_6 x_k + \sum_{i=k-\rho_M+1}^{k-\rho_m} x_i^{\mathrm{T}} Q_6 x_i - x_{k-\rho_k}^{\mathrm{T}} Q_6 x_{k-\rho_k} \tag{3.63}$$

$$\Delta V_{14k} = (\rho_M - \rho_m) x_k^{\mathrm{T}} Q_6 x_k - \sum_{i=k-\rho_M+1}^{k-\rho_m} x_i^{\mathrm{T}} Q_6 x_i \tag{3.64}$$

$$\Delta V_{15k} = x_k^{\mathrm{T}} Q_7 x_k - x_{k-\rho_M}^{\mathrm{T}} Q_7 x_{k-\rho_M} \tag{3.65}$$

$$\Delta V_{16k} = \rho_M^2 (x_{k+1} - x_k)^{\mathrm{T}} R_5 (x_{k+1} - x_k) - \rho_M \sum_{i=k-\rho_M}^{k-1} \eta_i^{\mathrm{T}} R_5 \eta_i \tag{3.66}$$

结合式 (3.46)~式 (3.66)，可得到

$$\Delta V_k \leqslant \xi_k^{\mathrm{T}} (\varLambda + \varOmega) \xi_k \tag{3.67}$$

式中，

$$\xi_k = \begin{bmatrix} x_k \\ x_{k-l_k} \\ x_{k-l_m} \\ x_{k-l_M} \\ x_{k-r_k} \\ x_{k-r_M} \\ x_{k-\rho_k} \\ x_{k-\rho_M} \\ \omega_k \end{bmatrix}, \quad \varLambda = \begin{bmatrix} \varLambda_{11} & 0 & R_3 & R_1 & 0 & R_4 & 0 & R_5 & 0 \\ * & \varLambda_{22} & R_2 & R_2 & 0 & 0 & 0 & 0 & 0 \\ * & * & \varLambda_{33} & 0 & 0 & 0 & 0 & 0 & 0 \\ * & * & * & \varLambda_{44} & 0 & 0 & 0 & 0 & 0 \\ * & * & * & * & -Q_4 & 0 & 0 & 0 & 0 \\ * & * & * & * & * & \varLambda_{66} & 0 & 0 & 0 \\ * & * & * & * & * & * & -Q_6 & 0 & 0 \\ * & * & * & * & * & * & * & \varLambda_{88} & 0 \\ * & * & * & * & * & * & * & * & 0 \end{bmatrix}$$

$$\begin{aligned}\Omega=&\Pi_1^{\mathrm{T}}P\Pi_1+l_M^2\Pi_2^{\mathrm{T}}R_1\Pi_2+(l_M-l_m)^2\Pi_2^{\mathrm{T}}R_2\Pi_2+l_m^2\Pi_2^{\mathrm{T}}R_3\Pi_2\\&+r_M^2\Pi_2^{\mathrm{T}}R_4\Pi_2+\rho_M^2\Pi_2^{\mathrm{T}}R_5\Pi_2\end{aligned}$$

这里，

$$\begin{aligned}\Lambda_{11}=&-P+(l_M-l_m+1)Q_1+Q_2+Q_3+(r_M-r_m+1)Q_4\\&+Q_5+(\rho_M-\rho_m+1)Q_6+Q_7-R_1-R_3-R_4-R_5\\\Lambda_{22}=&-Q_1-2R_2,\quad \Lambda_{33}=-Q_3-R_2-R_3\\\Lambda_{44}=&-Q_2-R_1-R_2,\quad \Lambda_{66}=-Q_5-R_4,\quad \Lambda_{88}=-Q_7-R_5\\\Pi_1=&\begin{bmatrix}\Psi_1 & \Psi_2 & 0 & 0 & \Psi_3 & 0 & \Psi_4 & 0 & \Psi_5\end{bmatrix}\\\Pi_2=&\begin{bmatrix}\Psi_1-I & \Psi_2 & 0 & 0 & \Psi_3 & 0 & \Psi_4 & 0 & \Psi_5\end{bmatrix}\end{aligned}$$

由系统 (3.42) 可得 $z_k=C_1x_k-D_1Kx_{k-l_k}$，且 z_k 可以写为 $z_k=\Theta_1\xi_k$，其中，$\Theta_1=[C_1\quad -D_1K\quad 0\quad 0\quad 0\quad 0\quad 0\quad 0\quad 0]$。类似地，$\omega_k=\Theta_2\xi_k$，其中，$\Theta_2=[0\quad 0\quad 0\quad 0\quad 0\quad 0\quad 0\quad 0\quad I]$。对任意非零的 ξ_k，得到 $\gamma_k^{-1}z_k^{\mathrm{T}}z_k-\gamma_k\omega_k^{\mathrm{T}}\omega_k=\xi_k^{\mathrm{T}}\Xi\xi_k$，其中，$\Xi=\gamma_k^{-1}\Theta_1^{\mathrm{T}}\Theta_1-\gamma_k\Theta_2^{\mathrm{T}}\Theta_2$。因此，$\gamma_k^{-1}z_k^{\mathrm{T}}z_k-\gamma_k\omega_k^{\mathrm{T}}\omega_k+\Delta V_k\leqslant\xi_k^{\mathrm{T}}\Upsilon\xi_k$，其中，$\Upsilon=\Lambda+\Omega+\Xi$。

下面证明 $\gamma_k^{-1}z_k^{\mathrm{T}}z_k-\gamma_k\omega_k^{\mathrm{T}}\omega_k+\Delta V_k<0$，即 $\Upsilon<0$。由矩阵 Schur 补，$\Upsilon<0$ 等价于

$$\begin{bmatrix}\Lambda_{11} & 0 & R_3 & R_1 & 0 & R_4 & 0 & R_5 & 0 & \Phi_k^{\mathrm{T}}\\ * & \Lambda_{22} & R_2 & R_2 & 0 & 0 & 0 & 0 & 0 & -K^{\mathrm{T}}\Gamma_{l_k}^{k\mathrm{T}}\\ * & * & \Lambda_{33} & 0 & 0 & 0 & 0 & 0 & 0 & 0\\ * & * & * & \Lambda_{44} & 0 & 0 & 0 & 0 & 0 & 0\\ * & * & * & * & -Q_4 & 0 & 0 & 0 & 0 & -K^{\mathrm{T}}\Gamma_{r_k}^{k\mathrm{T}}\\ * & * & * & * & * & \Lambda_{66} & 0 & 0 & 0 & 0\\ * & * & * & * & * & * & -Q_6 & 0 & 0 & -K^{\mathrm{T}}\Gamma_{\rho_k}^{k\mathrm{T}}\\ * & * & * & * & * & * & * & \Lambda_{88} & 0 & 0\\ * & * & * & * & * & * & * & * & -\gamma_kI & \widetilde{\Gamma}_k^{\mathrm{T}}\\ * & * & * & * & * & * & * & * & * & -P^{-1}\\ * & * & * & * & * & * & * & * & * & *\\ * & * & * & * & * & * & * & * & * & *\\ * & * & * & * & * & * & * & * & * & *\\ * & * & * & * & * & * & * & * & * & *\\ * & * & * & * & * & * & * & * & * & *\\ * & * & * & * & * & * & * & * & * & *\end{bmatrix}$$

$$
\left.\begin{matrix}
\varPhi_k^{\mathrm{T}}-I & \varPhi_k^{\mathrm{T}}-I & \varPhi_k^{\mathrm{T}}-I & \varPhi_k^{\mathrm{T}}-I & \varPhi_k^{\mathrm{T}}-I & C_1^{\mathrm{T}} \\
-K^{\mathrm{T}}\varGamma_{l_k}^{k\,\mathrm{T}} & -K^{\mathrm{T}}\varGamma_{l_k}^{k\,\mathrm{T}} & -K^{\mathrm{T}}\varGamma_{l_k}^{k\,\mathrm{T}} & -K^{\mathrm{T}}\varGamma_{l_k}^{k\,\mathrm{T}} & -K^{\mathrm{T}}\varGamma_{l_k}^{k\,\mathrm{T}} & -K^{\mathrm{T}}D_1^{\mathrm{T}} \\
0 & 0 & 0 & 0 & 0 & 0 \\
0 & 0 & 0 & 0 & 0 & 0 \\
-K^{\mathrm{T}}\varGamma_{r_k}^{k\,\mathrm{T}} & -K^{\mathrm{T}}\varGamma_{r_k}^{k\,\mathrm{T}} & -K^{\mathrm{T}}\varGamma_{r_k}^{k\,\mathrm{T}} & -K^{\mathrm{T}}\varGamma_{r_k}^{k\,\mathrm{T}} & -K^{\mathrm{T}}\varGamma_{r_k}^{k\,\mathrm{T}} & 0 \\
0 & 0 & 0 & 0 & 0 & 0 \\
-K^{\mathrm{T}}\varGamma_{\rho_k}^{k\,\mathrm{T}} & -K^{\mathrm{T}}\varGamma_{\rho_k}^{k\,\mathrm{T}} & -K^{\mathrm{T}}\varGamma_{\rho_k}^{k\,\mathrm{T}} & -K^{\mathrm{T}}\varGamma_{\rho_k}^{k\,\mathrm{T}} & -K^{\mathrm{T}}\varGamma_{\rho_k}^{k\,\mathrm{T}} & 0 \\
0 & 0 & 0 & 0 & 0 & 0 \\
\widetilde{\varGamma}_k^{\mathrm{T}} & \widetilde{\varGamma}_k^{\mathrm{T}} & \widetilde{\varGamma}_k^{\mathrm{T}} & \widetilde{\varGamma}_k^{\mathrm{T}} & \widetilde{\varGamma}_k^{\mathrm{T}} & 0 \\
0 & 0 & 0 & 0 & 0 & 0 \\
-l_M^{-2}R_1^{-1} & 0 & 0 & 0 & 0 & 0 \\
* & -(l_M-l_m)^{-2}R_2^{-1} & 0 & 0 & 0 & 0 \\
* & * & -l_m^{-2}R_3^{-1} & 0 & 0 & 0 \\
* & * & * & -r_M^{-2}R_4^{-1} & 0 & 0 \\
* & * & * & * & -\rho_M^{-2}R_5^{-1} & 0 \\
* & * & * & * & * & -\gamma_k I
\end{matrix}\right] < 0 \tag{3.68}
$$

对于对称正定矩阵 P 和 R_j $(j=1,\ 2,\ \cdots,\ 5)$，得到 $(P-R_j)R_j^{-1}(P-R_j)\geqslant 0$，即 $-R_j^{-1}\leqslant P^{-1}R_jP^{-1}-2P^{-1}$。对式 (3.68) 前后乘以 $\mathrm{diag}(\underbrace{P^{-1},\ P^{-1},\ \cdots,\ P^{-1}}_{8},\ \underbrace{I,\ I,\ \cdots,\ I}_{8})$ 和 $\mathrm{diag}(\underbrace{P^{-1},\ P^{-1},\ \cdots,\ P^{-1}}_{8},\ \underbrace{I,\ I,\ \cdots,\ I}_{8})$，定义 $P^{-1}=N$，$P^{-1}Q_iP^{-1}=\widetilde{Q}_i$ $(i=1,\ 2,\ \cdots,\ 7)$，$P^{-1}R_jP^{-1}=\widetilde{R}_j$，$P^{-1}K^{\mathrm{T}}=V$，可以看出如果式 (3.43) 成立，则式 (3.68) 也是可行的。因此，如果式 (3.43) 成立，则 $\gamma_k^{-1}z_k^{\mathrm{T}}z_k-\gamma_k\omega_k^{\mathrm{T}}\omega_k+\Delta V_k<0$。

类似于定理 3.1 的证明，可以看出，如果 $\gamma_k^{-1}z_k^{\mathrm{T}}z_k-\gamma_k\omega_k^{\mathrm{T}}\omega_k+\Delta V_k<0$，则 $||z||_2^2<\gamma_k^2||\omega||_2^2$。

如果扰动输入 $\omega_k=0$，则式 (3.43) 可以保证系统 (3.42) 的渐近稳定性；如果 $\omega_k\neq 0$，则得到 $||z||_2^2<\gamma_k^2||\omega||_2^2$。因此，如果式 (3.43) 满足，则系统 (3.42) 渐近稳定，且相应的 H_∞ 范数界为 γ_k，控制器增益 $K=V^{\mathrm{T}}N^{-1}$。证毕。

注 3.3　正如定理 3.3 所示，由于采用了 Jensen 不等式且没有引入任何冗余矩阵，在李雅普诺夫泛函相同的情况下，本节的方法比自由加权矩阵方法 [18,19] 有更小的计算复杂性。

注 3.4　由定理 3.3 可知，因为难以同时优化所有的 γ_k(即多目标优化)，所以可以用 γ_k 的线性加权和来优化 γ_k。设 $\alpha_1\gamma_1+\alpha_2\gamma_2+\cdots+\alpha_{2l+1}\gamma_{2l+1}<\gamma_{\mathrm{sum}}$，其中，$\gamma_m$ $(m=1,2,\cdots,2l+1)$ 表示 γ_k 可能的取值；α_m 表示加权系数且 $\alpha_m>0$。通过优化 γ_{sum} 的值可以得到 γ_m 的最优值。一般来说，对特定的加权系数 α_p

$(p=1,2,\cdots,2l+1$ 且 $p\neq m)$，加权系数 α_m $(m=1,2,\cdots,2l+1)$ 越大，与 α_m 相对应的 H_∞ 性能指标 γ_m 越好，可以通过选择适当的加权系数来得到合适的 H_∞ 性能。

由于常数采样周期是时变采样周期的一种特殊情况，所以定理 3.3 中的设计方法对常数采样周期网络控制系统也是适用的。

如果采样周期为常数 h，设 $\varepsilon_{k1}\in[0,\ h]$, $\varepsilon_{k2}\in[0,\ h]$, $\varepsilon_{k1}\leqslant\varepsilon_{k2}$，且 ε_{k1} 和 ε_{k2} 在有限集 $\vartheta_3=\{\beta|\beta\in[0,\ h]\}$ 内切换。如果执行器在一个采样周期内收到两个控制输入，则系统 (3.1) 的离散时间表达式为

$$\left\{\begin{aligned} &x_{k+1}=\Phi x_k+\Gamma_{l_k}u_{k-l_k}+\Gamma_{r_k}u_{k-r_k}+\Gamma_{\rho_k}u_{k-\rho_k}+\widetilde{\Gamma}\omega_k\\ &z_k=C_1x_k-D_1Kx_{k-l_k}\end{aligned}\right. \tag{3.69}$$

式中，$\Phi=\mathrm{e}^{Ah}$；$\Gamma_{l_k}=\displaystyle\int_0^{\varepsilon_{k1}}\mathrm{e}^{A(h-s)}\mathrm{d}sB_1$；$\Gamma_{r_k}=\displaystyle\int_{\varepsilon_{k1}}^{\varepsilon_{k2}}\mathrm{e}^{A(h-s)}\mathrm{d}sB_1$；$\Gamma_{\rho_k}=\displaystyle\int_{\varepsilon_{k2}}^{h}\mathrm{e}^{A(h-s)}$ $\mathrm{d}sB_1$；$\widetilde{\Gamma}=\displaystyle\int_0^h\mathrm{e}^{As}\mathrm{d}sB_2$；$u_k=-Kx_k$。

类似于定理 3.3，以下推论给出了常数采样周期网络控制系统的 H_∞ 控制器设计方法。

推论 3.3　对给定的正标量 l_M、l_m、r_M、r_m、ρ_M、ρ_m，如果存在对称正定矩阵 N、$\widetilde{Q}_i$ $(i=1,2,\cdots,7)$、$\widetilde{R}_j$ $(j=1,2,\cdots,5)$，矩阵 V，标量 $\gamma>0$，使得以下不等式对 ε_{k1} 和 ε_{k2} $(\varepsilon_{k1}\in\vartheta_3,\ \varepsilon_{k2}\in\vartheta_3)$ 的每个可能的值都成立：

$$\left[\begin{array}{cccccccccc}
\widetilde{\Lambda}_{11} & 0 & \widetilde{R}_3 & \widetilde{R}_1 & 0 & \widetilde{R}_4 & 0 & \widetilde{R}_5 & 0 & N\Phi^{\mathrm{T}}\\
* & \widetilde{\Lambda}_{22} & \widetilde{R}_2 & \widetilde{R}_2 & 0 & 0 & 0 & 0 & 0 & -V\Gamma_{l_k}^{\mathrm{T}}\\
* & * & \widetilde{\Lambda}_{33} & 0 & 0 & 0 & 0 & 0 & 0 & 0\\
* & * & * & \widetilde{\Lambda}_{44} & 0 & 0 & 0 & 0 & 0 & 0\\
* & * & * & * & -\widetilde{Q}_4 & 0 & 0 & 0 & 0 & -V\Gamma_{r_k}^{\mathrm{T}}\\
* & * & * & * & * & \widetilde{\Lambda}_{66} & 0 & 0 & 0 & 0\\
* & * & * & * & * & * & -\widetilde{Q}_6 & 0 & 0 & -V\Gamma_{\rho_k}^{\mathrm{T}}\\
* & * & * & * & * & * & * & \widetilde{\Lambda}_{88} & 0 & 0\\
* & * & * & * & * & * & * & * & -\gamma I & \widetilde{\Gamma}^{\mathrm{T}}\\
* & * & * & * & * & * & * & * & * & -N\\
* & * & * & * & * & * & * & * & * & *\\
* & * & * & * & * & * & * & * & * & *\\
* & * & * & * & * & * & * & * & * & *\\
* & * & * & * & * & * & * & * & * & *\\
* & * & * & * & * & * & * & * & * & *\\
* & * & * & * & * & * & * & * & * & *
\end{array}\right.$$

$$
\left.\begin{matrix}
N\varPhi^{\mathrm{T}}-N & N\varPhi^{\mathrm{T}}-N & N\varPhi^{\mathrm{T}}-N & N\varPhi^{\mathrm{T}}-N & N\varPhi^{\mathrm{T}}-N & NC_1^{\mathrm{T}} \\
-V\varGamma_{l_k}^{\mathrm{T}} & -V\varGamma_{l_k}^{\mathrm{T}} & -V\varGamma_{l_k}^{\mathrm{T}} & -V\varGamma_{l_k}^{\mathrm{T}} & -V\varGamma_{l_k}^{\mathrm{T}} & -VD_1^{\mathrm{T}} \\
0 & 0 & 0 & 0 & 0 & 0 \\
0 & 0 & 0 & 0 & 0 & 0 \\
-V\varGamma_{r_k}^{\mathrm{T}} & -V\varGamma_{r_k}^{\mathrm{T}} & -V\varGamma_{r_k}^{\mathrm{T}} & -V\varGamma_{r_k}^{\mathrm{T}} & -V\varGamma_{r_k}^{\mathrm{T}} & 0 \\
0 & 0 & 0 & 0 & 0 & 0 \\
-V\varGamma_{\rho_k}^{\mathrm{T}} & -V\varGamma_{\rho_k}^{\mathrm{T}} & -V\varGamma_{\rho_k}^{\mathrm{T}} & -V\varGamma_{\rho_k}^{\mathrm{T}} & -V\varGamma_{\rho_k}^{\mathrm{T}} & 0 \\
0 & 0 & 0 & 0 & 0 & 0 \\
\widetilde{\varGamma}^{\mathrm{T}} & \widetilde{\varGamma}^{\mathrm{T}} & \widetilde{\varGamma}^{\mathrm{T}} & \widetilde{\varGamma}^{\mathrm{T}} & \widetilde{\varGamma}^{\mathrm{T}} & 0 \\
0 & 0 & 0 & 0 & 0 & 0 \\
\widetilde{\varLambda}_{11,11} & 0 & 0 & 0 & 0 & 0 \\
* & \widetilde{\varLambda}_{12,12} & 0 & 0 & 0 & 0 \\
* & * & \widetilde{\varLambda}_{13,13} & 0 & 0 & 0 \\
* & * & * & \widetilde{\varLambda}_{14,14} & 0 & 0 \\
* & * & * & * & \widetilde{\varLambda}_{15,15} & 0 \\
* & * & * & * & * & -\gamma I
\end{matrix}\right] < 0 \tag{3.70}
$$

式中，$\widetilde{\varLambda}_{11}$、$\widetilde{\varLambda}_{22}$、$\widetilde{\varLambda}_{33}$、$\widetilde{\varLambda}_{44}$、$\widetilde{\varLambda}_{66}$、$\widetilde{\varLambda}_{88}$、$\widetilde{\varLambda}_{11,11}$、$\widetilde{\varLambda}_{12,12}$、$\widetilde{\varLambda}_{13,13}$、$\widetilde{\varLambda}_{14,14}$ 和 $\widetilde{\varLambda}_{15,15}$ 同定理 3.3，则在控制律 $u_k=-Kx_k, K=V^{\mathrm{T}}N^{-1}$ 的作用下，系统 (3.69) 渐近稳定且相应的 H_∞ 范数界为 γ。

注 3.5　定理 3.3 中的设计方法可以很容易地扩展到执行器在一个采样周期内收到两个以上控制输入的情况，此处略。另外，Lozano 等[6]、Sala[7] 和 3.2 节假定执行器在一个采样周期内未收到或收到一个控制输入，对系统 (3.41) 来说，($\varGamma_{r_k}^k=0$ 且 $\varGamma_{\rho_k}^k=0$) 和 ($\varGamma_{r_k}^k=0$ 或 $\varGamma_{\rho_k}^k=0$) 对应于执行器在一个采样周期内未收到或收到一个控制输入的情况。因此，定理 3.3 中的设计方法对于执行器在一个采样周期内未收到或收到一个控制输入的情况也是适用的。

同样地，对常数采样周期网络控制系统，设 $r_k=\rho_k=0$，则执行器在采样周期 $[t_k,\ t_{k+1}]$ 内收到零个或一个控制输入。定义控制输入 u_k 到达执行器的时刻为 $t_k+\varepsilon_k$，其中，$\varepsilon_k\in[0,\ h]$。如果扰动输入 $\omega(t)=0$，则系统 (3.69) 可以写为

$$
x_{k+1}=(\varPhi-\varGamma_{r_k}K)x_k-\varGamma_{l_k}Kx_{k-l_k} \tag{3.71}
$$

式中，$\varGamma_{l_k}=\displaystyle\int_0^{\varepsilon_k}\mathrm{e}^{A(h-s)}\mathrm{d}sB_1$；$\varGamma_{r_k}=\displaystyle\int_{\varepsilon_k}^{h}\mathrm{e}^{A(h-s)}\mathrm{d}sB_1$。

删除式 (3.45) 中的 V_{9k}，V_{10k}，$\cdots$，V_{16k} 且利用定理 3.3 中的证明方法，可以

得到类似于推论 3.3 的控制器设计方法，相应的结果在推论 3.4 中给出。

推论 3.4　对给定的正标量 l_M 和 l_m，如果存在对称正定矩阵 N、$\widetilde{Q}_i$ $(i=1,2,3)$、$\widetilde{R}_j$ $(j=1,2,3)$ 和矩阵 V，使得以下不等式对 ε_k $(\varepsilon_k \in \vartheta_3)$ 的每个可能的值都成立：

$$\begin{bmatrix} \widetilde{\Lambda}_{11} & 0 & \widetilde{R}_3 & \widetilde{R}_1 & N\Phi^{\mathrm{T}} - V\Gamma_{r_k}^{\mathrm{T}} & N\Phi^{\mathrm{T}} - V\Gamma_{r_k}^{\mathrm{T}} - N & N\Phi^{\mathrm{T}} - V\Gamma_{r_k}^{\mathrm{T}} - N & N\Phi^{\mathrm{T}} - V\Gamma_{r_k}^{\mathrm{T}} - N \\ * & \widetilde{\Lambda}_{22} & \widetilde{R}_2 & \widetilde{R}_2 & -V\Gamma_{l_k}^{\mathrm{T}} & -V\Gamma_{l_k}^{\mathrm{T}} & -V\Gamma_{l_k}^{\mathrm{T}} & -V\Gamma_{l_k}^{\mathrm{T}} \\ * & * & \widetilde{\Lambda}_{33} & 0 & 0 & 0 & 0 & 0 \\ * & * & * & \widetilde{\Lambda}_{44} & 0 & 0 & 0 & 0 \\ * & * & * & * & -N & 0 & 0 & 0 \\ * & * & * & * & * & l_M^{-2}(\widetilde{R}_1 - 2N) & 0 & 0 \\ * & * & * & * & * & * & (l_M - l_m)^{-2}(\widetilde{R}_2 - 2N) & 0 \\ * & * & * & * & * & * & * & l_m^{-2}(\widetilde{R}_3 - 2N) \end{bmatrix} < 0 \tag{3.72}$$

式中，

$$\begin{aligned} \widetilde{\Lambda}_{11} &= -N + (l_M - l_m + 1)\widetilde{Q}_1 + \widetilde{Q}_2 + \widetilde{Q}_3 - \widetilde{R}_1 - \widetilde{R}_3 \\ \widetilde{\Lambda}_{22} &= -\widetilde{Q}_1 - 2\widetilde{R}_2 \\ \widetilde{\Lambda}_{33} &= -\widetilde{Q}_3 - \widetilde{R}_2 - \widetilde{R}_3 \\ \widetilde{\Lambda}_{44} &= -\widetilde{Q}_2 - \widetilde{R}_1 - \widetilde{R}_2 \end{aligned}$$

则在控制律 $u_k = -Kx_k, K = V^{\mathrm{T}}N^{-1}$ 的作用下，系统 (3.71) 渐近稳定。

3.3.3　数值算例

下面将通过一个数值算例说明本节设计方法的有效性。

算例 3.3　验证 H_∞ 控制器设计方法的有效性。考虑如下开环不稳定系统：

$$\begin{cases} \dot{x}(t) = \begin{bmatrix} -0.0994 & 0.6708 \\ 0.4595 & -0.1881 \end{bmatrix} x(t) + \begin{bmatrix} 0.0372 \\ -0.2908 \end{bmatrix} u(t) + \begin{bmatrix} 0.2450 \\ -0.8513 \end{bmatrix} \omega(t) \\ z(t) = \begin{bmatrix} 0.3564 & 0.0788 \end{bmatrix} x(t) + 0.0942u(t) \end{cases} \tag{3.73}$$

设采样周期 h_k 在 $h_1=0.08\mathrm{s}$ 和 $h_2=0.1\mathrm{s}$ 间切换，$r_m=0$, $\rho_m=0$, $l_m=1$, $\rho_M=1$, $r_M=2$。相对于采样周期 0.08s 和 0.1s 的 H_∞ 范数界分别记为 γ_1 和 γ_2，进行多目标优化时的加权系数 $\alpha_1=1.8$, $\alpha_2=0.6$。不失一般性，设 $\varepsilon_{k1}=\varepsilon_{k2}$ 且它们在 $0.8h_1$ 和 h_2 间切换。求解定理 3.3 中的线性矩阵不等式，可以得到对应于不同 l_M 的 H_∞ 范数界 (参考表 3.4,“—”表示相应的线性矩阵不等式不可行)。表 3.4 说明了本节所提出的设计方法的有效性。另外，从表 3.4 中也可以看到，系统的 H_∞ 性能将随 l_M 的增大而降低；类似地，系统的 H_∞ 性能也会随 r_M 和 ρ_M 的增大而降低，对应的结果此处略。

表 3.4 H_∞ 范数界 ($\alpha_1=1.8$, $\alpha_2=0.6$)

范数界	$l_M=4$	$l_M=5$	$l_M=6$
γ_1	4.7436	51.2995	—
γ_2	5.2160	68.5423	—

假设 $l_M=4$，表 3.5 列出了对应于不同加权系数的 H_∞ 范数界 (情况 1 对应于 $\alpha_1=1$, $\alpha_2=0.6$; 情况 2 对应于 $\alpha_1=3$, $\alpha_2=1$; 情况 3 对应于 $\alpha_1=2.2$, $\alpha_2=1.6$)。从表 3.5 可以看出，加权系数 α_1、α_2 不同会导致 H_∞ 范数界也不同，可以选择合适的加权系数以得到合适的 H_∞ 范数界。

表 3.5 H_∞ 范数界 ($l_M=4$)

范数界	情况 1	情况 2	情况 3
γ_1	5.1429	4.7400	5.3112
γ_2	4.3308	5.2205	4.0759

设系统的初始状态为 $x_0=[1\ \ -1]^{\mathrm{T}}$ 且基于对象状态 $x_0, x_2, x_4, \cdots$ 得到的控制输入成功地传到了执行器，而基于对象状态 $x_1, x_3, x_5, \cdots$ 得到的控制输入丢失。设在时间段 [0s, 6.4s) 和 [6.4s, 18s)，采样周期分别为 0.08s 和 0.1s，如果采样周期为 h_1，设 $\varepsilon_{k1}=\varepsilon_{k2}=0.8h_1$；如果采样周期为 h_2，设 $\varepsilon_{k1}=\varepsilon_{k2}=h_2$。在时间段 [4.8s, 6.4s)，扰动输入 $5\sin j$ ($j=1,2,\cdots,20$) 被加入到系统中；在时间段 [6.4s, 8.4s)，另一组扰动输入 $5\sin j$ ($j=1,2,\cdots,20$) 被加入到系统中。设 $\alpha_1=2.2$, α_2=1.6，求解本节中的多目标优化问题，可以得到控制器增益 $K=[-3.6719\ \ -4.1193]$。图 3.4 给出了系统 (3.73) 的状态响应和受控输出曲线。

如果 $l_M=4$ 且采样周期为常数 h_1，$\varepsilon_{k1}=\varepsilon_{k2}=0.8h_1$，求解推论 3.3 中的线性矩阵不等式，可以得到 H_∞ 范数界 $\gamma=2.6890$，且控制器增益 $K=[-4.4842\ \ -5.0145]$。在时间段 [4.8s, 6.4s)，扰动输入 $5\sin j$ ($j=1,2,\cdots,20$) 被加入到系统中。图 3.5 给出了系统 (3.73) 的状态响应和受控输出曲线。

表 3.4、表 3.5、图 3.4 和图 3.5 说明了当系统在一个采样周期内收到两个及两个以上控制输入时，本节所提出的 H_∞ 控制器设计方法是有效的。

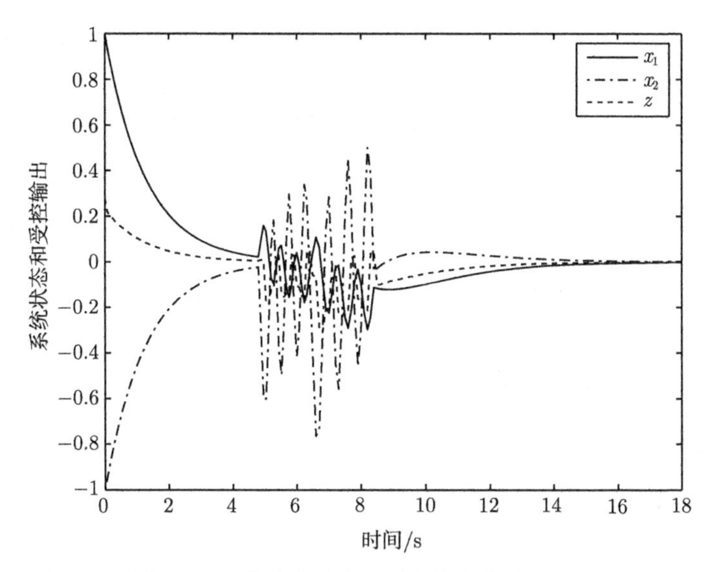

图 3.4　系统 (3.73) 的状态响应和受控输出曲线 (采用 h_1 和 h_2)

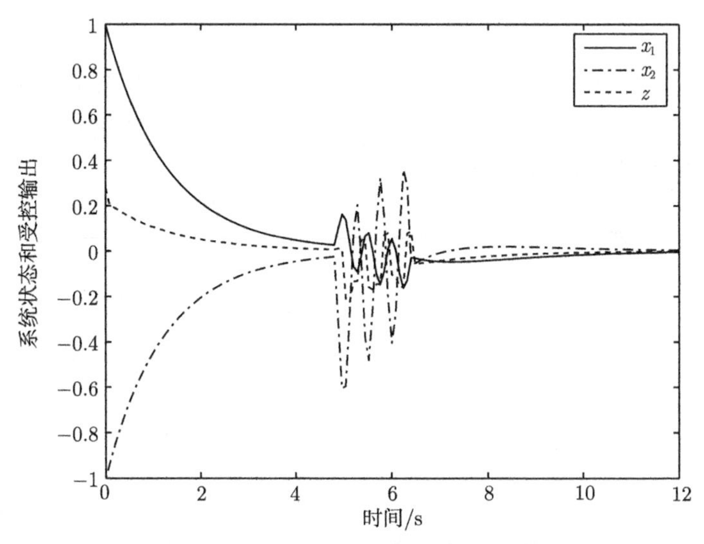

图 3.5　系统 (3.73) 的状态响应和受控输出曲线 (采用 h_1)

3.4　主动时变采样周期网络控制系统设计

3.2 节和 3.3 节考虑了时变采样周期网络控制系统的 H_∞ 控制问题，其目的是当传感器的采样周期因外部干扰、系统故障等的影响而发生抖动时，通过合理地设计控制器来保证系统的鲁棒性。

本节将提出一种新的主动变采样周期方法，其主要思想是：当网络负载较大时主动地增大采样周期从而减小网络流量且减小发生网络拥塞的可能性，而当网络空闲时主动地缩短采样周期以便将更多的控制输入传到执行器，进而改善系统性能，该方法的关键技术是采用既是时钟驱动又是事件驱动的传感器。主动变采样周期方法可以使系统不再出现数据包时序错乱的情况，且保证网络空闲时网络带宽被充分利用。

本节讨论主动时变采样周期网络控制系统的 H_∞ 控制问题，提出一种新的基于线性估计的方法来估计被丢失的控制输入包，从而改善系统性能。另外，通过数值算例说明所提出方法的优越性。

3.4.1　问题描述

考虑如下线性时不变对象：

$$\begin{cases}\dot{x}(t)=Ax(t)+B_1u(t)+B_2\omega(t)\\ z(t)=C_1x(t)+D_1u(t)\end{cases}\tag{3.74}$$

式中，$x(t)$、$u(t)$、$z(t)$、$\omega(t)$、A、B_1、B_2、C_1 和 D_1 的定义与系统 (3.1) 中相同。

图 3.6 给出了时钟驱动与事件驱动相结合的采样模式。下面将基于图 3.6 建立主动可变采样周期网络控制系统的模型。

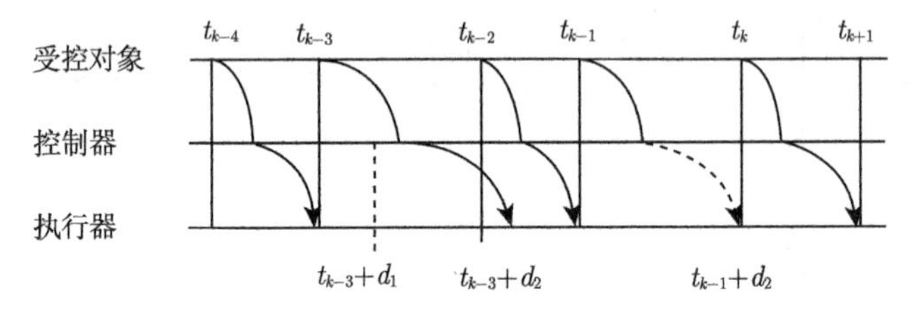

图 3.6　时钟驱动与事件驱动相结合的采样模式

定义 $\tau_{\rm sc}$ 和 $\tau_{\rm ca}$ 分别为传感器–控制器和控制器–执行器的网络传输时延，$\tau_{\rm sum}$ 为传感器、控制器和执行器所需要的数据处理时间的和。当网络空闲时，定义 $\tau_{\rm sc}+\tau_{\rm ca}+\tau_{\rm sum}$ 为 d_1，当网络负载最大时，定义 $\tau_{\rm sc}+\tau_{\rm ca}+\tau_{\rm sum}$ 为 d_2。如果采用常数采样周期，则 d_2 可以作为采样周期的长度以便当网络负载最大时不至于发生网络拥塞。

设 t_k 为最近的采样时刻，τ_k 为控制输入 u_k 的时延 (u_k 是基于对象在 t_k 时刻的状态而得到的)，控制输入 u_k 到达执行器的时刻为 $\tilde{k}$，h_k 是第 k 个采样周期的长度。由 d_1 的定义可以看出，$\tilde{k}\geqslant t_k+d_1$。本节中假设控制器和执行器都是事件驱动的。

利用主动变采样周期方法确定采样周期，把 $[d_1,\ d_2]$ 分成 l (l 是正整数) 个等长小区间，则 t_k 的下一个采样时刻 $\hat{k}$ 可以按照如下规律进行确定：

$$\hat{k}=\begin{cases} a_1, & \tilde{k}=a_1 \\ a_2, & \tilde{k}\in(a_1,\ a_2] \\ t_k+d_2, & \tilde{k}\geqslant t_k+d_2 \end{cases} \tag{3.75}$$

式中，$a_1=t_k+d_1+p(d_2-d_1)/l$；$a_2=t_k+d_1+(p+1)(d_2-d_1)/l$；$p=0,1,\cdots,l-1$。

因此，有

$$h_k=\hat{k}-t_k=d_1+b(d_2-d_1)/l,\quad b=0,1,\cdots,l \tag{3.76}$$

也就是说采样周期 h_k 在有限集 $\vartheta=\{d_1,\ d_1+(d_2-d_1)/l,\ \cdots,\ d_2\}$ 内切换。如果 $\tau_k>d_2$，即使控制输入 u_k 经过较长的时延之后到达执行器，也不再使用，而是使用最新的控制输入。事实上，由 d_2 的定义可以看出，如果 $\tau_k>d_2$ 则丢掉 u_k，是合理的。

如果 l 比较大，则 $(d_2-d_1)/l$ 与 $d_1+b(d_2-d_1)/l$ 相比是很小的，因此可以近似地认为在时间段 $[t_k,\hat{k})$ 内用到的控制输入是 u_{k-i_k}，其中，$i_k=1,2,\cdots,L$，且 $L-1$ 为连续丢包数的上界。因此，系统 (3.74) 的离散时间表达式如下：

$$\begin{cases} x_{k+1}=\varPhi_k x_k+\varGamma_k u_{k-i_k}+\widetilde{\varGamma}_k\omega_k \\ u_{k-i_k}=-Kx_{k-i_k} \end{cases} \tag{3.77}$$

式中，$\varPhi_k=\mathrm{e}^{Ah_k}$；$\varGamma_k=\int_0^{h_k}\mathrm{e}^{As}\mathrm{d}sB_1$；$\widetilde{\varGamma}_k=\int_0^{h_k}\mathrm{e}^{As}\mathrm{d}sB_2$。

由于采样周期 h_k 在有限集 ϑ 内切换，系统 (3.77) 中的 $\varPhi_k$、$\varGamma_k$ 和 $\widetilde{\varGamma}_k$ 也在有限集内切换，则系统 (3.74) 的 H_∞ 性能优化问题可以转化为系统 (3.77) 的相应问题。

注 3.6　如图 3.6 所示，控制输入 u_{k-3} 由于长时延的影响没能在 $t_{k-3}+d_2$ 时刻到达执行器，则传感器将在 $t_{k-3}+d_2$ 时刻采样对象状态，而延迟的控制输入被丢失。控制输入 u_{k-1} 被丢失了，传感器将在 $t_{k-1}+d_2$ 时刻进行下一次采样。由以上采样规则可知，只有当某个控制输入到达执行器或被丢失时，传感器才进行采样，这样就不可能出现数据包时序错乱的情况，因此简化了系统的分析与设计。

注 3.7　为使用主动变采样周期方法，$[d_1,\ d_2]$ 应该被分成 l 个等长的小间隔，l 越大，计算精度越高，但是会导致采样周期的频繁切换。因此，应该根据 d_2-d_1 的大小确定 l 的值，如果 d_2-d_1 较大，则 l 可以大一些；否则，l 应该小一些。

3.4.2 无丢包补偿系统的 H_∞ 控制器设计

假设基于对象状态 $x_0, x_{k_1}, \cdots, x_{k_j}, \cdots$ 得到的控制输入被成功传到了执行器，如果存在丢包，则系统使用最新的控制输入。考虑系统 (3.74) 和对应的离散时间系统 (3.77)，如果存在扰动输入，则对象状态的变化如下：

$$
\begin{aligned}
x_1 &= \Phi_{h_0} x_0 + \widetilde{\Gamma}_{h_0}\omega_0 \\
x_2 &= \Phi_b x_1 - \Gamma_b K x_0 + \widetilde{\Gamma}_b \omega_1 \\
&= (\Phi_b \Phi_{h_0} - \Gamma_b K) x_0 + \Phi_b \widetilde{\Gamma}_{h_0}\omega_0 + \widetilde{\Gamma}_b\omega_1 \\
&\ \vdots \\
x_{k_1} &= (\Phi_b^{k_1-1}\Phi_{h_0} - \Phi_b^{k_1-2}\Gamma_b K - \cdots - \Gamma_b K) x_0 \\
&\quad + \Phi_b^{k_1-1}\widetilde{\Gamma}_{h_0}\omega_0 + \Phi_b^{k_1-2}\widetilde{\Gamma}_b\omega_1 + \cdots + \widetilde{\Gamma}_b\omega_{k_1-1} \\
x_{k_2} &= (\Phi_b^{k_2-k_1-1}\Phi_{h_{k_1}} - \Phi_b^{k_2-k_1-2}\Gamma_b K - \cdots - \Gamma_b K) x_{k_1} - \Phi_b^{k_2-k_1-1}\Gamma_{h_{k_1}} K x_0 \\
&\quad + \Phi_b^{k_2-k_1-1}\widetilde{\Gamma}_{h_{k_1}}\omega_{k_1} + \Phi_b^{k_2-k_1-2}\widetilde{\Gamma}_b\omega_{k_1+1} + \cdots + \widetilde{\Gamma}_b\omega_{k_2-1} \\
&\ \vdots \\
x_{k_j} &= (\Phi_b^{k_j-k_{j-1}-1}\Phi_{h_{k_{j-1}}} - \Phi_b^{k_j-k_{j-1}-2}\Gamma_b K - \cdots - \Gamma_b K) x_{k_{j-1}} \\
&\quad - \Phi_b^{k_j-k_{j-1}-1}\Gamma_{h_{k_{j-1}}} K x_{k_{j-2}} + {\Phi_b}^{k_j-k_{j-1}-1}\widetilde{\Gamma}_{h_{k_{j-1}}}\omega_{k_{j-1}} \\
&\quad + {\Phi_b}^{k_j-k_{j-1}-2}\widetilde{\Gamma}_b\omega_{k_{j-1}+1} + \cdots + \widetilde{\Gamma}_b\omega_{k_j-1}
\end{aligned}
\tag{3.78}
$$

式中，$\Phi_b = \mathrm{e}^{Ad_2}$；$\Phi_{h_{k_{j-1}}} = \mathrm{e}^{Ah_{k_{j-1}}}$；$\Gamma_b = \int_0^{d_2} \mathrm{e}^{As}\mathrm{d}s B_1$；$\Gamma_{h_{k_{j-1}}} = \int_0^{h_{k_{j-1}}} \mathrm{e}^{As}\mathrm{d}s B_1$；$\widetilde{\Gamma}_b = \int_0^{d_2} \mathrm{e}^{As}\mathrm{d}s B_2$；$\widetilde{\Gamma}_{h_{k_{j-1}}} = \int_0^{h_{k_{j-1}}} \mathrm{e}^{As}\mathrm{d}s B_2$；$h_{k_{j-1}}$ 是第 k_{j-1} 个采样周期的长度。

不失一般性，假设 $\omega_{k_{j-1}} = \omega_{k_{j-1}+1} = \cdots = \omega_{k_j-1}$ 对每个 k_j 都成立，分别定义 $x_{k_{j+1}}$、x_{k_j}、$x_{k_{j-1}}$、ω_{k_j}、z_{k_j}、u_{k_j} 为 ξ_{j+1}、ξ_j、ξ_{j-1}、ω_j、z_j、u_j，则

$$
\begin{cases}
\xi_{j+1} = \widetilde{A}_j\xi_j + \widetilde{B}_j\xi_{j-1} + \widetilde{D}_j\omega_j \\
z_j = C_1\xi_j + D_1 u_j
\end{cases}
\tag{3.79}
$$

式中，

$$
\begin{aligned}
\widetilde{A}_j &= \Phi_b^{k_{j+1}-k_j-1}\Phi_{h_{k_j}} - \Phi_b^{k_{j+1}-k_j-2}\Gamma_b K - \cdots - \Gamma_b K \\
\widetilde{B}_j &= -\Phi_b^{k_{j+1}-k_j-1}\Gamma_{h_{k_j}} K \\
\widetilde{D}_j &= \Phi_b^{k_{j+1}-k_j-1}\widetilde{\Gamma}_{h_{k_j}} + \Phi_b^{k_{j+1}-k_j-2}\widetilde{\Gamma}_b + \cdots + \widetilde{\Gamma}_b
\end{aligned}
$$

下面设计反馈增益 K，以便使系统 (3.79) 渐近稳定且相应的 H_∞ 范数界为 $\gamma_{h_{k_j}}$ ($\gamma_{h_{k_j}}$ 表示与采样周期 h_{k_j} 相对应的 H_∞ 范数界)。

定理 3.4　如果存在对称正定矩阵 M、$\widetilde{R}$、$\widetilde{Z}$，矩阵 $\widetilde{X}$、$\widetilde{Y}$、N，标量 $\gamma_{h_{k_j}}>0$，使得式 (3.80) 和式 (3.81) 对 $k_{j+1}-k_j$ 和 h_{k_j} ($k_{j+1}-k_j=1,2,\cdots,L$, $h_{k_j}\in\vartheta$) 的每个可能的值都成立：

$$\begin{bmatrix}\Psi_0 & -\widetilde{Y} & 0 & MC_1^{\mathrm{T}} & \Psi_1^{\mathrm{T}} & \Psi_1^{\mathrm{T}}-M\\ * & -\widetilde{R} & 0 & -N^{\mathrm{T}}D_1^{\mathrm{T}} & \Psi_2^{\mathrm{T}} & \Psi_2^{\mathrm{T}}\\ * & * & -\gamma_{h_{k_j}}I & 0 & \widetilde{D}_j^{\mathrm{T}} & \widetilde{D}_j^{\mathrm{T}}\\ * & * & * & -\gamma_{h_{k_j}}I & 0 & 0\\ * & * & * & * & -M & 0\\ * & * & * & * & * & \widetilde{Z}-2M\end{bmatrix}<0 \tag{3.80}$$

$$\begin{bmatrix}\widetilde{X} & \widetilde{Y}\\ \widetilde{Y}^{\mathrm{T}} & \widetilde{Z}\end{bmatrix}\geqslant 0 \tag{3.81}$$

式中，

$$\begin{aligned}&\Psi_0=-M+\widetilde{X}+\widetilde{Y}+\widetilde{Y}^{\mathrm{T}}+\widetilde{R}\\ &\Psi_1=\Phi_b^{k_{j+1}-k_j-1}\Phi_{h_{k_j}}M-\Phi_b^{k_{j+1}-k_j-2}\Gamma_bN-\cdots-\Gamma_bN\\ &\Psi_2=-\Phi_b^{k_{j+1}-k_j-1}\Gamma_{h_{k_j}}N\end{aligned}$$

则在控制律 $u_j=-K\xi_j, K=NM^{-1}$ 的作用下，系统 (3.79) 渐近稳定且相应的 H_∞ 范数界为 $\gamma_{h_{k_j}}$。

证明　考虑以下李雅普诺夫泛函：

$$\begin{aligned}&V_j=V_{1j}+V_{2j}+V_{3j}\\ &V_{1j}=\xi_j^{\mathrm{T}}P\xi_j\\ &V_{2j}=(\xi_j-\xi_{j-1})^{\mathrm{T}}Z(\xi_j-\xi_{j-1})\\ &V_{3j}=\xi_{j-1}^{\mathrm{T}}R\xi_{j-1}\end{aligned}$$

式中，P、Z、R 为对称正定矩阵。

考虑到

$$\xi_{j+1}=(\widetilde{A}_j+\widetilde{B}_j)\xi_j-\widetilde{B}_j(\xi_j-\xi_{j-1})+\widetilde{D}_j\omega_j \tag{3.82}$$

对系统 (3.82) 来说，函数 V_j 有如下表达式：

$$\begin{aligned}\Delta V_{1j}=&\xi_{j+1}^{\mathrm{T}}P\xi_{j+1}-\xi_j^{\mathrm{T}}P\xi_j\\ =&\xi_j^{\mathrm{T}}(\widetilde{A}_j+\widetilde{B}_j)^{\mathrm{T}}P(\widetilde{A}_j+\widetilde{B}_j)\xi_j-\xi_j^{\mathrm{T}}P\xi_j-2\xi_j^{\mathrm{T}}(\widetilde{A}_j+\widetilde{B}_j)^{\mathrm{T}}P\widetilde{B}_j(\xi_j-\xi_{j-1})\end{aligned}$$

$$
\begin{aligned}
&+(\xi_j-\xi_{j-1})^{\mathrm{T}}\widetilde{B}_j^{\mathrm{T}}P\widetilde{B}_j(\xi_j-\xi_{j-1})+2\xi_j^{\mathrm{T}}(\widetilde{A}_j+\widetilde{B}_j)^{\mathrm{T}}P\widetilde{D}_j\omega_j\\
&-2(\xi_j-\xi_{j-1})^{\mathrm{T}}\widetilde{B}_j^{\mathrm{T}}P\widetilde{D}_j\omega_j+\omega_j^{\mathrm{T}}\widetilde{D}_j^{\mathrm{T}}P\widetilde{D}_j\omega_j
\end{aligned}
\tag{3.83}
$$

定义 $a=\xi_j$, $G=(\widetilde{A}_j+\widetilde{B}_j)^{\mathrm{T}}P\widetilde{B}_j$, $b=(\xi_j-\xi_{j-1})$。由引理 2.2 可知，对任意满足 $\begin{bmatrix} X & Y \\ Y^{\mathrm{T}} & Z \end{bmatrix} \geqslant 0$ 的矩阵 X、Y、Z，可得到

$$
\begin{aligned}
&-2\xi_j^{\mathrm{T}}(\widetilde{A}_j+\widetilde{B}_j)^{\mathrm{T}}P\widetilde{B}_j(\xi_j-\xi_{j-1})\\
&\leqslant \xi_j^{\mathrm{T}}X\xi_j+2\xi_j^{\mathrm{T}}[Y-(\widetilde{A}_j+\widetilde{B}_j)^{\mathrm{T}}P\widetilde{B}_j](\xi_j-\xi_{j-1})+(\xi_j-\xi_{j-1})^{\mathrm{T}}Z(\xi_j-\xi_{j-1})
\end{aligned}
\tag{3.84}
$$

另外，有

$$
\begin{aligned}
\Delta V_{2j}=&(\xi_{j+1}-\xi_j)^{\mathrm{T}}Z(\xi_{j+1}-\xi_j)-(\xi_j-\xi_{j-1})^{\mathrm{T}}Z(\xi_j-\xi_{j-1})\\
=&[(\widetilde{A}_j-I)\xi_j+\widetilde{B}_j\xi_{j-1}+\widetilde{D}_j\omega_j]^{\mathrm{T}}Z[(\widetilde{A}_j-I)\xi_j\\
&+\widetilde{B}_j\xi_{j-1}+\widetilde{D}_j\omega_j]-(\xi_j-\xi_{j-1})^{\mathrm{T}}Z(\xi_j-\xi_{j-1})\\
\Delta V_{3j}=&\xi_j^{\mathrm{T}}R\xi_j-\xi_{j-1}^{\mathrm{T}}R\xi_{j-1}
\end{aligned}
\tag{3.85}
$$

结合式 (3.83)~式 (3.85)，可得到

$$
\Delta V_j=\Delta V_{1j}+\Delta V_{2j}+\Delta V_{3j}=\tilde{\xi}_j^{\mathrm{T}}\Lambda_j\tilde{\xi}_j \tag{3.86}
$$

式中，

$$
\tilde{\xi}_j=\begin{bmatrix}\xi_j\\ \xi_{j-1}\\ \omega_j\end{bmatrix},\quad \Lambda_j=\begin{bmatrix}\Lambda_j^{11} & \Lambda_j^{12} & \Lambda_j^{13}\\ * & \Lambda_j^{22} & \Lambda_j^{23}\\ * & * & \Lambda_j^{33}\end{bmatrix}
$$

这里，

$$
\begin{aligned}
\Lambda_j^{11}=&-P+X+Y+Y^{\mathrm{T}}+R+\widetilde{A}_j^{\mathrm{T}}P\widetilde{A}_j+(\widetilde{A}_j-I)^{\mathrm{T}}Z(\widetilde{A}_j-I)\\
\Lambda_j^{12}=&-Y+\widetilde{A}_j^{\mathrm{T}}P\widetilde{B}_j+(\widetilde{A}_j-I)^{\mathrm{T}}Z\widetilde{B}_j\\
\Lambda_j^{13}=&\widetilde{A}_j^{\mathrm{T}}P\widetilde{D}_j+(\widetilde{A}_j-I)^{\mathrm{T}}Z\widetilde{D}_j\\
\Lambda_j^{22}=&-R+\widetilde{B}_j^{\mathrm{T}}P\widetilde{B}_j+\widetilde{B}_j^{\mathrm{T}}Z\widetilde{B}_j\\
\Lambda_j^{23}=&\widetilde{B}_j^{\mathrm{T}}P\widetilde{D}_j+\widetilde{B}_j^{\mathrm{T}}Z\widetilde{D}_j\\
\Lambda_j^{33}=&\widetilde{D}_j^{\mathrm{T}}P\widetilde{D}_j+\widetilde{D}_j^{\mathrm{T}}Z\widetilde{D}_j
\end{aligned}
$$

在 k_j 时刻的控制输入为 $-K\xi_{j-1}$，则 $z_j=C_1\xi_j-D_1K\xi_{j-1}$。对任意非零的 ξ_j，有 $\gamma_{h_{k_j}}^{-1}z_j^{\mathrm{T}}z_j-\gamma_{h_{k_j}}\omega_j^{\mathrm{T}}\omega_j=\tilde{\xi}_j^{\mathrm{T}}\varXi\tilde{\xi}_j$，其中，

$$
\varXi=\begin{bmatrix}\gamma_{h_{k_j}}^{-1}C_1^{\mathrm{T}}C_1 & -\gamma_{h_{k_j}}^{-1}C_1^{\mathrm{T}}D_1K & 0\\ * & \gamma_{h_{k_j}}^{-1}K^{\mathrm{T}}D_1^{\mathrm{T}}D_1K & 0\\ * & * & -\gamma_{h_{k_j}}I\end{bmatrix}
\tag{3.87}
$$

则 $\gamma_{h_{k_j}}^{-1} z_j^{\mathrm{T}} z_j - \gamma_{h_{k_j}} \omega_j^{\mathrm{T}} \omega_j + \Delta V_j = \tilde{\xi}_j^{\mathrm{T}} \widetilde{\Lambda}_j \tilde{\xi}_j$，其中，$\widetilde{\Lambda}_j = \Lambda_j + \Xi$。

下面证明 $\gamma_{h_{k_j}}^{-1} z_j^{\mathrm{T}} z_j - \gamma_{h_{k_j}} \omega_j^{\mathrm{T}} \omega_j + \Delta V_j < 0$，即 $\widetilde{\Lambda}_j < 0$。由矩阵 Schur 补，$\widetilde{\Lambda}_j < 0$ 等价于

$$\begin{bmatrix} \Upsilon & -Y & 0 & C_1^{\mathrm{T}} & \widetilde{A}_j^{\mathrm{T}} & (\widetilde{A}_j - I)^{\mathrm{T}} \\ * & -R & 0 & -K^{\mathrm{T}} D_1^{\mathrm{T}} & \widetilde{B}_j^{\mathrm{T}} & \widetilde{B}_j^{\mathrm{T}} \\ * & * & -\gamma_{h_{k_j}} I & 0 & \widetilde{D}_j^{\mathrm{T}} & \widetilde{D}_j^{\mathrm{T}} \\ * & * & * & -\gamma_{h_{k_j}} I & 0 & 0 \\ * & * & * & * & -P^{-1} & 0 \\ * & * & * & * & * & -Z^{-1} \end{bmatrix} < 0 \tag{3.88}$$

式中，$\Upsilon = -P + X + Y + Y^{\mathrm{T}} + R$。

对式 (3.88) 前后分别乘以 $\mathrm{diag}(P^{-1}, P^{-1}, I, I, I, I)$ 和 $\mathrm{diag}(P^{-1}, P^{-1}, I, I, I, I)$，定义 $P^{-1}XP^{-1} = \widetilde{X}$, $P^{-1}YP^{-1} = \widetilde{Y}$, $P^{-1}ZP^{-1} = \widetilde{Z}$, $P^{-1}RP^{-1} = \widetilde{R}$, $KP^{-1} = N$, $P^{-1} = M$，则式 (3.88) 等价于

$$\begin{bmatrix} \widetilde{\Upsilon} & -\widetilde{Y} & 0 & MC_1^{\mathrm{T}} & M\widetilde{A}_j^{\mathrm{T}} & M(\widetilde{A}_j - I)^{\mathrm{T}} \\ * & -\widetilde{R} & 0 & -N^{\mathrm{T}} D_1^{\mathrm{T}} & M\widetilde{B}_j^{\mathrm{T}} & M\widetilde{B}_j^{\mathrm{T}} \\ * & * & -\gamma_{h_{k_j}} I & 0 & \widetilde{D}_j^{\mathrm{T}} & \widetilde{D}_j^{\mathrm{T}} \\ * & * & * & -\gamma_{h_{k_j}} I & 0 & 0 \\ * & * & * & * & -M & 0 \\ * & * & * & * & * & -Z^{-1} \end{bmatrix} < 0 \tag{3.89}$$

式中，$\widetilde{\Upsilon} = -M + \widetilde{X} + \widetilde{Y} + \widetilde{Y}^{\mathrm{T}} + \widetilde{R}$。

对于对称正定矩阵 P 和 Z，有 $(P-Z)Z^{-1}(P-Z) \geqslant 0$ 成立，即 $PZ^{-1}P - 2P + Z \geqslant 0$ 成立。对 $PZ^{-1}P - 2P + Z \geqslant 0$ 前后分别乘以 P^{-1} 和 P^{-1}，则 $-Z^{-1} \leqslant P^{-1}ZP^{-1} - 2P^{-1} = \widetilde{Z} - 2M$。因此，如果式 (3.80) 成立，则式 (3.89) 也是可行的。另外，为保证式 (3.84) 成立，需有 $\begin{bmatrix} X & Y \\ Y^{\mathrm{T}} & Z \end{bmatrix} \geqslant 0$ 成立，对 $\begin{bmatrix} X & Y \\ Y^{\mathrm{T}} & Z \end{bmatrix} \geqslant 0$ 前后分别乘以 $\mathrm{diag}(P^{-1}, P^{-1})$ 和 $\mathrm{diag}(P^{-1}, P^{-1})$，则 $\begin{bmatrix} X & Y \\ Y^{\mathrm{T}} & Z \end{bmatrix} \geqslant 0$ 等价于 $\begin{bmatrix} \widetilde{X} & \widetilde{Y} \\ \widetilde{Y}^{\mathrm{T}} & \widetilde{Z} \end{bmatrix} \geqslant 0$。也就是说，如果式 (3.80) 和式 (3.81) 可行，则 $\gamma_{h_{k_j}}^{-1} z_j^{\mathrm{T}} z_j - \gamma_{h_{k_j}} \omega_j^{\mathrm{T}} \omega_j + \Delta V_j < 0$。类似于定理 3.1，由 $\gamma_{h_{k_j}}^{-1} z_j^{\mathrm{T}} z_j - \gamma_{h_{k_j}} \omega_j^{\mathrm{T}} \omega_j + \Delta V_j < 0$ 可以证明 $||z||_2^2 < \gamma_{h_{k_j}}^2 ||\omega||_2^2$。证毕。

如果采样周期 h_{k_j} 为常数，类似于定理 3.4，也可以优化系统 (3.79) 的 H_∞ 性能，具体方法如下。

推论 3.5 对常数采样周期 h_{k_j}，如果存在对称正定矩阵 M、$\widetilde{R}$、$\widetilde{Z}$，矩阵 $\widetilde{X}$、$\widetilde{Y}$、N，标量 $\gamma>0$，使得式 (3.90) 和式 (3.91) 对 $k_{j+1}-k_j$ $(k_{j+1}-k_j=1,2,\cdots,L)$ 的每个可能的值都成立：

$$\begin{bmatrix} \Psi_0 & -\widetilde{Y} & 0 & MC_1^{\mathrm{T}} & \Psi_1^{\mathrm{T}} & \Psi_1^{\mathrm{T}}-M \\ * & -\widetilde{R} & 0 & -N^{\mathrm{T}}D_1^{\mathrm{T}} & \Psi_2^{\mathrm{T}} & \Psi_2^{\mathrm{T}} \\ * & * & -\gamma I & 0 & \widetilde{D}_j^{\mathrm{T}} & \widetilde{D}_j^{\mathrm{T}} \\ * & * & * & -\gamma I & 0 & 0 \\ * & * & * & * & -M & 0 \\ * & * & * & * & * & \widetilde{Z}-2M \end{bmatrix}<0 \tag{3.90}$$

$$\begin{bmatrix} \widetilde{X} & \widetilde{Y} \\ \widetilde{Y}^{\mathrm{T}} & \widetilde{Z} \end{bmatrix} \geqslant 0 \tag{3.91}$$

式中，Ψ_0、Ψ_1 和 Ψ_2 可由定理 3.4 相应表达式中的 h_{k_j} 替换为常数采样周期而得到，则在控制律 $u_j=-K\xi_j, K=NM^{-1}$ 的作用下，系统 (3.79) 渐近稳定且相应的 H_∞ 范数界为 γ。

对网络控制系统而言，控制输入数据包的丢失会降低系统的性能。以上的控制器设计方法没有考虑丢包补偿的问题。下面将提出一个新的基于线性估计的补偿方法以减小数据包丢失对系统性能的负面影响。

3.4.3 具有丢包补偿系统的 H_∞ 控制器设计

为补偿数据包丢失的负面影响，可以在系统中加入一个线性估计器，以估计那些丢失的数据包。假设基于对象状态 $x_0, x_{k_1}, \cdots, x_{k_j}, \cdots$ 得到的控制输入成功地传到了执行器，$L-1$ 为连续丢包数的上界，则可以对丢失的数据包做如下估计：

$$\begin{aligned} \hat{u}_{k_j+1} &= u_{k_j}-\frac{1}{L}u_{k_j}=\left(1-\frac{1}{L}\right)u_{k_j} \\ \hat{u}_{k_j+2} &= \hat{u}_{k_j+1}+(\hat{u}_{k_j+1}-u_{k_j})=\left(1-\frac{2}{L}\right)u_{k_j} \\ \hat{u}_{k_j+3} &= \hat{u}_{k_j+2}+(\hat{u}_{k_j+2}-\hat{u}_{k_j+1})=\left(1-\frac{3}{L}\right)u_{k_j} \\ &\vdots \\ \hat{u}_{k_{j+1}-1} &= \hat{u}_{k_{j+1}-2}+(\hat{u}_{k_{j+1}-2}-\hat{u}_{k_{j+1}-3})=\left(1-\frac{k_{j+1}-k_j-1}{L}\right)u_{k_j} \end{aligned} \tag{3.92}$$

式中，L 为预先给定的正标量。

不失一般性，设扰动输入 $\omega_{k_j}=\omega_{k_j+1}=\cdots=\omega_{k_{j+1}-1}$，利用以上的丢包补偿方法，可以得到

$$
\begin{aligned}
x_{k_j+1} &= \Phi_{h_{k_j}} x_{k_j} + \Gamma_{h_{k_j}} \hat{u}_{k_j-1} + \widetilde{\Gamma}_{h_{k_j}} \omega_{k_j} \\
&= \Phi_{h_{k_j}} x_{k_j} - \left(1 - \frac{k_j - k_{j-1} - 1}{L}\right) \Gamma_{h_{k_j}} K x_{k_{j-1}} + \widetilde{\Gamma}_{h_{k_j}} \omega_{k_j} \\
x_{k_j+2} &= \Phi_b x_{k_j+1} + \Gamma_b u_{k_j} + \widetilde{\Gamma}_b \omega_{k_j} \\
&= (\Phi_b \Phi_{h_{k_j}} - \Gamma_b K) x_{k_j} + (\Phi_b \widetilde{\Gamma}_{h_{k_j}} + \widetilde{\Gamma}_b) \omega_{k_j} \\
&\quad - \left(1 - \frac{k_j - k_{j-1} - 1}{L}\right) \Phi_b \Gamma_{h_{k_j}} K x_{k_{j-1}} \\
x_{k_j+3} &= \Phi_b x_{k_j+2} + \Gamma_b \hat{u}_{k_j+1} + \widetilde{\Gamma}_b \omega_{k_j} \\
&= [\Phi_b^2 \Phi_{h_{k_j}} - \Phi_b \Gamma_b K - \left(1 - \frac{1}{L}\right) \Gamma_b K] x_{k_j} \\
&\quad - \left(1 - \frac{k_j - k_{j-1} - 1}{L}\right) \Phi_b^2 \Gamma_{h_{k_j}} K x_{k_{j-1}} \\
&\quad + (\Phi_b^2 \widetilde{\Gamma}_{h_{k_j}} + \Phi_b \widetilde{\Gamma}_b + \widetilde{\Gamma}_b) \omega_{k_j} \\
&\ \ \vdots \\
x_{k_{j+1}} &= \widetilde{A}_j x_{k_j} + \widetilde{B}_j x_{k_{j-1}} + \widetilde{D}_j \omega_{k_j}
\end{aligned} \tag{3.93}
$$

式中，$\Phi_{h_{k_j}} = \mathrm{e}^{Ah_{k_j}}$；$\Phi_b = \mathrm{e}^{Ad_2}$；$\Gamma_{h_{k_j}} = \int_0^{h_{k_j}} \mathrm{e}^{As}\mathrm{d}sB_1$；$\widetilde{\Gamma}_{h_{k_j}} = \int_0^{h_{k_j}} \mathrm{e}^{As}\mathrm{d}sB_2$；$\Gamma_b = \int_0^{d_2} \mathrm{e}^{As}\mathrm{d}sB_1$；$\widetilde{\Gamma}_b = \int_0^{d_2} \mathrm{e}^{As}\mathrm{d}sB_2$；且

$$
\begin{aligned}
\widetilde{A}_j &= \Phi_b^{k_{j+1}-k_j-1} \Phi_{h_{k_j}} - \Phi_b^{k_{j+1}-k_j-2} \Gamma_b K - \left(1 - \frac{1}{L}\right) \Phi_b^{k_{j+1}-k_j-3} \Gamma_b K \\
&\quad - \left(1 - \frac{2}{L}\right) \Phi_b^{k_{j+1}-k_j-4} \Gamma_b K - \cdots - \sigma_1 \Gamma_b K \\
\widetilde{B}_j &= -\sigma_2 \Phi_b^{k_{j+1}-k_j-1} \Gamma_{h_{k_j}} K \\
\widetilde{D}_j &= \Phi_b^{k_{j+1}-k_j-1} \widetilde{\Gamma}_{h_{k_j}} + \Phi_b^{k_{j+1}-k_j-2} \widetilde{\Gamma}_b + \cdots + \widetilde{\Gamma}_b
\end{aligned} \tag{3.94}
$$

这里，

$$
\sigma_1 = 1 - \frac{k_{j+1} - k_j - 2}{L}
$$
$$
\sigma_2 = 1 - \frac{k_j - k_{j-1} - 1}{L}
$$

分别定义 $x_{k_{j+1}}$、x_{k_j}、$x_{k_{j-1}}$、ω_{k_j} 为 ξ_{j+1}、ξ_j、ξ_{j-1}、ω_j，则

$$
\xi_{j+1} = \widetilde{A}_j \xi_j + \widetilde{B}_j \xi_{j-1} + \widetilde{D}_j \omega_j \tag{3.95}
$$

如果采样周期 h_{k_j} 在有限集 $\vartheta=\{d_1,\ d_1+(d_2-d_1)/l,\ \cdots,\ d_2\}$ 内切换，则类似于定理 3.4，可以得到如下定理。

定理 3.5　如果存在对称正定矩阵 M、$\widetilde{R}$、$\widetilde{Z}$，矩阵 $\widetilde{X}$、$\widetilde{Y}$、N，标量 $\gamma_{h_{k_j}}>0$，使得式 (3.96) 对 $k_{j+1}-k_j$ 和 h_{k_j} ($k_{j+1}-k_j$ 和 h_{k_j} 同定理 3.4) 的每个可能的值都成立：

$$\begin{bmatrix} \Psi_0 & -\widetilde{Y} & 0 & MC_1^{\mathrm{T}} & \Psi_1^{\mathrm{T}} & \Psi_1^{\mathrm{T}}-M \\ * & -\widetilde{R} & 0 & -\sigma_2 N^{\mathrm{T}}D_1^{\mathrm{T}} & \Psi_2^{\mathrm{T}} & \Psi_2^{\mathrm{T}} \\ * & * & -\gamma_{h_{k_j}}I & 0 & \widetilde{D}_j^{\mathrm{T}} & \widetilde{D}_j^{\mathrm{T}} \\ * & * & * & -\gamma_{h_{k_j}}I & 0 & 0 \\ * & * & * & * & -M & 0 \\ * & * & * & * & * & \widetilde{Z}-2M \end{bmatrix}<0$$

$$\begin{bmatrix} \widetilde{X} & \widetilde{Y} \\ \widetilde{Y}^{\mathrm{T}} & \widetilde{Z} \end{bmatrix}\geqslant 0 \tag{3.96}$$

式中，

$$\begin{aligned} \Psi_0 =& -M+\widetilde{X}+\widetilde{Y}+\widetilde{Y}^{\mathrm{T}}+\widetilde{R} \\ \Psi_1 =& \Phi_b^{k_{j+1}-k_j-1}\Phi_{h_{k_j}}M-\Phi_b^{k_{j+1}-k_j-2}\Gamma_b N-\left(1-\frac{1}{L}\right)\Phi_b^{k_{j+1}-k_j-3}\Gamma_b N \\ &-\left(1-\frac{2}{L}\right)\Phi_b^{k_{j+1}-k_j-4}\Gamma_b N-\cdots-\sigma_1\Gamma_b N \\ \Psi_2 =& -\sigma_2\Phi_b^{k_{j+1}-k_j-1}\Gamma_{h_{k_j}}N \end{aligned}$$

则在控制律 $u_j=-K\xi_j, K=NM^{-1}$ 的作用下，系统 (3.95) 渐近稳定且相应的 H_∞ 范数界为 $\gamma_{h_{k_j}}$。

证明　如果采用了基于线性估计的补偿方法 (3.92)，则在 k_j 时刻系统可用的最新控制输入为 $-\sigma_2K\xi_{j-1}$，即 $z_j=C_1\xi_j-\sigma_2D_1K\xi_{j-1}$。因此，式 (3.80) 中的 $-N^{\mathrm{T}}D_1^{\mathrm{T}}$ 应该替换为 $-\sigma_2N^{\mathrm{T}}D_1^{\mathrm{T}}$，定理 3.5 其他部分的证明类似于定理 3.4，此处略。证毕。

类似地，如果采样周期 h_{k_j} 为常数，要保证系统 (3.95) 具有特定的 H_∞ 性能，式 (3.96) 对给定的 h_{k_j} 应该是可行的，则有推论 3.6。

推论 3.6　对常数采样周期 h_{k_j}，如果存在对称正定矩阵 M、$\widetilde{R}$、$\widetilde{Z}$，矩阵 $\widetilde{X}$、$\widetilde{Y}$、N，标量 $\gamma>0$，使得式 (3.97) 对 $k_{j+1}-k_j$ ($k_{j+1}-k_j=1,2,\cdots,L$) 的每个可能的值都成立：

$$
\begin{bmatrix}
\Psi_0 & -\widetilde{Y} & 0 & MC_1^{\mathrm{T}} & \Psi_1^{\mathrm{T}} & \Psi_1^{\mathrm{T}}-M \\
* & -\widetilde{R} & 0 & -\sigma_2 N^{\mathrm{T}} D_1^{\mathrm{T}} & \Psi_2^{\mathrm{T}} & \Psi_2^{\mathrm{T}} \\
* & * & -\gamma I & 0 & \widetilde{D}_j^{\mathrm{T}} & \widetilde{D}_j^{\mathrm{T}} \\
* & * & * & -\gamma I & 0 & 0 \\
* & * & * & * & -M & 0 \\
* & * & * & * & * & \widetilde{Z}-2M
\end{bmatrix} < 0
$$

$$
\begin{bmatrix}
\widetilde{X} & \widetilde{Y} \\
\widetilde{Y}^{\mathrm{T}} & \widetilde{Z}
\end{bmatrix} \geqslant 0 \tag{3.97}
$$

式中，Ψ_0、Ψ_1 和 Ψ_2 可由定理 3.5 相应表达式中的 h_{k_j} 替换为常数采样周期而得到，则在控制律 $u_j = -K\xi_j, K = NM^{-1}$ 的作用下，系统 (3.95) 渐近稳定且 H_∞ 范数界为 γ。

注 3.8　正如定理 3.4 和定理 3.5 所示，可以通过优化 γ_{sum} 得到 $\gamma_{h_{k_j}}$ 的最优值，而且当 h_{k_j} 切换到 d_2 时，由定理 3.4 和定理 3.5 所得到的 $\gamma_{h_{k_j}}$ 分别比推论 3.5 和推论 3.6 要差一些。然而，由于大多数情况下网络的负载并达不到最大值，所以大多数情况下 $h_{k_j} < d_2$，这样系统的 H_∞ 性能比采样周期为常数值 d_2 时要好。

3.4.4　数值算例

算例 3.4　验证主动变采样周期方法的优越性。考虑如下开环不稳定系统：

$$
\begin{cases}
\dot{x}(t) = \begin{bmatrix} -0.3901 & 0.8855 \\ 1.4900 & -0.9821 \end{bmatrix} x(t) + \begin{bmatrix} -0.5359 \\ 1.0727 \end{bmatrix} u(t) + \begin{bmatrix} 0.3105 \\ 0.3144 \end{bmatrix} \omega(t) \\
z(t) = \begin{bmatrix} -1.3659 & 0.1823 \end{bmatrix} x(t) + 0.5485u(t)
\end{cases} \tag{3.98}
$$

设传感器的最小采样周期为 0.05s，最大采样周期为 0.2s，且采样周期的可能值为 $h_1 = 0.05\mathrm{s}$, $h_2 = 0.1\mathrm{s}$, $h_3 = 0.2\mathrm{s}$，对象的初始状态为 $x_0 = [1 \quad -1]^{\mathrm{T}}$。为简单起见，设基于对象在 0, 3, 6, $\cdots$ 时刻的状态得到的控制输入被成功地传到了执行器，即每 3 个包中有 2 个被丢失，则 $L = 3$。

如果定理 3.4 中的方法被用来设计 H_∞ 控制器，则可以令 $\alpha_1 = 4.5$, $\alpha_2 = 2$, $\alpha_3 = 4$ (记为情况 1)，或 $\alpha_1 = 11$, $\alpha_2 = 7$, $\alpha_3 = 11$ (记为情况 2)。表 3.6 列出了相对于不同的采样周期 h_m $(m = 1,\ 2,\ 3)$ 得到的 H_∞ 范数界，且相对于情况 1 和情况 2 的控制器增益 K 分别为 [12.9596　7.7150] 和 [12.9686　7.7215]。如果用定理 3.5 中的方法设计 H_∞ 控制器，则令 $\alpha_1 = 4$, $\alpha_2 = 3$, $\alpha_3 = 5$ (记为情况 3)，或 $\alpha_1 = 8$, $\alpha_2 = 8$, $\alpha_3 = 12$ (记为情况 4)。表 3.7 列出了相对于不同的采样周期 h_m $(m = 1,\ 2,\ 3)$ 得到的 H_∞ 范数界，且相对于情况 3 和情况 4 的控制器增益 K 分别为 [21.6662　13.0813] 和 [21.6330　13.0642]。

如果采样周期为常数，为避免在网络负载最大时出现网络拥塞，则可以选 h_3 为采样周期的长度。表 3.8 列出了由推论 3.5 和推论 3.6 所得到的 H_∞ 范数界，且由推论 3.5 和推论 3.6 所得到的控制器增益 K 分别为 $[11.6672\quad 6.9515]$ 和 $[21.6542\quad 13.0743]$。

从表 3.6~表 3.8 可以看出，相对于常数采样周期 h_3，短采样周期能保证系统有更优的 H_∞ 性能，可以通过适当地选择加权系数 α_1、α_2、α_3 以得到合适的 H_∞ 范数界。表 3.6~表 3.8 也说明了本节所提出的丢包补偿方法的优越性。

表 3.6　H_∞ 范数界 (基于定理 3.4)

情况	γ_{h_1}	γ_{h_2}	γ_{h_3}
情况 1	11.8953	11.1749	15.8281
情况 2	11.9001	11.1509	15.8365

表 3.7　H_∞ 范数界 (基于定理 3.5)

情况	γ_{h_1}	γ_{h_2}	γ_{h_3}
情况 3	6.8027	6.5762	8.3125
情况 4	6.9335	6.6963	8.1406

表 3.8　H_∞ 范数界 (常数采样)

γ_1	γ_2
12.2874	7.1330

如果采样周期为常数值 h_3，且系统中使用由推论 3.5 得到的控制器增益 K 为 $[11.6672\quad 6.9515]$，在时间段 $[3\text{s}, 15\text{s})$，扰动输入 $\sin j$ $(j = 1, 2, \cdots, 20)$ 被加入到系统中，系统的状态响应和受控输出曲线如图 3.7(a) 所示。如果初始的采样周期为 h_1，在时间段 $[3\text{s}, 6\text{s})$，扰动输入 $\sin j$ $(j = 1, 2, \cdots, 20)$ 被加入到系统中；在 6s 时，采样周期变为 h_3，且在时间段 $[6.6\text{s}, 18.6\text{s})$，另一组扰动输入 $\sin j$ $(j = 1, 2, \cdots, 20)$ 被加入到系统中，且相应的控制器增益 K 为 $[12.9686\quad 7.7215]$，系统的状态响应和受控输出曲线如图 3.7(b) 所示。

由定理 3.5 和推论 3.6 得到的控制器增益 K 分别为 $[21.6330\quad 13.0642]$ 和 $[21.6542\quad 13.0743]$，与图 3.7(a) 和图 3.7(b) 相对应，图 3.8(a) 和图 3.8(b) 给出了系统的状态响应和受控输出曲线，说明了本节所提出的丢包补偿方法的优越性。

由图 3.7 和图 3.8 可知，如果 $\omega(t) \neq 0$ 且系统中有采样周期的切换，与常数采样周期 h_3 相比，短采样周期可以使系统有更好的 H_∞ 性能。

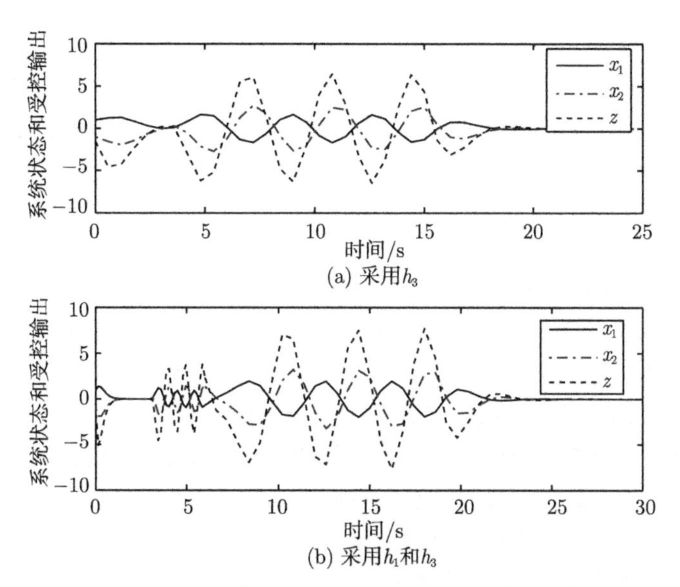

(a) 采用h_3

(b) 采用h_1和h_3

图 3.7 状态响应和受控输出曲线 (无丢包补偿)

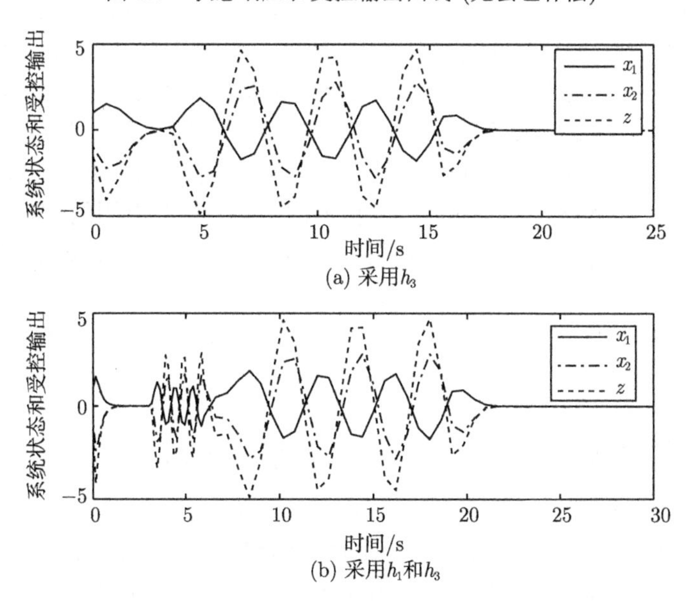

(a) 采用h_3

(b) 采用h_1和h_3

图 3.8 状态响应和受控输出曲线 (有丢包补偿)

3.5 主动变采样网络控制系统故障检测滤波器设计

网络控制系统中的传感器、执行器和控制器在空间上是分布式的，且通过通信网络连接。对于网络控制系统，许多有趣的研究方向都得到了较多关注，如丢包和

网络诱导时延 [20-26]、事件驱动的控制设计 [27-29]、网络化预测控制系统 [30, 31]、有限时域滤波 [32, 33]、量化 [33-35]、输出反馈控制 [36, 37] 和非均匀分布的时延 [38] 等。

在网络控制系统中，传感器通常用固定的周期进行采样。然而，计算机负载的变化、网络不定时发生的故障等会导致采样周期发生抖动。因此，有必要研究时变采样周期问题 [6]。需要说明的是，Lozano 等 [6] 所考虑的时变采样周期是由外部因素引起的。不同于文献 [6] 和文献 [39] 所考虑的时变采样周期，Wang 等 [40] 提出了主动变采样周期方法以实现对网络带宽的充分利用。

对于网络控制系统，故障的发生通常是不可避免的。因此，及时检测故障的发生是十分重要的。故障检测被认为是保证网络控制系统安全性和可靠性的一个重要技术，目前在网络控制系统故障检测方面已得到了比较好的研究成果 [41, 42]。例如，Huang 等 [43] 研究了时延网络控制系统的鲁棒故障估计问题。对于随机网络诱导时延和时钟异步的网络化预测控制系统，Liu 等 [44] 基于似然比提出了一种故障检测和补偿方案。对于考虑随机混合时延和连续丢包的 T-S 模糊系统，Dong 等 [45] 研究了基于网络的鲁棒故障检测问题。

Wang 等 [41]、He 等 [42]、Huang 等 [43]、Liu 等 [44] 和 Dong 等 [45] 考虑了采样周期为常数的情况。在处理网络控制系统的故障检测问题时，如果采用常数采样周期 h，且网络访问量较高，则 h 应该选取得足够大以避免发生网络拥塞。这样，当网络空闲时，网络带宽无法得到充分利用。如果传感器能够主动地调整采样周期的长度来实现对网络带宽的充分利用，则故障检测时间有望被缩短。因此，探讨采用主动变采样周期的网络控制系统的故障检测问题是有趣且有用的 [46]。对于网络控制系统的故障检测问题，考虑主动变采样会给系统建模带来一定难度，本节将对此开展相关分析。

对于离散时间或离散化的网络控制系统，假设 i_k 为连续丢包数与网络诱导时延长度之和，i_m 和 i_M 为已知常数，且 $i_m \leqslant i_k \leqslant i_M$，$\bar{i} = \left\lfloor \dfrac{i_m + i_M}{2} \right\rfloor$，其中，$\bar{i}$ 是小于等于 $\dfrac{i_m + i_M}{2}$ 的最大整数。这样，在任意时刻 k 都有 $i_m \leqslant i_k \leqslant \bar{i}$ 或 $\bar{i} < i_k \leqslant i_M$ 成立。另外，对于任意时刻 k，事件 $i_m \leqslant i_k \leqslant \bar{i}$ 或 $\bar{i} < i_k \leqslant i_M$ 不能同时发生，这一现象在本节中称为互斥分布。当处理离散化网络控制系统的故障检测问题时，如何充分利用丢包和网络诱导时延的互斥分布特性来得到具有更小保守性的结果是十分重要的。

对于考虑丢包和网络诱导时延的连续时间网络控制系统，本节将探讨其故障检测滤波器设计问题。通过引入主动变采样周期方法，建立新的故障检测网络控制系统的离散化模型。基于新建立的模型，讨论故障检测滤波器设计方法。即使所考虑的系统退化为常数采样周期的情况，所提出的故障检测滤波器设计方法仍然是可行的。

3.5.1　基于主动变采样的网络控制系统建模

需要进行故障检测的连续时间网络控制系统为

$$\begin{cases} \dot{x}(t) = Ax(t) + Bu(t) + B_\omega \omega(t) + E_f f(t) \\ y(t) = Cx(t) \end{cases} \tag{3.99}$$

式中，$x(t) \in \mathbb{R}^n$、$u(t) \in \mathbb{R}^m$、$y(t) \in \mathbb{R}^s$、$\omega(t) \in \mathbb{R}^v$ 和 $f(t) \in \mathbb{R}^q$ 分别为状态向量、控制输入向量、量测输出、扰动输入和故障信号，$\omega(t) \in L_2[0,\ \infty)$；$A$、$B$、$B_\omega$、$E_f$ 和 C 为具有适当维数的已知常数矩阵。

本节中，假定通过单通道网络来实现对系统 (3.99) 的控制；在受控对象与故障检测滤波器之间存在丢包和网络诱导时延；传感器既是时钟驱动又是事件驱动的，而故障检测滤波器和执行器为事件驱动的。需要说明的是，本节的结果经过扩展可以处理受控对象与故障检测滤波器之间，以及故障检测滤波器与执行器之间均存在信道的网络控制系统。

当网络空闲或被最多的用户使用时，假设受控对象–故障检测滤波器网络诱导时延长度分别为 d_1 和 d_2。如果采用常数采样周期，且网络被最多的用户占用，则为避免发生网络拥塞，应该选 d_2 为采样周期。假设 t_k 为最近的采样时刻，τ_k 为量测输出 y_k 的网络诱导时延 ($y_k = Cx_k$ 且 x_k 为 t_k 时刻的对象状态值)，y_k 到达执行器的时刻为 $\tilde{k}$，h_k 为第 k 个采样周期的长度。

下面提出主动变采样周期方法 (可参见文献 [40]) 来改善残差信号对故障的敏感性并缩短故障检测时间。

若把 $[d_1, d_2]$ 分成 l 个等长的小区间 (l 为正整数)，则 t_k 的下一个采样时刻 $\hat{k}$ 和采样周期 h_k 可以类似式 (3.75) 与式 (3.76) 得到。也就是说，采样周期 h_k 在有限集合 $\vartheta = \{d_1,\ d_1 + (d_2 - d_1)/l,\ \cdots,\ d_2\}$ 内切换。如果 $\tau_k > d_2$，则故障检测滤波器将使用最近收到的量测输出，同时，即使 y_k 最终到达故障检测滤波器也不再被使用。

对于充分大的 l 且在时间区间 $[t_k,\ \hat{k})$ 内，故障检测滤波器所用的量测输出近似为 y_{k-i_k}，其中，$i_k = i_m,\ i_m+1,\ \cdots,\ i_M$；$i_M - 1$ 表示最大连续丢包数；$i_m \geqslant 0$，$i_M > 0$，$i_m < i_M$。系统 (3.99) 的离散化表达式为

$$\begin{cases} x_{k+1} = \varPhi_k x_k + \varGamma_{1k} u_k + \varGamma_{2k} \omega_k + \varGamma_{3k} f_k \\ y_k = Cx_k \end{cases} \tag{3.100}$$

式中，$\varPhi_k = \mathrm{e}^{Ah_k}$；$\varGamma_{1k} = \int_0^{h_k} \mathrm{e}^{As} \mathrm{d}s B$；$\varGamma_{2k} = \int_0^{h_k} \mathrm{e}^{As} \mathrm{d}s B_\omega$；$\varGamma_{3k} = \int_0^{h_k} \mathrm{e}^{As} \mathrm{d}s E_f$。

在第 k 个采样时刻，定义故障检测滤波器收到的量测输出为 $\bar{y}_k$，则可以得到

$\bar{y}_k = Cx_{k-i_k}$。基于以上陈述，故障检测滤波器可以描述为

$$\begin{cases} \hat{x}_{k+1} = A_f\hat{x}_k + B_f\bar{y}_k \\ r_k = C_f\hat{x}_k \end{cases} \tag{3.101}$$

式中，$\hat{x}_k \in \mathbb{R}^{n_f}$ 和 $r_k \in \mathbb{R}^q$ 分别为故障检测滤波器的状态和残差信号；A_f、B_f 和 C_f 为要设计的量。

通常需要有一个参考残差模型来描述残差信号 r_k 的变化，因此引入如下参考残差模型 (关于此模型更详细的信息可参阅文献 [47])：

$$\begin{cases} \bar{x}_{k+1} = A_W\bar{x}_k + B_W f_k \\ \bar{f}_k = C_W\bar{x}_k + D_W f_k \end{cases} \tag{3.102}$$

式中，$\bar{x}_k \in \mathbb{R}^{n_W}$ 和 $\bar{f}_k \in \mathbb{R}^q$ 分别为参考残差模型的状态和输出；A_W、B_W、C_W 和 D_W 为具有合适维数的已知常数矩阵。

定义 $\xi_k = [x_k^{\mathrm{T}} \quad \bar{x}_k^{\mathrm{T}} \quad \hat{x}_k^{\mathrm{T}}]^{\mathrm{T}}$, $\nu_k = [u_k^{\mathrm{T}} \quad \omega_k^{\mathrm{T}} \quad f_k^{\mathrm{T}}]^{\mathrm{T}}$, $e_k = r_k - \bar{f}_k$，可以得到

$$\begin{cases} \xi_{k+1} = \phi_{1\xi,k}\xi_k + \phi_{2\xi}\xi_{k-i_k} + \phi_{3\xi,k}\nu_k \\ e_k = \phi_{1e}\xi_k + \phi_{2e}\nu_k \end{cases} \tag{3.103}$$

式中，

$$\begin{aligned} &\phi_{1\xi,k} = \begin{bmatrix} \widetilde{\Phi}_k & 0 \\ 0 & A_f \end{bmatrix}, \quad \phi_{2\xi} = \begin{bmatrix} 0 & 0 \\ B_f\widetilde{C} & 0 \end{bmatrix}, \quad \phi_{3\xi,k} = \begin{bmatrix} \widetilde{\Gamma}_k \\ 0 \end{bmatrix} \\ &\phi_{1e} = \begin{bmatrix} \widetilde{C}_W & C_f \end{bmatrix}, \quad \phi_{2e} = \begin{bmatrix} 0 & 0 & -D_W \end{bmatrix} \end{aligned} \tag{3.104}$$

这里，

$$\widetilde{\Phi}_k = \begin{bmatrix} \Phi_k & 0 \\ 0 & A_W \end{bmatrix}, \quad \widetilde{C} = \begin{bmatrix} C & 0 \end{bmatrix}$$

$$\widetilde{\Gamma}_k = \begin{bmatrix} \Gamma_{1k} & \Gamma_{2k} & \Gamma_{3k} \\ 0 & 0 & B_\omega \end{bmatrix}, \quad \widetilde{C}_W = \begin{bmatrix} 0 & -C_W \end{bmatrix}$$

注 3.9 一般来说，网络控制系统的采样周期越短，系统性能越好。然而，如果采样周期过小，则发生网络拥塞的可能性增大。在闭环系统 (3.103) 中引入了主动变采样周期方法以实现对网络带宽的充分利用，该方法可以保证较好的系统性能并避免发生网络拥塞。

如果采用常数采样周期 h，则可以选择 $h = d_2$ 以避免发生网络拥塞。如果采用常数采样周期 d_2, 则系统 (3.103) 退化为

$$\begin{cases} \xi_{k+1} = \phi_{1\xi}\xi_k + \phi_{2\xi}\xi_{k-i_k} + \phi_{3\xi}\nu_k \\ e_k = \phi_{1e}\xi_k + \phi_{2e}\nu_k \end{cases} \tag{3.105}$$

式中，$\phi_{1\xi}=\begin{bmatrix}\widetilde{\Phi} & 0\\ 0 & A_f\end{bmatrix}$，$\widetilde{\Phi}=\begin{bmatrix}\Phi & 0\\ 0 & A_W\end{bmatrix}$，$\Phi=\mathrm{e}^{Ad_2}$；$\phi_{3\xi}=\begin{bmatrix}\widetilde{\Gamma}\\ 0\end{bmatrix}$，$\widetilde{\Gamma}=\begin{bmatrix}\Gamma_1 & \Gamma_2 & \Gamma_3\\ 0 & 0 & B_\omega\end{bmatrix}$，$\Gamma_1=\int_0^{d_2}\mathrm{e}^{As}\mathrm{d}sB$，$\Gamma_2=\int_0^{d_2}\mathrm{e}^{As}\mathrm{d}sB_\omega$，$\Gamma_3=\int_0^{d_2}\mathrm{e}^{As}\mathrm{d}sE_f$；$\phi_{2\xi}$、$\phi_{1e}$、$\phi_{2e}$ 与系统 (3.103) 中对应的项相同。

为了及时检测故障的发生，应该构造一个残差评价函数。如果残差评价函数的值大于一个给定的阈值，则进行故障报警。令残差评价函数为

$$||r||_T \overset{\text{def}}{=} \frac{1}{T}\sqrt{\sum_{k=t_1}^{t_2} r_k^{\mathrm{T}} r_k},\quad T=t_2-t_1+1 \tag{3.106}$$

选择阈值 J_{th} 为

$$J_{\mathrm{th}}=\sup_{\nu_k\in L_2,\ f_k=0}||r||_T \tag{3.107}$$

则故障检测逻辑为

$$\begin{cases} ||r||_T > J_{\mathrm{th}}, & \text{有故障}\\ ||r||_T \leqslant J_{\mathrm{th}}, & \text{无故障}\end{cases} \tag{3.108}$$

为了充分利用丢包和网络诱导时延的互斥分布特性，引入标量 ρ_k，且

$$\rho_k=\begin{cases}1, & i_m\leqslant i_k\leqslant \bar{i}\\ 0, & \bar{i}<i_k\leqslant i_M\end{cases} \tag{3.109}$$

式中，i_m、$\bar{i}$、i_M 的定义已在 3.4.1 节给出。

3.5.2　故障检测滤波器设计

为讨论主动变采样周期网络控制系统的故障检测滤波器设计问题，定义 $\Theta_k=[\xi_k^{\mathrm{T}}\ \ \xi_{k-1}^{\mathrm{T}}\ \ \cdots\ \ \xi_{k-i_M}^{\mathrm{T}}]^{\mathrm{T}}$，并构造如下李雅普诺夫泛函：

$$V_k(\Theta_k)=\sum_{j=1}^{4}V_{kj}(\Theta_k) \tag{3.110}$$

式中，

$$V_{k1}(\Theta_k)=\xi_k^{\mathrm{T}}P\xi_k$$
$$V_{k2}(\Theta_k)=\sum_{j=k-i_k}^{k-1}\xi_j^{\mathrm{T}}Q\xi_j+\sum_{\varrho=-i_M+1}^{-i_m}\sum_{j=k+\varrho}^{k-1}\xi_j^{\mathrm{T}}Q\xi_j$$

$$
\begin{aligned}
V_{k3}(\Theta_k) &= \sum_{j=k-i_m}^{k-1} \xi_j^{\mathrm{T}} R_1 \xi_j + \sum_{j=k-i_M}^{k-1} \xi_j^{\mathrm{T}} R_2 \xi_j \\
V_{k4}(\Theta_k) &= (i_M - i_m) \sum_{\varrho=-i_M}^{-i_m-1} \sum_{j=k+\varrho}^{k-1} \eta_j^{\mathrm{T}} Z \eta_j
\end{aligned} \tag{3.111}
$$

P、Q、R_1、R_2、Z 为对称正定矩阵，且 $\eta_j = \xi_{j+1} - \xi_j$。因此，可以得到如下定理。

定理 3.6 给定标量 $i_m \geqslant 0$、$i_M > 0$、$\gamma > 0$, 如果存在对称正定矩阵 P_{11}、P_{22}、Q_{11}、Q_{22}、$R_{1,11}$、$R_{1,22}$、$R_{2,11}$、$R_{2,22}$、Z_{11}、Z_{22}, 矩阵 $\hat{A}$、$\hat{B}$、$\hat{C}$、X_1、X_2、X_3、P_{12}、Q_{12}、$R_{1,12}$、$R_{2,12}$、Z_{12}, 使得以下不等式对于 $\rho_k = 1$ 或 $\rho_k = 0$ 都成立:

$$
\begin{bmatrix} \widetilde{\Omega} & \widetilde{\Pi}_{12} \\ * & \widetilde{\Pi}_{22} \end{bmatrix} < 0 \tag{3.112}
$$

式中，

$$
\widetilde{\Omega} = \begin{bmatrix}
\widetilde{\Omega}_{11} & 0 & 0 & 0 & 0 \\
* & \widetilde{\Omega}_{22} & \widetilde{\Omega}_{23} & 0 & 0 \\
* & * & \widetilde{\Omega}_{33} & \widetilde{\Omega}_{34} & 0 \\
* & * & * & \widetilde{\Omega}_{44} & 0 \\
* & * & * & * & -\gamma I
\end{bmatrix}
$$

$$
\widetilde{\Pi}_{12} = \begin{bmatrix}
H_1 & H_1 - \widetilde{G} & H_4 \\
0 & 0 & 0 \\
H_2 & H_2 & 0 \\
0 & 0 & 0 \\
H_3 & H_3 & \phi_{2e}^{\mathrm{T}}
\end{bmatrix}
$$

$$
\widetilde{\Pi}_{22} = \mathrm{diag}(\mathscr{X}_1,\ \mathscr{X}_2,\ -\gamma I)
$$

这里，

$$
\begin{aligned}
\widetilde{\Omega}_{11} &= -\widetilde{P} + (i_M - i_m + 1)\widetilde{Q} + \widetilde{R}_1 + \widetilde{R}_2 \\
\widetilde{\Omega}_{22} &= -(1-\rho_k)\widetilde{Q} - \widetilde{R}_1 - \left(1 + \rho_k \frac{i_M - \bar{i}}{\bar{i} - i_m}\right) \widetilde{Z} \\
\widetilde{\Omega}_{23} &= \left(1 + \rho_k \frac{i_M - \bar{i}}{\bar{i} - i_m}\right) \widetilde{Z} \\
\widetilde{\Omega}_{33} &= -\widetilde{Q} - 2\widetilde{Z} - \left[\rho_k \frac{i_M - \bar{i}}{\bar{i} - i_m} + (1-\rho_k)\frac{\bar{i} - i_m}{i_M - \bar{i}}\right] \widetilde{Z} \\
\widetilde{\Omega}_{34} &= \left[1 + (1-\rho_k)\frac{\bar{i} - i_m}{i_M - \bar{i}}\right] \widetilde{Z}
\end{aligned}
$$

$$
\begin{aligned}
&\widetilde{\Omega}_{44}=-\widetilde{R}_2-\left[1+(1-\rho_k)\frac{\bar{i}-i_m}{i_M-\bar{i}}\right]\widetilde{Z}\\
&H_1=\begin{bmatrix}\widetilde{\Phi}_k^{\mathrm{T}}X_1 & \widetilde{\Phi}_k^{\mathrm{T}}X_2\\ \hat{A} & \hat{A}\end{bmatrix},\quad H_2=\begin{bmatrix}\widetilde{C}^{\mathrm{T}}\hat{B} & \widetilde{C}^{\mathrm{T}}\hat{B}\\ 0 & 0\end{bmatrix}\\
&H_3=\begin{bmatrix}\widetilde{\Gamma}_k^{\mathrm{T}}X_1 & \widetilde{\Gamma}_k^{\mathrm{T}}X_2\end{bmatrix},\quad H_4=\begin{bmatrix}\widetilde{C}_W^{\mathrm{T}}\\ \hat{C}\end{bmatrix}\\
&\mathscr{X}_1=\widetilde{P}-\widetilde{G}-\widetilde{G}^{\mathrm{T}},\quad \mathscr{X}_2=(i_M-i_m)^{-2}(\widetilde{Z}-\widetilde{G}-\widetilde{G}^{\mathrm{T}})\\
&\widetilde{P}=\begin{bmatrix}P_{11} & P_{12}\\ * & P_{22}\end{bmatrix},\quad \widetilde{Q}=\begin{bmatrix}Q_{11} & Q_{12}\\ * & Q_{22}\end{bmatrix}\\
&\widetilde{R}_1=\begin{bmatrix}R_{1,11} & R_{1,12}\\ * & R_{1,22}\end{bmatrix},\quad \widetilde{R}_2=\begin{bmatrix}R_{2,11} & R_{2,12}\\ * & R_{2,22}\end{bmatrix}\\
&\widetilde{Z}=\begin{bmatrix}Z_{11} & Z_{12}\\ * & Z_{22}\end{bmatrix},\quad \widetilde{G}=\begin{bmatrix}X_1 & X_2\\ X_3 & X_3\end{bmatrix}
\end{aligned}
$$

则在故障检测滤波器 (3.101) 的作用下，其中

$$
\begin{aligned}
A_f&=G_3^{-\mathrm{T}}\hat{A}^{\mathrm{T}}G_3^{-1}G_4\\
B_f&=G_3^{-\mathrm{T}}\hat{B}^{\mathrm{T}}\\
C_f&=\hat{C}^{\mathrm{T}}G_3^{-1}G_4
\end{aligned}
\tag{3.113}
$$

残差系统 (3.103) 渐近稳定且相应的 H_∞ 范数界为 γ。

证明　考虑系统 (3.103)，求式 (3.110) 中的李雅普诺夫泛函 $V_k(\Theta_k)$ 的时间差，可以得到

$$
\Delta V_k(\Theta_k)=V_{k+1}(\Theta_{k+1})-V_k(\Theta_k)=\sum_{j=1}^{4}\Delta V_{kj}(\Theta_k) \tag{3.114}
$$

式中，

$$
\begin{aligned}
\Delta V_{k1}(\Theta_k)=&\,\xi_{k+1}^{\mathrm{T}}P\xi_{k+1}-\xi_k^{\mathrm{T}}P\xi_k\\
\Delta V_{k2}(\Theta_k)=&\,(i_M-i_m+1)\xi_k^{\mathrm{T}}Q\xi_k+\sum_{j=k-i_m+1}^{k-1}\xi_j^{\mathrm{T}}Q\xi_j-\sum_{j=k-i_k+1}^{k-1}\xi_j^{\mathrm{T}}Q\xi_j\\
&+\sum_{j=k-i_{k+1}+1}^{k-i_m}\xi_j^{\mathrm{T}}Q\xi_j-\sum_{j=k-i_M+1}^{k-i_m}\xi_j^{\mathrm{T}}Q\xi_j-\xi_{k-i_k}^{\mathrm{T}}Q\xi_{k-i_k}
\end{aligned}
\tag{3.115}
$$

注意到 $\sum\limits_{j=k-i_{k+1}+1}^{k-i_m}\xi_j^{\mathrm{T}}Q\xi_j-\sum\limits_{j=k-i_M+1}^{k-i_m}\xi_j^{\mathrm{T}}Q\xi_j\leqslant 0$，考虑 i_k 的互斥分布特性，可

得到

$$\sum_{j=k-i_m+1}^{k-1} \xi_j^{\mathrm{T}} Q \xi_j - \sum_{j=k-i_k+1}^{k-1} \xi_j^{\mathrm{T}} Q \xi_j \leqslant -(1-\rho_k)\xi_{k-i_m}^{\mathrm{T}} Q \xi_{k-i_m} \tag{3.116}$$

则有

$$\begin{aligned} \Delta V_{k2}(\Theta_k) \leqslant& (i_M - i_m + 1)\xi_k^{\mathrm{T}} Q \xi_k - \xi_{k-i_k}^{\mathrm{T}} Q \xi_{k-i_k} - (1-\rho_k)\xi_{k-i_m}^{\mathrm{T}} Q \xi_{k-i_m} \\ \Delta V_{k3}(\Theta_k) =& \xi_k^{\mathrm{T}}(R_1 + R_2)\xi_k - \xi_{k-i_m}^{\mathrm{T}} R_1 \xi_{k-i_m} - \xi_{k-i_M}^{\mathrm{T}} R_2 \xi_{k-i_M} \end{aligned} \tag{3.117}$$

利用 i_k 的互斥分布特性和文献 [48] 中的 Jensen 不等式，可得到

$$\begin{aligned} \Delta V_{k4}(\Theta_k) =& (i_M - i_m)^2(\xi_{k+1} - \xi_k)^{\mathrm{T}} Z (\xi_{k+1} - \xi_k) - (i_M - i_m)\sum_{j=k-i_M}^{k-i_m-1} \eta_j^{\mathrm{T}} Z \eta_j \\ \leqslant& (i_M - i_m)^2(\xi_{k+1} - \xi_k)^{\mathrm{T}} Z (\xi_{k+1} - \xi_k) - \rho_k \frac{i_M - \bar{i}}{\bar{i} - i_m}\varphi_{1k}^{\mathrm{T}} Z \varphi_{1k} \\ & -\varphi_{1k}^{\mathrm{T}} Z \varphi_{1k} - \varphi_{2k}^{\mathrm{T}} Z \varphi_{2k} - (1-\rho_k)\frac{\bar{i} - i_m}{i_M - \bar{i}}\varphi_{2k}^{\mathrm{T}} Z \varphi_{2k} \end{aligned} \tag{3.118}$$

且 $\varphi_{1k} = \xi_{k-i_m} - \xi_{k-i_k}$，$\varphi_{2k} = \xi_{k-i_k} - \xi_{k-i_M}$。

结合系统 (3.103) 和式 (3.115)~式 (3.118)，可得到

$$\Delta V_k(\Theta_k) + \gamma^{-1} e_k^{\mathrm{T}} e_k - \gamma \nu_k^{\mathrm{T}} \nu_k \leqslant \tilde{\xi}_k^{\mathrm{T}}(\varOmega + \varXi)\tilde{\xi}_k \tag{3.119}$$

式中，$\tilde{\xi}_k = [\xi_k^{\mathrm{T}} \quad \xi_{k-i_m}^{\mathrm{T}} \quad \xi_{k-i_k}^{\mathrm{T}} \quad \xi_{k-i_M}^{\mathrm{T}} \quad \nu_k^{\mathrm{T}}]^{\mathrm{T}}$，且

$$\varOmega = \begin{bmatrix} \varOmega_{11} & 0 & 0 & 0 & 0 \\ * & \varOmega_{22} & \varOmega_{23} & 0 & 0 \\ * & * & \varOmega_{33} & \varOmega_{34} & 0 \\ * & * & * & \varOmega_{44} & 0 \\ * & * & * & * & -\gamma I \end{bmatrix} \tag{3.120}$$

$$\varXi = \varUpsilon_1^{\mathrm{T}} P \varUpsilon_1 + (i_M - i_m)^2 \varUpsilon_2^{\mathrm{T}} Z \varUpsilon_2 + \gamma^{-1}\varUpsilon_3^{\mathrm{T}}\varUpsilon_3 \tag{3.121}$$

这里，

$$\begin{aligned} \varOmega_{11} &= -P + (i_M - i_m + 1)Q + R_1 + R_2 \\ \varOmega_{22} &= -(1-\rho_k)Q - R_1 - \left(1 + \rho_k \frac{i_M - \bar{i}}{\bar{i} - i_m}\right) Z \\ \varOmega_{23} &= \left(1 + \rho_k \frac{i_M - \bar{i}}{\bar{i} - i_m}\right) Z \\ \varOmega_{33} &= -Q - 2Z - \left[\rho_k \frac{i_M - \bar{i}}{\bar{i} - i_m} + (1-\rho_k)\frac{\bar{i} - i_m}{i_M - \bar{i}}\right] Z \end{aligned}$$

$$
\begin{aligned}
&\varOmega_{34} = \left[1 + (1-\rho_k)\frac{\bar{i} - i_m}{i_M - \bar{i}}\right] Z \\
&\varOmega_{44} = -R_2 - \left[1 + (1-\rho_k)\frac{\bar{i} - i_m}{i_M - \bar{i}}\right] Z \\
&\varUpsilon_1 = [\phi_{1\xi,k} \quad 0 \quad \phi_{2\xi} \quad 0 \quad \phi_{3\xi,k}] \\
&\varUpsilon_2 = [\phi_{1\xi,k} - Id \quad 0 \quad \phi_{2\xi} \quad 0 \quad \phi_{3\xi,k}], \quad \varUpsilon_3 = [\phi_{1e} \quad 0 \quad 0 \quad 0 \quad \phi_{2e}]
\end{aligned}
$$

从式 (3.119) 可以看出，如果 $\varOmega + \varXi < 0$，则 $\Delta V_k(\varTheta_k) + \gamma^{-1} e_k^{\mathrm{T}} e_k - \gamma \nu_k^{\mathrm{T}} \nu_k < 0$。利用矩阵 Schur 补，$\varOmega + \varXi < 0$ 等价于

$$
\begin{bmatrix} \varOmega & \varPi_{12} \\ * & \varPi_{22} \end{bmatrix} < 0 \tag{3.122}
$$

式中，$\varPi_{12} = [\varUpsilon_1^{\mathrm{T}} \;\; \varUpsilon_2^{\mathrm{T}} \;\; \varUpsilon_3^{\mathrm{T}}]$；$\varPi_{22} = \operatorname{diag}(-P^{-1},\ -(i_M - i_m)^{-2} Z^{-1},\ -\gamma I)$。

引入矩阵 $G = \begin{bmatrix} G_1 & G_2 \\ G_3 & G_4 \end{bmatrix}$，其中，$G_3$ 和 G_4 的选择在注 3.10 中讨论。对式 (3.122) 的前后分别乘以 $\operatorname{diag}(\underbrace{I, \cdots, I}_{5}, G^{\mathrm{T}}, G^{\mathrm{T}}, I)$ 及其转置，并考虑到 $Z - G - G^{\mathrm{T}} \geqslant -G^{\mathrm{T}} Z^{-1} G$ 和 $P - G - G^{\mathrm{T}} \geqslant -G^{\mathrm{T}} P^{-1} G$，可以发现如果不等式 (3.123) 对于 $\rho_k = 1$ 或 $\rho_k = 0$ 都成立，则不等式 (3.122) 也成立：

$$
\begin{bmatrix} \varOmega & \bar{\varPi}_{12} \\ * & \bar{\varPi}_{22} \end{bmatrix} < 0 \tag{3.123}
$$

式中，

$$
\begin{aligned}
\bar{\varPi}_{12} &= \left[\varUpsilon_1^{\mathrm{T}} G \quad \varUpsilon_2^{\mathrm{T}} G \quad \varUpsilon_3^{\mathrm{T}}\right] \\
\bar{\varPi}_{22} &= \operatorname{diag}(P - G - G^{\mathrm{T}},\ (i_M - i_m)^{-2}(Z - G - G^{\mathrm{T}}),\ -\gamma I)
\end{aligned} \tag{3.124}
$$

假设 $M = \operatorname{diag}(I,\ G_4^{-1} G_3)$。对式 (3.123) 的前后分别乘以 $\operatorname{diag}(\underbrace{M^{\mathrm{T}}, \cdots, M^{\mathrm{T}}}_{4}, I, M^{\mathrm{T}}, M^{\mathrm{T}}, I)$ 及其转置，并定义 $M^{\mathrm{T}} G M = \widetilde{G} = \begin{bmatrix} X_1 & X_2 \\ X_3 & X_3 \end{bmatrix}$，$G_1 = X_1$，$G_2 G_4^{-1} G_3 = X_2$，$G_3^{\mathrm{T}} G_4^{-\mathrm{T}} G_3 = X_3$，$M^{\mathrm{T}} P M = \widetilde{P} = \begin{bmatrix} P_{11} & P_{12} \\ * & P_{22} \end{bmatrix}$，$M^{\mathrm{T}} Q M = \widetilde{Q} = \begin{bmatrix} Q_{11} & Q_{12} \\ * & Q_{22} \end{bmatrix}$，$M^{\mathrm{T}} R_1 M = \widetilde{R}_1 = \begin{bmatrix} R_{1,11} & R_{1,12} \\ * & R_{1,22} \end{bmatrix}$，$M^{\mathrm{T}} R_2 M = \widetilde{R}_2 = \begin{bmatrix} R_{2,11} & R_{2,12} \\ * & R_{2,22} \end{bmatrix}$，$M^{\mathrm{T}} Z M = \widetilde{Z} =$

$\begin{bmatrix} Z_{11} & Z_{12} \\ * & Z_{22} \end{bmatrix}$, $G_3^{\mathrm{T}}G_4^{-\mathrm{T}}A_f^{\mathrm{T}}G_3 = \hat{A}$, $B_f^{\mathrm{T}}G_3 = \hat{B}$, $G_3^{\mathrm{T}}G_4^{-\mathrm{T}}C_f^{\mathrm{T}} = \hat{C}$。可以发现，不等式 (3.123) 等价于不等式 (3.112)。

利用 H_∞ 性能的定义可以得到，如果不等式 (3.112) 对于 $\rho_k = 1$ 或 $\rho_k = 0$ 都成立，则系统 (3.103) 渐近稳定且相应的 H_∞ 范数界为 γ。证毕。

注 3.10 如果不等式 (3.112) 可行，那么 $\widetilde{G}$ 和 X_3 是非奇异的。由于 $X_3 = G_3^{\mathrm{T}}G_4^{-\mathrm{T}}G_3$，$X_3$ 的非奇异性隐含着 G_3 和 G_4 也是非奇异的，利用 X_3^{T} 的奇异值分解，可以得到矩阵 G_3^{T} 和 $G_4^{-1}G_3$。

需要说明的是，定理 3.6 采用主动变采样周期方法处理故障检测滤波器设计问题，即使考虑常数采样周期，定理 3.6 中的故障检测滤波器设计方法仍然是可行的。

为便于比较，构造如下故障检测滤波器设计准则。

推论 3.7 给定标量 $i_m \geqslant 0$、$i_M > 0$、$\gamma > 0$，如果存在对称正定矩阵 P_{11}、P_{22}、Q_{11}、Q_{22}、$R_{1,11}$、$R_{1,22}$、$R_{2,11}$、$R_{2,22}$、Z_{11}、Z_{22}，矩阵 $\hat{A}$、$\hat{B}$、$\hat{C}$、X_1、X_2、X_3、P_{12}、Q_{12}、$R_{1,12}$、$R_{2,12}$、Z_{12}，使得以下不等式对于 $\rho_k = 1$ 或 $\rho_k = 0$ 都成立：

$$\begin{bmatrix} \widetilde{\Omega} & \hat{\Pi}_{12} \\ * & \widetilde{\Pi}_{22} \end{bmatrix} < 0 \tag{3.125}$$

式中，$\widetilde{\Omega}$ 和 $\widetilde{\Pi}_{22}$ 与式 (3.112) 中的对应项相同；把式 (3.112) 中 $\widetilde{\Pi}_{12}$ 的 $\widetilde{\Phi}_k$ 和 $\widetilde{\Gamma}_k$ 分别用 $\widetilde{\Phi}$ 和 $\widetilde{\Gamma}$ 替换，可以得到 $\hat{\Pi}_{12}$；$\widetilde{\Phi}$ 和 $\widetilde{\Gamma}$ 与式 (3.105) 中的对应项相同。在故障检测滤波器 (3.101) 的作用下，其中 A_f、B_f 和 C_f 的表达式同定理 3.6，残差系统 (3.105) 渐近稳定且相应的 H_∞ 范数界为 γ。

下面分析考虑丢包和网络诱导时延的互斥分布特性的优点。

如果不考虑丢包和网络诱导时延的互斥分布特性，定理 3.6 的结果可以描述为推论 3.8。

推论 3.8 对给定的标量 $i_m \geqslant 0$、$i_M > 0$、$\gamma > 0$，如果存在对称正定矩阵 P_{11}、P_{22}、Q_{11}、Q_{22}、$R_{1,11}$、$R_{1,22}$、$R_{2,11}$、$R_{2,22}$、Z_{11}、Z_{22}，矩阵 $\hat{A}$、$\hat{B}$、$\hat{C}$、X_1、X_2、X_3、P_{12}、Q_{12}、$R_{1,12}$、$R_{2,12}$、Z_{12}，使得以下不等式成立：

$$\begin{bmatrix} \bar{\Omega} & \widetilde{\Pi}_{12} \\ * & \widetilde{\Pi}_{22} \end{bmatrix} < 0 \tag{3.126}$$

式中，把式 (3.112) 中 $\widetilde{\Omega}$ 的所有与 ρ_k 和 $(1-\rho_k)$ 相乘的项都删除可以得到 $\bar{\Omega}$；$\widetilde{\Pi}_{12}$ 和 $\widetilde{\Pi}_{22}$ 与式 (3.112) 中对应的项相同。在故障检测滤波器 (3.101) 的作用下，其中 A_f、B_f 和 C_f 的表达式同定理 3.6，残差系统 (3.103) 渐近稳定且相应的 H_∞ 范数界为 γ。

定理 3.7 说明了定理 3.6 与推论 3.8 之间的关系。

定理 3.7　考虑系统 (3.103)，如果推论 3.8 中的故障检测滤波器设计准则可行，则定理 3.6 中的故障检测滤波器设计准则也是可行的。

证明　为便于证明，分别定义式 (3.112) 中的矩阵 $\begin{bmatrix} \widetilde{\Omega} & \widetilde{\Pi}_{12} \\ * & \widetilde{\Pi}_{22} \end{bmatrix}$ 和式 (3.126) 中的矩阵 $\begin{bmatrix} \bar{\Omega} & \widetilde{\Pi}_{12} \\ * & \widetilde{\Pi}_{22} \end{bmatrix}$ 为 N 和 $\widetilde{N}$，则

$$\begin{aligned} N = & \widetilde{N} - \text{diag}(0,\ (1-\rho_k)\widetilde{Q},\ \underbrace{0,\ \cdots,\ 0}_{6}) - \rho_k \frac{i_M - \bar{i}}{\bar{i} - i_m} \Upsilon_4^{\mathrm{T}} \widetilde{Z} \Upsilon_4 \\ & -(1-\rho_k)\frac{\bar{i} - i_m}{i_M - \bar{i}} \Upsilon_5^{\mathrm{T}} \widetilde{Z} \Upsilon_5 \end{aligned} \tag{3.127}$$

式中，$\Upsilon_4 = [0\ \ I\ \ -I\ \ 0\ \ 0\ \ 0\ \ 0\ \ 0]$；$\Upsilon_5 = [0\ \ 0\ \ I\ \ -I\ \ 0\ \ 0\ \ 0\ \ 0]$。

由方程 (3.127) 可知，如果 $\widetilde{N} < 0$ 成立，则 $N < 0$ 也成立。证毕。

注 3.11　理论推导证明了定理 3.6 中的故障检测滤波器设计准则比推论 3.8 中的准则更容易满足，这说明了考虑丢包和网络诱导时延的互斥分布特性的优点。对于 Jia 等 [49] 和 Jiang 等 [50] 未考虑故障的系统，利用丢包和网络诱导时延的互斥分布特性也可以得到更好的结果。为简单起见，相应结果此处略。

3.5.3　数值算例

为了说明本节所提出的故障检测滤波器设计方法的有效性，考虑如下船舶运动线性模型 (参见文献 [51]~文献 [53] 等)：

$$\begin{cases} \dot{x}(t) = Ax(t) + Bu(t) + B_\omega \omega(t) + E_f f(t) \\ y(t) = Cx(t) \end{cases} \tag{3.128}$$

式中，$x(t) = [z_\delta(t)\ \ \dot{z}_\delta(t)\ \ \theta_\delta(t)\ \ \dot{\theta}_\delta(t)]^{\mathrm{T}}$ 为状态向量；$u(t) = [a_{1\delta}(t)\ \ a_{2\delta}(t)]^{\mathrm{T}}$ 为控制输入向量；$\omega(t) = [\omega_1'(t)\ \ \omega_2'(t)]^{\mathrm{T}}$ 是未知的扰动输入；$f(t)$ 为故障信号。关于 $z_\delta(t)$、$\dot{z}_\delta(t)$、$\theta_\delta(t)$、$\dot{\theta}_\delta(t)$、$a_{1\delta}(t)$、$a_{2\delta}(t)$ 的物理含义，可参阅文献 [53] 及其他相关的参考文献。

系统 (3.128) 的系统矩阵与文献 [53] 相似，其中，

$$A = \begin{bmatrix} 0 & 1 & 0 & 0 \\ -0.1923 & -14.3338 & -210.7117 & -87.9924 \\ 0 & 0 & 0 & 1 \\ -0.0002 & -0.015 & -0.2210 & -9.9805 \end{bmatrix}$$

$$B = \begin{bmatrix} 0 & 0 \\ -30.0785 & -37.0679 \\ 0 & 0 \\ 1.3379 & -2.3439 \end{bmatrix}$$

$$B_\omega = \begin{bmatrix} 0 & 0 \\ 18.7186 & -0.0636 \\ 0 & 0 \\ 0.5736 & -0.0006 \end{bmatrix}$$

$$E_f = -B \times \begin{bmatrix} 1 \\ 0 \end{bmatrix}$$

$$C = [0 \quad 1 \quad 0 \quad 1]$$

故障加权系统 (3.102) 的参数选择为 $A_W = 0.8$, $B_W = 0.2$, $C_W = 0.9$, $D_W = -0.6$。考虑主动变采样周期，且假设采样周期在有限集合 $\theta = \{0.05\text{s}, 0.1\text{s}\}$ 内切换，$i_m = 1, i_M = 3$，则可以得到 $\bar{i} = 2$。定义 $I_2 = [0 \ 1 \ 0 \ 0 \ 0]^{\mathrm{T}}$, $I_4 = [0 \ 0 \ 0 \ 1 \ 0]^{\mathrm{T}}$。为防止 B_f 趋于零矩阵，假设 $\hat{B}I_2 + I_2^{\mathrm{T}}\hat{B}^{\mathrm{T}} + 0.1 < 0$, $\hat{B}I_4 + I_4^{\mathrm{T}}\hat{B}^{\mathrm{T}} + 0.1 < 0$。对系统 (3.128) 进行离散化且构造闭环系统，求解定理 3.6 中的故障检测滤波器设计准则，可得到

$$A_f = \begin{bmatrix} 0.7845 & 0.0189 & -0.1688 & 0.0102 & -0.0001 \\ 0.0033 & 0.3841 & 0.0737 & 0.0450 & -0.0001 \\ -0.0307 & 0.0408 & 0.4627 & 0.0350 & 0.0007 \\ 0.0036 & 0.0472 & 0.0351 & 0.9927 & -0.0001 \\ 0.0001 & -0.0001 & 0.0009 & -0.0000 & 1.0000 \end{bmatrix}$$

$$B_f = \begin{bmatrix} 0.0156 \\ 0.0233 \\ 0.0045 \\ -0.0023 \\ -0.0000 \end{bmatrix}$$

$$C_f = \begin{bmatrix} -0.0127 & 0.0020 & 0.0170 & -0.0035 & -0.0002 \end{bmatrix}$$

假设扩展闭环系统 (3.103) 的初始状态为 $\xi_0 = [0 \ 0 \ 0 \ 0 \ 0 \ 0 \ 0 \ 0 \ 0 \ 0 \ 0]^{\mathrm{T}}$。对于 $0 \leqslant k < 1000$，i_k 在 1 和 2 之间循环切换。当 $0 \leqslant k < 99$ 和 $402 \leqslant k < 1000$ 时，假设 u_k、ω_k 和 f_k 的值为零。当 $100 \leqslant k < 402$ 时，假设 $u_k = [0.1 \ \ 0.1]^{\mathrm{T}}$，$\omega_k = [0.1\sin k \ \ 0.1\sin k]^{\mathrm{T}}$；当故障发生时，假设 $f_k = 2$。其中，u_k、ω_k 和 f_k 分别表示 $u(t)$、$\omega(t)$ 和 $f(t)$ 在第 k 个采样时刻的值。

需要说明的是，定理 3.6 中的故障检测滤波器设计方法对于 $h_k=h_1$、切换的采样周期 (即 h_k 在 h_1 和 h_2 之间循环切换) 和 $h_k=h_2$ 都是可行的。对应于 $h_k=h_1$、切换采样周期和 $h_k=h_2$ 时的残差评价函数响应 $||r||_T$ 分别在图 3.9~图 3.11 给出。考虑到式 (3.108) 中的故障检测逻辑，并由图 3.9~图 3.11 可知，新提出的故障检测方案不仅能够及时反映故障的发生，而且能够把故障信号与扰动 ω_k 区分开。

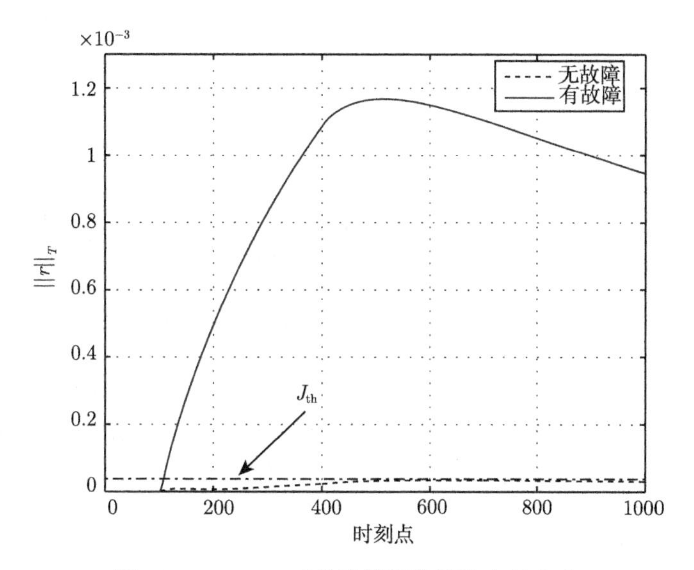

图 3.9　$h_k=h_1$ 时的残差评价函数响应 $||r||_T$

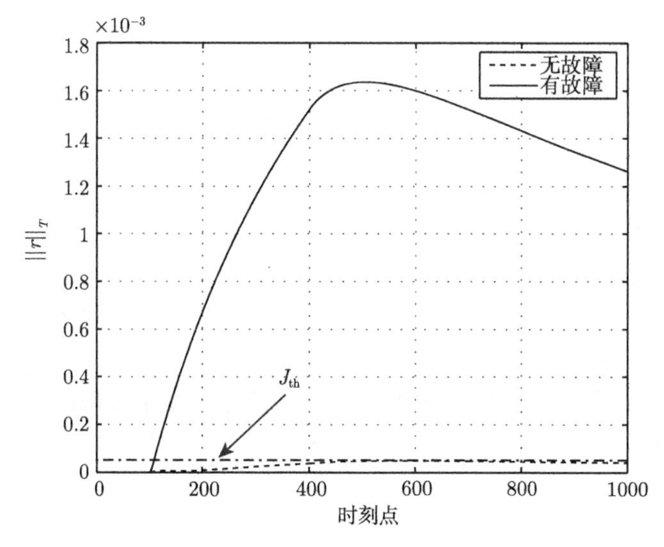

图 3.10　考虑切换采样周期时的残差评价函数响应 $||r||_T$

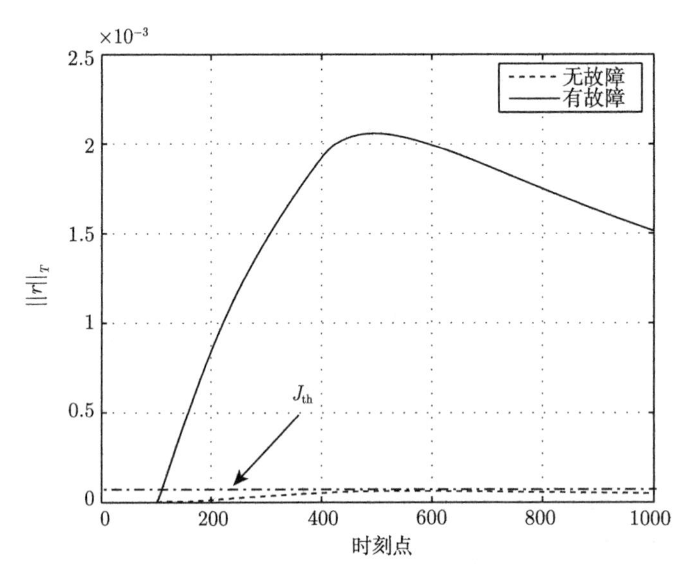

图 3.11　$h_k = h_2$ 时的残差评价函数响应 $||r||_T$

定义 n 为进行故障检测所需要的采样周期个数。表 3.9 给出了不同情况下进行故障检测所需要的采样周期个数。由表 3.9 可知，采样周期越小，进行故障检测所需要的采样周期个数就越小，这说明了所提出的基于主动变采样的故障检测方案的有效性。

表 3.9　进行故障检测所需要的采样周期个数

方法	$h_k = h_1$	$h_k = h_1$ 或 $h_k = h_2$	$h_k = h_2$
n	10	11	12

3.6　本章小结

本章讨论了被动和主动变采样周期网络控制系统的 H_∞ 控制问题。对被动时变采样周期网络控制系统，考虑了时延大于一个采样周期且连续丢包数大于一个的情况，也考虑了执行器在一个采样周期内收到两个及两个以上的控制输入的情况，所设计的 H_∞ 控制器可以保证在采样周期出现波动时系统有较好的 H_∞ 性能。同时，还提出了一种主动变采样周期方法，该方法既可以降低发生网络拥塞的可能性，又可以使网络带宽得到充分利用且改善系统性能。数值算例进一步验证了所提出的被动时变采样周期网络控制系统控制器设计的有效性和主动变采样周期方法的优越性。

参 考 文 献

[1] Xie G M, Wang L. Stabilization of networked control systems with time-varying network-induced delay[C]. Proceedings of the 43rd IEEE Conference on Decision and Control, Nassau, 2004: 3551-3556.

[2] Pan Y J, Marquez H J, Chen T W. Remote stabilization of networked control systems with unknown time varying delays by LMI techniques[C]. Proceedings of the 44th IEEE Conference on Decision and Control, Seville, 2005: 1589-1594.

[3] Yue D, Han Q L, Lam J. Network-based robust H_∞ control of systems with uncertainty[J]. Automatica, 2005, 41(6): 999-1007.

[4] Yu M, Wang L, Chu T G, et al. An LMI approach to networked control systems with data packet dropout and transmission delays[C]. Proceedings of the 43rd IEEE Conference on Decision and Control, Nassau, 2004: 3545-3550.

[5] Hu S S, Zhu Q X. Stochastic optimal control and analysis of stability of networked control systems with long delay[J]. Automatica, 2003, 39(11): 1877-1884.

[6] Lozano R, Castillo P, Garcia P, et al. Robust prediction-based control for unstable delay systems: Application to the yaw control of a mini-helicopter[J]. Automatica, 2004, 40(4): 603-612.

[7] Sala A. Computer control under time-varying sampling period: An LMI gridding approach[J]. Automatica, 2005, 41(12): 2077-2082.

[8] Hu B, Michel A N. Stability analysis of digital feedback control systems with time-varying sampling periods[J]. Automatica, 2000, 36(6): 897-905.

[9] 肖建. 多采样率数字控制系统[M]. 北京: 科学出版社, 2003.

[10] Colandairaj J, Irwin G W, Scanlon W G. Wireless networked control systems with QoS-based sampling[J]. IET Control Theory & Applications, 2007, 1(1): 430-438.

[11] Hu L S, Bai T, Shi P, et al. Sampled-data control of networked linear control systems[J]. Automatica, 2007, 43(5): 903-911.

[12] Chen J, Meng S, Sun J. Stability analysis of networked control systems with aperiodic sampling and time-varying delay[J]. IEEE Transactions on Cybernetics, 2017, 47(8): 2312-2320.

[13] Xiao F, Shi Y, Ren W. Robustness analysis of asynchronous sampled-data multiagent networks with time-varying delays[J]. IEEE Transactions on Automatic Control, 2018, 63(7): 2145-2152.

[14] Zhang W B, Tang Y, Huang T W, et al. Consensus of networked Euler-Lagrange systems under time-varying sampled-data control[J]. IEEE Transactions on Industrial Informatics, 2018, 14(2): 535-544.

[15] Ghaoui L E, Oustry F, AitRami M. A cone complementarity linearization algorithm for static output-feedback and related problems[J]. IEEE Transactions on Automatic

Control, 1997, 42(8): 1171-1176.

[16] Moon Y S, Park P, Kwon W H, et al. Delay-dependent robust stabilization of uncertain state-delayed systems[J]. International Journal of Control, 2001, 74(14): 1447-1455.

[17] Yu M, Wang L, Chu T G, et al. Stabilization of networked control systems with data packet dropout and network delays via switching system approach[C]. Proceedings of the 43rd IEEE Conference on Decision and Control, Nassau, 2004: 3539-3544.

[18] Wu M, He Y, She J H, et al. Delay-dependent criteria for robust stability of time-varying delay systems[J]. Automatica, 2004, 40(8): 1435-1439.

[19] Gao H J, Chen T W. H_∞ model reference control for networked feedback systems[C]. Proceedings of the 45th IEEE Conference on Decision and Control, San Diego, 2006: 5591-5596.

[20] Wang D, Wang J L, Wang W. H_∞ controller design of networked control systems with markov packet dropouts[J]. IEEE Transactions on Systems, Man, and Cybernetics: Systems, 2013, 43(3): 689-697.

[21] Yang H B, Chen Y R, Ren T J. H_∞ filtering for networked systems with bounded measurement missing[J]. Mathematical Problems in Engineering, 2014, 2014(17): 1-10.

[22] Addad B, Amari S, Lesage J J. A virtual-queuing-based algorithm for delay evaluation in networked control systems[J]. IEEE Transactions on Industrial Electronics, 2011, 58(9): 4471-4479.

[23] Zhang D, Wang Q G, Yu L, et al. H_∞ filtering for networked systems with multiple time-varying transmissions and random packet dropouts[J]. IEEE Transactions on Industrial Informatics, 2013, 9(3): 1705-1716.

[24] Qu F L, Guan Z H, Li T, et al. Stabilisation of wireless networked control systems with packet loss[J]. IET Control Theory & Applications, 2012, 6(15): 2362-2366.

[25] Peng C, Tian Y C. Delay-dependent robust H_∞ control for uncertain systems with time-varying delay[J]. Information Sciences, 2009, 179(18): 3187-3197.

[26] Wang Y T, Zhou X M, Zhang X. H_∞ filtering for discrete-time genetic regulatory networks with random delay described by a Markovian chain[J]. Abstract and Applied Analysis, 2014, (4): 1-12.

[27] Hu S L, Yin X X, Zhang Y N, et al. Event-triggered guaranteed cost control for uncertain discrete-time networked control systems with time-varying transmission delays[J]. IET Control Theory & Applications, 2012, 6(18): 2793-2804.

[28] Peng C, Han Q L, Yue D. To transmit or not to transmit: A discrete event-triggered communication scheme for networked Takagi-Sugeno fuzzy systems[J]. IEEE Transactions on Fuzzy Systems, 2013, 21(1): 164-170.

[29] Luo C G, Wang X S, Ren Y. Consensus problems in multiagent systems with event-triggered dynamic quantizers[J]. Mathematical Problems in Engineering, 2014, (4):

1-8.

[30] Pang Z H, Liu G P. Design and implementation of secure networked predictive control systems under deception attacks[J]. IEEE Transactions on Control Systems Technology, 2012, 20(5): 1334-1342.

[31] Zhang J H, Xia Y Q, Shi P. Design and stability analysis of networked predictive control systems[J]. IEEE Transactions on Control Systems Technology, 2013, 21(4): 1495-1501.

[32] Dong H L, Wang Z D, Ho D W C, et al. Variance-constrained H_∞ filtering for a class of nonlinear time-varying systems with multiple missing measurements: The finite-horizon case[J]. IEEE Transactions on Signal Processing, 2010, 58(5): 2534-2543.

[33] Hu J, Wang Z D, Shen B, et al. Quantised recursive filtering for a class of nonlinear systems with multiplicative noises and missing measurements[J]. International Journal of Control, 2013, 86(4): 650-663.

[34] Guo G, Jin H. A switching system approach to actuator assignment with limited channels[J]. International Journal of Robust and Nonlinear Control, 2010, 20(12): 1407-1426.

[35] Niu Y G, Jia T G, Wang X Y, et al. Output-feedback control design for NCSs subject to quantization and dropout[J]. Information Sciences, 2009, 179(21): 3804-3813.

[36] Peng C, Tian Y C, Yue D. Output feedback control of discrete-time systems in networked environments[J]. IEEE Transactions on Systems, Man, and Cybernetics, Part A: Systems and Humans, 2011, 41(1): 185-190.

[37] Wang D, Wang J L, Wang W. Output feedback control of networked control systems with packet dropouts in both channels[J]. Information Sciences, 2013, 221(1): 544-554.

[38] Yue D, Tian E G, Wang Z D, et al. Stabilization of systems with probabilistic interval input delays and its applications to networked control systems[J]. IEEE Transactions on Systems, Man, and Cybernetics, Part A: Systems and Humans, 2009, 39(4): 939-945.

[39] Gao H J, Wu J L, Shi P. Robust sampled-data H_∞ control with stochastic sampling[J]. Automatica, 2009, 45(7): 1729-1736.

[40] Wang Y L, Yang G H. H_∞ controller design for networked control systems via active-varying sampling period method[J]. Acta Automatica Sinica, 2008, 34(7): 814-818.

[41] Wang Y Q, Ding S X, Ye H, et al. Fault detection of networked control systems with packet based periodic communication[J]. International Journal of Adaptive Control and Signal Processing, 2009, 23(8): 682-698.

[42] He X, Wang Z D, Ji Y D, et al. Robust fault detection for networked systems with distributed sensors[J]. IEEE Transactions on Aerospace and Electronic Systems, 2011, 47(1): 166-177.

[43] Huang D, Nguang S K. Robust fault estimator design for uncertain networked control

systems with random time delays: An ILMI approach[J]. Information Sciences, 2010, 180(3): 465-480.

[44] Liu B, Xia Y Q. Fault detection and compensation for linear systems over networks with random delays and clock asynchronism[J]. IEEE Transactions on Industrial Electronics, 2011, 58(9): 4396-4406.

[45] Dong H L, Wang Z D, Lam J, et al. Fuzzy-model-based robust fault detection with stochastic mixed time delays and successive packet dropouts[J]. IEEE Transactions on Systems, Man, and Cybernetics, Part B: Cybernetics, 2012, 42(2): 365-376.

[46] Wang Y L, Wang T B, Che W W. Active-varying sampling-based fault detection filter design for networked control systems[J]. Mathematical Problems in Engineering, 2014, (3): 1-9.

[47] Zhao Y, Lam J, Gao H J. Fault detection for fuzzy systems with intermittent measurements[J]. IEEE Transactions on Fuzzy Systems, 2009, 17(2): 398-410.

[48] Gu K, Kharitonov V L, Chen J. Stability of Time Delay Systems[M]. Boston: Birkhäuser, 2003.

[49] Jia X C, Zhang D W, Hao X H, et al. Fuzzy H_∞ tracking control for nonlinear networked control systems in T-S fuzzy model[J]. IEEE Transactions on Systems, Man, and Cybernetics, Part B: Cybernetics, 2009, 39(4): 1073-1079.

[50] Jiang X F, Han Q L, Liu S R, et al. A new H_∞ stabilization criterion for networked control systems[J]. IEEE Transactions on Automatic Control, 2008, 53(4): 1025-1032.

[51] Fossen T I. Guidance and Control of Ocean Vehicles[M]. Chichester: Wiley, 1994.

[52] van Amerongen J, van der Klugt P G M, van Nauta Lemke H R. Rudder roll stabilization for ships[J]. Automatica, 1990, 26(4): 679-690.

[53] Ren J S, Yang Y S. Controller design of hydrofoil catamaran with dynamical output-feedback H_∞ scheme[J]. Journal of Traffic and Transportation Engineering, 2005, 5(1): 45-48.

第 4 章 随机时延网络控制系统的性能优化

4.1 引 言

具有时延及丢包的网络控制系统的稳定性分析与控制器设计已成为国际学术界的研究热点。研究人员针对时延网络控制系统的稳定性分析、稳定化及控制器设计 [1-16]，以及数据包丢失网络控制系统的稳定性分析及控制器设计 [17-28] 开展了大量研究。网络控制系统的最大允许传输间隔也越来越受到学者的关注 [5-7]。Zhang 等 [8] 研究了随机时延离散网络控制系统的稳定化问题，且给出了保证控制器存在的条件。通过把时变时延看作时变参数不确定性，Xie 等 [9] 给出了保证系统稳定性的充分条件并设计了系统的控制器。Pan 等 [10] 通过把时变时延分解为固定部分和时变部分，给出了静态控制器的设计方法。Xie 等 [9] 和 Pan 等 [10] 采用参数不确定性的方法处理时变时延，该方法可以简化系统分析，但是得到的结果保守性比较大。

本章提出一种基于时延切换的方法来处理网络诱导时延，并通过理论推导证明时延切换的方法比基于参数不确定性的方法具有更小的保守性。另外，又提出一种时延切换与参数不确定性相结合的方法，该方法的计算量比时延切换方法要少，保守性比基于参数不确定性的方法要小。对这三种不同的方法，通过定义适当的李雅普诺夫泛函给出系统的控制器设计方法。第 3 章提出的主动变采样周期方法既可以降低发生网络拥塞的可能性，又可以保证网络带宽的充分利用，但是该方法不能避免采样周期的频繁切换 (采样周期的频繁切换可能会使系统性能降低)。因此，本章提出一种改进的主动变采样周期方法，该方法既可以保证网络带宽的充分利用，又可以避免采样周期的频繁切换。通过数值算例说明本章所提出的基于时延切换的方法和时延切换与参数不确定性相结合的方法的优越性。

4.2 基于时延切换的网络控制系统设计

4.2.1 问题描述

考虑如下线性时不变系统：

$$\begin{cases} \dot{x}(t) = Ax(t) + B_1u(t) + B_2\omega(t) \\ z(t) = C_1x(t) + D_1\omega(t) \end{cases} \tag{4.1}$$

式中，$x(t)$、$u(t)$、$z(t)$、$\omega(t)$ 分别是状态向量、控制输入向量、受控输出、扰动输入，且 $\omega(t)$ 为分段常数；A、B_1、B_2、C_1、D_1 是具有适当维数的常数矩阵。

假设 4.1　设 τ_k 为传感器–执行器的时变时延，且 $\tau_k = nh + \varepsilon_k$，其中，$n$ 是正整数；h 为采样周期的长度；ε_k 是未知时变的且 $\varepsilon_k \in [0,\ h]$。

下面提出时延切换的方法以处理网络控制系统中的时变时延。

设控制输入 u_{k-n} 到达执行器的时刻为 $\tilde{k}$ ($\tilde{k} \in [kh,\ (k+1)h]$)，把 $[kh,\ (k+1)h]$ 分成 l 个等长的小时间段，则 $\tilde{k} \in [kh+mh/l,\ kh+(m+1)h/l]$，其中，$m = 0, 1, \cdots, l-1$。如果 l 比较大 (l 可以取 10、20 等)，则可以近似地认为

$$\tilde{k} = kh + ah/l, \quad a = 0, 1, \cdots, l$$

定义 $\vartheta = \{0,\ h/l,\ 2h/l,\ \cdots,\ (l-1)h/l,\ h\}$，则 $\varepsilon_{k-n} \in \vartheta$，考虑到 ε_k 的定义，也可以得到 $\varepsilon_k \in \vartheta$，有

$$u(t) = \begin{cases} u_{k-n-1}, & t \in [kh,\ kh + ah/l) \\ u_{k-n}, & t \in [kh + ah/l,\ (k+1)h] \end{cases} \tag{4.2}$$

如果发生数据包时序错乱，则系统会丢掉发生时序错乱的数据包，并用最新的可用控制输入。系统 (4.1) 的离散时间表达式如下：

$$\begin{cases} x_{k+1} = \Phi x_k + \Gamma_0(\varepsilon_{k-n})u_{k-n} + \Gamma_1(\varepsilon_{k-n})u_{k-n-1} + \Gamma_2\omega_k \\ z_k = C_1 x_k + D_1\omega_k \end{cases} \tag{4.3}$$

式中，$\Phi = \mathrm{e}^{Ah}$；$\Gamma_0(\varepsilon_{k-n}) = \int_0^{h-\varepsilon_{k-n}} \mathrm{e}^{As}\mathrm{d}sB_1$；$\Gamma_1(\varepsilon_{k-n}) = \int_{h-\varepsilon_{k-n}}^{h} \mathrm{e}^{As}\mathrm{d}sB_1$；$\Gamma_2 = \int_0^h \mathrm{e}^{As}\mathrm{d}sB_2$；$u_k = -Kx_k$。

分别定义 $\Gamma_0(\varepsilon_{k-n})$、$\Gamma_1(\varepsilon_{k-n})$、$\Gamma_2$ 为 Ψ_{1k}、Ψ_{2k}、Ψ_3，则系统 (4.3) 可以写为

$$\begin{cases} x_{k+1} = \Phi x_k - \Psi_{1k}Kx_{k-n} - \Psi_{2k}Kx_{k-n-1} + \Psi_3\omega_k \\ z_k = C_1 x_k + D_1\omega_k \end{cases} \tag{4.4}$$

由以上分析可知，ε_{k-n} 在有限集 $\vartheta = \{0,\ h/l,\ 2h/l,\ \cdots,\ (l-1)h/l,\ h\}$ 内切换，则 Ψ_{1k} 和 Ψ_{2k} 也在有限集内切换。因此，系统 (4.4) 的 H_∞ 性能优化和控制器设计问题可以转化为一个相应的切换系统的问题。由于 ε_{k-n} 的切换是随机的，所以很难设计系统的控制器切换律，本章仍采用常数控制器增益。实际上，可以通过理论推导证明，即便使用常数控制器增益，基于时延切换的方法也比基于参数不确定性的方法具有更小的保守性。

另一种处理网络控制系统中时变时延的方法是基于参数不确定性的方法。注意到

$$\Gamma_0(\varepsilon_{k-n})=\int_0^{h-\varepsilon_{k-n}}\mathrm{e}^{As}\mathrm{d}sB_1=\int_0^{h-\bar{\varepsilon}}\mathrm{e}^{As}\mathrm{d}sB_1+\int_{h-\bar{\varepsilon}}^{h-\varepsilon_{k-n}}\mathrm{e}^{As}\mathrm{d}sB_1$$

式中，$\bar{\varepsilon}=(\varepsilon_{\min}+\varepsilon_{\max})/2$，$\varepsilon_{\min}$ 和 $\varepsilon_{\max}$ 分别是 ε_{k-n} 的最小值和最大值。

定义 $H_1=\int_0^{h-\bar{\varepsilon}}\mathrm{e}^{As}\mathrm{d}sB_1,\ \widetilde{D}_1=I,\ F=\int_{h-\bar{\varepsilon}}^{h-\varepsilon_{k-n}}\mathrm{e}^{As}\mathrm{d}s,\ \widetilde{E}_1=B_1$，有

$$\Gamma_0(\varepsilon_{k-n})=H_1+\widetilde{D}_1F\widetilde{E}_1 \tag{4.5}$$

定义 $\sigma_{\max}(A)$ 为矩阵 A 的最大奇异值，则 $F^{\mathrm{T}}F\leqslant\lambda^2I$ (相关证明见文献 [9])，式中，

$$\lambda=\frac{\mathrm{e}^{\sigma_{\max}(A)(h-\varepsilon_{\min})}-\mathrm{e}^{\sigma_{\max}(A)(h-\bar{\varepsilon})}}{\sigma_{\max}(A)} \tag{4.6}$$

类似地，可以得到

$$\Gamma_1(\varepsilon_{k-n})=H_2+\widetilde{D}_2F\widetilde{E}_2 \tag{4.7}$$

式中，$H_2=\int_{h-\bar{\varepsilon}}^{h}\mathrm{e}^{As}\mathrm{d}sB_1$；$\widetilde{D}_2=I$；$F=\int_{h-\bar{\varepsilon}}^{h-\varepsilon_{k-n}}\mathrm{e}^{As}\mathrm{d}s$；$\widetilde{E}_2=-B_1$。

因此，系统 (4.3) 可以写为

$$\begin{cases}x_{k+1}=\Phi x_k-\Psi_1Kx_{k-n}-\Psi_2Kx_{k-n-1}+\Psi_3\omega_k\\ z_k=C_1x_k+D_1\omega_k\end{cases} \tag{4.8}$$

式中，$\Psi_1=H_1+\widetilde{D}_1F\widetilde{E}_1$；$\Psi_2=H_2+\widetilde{D}_2F\widetilde{E}_2$；$\Psi_3=\Gamma_2$。

基于离散时间状态方程 (4.4) 和方程 (4.8)，可以分别用基于时延切换的方法与基于参数不确定性的方法来处理网络控制系统的 H_∞ 控制问题。

4.2.2　基于时延切换的 H_∞ 性能优化与控制器设计

下面基于模型 (4.4) 来设计控制器增益矩阵 K，以使系统 (4.4) 渐近稳定且相应的 H_∞ 范数界为 γ。

定理 4.1　对给定的标量 $n>0$，如果存在对称正定矩阵 M、$\widetilde{Q}_1$、$\widetilde{Q}_2$、W_1、W_2，矩阵 $\widetilde{X}_1$、$\widetilde{X}_2$、$\widetilde{Y}_1$、$\widetilde{Y}_2$、N，标量 $\gamma>0$，使得以下不等式对 Ψ_{1k} 和 Ψ_{2k} 的每个可能

的值都成立：

$$\begin{bmatrix} \widetilde{\Lambda}_{11} & \widetilde{Y}_1 & \widetilde{Y}_2 & 0 & MC_1^{\mathrm{T}} & M\Phi^{\mathrm{T}} & M(\Phi-I)^{\mathrm{T}} & M(\Phi-I)^{\mathrm{T}} \\ * & -\widetilde{Q}_1 & 0 & 0 & 0 & -N\Psi_{1k}^{\mathrm{T}} & -N\Psi_{1k}^{\mathrm{T}} & -N\Psi_{1k}^{\mathrm{T}} \\ * & * & -\widetilde{Q}_2 & 0 & 0 & -N\Psi_{2k}^{\mathrm{T}} & -N\Psi_{2k}^{\mathrm{T}} & -N\Psi_{2k}^{\mathrm{T}} \\ * & * & * & -\gamma I & D_1^{\mathrm{T}} & \Psi_3^{\mathrm{T}} & \Psi_3^{\mathrm{T}} & \Psi_3^{\mathrm{T}} \\ * & * & * & * & -\gamma I & 0 & 0 & 0 \\ * & * & * & * & * & -M & 0 & 0 \\ * & * & * & * & * & * & -n^{-1}W_1 & 0 \\ * & * & * & * & * & * & * & -(n+1)^{-1}W_2 \end{bmatrix} < 0 \tag{4.9}$$

$$\begin{bmatrix} \widetilde{X}_1 & \widetilde{Y}_1 \\ \widetilde{Y}_1^{\mathrm{T}} & MW_1^{-1}M \end{bmatrix} \geqslant 0 \tag{4.10}$$

$$\begin{bmatrix} \widetilde{X}_2 & \widetilde{Y}_2 \\ \widetilde{Y}_2^{\mathrm{T}} & MW_2^{-1}M \end{bmatrix} \geqslant 0 \tag{4.11}$$

式中，

$$\widetilde{\Lambda}_{11} = -M + \widetilde{Q}_1 + \widetilde{Q}_2 + n\widetilde{X}_1 + (n+1)\widetilde{X}_2 - \widetilde{Y}_1 - \widetilde{Y}_1^{\mathrm{T}} - \widetilde{Y}_2 - \widetilde{Y}_2^{\mathrm{T}}$$

Φ 和 Ψ_3 与式 (4.4) 中相同，则在控制律 $u_k = -Kx_k, K = N^{\mathrm{T}}M^{-1}$ 的作用下，系统 (4.4) 渐近稳定且相应的 H_∞ 范数界为 γ。

证明　考虑以下李雅普诺夫泛函：

$$\begin{aligned} V_k &= V_{1k} + V_{2k} + V_{3k} + V_{4k} + V_{5k} \\ V_{1k} &= x_k^{\mathrm{T}} P x_k \\ V_{2k} &= \sum_{i=-n}^{-1} \sum_{j=k+i+1}^{k} (x_j - x_{j-1})^{\mathrm{T}} Z_1 (x_j - x_{j-1}) \\ V_{3k} &= \sum_{i=k-n}^{k-1} x_i^{\mathrm{T}} Q_1 x_i \\ V_{4k} &= \sum_{i=k-n-1}^{k-1} x_i^{\mathrm{T}} Q_2 x_i \\ V_{5k} &= \sum_{i=-n-1}^{-1} \sum_{j=k+i+1}^{k} (x_j - x_{j-1})^{\mathrm{T}} Z_2 (x_j - x_{j-1}) \end{aligned}$$

式中，P、Q_1、Q_2、Z_1 和 Z_2 是有适当维数的对称正定矩阵。本定理剩余部分的证明类似于定理 3.1，此处略。证毕。

式 (4.10) 和式 (4.11) 不是线性矩阵不等式，因此定理 4.1 中的条件无法利用现有的线性矩阵不等式求解方法直接进行求解。实际上，利用锥补方法 [29] 和非线性最小化问题 (3.29)，定理 4.1 中的非凸可行性问题可以转化为以下具有线性矩阵不等式约束的非线性最小化问题：

$$
\begin{aligned}
&\min\ \mathrm{tr}(MJ + U_1V_1 + U_2V_2 + W_1S_1 + W_2S_2) \\
&\text{满足式(4.9) 以及} \\
&\begin{bmatrix} \widetilde{X}_1 & \widetilde{Y}_1 \\ \widetilde{Y}_1^{\mathrm{T}} & U_1 \end{bmatrix} \geqslant 0, \quad \begin{bmatrix} \widetilde{X}_2 & \widetilde{Y}_2 \\ \widetilde{Y}_2^{\mathrm{T}} & U_2 \end{bmatrix} \geqslant 0, \quad \begin{bmatrix} V_1 & J \\ J & S_1 \end{bmatrix} \geqslant 0 \\
&\begin{bmatrix} V_2 & J \\ J & S_2 \end{bmatrix} \geqslant 0, \quad \begin{bmatrix} M & I \\ I & J \end{bmatrix} \geqslant 0, \quad \begin{bmatrix} U_1 & I \\ I & V_1 \end{bmatrix} \geqslant 0 \\
&\begin{bmatrix} U_2 & I \\ I & V_2 \end{bmatrix} \geqslant 0, \quad \begin{bmatrix} W_1 & I \\ I & S_1 \end{bmatrix} \geqslant 0, \quad \begin{bmatrix} W_2 & I \\ I & S_2 \end{bmatrix} \geqslant 0
\end{aligned} \tag{4.12}
$$

求解式 (4.12) 中优化问题的算法类似于算法 3.1，此处不再给出。

下面将利用基于参数不确定性的方法 [9,10] 讨论随机时延网络控制系统的 H_∞ 性能优化和控制器设计问题，通过理论推导证明本节所提出的基于时延切换的方法比基于参数不确定性的方法具有更小的保守性。

4.2.3　基于参数不确定性的 H_∞ 控制器设计

为使用基于时延切换的方法，时间段 $[kh,\ (k+1)h]$ 应该被分成 l 个等长的小区间，l 值较小，会导致一定的计算误差；l 值较大，该计算误差可以忽略。另外，如果 l 值较大，则定理 4.1 的条件需要对 $\varepsilon_{k-n} \in \{0,\ h/l,\ 2h/l,\ \cdots,\ h\}$ 的每个可能的值都成立，这样会增加计算量。利用基于参数不确定性的方法，只需利用时延的上界和下界即可，这样虽然会减少计算量，但是保守性会有较大增加。

下面利用基于参数不确定性的方法分析系统 (4.8) 的 H_∞ 控制器设计问题。

定理 4.2　对给定的标量 $n>0$、$\lambda>0$，如果存在对称正定矩阵 M、$\widetilde{Q}_1$、$\widetilde{Q}_2$、W_1、W_2，矩阵 $\widetilde{X}_1$、$\widetilde{X}_2$、$\widetilde{Y}_1$、$\widetilde{Y}_2$、N，标量 $\gamma>0$、$\rho>0$，使得

$$
\begin{bmatrix} \varOmega_{11} & \varOmega_{12} & \varOmega_{13} \\ * & -\lambda^{-1}\rho I & 0 \\ * & * & -\lambda^{-1}\rho I \end{bmatrix} < 0 \tag{4.13}
$$

$$
\begin{bmatrix} \widetilde{X}_1 & \widetilde{Y}_1 \\ \widetilde{Y}_1^{\mathrm{T}} & MW_1^{-1}M \end{bmatrix} \geqslant 0 \tag{4.14}
$$

$$
\begin{bmatrix} \widetilde{X}_2 & \widetilde{Y}_2 \\ \widetilde{Y}_2^{\mathrm{T}} & MW_2^{-1}M \end{bmatrix} \geqslant 0 \tag{4.15}
$$

式中，

$$\Omega_{11}=\begin{bmatrix}\Theta_{11} & \widetilde{Y}_1 & \widetilde{Y}_2 & 0 & MC_1^{\mathrm{T}} & M\Phi^{\mathrm{T}} & M(\Phi-I)^{\mathrm{T}} & M(\Phi-I)^{\mathrm{T}}\\ * & -\widetilde{Q}_1 & 0 & 0 & 0 & -NH_1^{\mathrm{T}} & -NH_1^{\mathrm{T}} & -NH_1^{\mathrm{T}}\\ * & * & -\widetilde{Q}_2 & 0 & 0 & -NH_2^{\mathrm{T}} & -NH_2^{\mathrm{T}} & -NH_2^{\mathrm{T}}\\ * & * & * & -\gamma I & D_1^{\mathrm{T}} & \Psi_3^{\mathrm{T}} & \Psi_3^{\mathrm{T}} & \Psi_3^{\mathrm{T}}\\ * & * & * & * & -\gamma I & 0 & 0 & 0\\ * & * & * & * & * & -M & 0 & 0\\ * & * & * & * & * & * & -n^{-1}W_1 & 0\\ * & * & * & * & * & * & * & -(n+1)^{-1}W_2\end{bmatrix}$$

$$\Omega_{12}=\mathrm{diag}(0,\ N\widetilde{E}_1^{\mathrm{T}},\ N\widetilde{E}_2^{\mathrm{T}},\ 0,\ 0,\ 0,\ 0,\ 0)$$

$$\Omega_{13}=\begin{bmatrix}0 & 0 & 0 & 0 & 0 & 0 & 0 & 0\\ 0 & 0 & 0 & 0 & 0 & 0 & 0 & 0\\ 0 & 0 & 0 & 0 & 0 & 0 & 0 & 0\\ 0 & 0 & 0 & 0 & 0 & 0 & 0 & 0\\ 0 & 0 & 0 & 0 & 0 & 0 & 0 & 0\\ 0 & -\rho\widetilde{D}_1 & -\rho\widetilde{D}_2 & 0 & 0 & 0 & 0 & 0\\ 0 & -\rho\widetilde{D}_1 & -\rho\widetilde{D}_2 & 0 & 0 & 0 & 0 & 0\\ 0 & -\rho\widetilde{D}_1 & -\rho\widetilde{D}_2 & 0 & 0 & 0 & 0 & 0\end{bmatrix}$$

这里，$\Theta_{11}=-M+\widetilde{Q}_1+\widetilde{Q}_2+n\widetilde{X}_1+(n+1)\widetilde{X}_2-\widetilde{Y}_1-\widetilde{Y}_1^{\mathrm{T}}-\widetilde{Y}_2-\widetilde{Y}_2^{\mathrm{T}}$，则在控制律 $u_k=-Kx_k, K=N^{\mathrm{T}}M^{-1}$ 的作用下，系统 (4.8) 渐近稳定且相应的 H_∞ 范数界为 γ。

证明　考虑系统 (4.8)，由式 (4.5) 和式 (4.7)，可得到 $\Psi_1=H_1+\widetilde{D}_1F\widetilde{E}_1, \Psi_2=H_2+\widetilde{D}_2F\widetilde{E}_2$。利用定理 4.1 中的方法可以得到，如果式 (4.9)~式 (4.11) 成立，则 $\gamma^{-1}z_k^{\mathrm{T}}z_k-\gamma\omega_k^{\mathrm{T}}\omega_k+\Delta V_k<0$，而式 (4.9) 可以写为

$$\Pi+\widetilde{D}\widetilde{F}\widetilde{E}+\widetilde{E}^{\mathrm{T}}\widetilde{F}^{\mathrm{T}}\widetilde{D}^{\mathrm{T}}<0 \tag{4.16}$$

式中，

$$\Pi=\begin{bmatrix}\widetilde{\Lambda}_{11} & \widetilde{Y}_1 & \widetilde{Y}_2 & 0 & MC_1^{\mathrm{T}} & M\Phi^{\mathrm{T}} & M(\Phi-I)^{\mathrm{T}} & M(\Phi-I)^{\mathrm{T}}\\ * & -\widetilde{Q}_1 & 0 & 0 & 0 & -NH_1^{\mathrm{T}} & -NH_1^{\mathrm{T}} & -NH_1^{\mathrm{T}}\\ * & * & -\widetilde{Q}_2 & 0 & 0 & -NH_2^{\mathrm{T}} & -NH_2^{\mathrm{T}} & -NH_2^{\mathrm{T}}\\ * & * & * & -\gamma I & D_1^{\mathrm{T}} & \Psi_3^{\mathrm{T}} & \Psi_3^{\mathrm{T}} & \Psi_3^{\mathrm{T}}\\ * & * & * & * & -\gamma I & 0 & 0 & 0\\ * & * & * & * & * & -M & 0 & 0\\ * & * & * & * & * & * & -n^{-1}W_1 & 0\\ * & * & * & * & * & * & * & -(n+1)^{-1}W_2\end{bmatrix} \tag{4.17}$$

$$\widetilde{D}=\begin{bmatrix}0 & 0 & 0 & 0 & 0 & 0 & 0 & 0\\ 0 & 0 & 0 & 0 & 0 & 0 & 0 & 0\\ 0 & 0 & 0 & 0 & 0 & 0 & 0 & 0\\ 0 & 0 & 0 & 0 & 0 & 0 & 0 & 0\\ 0 & 0 & 0 & 0 & 0 & 0 & 0 & 0\\ 0 & -\widetilde{D}_1 & -\widetilde{D}_2 & 0 & 0 & 0 & 0 & 0\\ 0 & -\widetilde{D}_1 & -\widetilde{D}_2 & 0 & 0 & 0 & 0 & 0\\ 0 & -\widetilde{D}_1 & -\widetilde{D}_2 & 0 & 0 & 0 & 0 & 0\end{bmatrix}$$

$$\widetilde{F}=\mathrm{diag}(F,\ F,\ F,\ F,\ F,\ F,\ F,\ F)$$

$$\widetilde{E}=\mathrm{diag}(0,\ \widetilde{E}_1N^{\mathrm{T}},\ \widetilde{E}_2N^{\mathrm{T}},\ 0,\ 0,\ 0,\ 0,\ 0)$$

由 $F^{\mathrm{T}}F\leqslant\lambda^2I$ 可以得到 $\widetilde{F}^{\mathrm{T}}\widetilde{F}\leqslant\lambda^2I$。对任意标量 $\rho>0$，利用引理 2.4 和矩阵 Schur 补，如果以下不等式可行，则式 (4.16) 也是可行的：

$$\begin{bmatrix}\varPi & \widetilde{E}^{\mathrm{T}} & \widetilde{D}\\ * & -\lambda^{-1}\rho I & 0\\ * & * & -\lambda^{-1}\rho^{-1}I\end{bmatrix}<0 \tag{4.18}$$

对式 (4.18) 前后分别乘以 $\mathrm{diag}(I,\ I,\ \rho I)$ 和 $\mathrm{diag}(I,\ I,\ \rho I)$，则式 (4.18) 等价于式 (4.13)，定理剩余部分的证明类似于定理 3.1，此处略。证毕。

下面证明定理 4.2 比定理 4.1 有更大的保守性。

定理 4.3　如果定理 4.2 的条件可行，则定理 4.1 的条件也是可行的。

证明　注意到 $F=\int_{h-\bar{\varepsilon}}^{h-\varepsilon_{k-n}}\mathrm{e}^{As}\mathrm{d}s$，分别用 $\sigma_{\max}(A)$ 和 μ_k 表示矩阵 A 和 F 的最大奇异值，有

$$\mu_k\leqslant\frac{\mathrm{e}^{\sigma_{\max}(A)(h-\varepsilon_{k-n})}-\mathrm{e}^{\sigma_{\max}(A)(h-\bar{\varepsilon})}}{\sigma_{\max}(A)} \tag{4.19}$$

由于式 (4.9) 中不等号的左侧等价于式 (4.16) 中不等号的左侧，对任意标量 $\rho>0$，可得到

$$\widetilde{D}\widetilde{F}\widetilde{E}+\widetilde{E}^{\mathrm{T}}\widetilde{F}^{\mathrm{T}}\widetilde{D}^{\mathrm{T}}\leqslant\mu_k(\rho\widetilde{D}\widetilde{D}^{\mathrm{T}}+\rho^{-1}\widetilde{E}^{\mathrm{T}}\widetilde{E}) \tag{4.20}$$

由式 (4.9) 和式 (4.16) 可以看出，如果 $\varPi+\mu_k(\rho\widetilde{D}\widetilde{D}^{\mathrm{T}}+\rho^{-1}\widetilde{E}^{\mathrm{T}}\widetilde{E})<0$ 成立，则式 (4.9) 也可行。另外，对给定的标量 $\lambda>0$ 和任意标量 $\rho>0$，以下不等式成立：

$$\widetilde{D}\widetilde{F}\widetilde{E}+\widetilde{E}^{\mathrm{T}}\widetilde{F}^{\mathrm{T}}\widetilde{D}^{\mathrm{T}}\leqslant\lambda(\rho\widetilde{D}\widetilde{D}^{\mathrm{T}}+\rho^{-1}\widetilde{E}^{\mathrm{T}}\widetilde{E}) \tag{4.21}$$

且定理 4.2 的证明中用到了式 (4.21)。由矩阵 Schur 补可知，$\varPi+\lambda(\rho\widetilde{D}\widetilde{D}^{\mathrm{T}}+\rho^{-1}\widetilde{E}^{\mathrm{T}}\widetilde{E})<0$ 等价于式 (4.18)，且式 (4.18) 等价于式 (4.13)，考虑到 $\mu_k\leqslant\lambda$，如果式 (4.13) 成立，则式 (4.9) 也是可行的。证毕。

注 4.1 分别记式 (4.9) 和式 (4.13) 中不等号的左侧为 Θ 和 Ω。如果 n 变成 $n+1$，则式 (4.9) 和式 (4.13) 中不等号的左侧可以分别写为 $\Theta+\widetilde{\Theta}$ 和 $\Omega+\widetilde{\Omega}$，其中，$\widetilde{\Theta}=\mathrm{diag}(\widetilde{X}_1+\widetilde{X}_2,\underbrace{0,\cdots,0}_{5},\dfrac{W_1}{n(n+1)},\dfrac{W_2}{(n+1)(n+2)})$，$\widetilde{\Omega}=\mathrm{diag}(\widetilde{X}_1+\widetilde{X}_2,\underbrace{0,\cdots,0}_{5},\dfrac{W_1}{n(n+1)},\dfrac{W_2}{(n+1)(n+2)},\underbrace{0,\cdots,0}_{16})$。由 $\widetilde{X}_1$、$\widetilde{X}_2$、W_1、W_2 的定义可知，$\widetilde{\Theta}\geqslant 0$ 且 $\widetilde{\Omega}\geqslant 0$。因此，系统 (4.4) 和系统 (4.8) 的 H_∞ 性能将随着 n 的增大而降低，这也验证了本节设计方法的有效性。

下面通过一个数值算例说明本节所提出的基于时延切换方法的优越性。

4.2.4 数值算例

算例 4.1 验证基于时延切换的 H_∞ 控制器设计方法的有效性。考虑如下系统:

$$\begin{cases}\dot{x}(t)=\begin{bmatrix}-1.7957 & -5.8065\\-1.9881 & -5.5492\end{bmatrix}x(t)+\begin{bmatrix}1.4534\\-9.5512\end{bmatrix}u(t)+\begin{bmatrix}6.5738\\3.3266\end{bmatrix}\omega(t)\\ z(t)=[-1.3756\quad -0.1151]x(t)-0.5399\omega(t)\end{cases}\tag{4.22}$$

设传感器采样周期的长度为 h，时延 $\tau_{k-n}=nh+\varepsilon_{k-n}$，其中，$\varepsilon_{k-n}\in[0,\ h]$，$n=0,1,2,\cdots$。设对象的初始状态为 $x_0=[1\ \ -1]^{\mathrm{T}}$，且基于 x_0 得到的控制输入被成功地传到了执行器。外部扰动输入 $\omega(t)$ 如下:

$$\omega(t)=\begin{cases}0.5, & 0.8\mathrm{s}\leqslant t<1.2\mathrm{s}\\ 0, & \text{其他}\end{cases}$$

注意到 $\tau_{k-n}=nh+\varepsilon_{k-n}$，如果利用基于时延切换的方法来优化系统的 H_∞ 性能，设 ε_{k-n} 在 $\frac{1}{4}h$、$\frac{1}{2}h$、$\frac{3}{4}h$ 之间切换。如果使用基于参数不确定性的方法，设 $\varepsilon_{k-n}\in\left[\frac{1}{4}h,\ \frac{3}{4}h\right]$，由式 (4.6) 可以得到 $\widetilde{F}^{\mathrm{T}}\widetilde{F}\leqslant\lambda^2 I$，其中，$\lambda=0.8549$ ($h=0.4\mathrm{s}$)，$\lambda=0.0124$ ($h=0.04\mathrm{s}$)。表 4.1 和表 4.2 分别列出了当采样周期 h 为 0.4s 和 0.04s 时，由定理 4.1 和定理 4.2 得到的最优的 H_∞ 范数界（“—” 表示相应的条件不可行）。如果 $n=2$, $h=0.4\mathrm{s}$, $\varepsilon_{k-n}=\frac{3}{4}h$，由定理 4.1 可以得到使系统的 H_∞ 性能最优的控制器增益 K 为 [0.0521 0.0103]。图 4.1 给出了系统 (4.22) 的状态响应和受控输出曲线。

表 4.1 H_∞ 范数界 ($h=0.4\mathrm{s}$)

情况	定理 4.1	定理 4.2
$\gamma_{n=1}$	29.5	—
$\gamma_{n=2}$	125.5	—

表 4.2　H_∞ 范数界 ($h = 0.04$s)

情况	定理 4.1	定理 4.2
$\gamma_{n=1}$	2.6	14.1
$\gamma_{n=2}$	3.5	26.4

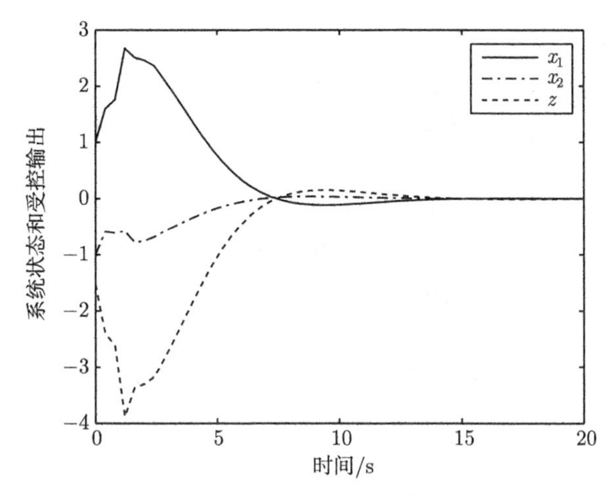

图 4.1　系统 (4.22) 的状态响应和受控输出曲线

由表 4.1 和表 4.2 可以看到，系统的 H_∞ 性能随 n 的增大而降低。另外，本节所提出的基于时延切换的方法比现有的基于参数不确定性的方法有更小的保守性。图 4.1 也说明了本节所提出的 H_∞ 控制器设计方法的有效性。

4.3　时延切换与参数不确定性相结合的网络控制系统设计

由 4.2 节的分析可知，基于时延切换的方法比基于参数不确定性的方法有更小的保守性，但是基于时延切换的方法会增大计算量。本节将提出一种时延切换与参数不确定性相结合的方法，该方法的计算量比基于时延切换的方法要少，而保守性比基于参数不确定性的方法要小。另外，第 3 章提出的主动变采样周期方法不能避免采样周期的频繁切换，本节将对其进行改进。对主动变采样周期网络控制系统，本节采用多目标优化方法来优化系统的 H_∞ 性能。

4.3.1　问题描述

考虑如下线性时不变系统：

$$\begin{cases} \dot{x}(t) = Ax(t) + B_1u(t) + B_2\omega(t) \\ z(t) = Cx(t) + Du(t) \end{cases} \tag{4.23}$$

式中，$x(t)$、$u(t)$、$z(t)$、$\omega(t)$ 分别是状态向量、控制输入向量、受控输出、扰动输入，$\omega(t)\in L_2[0,\ \infty)$ 且 $\omega(t)$ 是分段常数；A、B_1、B_2、C、D 是已知的具有适当维数的常数矩阵。

设传感器既是时钟驱动又是事件驱动的，执行器和控制器是事件驱动的。

下面将改进第 3 章的主动变采样周期方法，改进后的方法既可以保证网络带宽的充分利用又可以避免采样周期的频繁切换。

定义 $\tau_{\rm sc}$ 和 $\tau_{\rm ca}$ 分别为传感器–控制器和控制器–执行器的网络传输时延，$\tau_{\rm sum}$ 为传感器、控制器、执行器的数据处理时间的和。当网络空闲时，定义 $\tau_{\rm sc}+\tau_{\rm ca}+\tau_{\rm sum}$ 为 d_1；当网络负载最大时，定义 $\tau_{\rm sc}+\tau_{\rm ca}+\tau_{\rm sum}$ 为 d_2。如果系统的采样周期为常数，则选择 d_2 为采样周期，这样可以避免在网络负载最大时发生网络拥塞。

设 u_k 为基于对象在 t_k 时刻的状态而生成的控制输入，τ_k 为 u_k 的时延，u_k 到达执行器的时刻为 $\tilde{k}$，h_k 为第 k 个采样周期的长度，t_k 是最近的采样时刻，则 $\tilde{k}\geqslant t_k+d_1$。

改进后的主动变采样周期方法的主要思想如下：分解 $[d_1,\ d_2]$ 为 l 个等长的小时间段 (l 为正整数且不宜太大)，则下一个采样时刻 t_{k+1} 可以按照如下方式确定：

$$t_{k+1}=\begin{cases}a_1, & \tilde{k}=a_1\\ a_2, & \tilde{k}\in(a_1,\ a_2]\\ t_k+d_2, & \tilde{k}\geqslant t_k+d_2\end{cases}\tag{4.24}$$

式中，$a_1=t_k+d_1+p(d_2-d_1)/l$；$a_2=t_k+d_1+(p+1)(d_2-d_1)/l$；这里，$p=0,1,\cdots,l-1$，则有

$$h_k=t_{k+1}-t_k=d_1+b(d_2-d_1)/l,\quad b=0,1,2,\cdots,l\tag{4.25}$$

也就是说，采样周期 h_k 在有限集 $\vartheta_1=\{d_1,\ d_1+(d_2-d_1)/l,\ \cdots,\ d_2\}$ 内切换。

由于采样周期 $h_k\leqslant d_2$，与常数采样周期的情况相比，以上的主动变采样周期方法可以保证网络带宽得到更充分的利用。

考虑到 t_{k+1} 的定义，如果 $\tilde{k}\leqslant t_k+d_2$，则 $\tau_k\in(h_k-(d_2-d_1)/l,\ h_k]$。如果 $\tau_k>d_2$，则控制输入 u_k 即使经过长时延后能到达执行器，也不再使用 (考虑到 d_2 的定义，如果 $\tau_k>d_2$，则丢掉 u_k 是合理的)，而是使用最新的控制输入。

设 pr 为 $\tilde{k}\leqslant t_k+d_2$ 的可能性，且

$$\mathrm{pr}=\begin{cases}1, & \tilde{k}\leqslant t_k+d_2\\ 0, & 其他\end{cases}\tag{4.26}$$

设 u_{k-L_k} $(L_k\geqslant 1)$ 是 t_k 时刻执行器可以得到的最新控制输入，$L_{\max}$ 和 $L_{\min}$ 分别是 L_k 的上界和下界。考虑到那些时延大于 d_2 的控制输入将被丢掉，在一个

采样周期内执行器最多收到一个有效的控制输入，即

$$u(t)=\begin{cases} u_{k-L_k}, & t\in[t_k,\ t_k+\tau_k) \\ u_k, & t\in[t_k+\tau_k,\ t_{k+1}] \end{cases} \tag{4.27}$$

因此，系统 (4.23) 的离散时间表达式为

$$\begin{cases} x_{k+1}=\varPhi_k x_k+\mathrm{pr}(\varGamma_{0k}(\tau_k)u_k+\varGamma_{1k}(\tau_k)u_{k-L_k})+(1-\mathrm{pr})\varGamma_3 u_{k-L_k}+\varGamma_{2k}\omega_k \\ z_k=Cx_k+Du_{k-L_k} \end{cases} \tag{4.28}$$

式中，$\varPhi_k=\mathrm{e}^{Ah_k}$；$\varGamma_{0k}(\tau_k)=\int_0^{h_k-\tau_k}\mathrm{e}^{As}\mathrm{d}sB_1$；$\varGamma_{1k}(\tau_k)=\int_{h_k-\tau_k}^{h_k}\mathrm{e}^{As}\mathrm{d}sB_1$；$\varGamma_{2k}=\int_0^{h_k}\mathrm{e}^{As}\mathrm{d}sB_2$；$\varGamma_3=\int_0^{d_2}\mathrm{e}^{As}\mathrm{d}sB_1$；$u_{k-L_k}=-Kx_{k-L_k}$。

下面用时延切换与参数不确定性相结合的方法来处理时变时延，该方法既可以减小基于时延切换方法的计算复杂性，又可以减小基于参数不确定性方法的保守性。

把 $(h_k-(d_2-d_1)/l,\ h_k]$ 分成 n 个等长小区间，则 $\tau_k\in(h_k-(d_2-d_1)/l+m(d_2-d_1)/(n\times l),\ h_k-(d_2-d_1)/l+(m+1)(d_2-d_1)/(n\times l)]$，其中，$m=0,1,\cdots,n-1$。不失一般性，可以选择 $n=2$，且定义 $\sigma_{1k}=(h_k-(d_2-d_1)/l,\ h_k-(d_2-d_1)/(2l)]$，$\sigma_{2k}=(h_k-(d_2-d_1)/(2l),\ h_k]$，则 $\tau_k\in\sigma_{1k}$ 或 $\tau_k\in\sigma_{2k}$。定义 $\varepsilon_{0k}=h_k-(d_2-d_1)/l$，$\varepsilon_{2k}=h_k-(d_2-d_1)/(2l)$，$\varepsilon_{1k}=(\varepsilon_{0k}+\varepsilon_{2k})/2$，$\varepsilon_{3k}=(\varepsilon_{2k}+h_k)/2$。如果 $\tau_k\in\sigma_{1k}$，则

$$\varGamma_{0k}(\tau_k)=\int_0^{h_k-\varepsilon_{1k}}\mathrm{e}^{As}\mathrm{d}sB_1+\int_{h_k-\varepsilon_{1k}}^{h_k-\tau_k}\mathrm{e}^{As}\mathrm{d}sB_1$$

定义 $\int_0^{h_k-\varepsilon_{1k}}\mathrm{e}^{As}\mathrm{d}sB_1=H_{1k}$, $D_1=I$, $F_{1k}=\int_{h_k-\varepsilon_{1k}}^{h_k-\tau_k}\mathrm{e}^{As}\mathrm{d}s$, $E_1=B_1$，有

$$\varGamma_{0k}(\tau_k)=H_{1k}+D_1F_{1k}E_1 \tag{4.29}$$

类似地，可以得到

$$\varGamma_{1k}(\tau_k)=H_{2k}+D_2F_{1k}E_2 \tag{4.30}$$

式中，$H_{2k}=\int_{h_k-\varepsilon_{1k}}^{h_k}\mathrm{e}^{As}\mathrm{d}sB_1$；$D_2=I$；$E_2=-B_1$。

同样地，如果 $\tau_k\in\sigma_{2k}$，则有

$$\begin{aligned} \varGamma_{0k}(\tau_k)&=H_{3k}+D_3F_{2k}E_3 \\ \varGamma_{1k}(\tau_k)&=H_{4k}+D_4F_{2k}E_4 \end{aligned} \tag{4.31}$$

式中，$H_{3k}=\int_0^{h_k-\varepsilon_{3k}}\mathrm{e}^{As}\mathrm{d}sB_1$；$H_{4k}=\int_{h_k-\varepsilon_{3k}}^{h_k}\mathrm{e}^{As}\mathrm{d}sB_1$；$D_3=D_4=I$；$F_{2k}=\int_{h_k-\varepsilon_{3k}}^{h_k-\tau_k}\mathrm{e}^{As}\mathrm{d}s$；$E_3=B_1$；$E_4=-B_1$。

对特定的系统，定义 $\sigma_{\max}(A)$ 为矩阵 A 的最大奇异值；设 $F_{1k}^{\mathrm{T}}F_{1k}\leqslant\lambda_{1k}^2I$，$F_{2k}^{\mathrm{T}}F_{2k}\leqslant\lambda_{2k}^2I$，其中，$\lambda_{1k}$ 和 λ_{2k} 为正标量，有 (相关证明见文献 [9])

$$\lambda_{1k}=\frac{\mathrm{e}^{\sigma_{\max}(A)\times(h_k-\varepsilon_{0k})}-\mathrm{e}^{\sigma_{\max}(A)\times(h_k-\varepsilon_{1k})}}{\sigma_{\max}(A)}\tag{4.32}$$

和

$$\lambda_{2k}=\frac{\mathrm{e}^{\sigma_{\max}(A)\times(h_k-\varepsilon_{2k})}-\mathrm{e}^{\sigma_{\max}(A)\times(h_k-\varepsilon_{3k})}}{\sigma_{\max}(A)}\tag{4.33}$$

分别定义 $\varPhi_k-\mathrm{pr}\varGamma_{0k}(\tau_k)K$、$-[\mathrm{pr}\varGamma_{1k}(\tau_k)+(1-\mathrm{pr})\varGamma_3]K$、$\varGamma_{2k}$ 为 $\varPsi_{1k}$、$\varPsi_{2k}$、$\varPsi_{3k}$，系统 (4.28) 可以写为

$$\begin{cases}x_{k+1}=\varPsi_{1k}x_k+\varPsi_{2k}x_{k-L_k}+\varPsi_{3k}\omega_k\\ z_k=Cx_k+Du_{k-L_k}\end{cases}\tag{4.34}$$

由以上分析可知，采样周期 h_k 在有限集 ϑ_1 内切换，τ_k 在 σ_{1k} 和 σ_{2k} 之间切换，而且当 $\tau_k\in\sigma_{1k}$ 或 $\tau_k\in\sigma_{2k}$ 时，系统 (4.34) 又是一个具有参数不确定性的系统，则系统 (4.23) 的 H_∞ 控制问题可以转化为既具有切换又具有参数不确定性的系统 (4.34) 的相应问题。

注 4.2　如图 4.2 所示，控制输入 u_{k-2} 丢失了，传感器在 $t_{k-2}+d_2$ 时刻进行下一次采样。由于长时延的影响，控制输入 u_{k-1} 没能在 $t_{k-1}+d_2$ 时刻到达执行器，所以传感器也将在 $t_{k-1}+d_2$ 时刻进行下一次采样，即使 u_{k-1} 最后能到达执行器，也不再使用它。

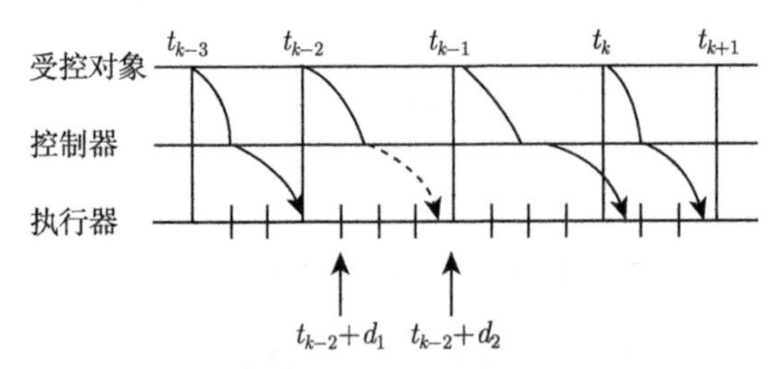

图 4.2　改进的时钟驱动与事件驱动相结合的采样

注 4.3　在一段较短的时间内，网络流量和时延通常不会有较大变化。正如由式 (4.24) 和式 (4.25) 所示，如果 l 比较小，则在一小段时间内采样周期可能为常数 (也就是避免了采样周期的频繁切换)。另外，如果 l 较大，则会使采样周期较短从

而使网络带宽得到更充分的利用。因此，l 的取值应该适当 (l 可以取 2、3 等)，以便既能保证网络带宽的充分利用又能避免采样周期的频繁切换。

4.3.2　时延切换与参数不确定性相结合的 H_∞ 控制器设计

下面基于模型 (4.34) 探讨控制器增益矩阵 K 的设计问题，以使系统 (4.34) 渐近稳定且相应的 H_∞ 范数界为 γ_k。

定理 4.4　对于给定的标量 θ_1、θ_2、θ_3、$L_{\max}>0$、$L_{\min}>0$、$\lambda_{1k}>0$、$\lambda_{2k}>0$，如果存在对称正定矩阵 $\widetilde{P}$、$\widetilde{Q}$、$\widetilde{Z}$，矩阵 $\widetilde{X}_{11}$、$\widetilde{X}_{12}$、$\widetilde{X}_{13}$、$\widetilde{X}_{22}$、$\widetilde{X}_{23}$、$\widetilde{X}_{33}$、$\widetilde{Y}_1$、$\widetilde{Y}_2$、$\widetilde{Y}_3$、V、N，标量 $\gamma_k>0$、$\rho_{1k}>0$、$\rho_{2k}>0$，使得以下不等式对 h_k ($h_k\in\vartheta_1$) 的每个可能的值都成立：

$$\begin{bmatrix}\Theta_1 & \widetilde{E}_1^{\mathrm{T}} & \rho_{1k}\widetilde{D}_1\\ * & -\lambda_{1k}^{-1}\rho_{1k}I & 0\\ * & * & -\lambda_{1k}^{-1}\rho_{1k}I\end{bmatrix}<0 \tag{4.35}$$

$$\begin{bmatrix}\Theta_2 & \widetilde{E}_2^{\mathrm{T}} & \rho_{2k}\widetilde{D}_2\\ * & -\lambda_{2k}^{-1}\rho_{2k}I & 0\\ * & * & -\lambda_{2k}^{-1}\rho_{2k}I\end{bmatrix}<0 \tag{4.36}$$

$$\begin{bmatrix}\widetilde{X}_{11} & \widetilde{X}_{12} & \widetilde{X}_{13} & \widetilde{Y}_1\\ * & \widetilde{X}_{22} & \widetilde{X}_{23} & \widetilde{Y}_2\\ * & * & \widetilde{X}_{33} & \widetilde{Y}_3\\ * & * & * & \widetilde{Z}\end{bmatrix}\geqslant 0 \tag{4.37}$$

式中，

$$\Theta_1=\begin{bmatrix}\Omega_{11}^1 & \Omega_{12}^1 & \Omega_{13}^1 & -\theta_1\Gamma_{2k} & 0\\ * & \Omega_{22}^1 & \Omega_{23}^1 & -\theta_2\Gamma_{2k} & NC^{\mathrm{T}}\\ * & * & \Omega_{33}^1 & -\theta_3\Gamma_{2k} & -V^{\mathrm{T}}D^{\mathrm{T}}\\ * & * & * & -\gamma_k I & 0\\ * & * & * & * & -\gamma_k I\end{bmatrix} \tag{4.38}$$

$$\Theta_2=\begin{bmatrix}\Omega_{11}^2 & \Omega_{12}^2 & \Omega_{13}^2 & -\theta_1\Gamma_{2k} & 0\\ * & \Omega_{22}^2 & \Omega_{23}^2 & -\theta_2\Gamma_{2k} & NC^{\mathrm{T}}\\ * & * & \Omega_{33}^2 & -\theta_3\Gamma_{2k} & -V^{\mathrm{T}}D^{\mathrm{T}}\\ * & * & * & -\gamma_k I & 0\\ * & * & * & * & -\gamma_k I\end{bmatrix} \tag{4.39}$$

$$\widetilde{D}_1=\begin{bmatrix}0 & \theta_1\mathrm{pr}D_1 & \theta_1\mathrm{pr}D_2 & 0 & 0\\ 0 & \theta_2\mathrm{pr}D_1 & \theta_2\mathrm{pr}D_2 & 0 & 0\\ 0 & \theta_3\mathrm{pr}D_1 & \theta_3\mathrm{pr}D_2 & 0 & 0\\ 0 & 0 & 0 & 0 & 0\\ 0 & 0 & 0 & 0 & 0\end{bmatrix} \tag{4.40}$$

$$\widetilde{D}_2=\begin{bmatrix}0 & \theta_1\mathrm{pr}D_3 & \theta_1\mathrm{pr}D_4 & 0 & 0\\ 0 & \theta_2\mathrm{pr}D_3 & \theta_2\mathrm{pr}D_4 & 0 & 0\\ 0 & \theta_3\mathrm{pr}D_3 & \theta_3\mathrm{pr}D_4 & 0 & 0\\ 0 & 0 & 0 & 0 & 0\\ 0 & 0 & 0 & 0 & 0\end{bmatrix} \tag{4.41}$$

$$\begin{aligned}\widetilde{E}_1&=\mathrm{diag}(0,\ E_1V,\ E_2V,\ 0,\ 0)\\ \widetilde{E}_2&=\mathrm{diag}(0,\ E_3V,\ E_4V,\ 0,\ 0)\end{aligned} \tag{4.42}$$

这里，

$$\begin{aligned}
\Omega_{11}^1&=\widetilde{P}+L_{\max}\widetilde{Z}+L_{\max}\widetilde{X}_{11}+\theta_1N+\theta_1N^{\mathrm{T}}\\
\Omega_{12}^1&=-L_{\max}\widetilde{Z}+L_{\max}\widetilde{X}_{12}+\widetilde{Y}_1+\theta_2N-\theta_1\Phi_kN^{\mathrm{T}}+\theta_1\mathrm{pr}H_{1k}V\\
\Omega_{13}^1&=L_{\max}\widetilde{X}_{13}-\widetilde{Y}_1+\theta_1\mathrm{pr}H_{2k}V+\theta_1(1-\mathrm{pr})\Gamma_3V+\theta_3N\\
\Omega_{22}^1&=-\widetilde{P}+(L_{\max}-L_{\min}+1)\widetilde{Q}+L_{\max}\widetilde{Z}+L_{\max}\widetilde{X}_{22}+\widetilde{Y}_2\\
&\quad+\widetilde{Y}_2^{\mathrm{T}}-\theta_2\Phi_kN^{\mathrm{T}}-\theta_2N\Phi_k^{\mathrm{T}}+\theta_2\mathrm{pr}H_{1k}V+\theta_2\mathrm{pr}V^{\mathrm{T}}H_{1k}^{\mathrm{T}}\\
\Omega_{23}^1&=L_{\max}\widetilde{X}_{23}-\widetilde{Y}_2+\theta_2\mathrm{pr}H_{2k}V+\theta_2(1-\mathrm{pr})\Gamma_3V\\
&\quad-\theta_3N\Phi_k^{\mathrm{T}}+\theta_3\mathrm{pr}V^{\mathrm{T}}H_{1k}^{\mathrm{T}}+\widetilde{Y}_3^{\mathrm{T}}\\
\Omega_{33}^1&=-\widetilde{Q}+L_{\max}\widetilde{X}_{33}-\widetilde{Y}_3-\widetilde{Y}_3^{\mathrm{T}}+\theta_3(1-\mathrm{pr})\Gamma_3V\\
&\quad+\theta_3(1-\mathrm{pr})V^{\mathrm{T}}\Gamma_3^{\mathrm{T}}+\theta_3\mathrm{pr}H_{2k}V+\theta_3\mathrm{pr}V^{\mathrm{T}}H_{2k}^{\mathrm{T}}
\end{aligned} \tag{4.43}$$

$$\begin{aligned}
\Omega_{11}^2&=\widetilde{P}+L_{\max}\widetilde{Z}+L_{\max}\widetilde{X}_{11}+\theta_1N+\theta_1N^{\mathrm{T}}\\
\Omega_{12}^2&=-L_{\max}\widetilde{Z}+L_{\max}\widetilde{X}_{12}+\widetilde{Y}_1+\theta_2N-\theta_1\Phi_kN^{\mathrm{T}}+\theta_1\mathrm{pr}H_{3k}V\\
\Omega_{13}^2&=L_{\max}\widetilde{X}_{13}-\widetilde{Y}_1+\theta_1\mathrm{pr}H_{4k}V+\theta_1(1-\mathrm{pr})\Gamma_3V+\theta_3N\\
\Omega_{22}^2&=-\widetilde{P}+(L_{\max}-L_{\min}+1)\widetilde{Q}+L_{\max}\widetilde{Z}+L_{\max}\widetilde{X}_{22}+\widetilde{Y}_2\\
&\quad+\widetilde{Y}_2^{\mathrm{T}}-\theta_2\Phi_kN^{\mathrm{T}}-\theta_2N\Phi_k^{\mathrm{T}}+\theta_2\mathrm{pr}H_{3k}V+\theta_2\mathrm{pr}V^{\mathrm{T}}H_{3k}^{\mathrm{T}}\\
\Omega_{23}^2&=L_{\max}\widetilde{X}_{23}-\widetilde{Y}_2+\theta_2\mathrm{pr}H_{4k}V+\theta_2(1-\mathrm{pr})\Gamma_3V\\
&\quad-\theta_3N\Phi_k^{\mathrm{T}}+\theta_3\mathrm{pr}V^{\mathrm{T}}H_{3k}^{\mathrm{T}}+\widetilde{Y}_3^{\mathrm{T}}\\
\Omega_{33}^2&=-\widetilde{Q}+L_{\max}\widetilde{X}_{33}-\widetilde{Y}_3-\widetilde{Y}_3^{\mathrm{T}}+\theta_3(1-\mathrm{pr})\Gamma_3V
\end{aligned} \tag{4.44}$$

$$+\theta_3(1-\mathrm{pr})V^{\mathrm{T}}\Gamma_3^{\mathrm{T}}+\theta_3\mathrm{pr}H_{4k}V+\theta_3\mathrm{pr}V^{\mathrm{T}}H_{4k}^{\mathrm{T}}$$

pr 的定义在式 (4.26) 给出，则在控制律 $u_k=-Kx_k, K=VN^{-\mathrm{T}}$ 的作用下，系统 (4.34) 渐近稳定且相应的 H_∞ 范数界为 γ_k。

证明　考虑以下李雅普诺夫泛函:

$$V_k=V_{1k}+V_{2k}+V_{3k}+V_{4k} \tag{4.45}$$

式中，

$$\begin{aligned}
V_{1k}&=x_k^{\mathrm{T}}Px_k\\
V_{2k}&=\sum_{i=k-L_k}^{k-1}x_i^{\mathrm{T}}Qx_i\\
V_{3k}&=\sum_{i=-L_{\max}+1}^{-L_{\min}}\sum_{j=k+i}^{k-1}x_j^{\mathrm{T}}Qx_j\\
V_{4k}&=\sum_{i=-L_{\max}}^{-1}\sum_{j=k+i}^{k-1}(x_{j+1}-x_j)^{\mathrm{T}}Z(x_{j+1}-x_j)
\end{aligned} \tag{4.46}$$

这里，P、Q、Z 是具有适当维数的对称正定矩阵，有

$$\Delta V_{1k}=x_{k+1}^{\mathrm{T}}Px_{k+1}-x_k^{\mathrm{T}}Px_k \tag{4.47}$$

$$\begin{aligned}
\Delta V_{2k}&=\sum_{i=k+1-L_{k+1}}^{k}x_i^{\mathrm{T}}Qx_i-\sum_{i=k-L_k}^{k-1}x_i^{\mathrm{T}}Qx_i\\
&=x_k^{\mathrm{T}}Qx_k+\sum_{i=k+1-L_{k+1}}^{k-L_{\min}}x_i^{\mathrm{T}}Qx_i+\sum_{i=k+1-L_{\min}}^{k-1}x_i^{\mathrm{T}}Qx_i\\
&\quad-\sum_{i=k+1-L_k}^{k-1}x_i^{\mathrm{T}}Qx_i-x_{k-L_k}^{\mathrm{T}}Qx_{k-L_k}
\end{aligned} \tag{4.48}$$

考虑到 $L_k\geqslant L_{\min}$, $L_{k+1}\leqslant L_{\max}$，有

$$\Delta V_{2k}\leqslant x_k^{\mathrm{T}}Qx_k+\sum_{i=k+1-L_{\max}}^{k-L_{\min}}x_i^{\mathrm{T}}Qx_i-x_{k-L_k}^{\mathrm{T}}Qx_{k-L_k} \tag{4.49}$$

$$\begin{aligned}
\Delta V_{3k}&=\sum_{i=-L_{\max}+1}^{-L_{\min}}(x_k^{\mathrm{T}}Qx_k-x_{k+i}^{\mathrm{T}}Qx_{k+i})\\
&=(L_{\max}-L_{\min})x_k^{\mathrm{T}}Qx_k-\sum_{i=k-L_{\max}+1}^{k-L_{\min}}x_i^{\mathrm{T}}Qx_i
\end{aligned} \tag{4.50}$$

$$\Delta V_{4k}=\sum_{i=-L_{\max}}^{-1}(x_{k+1}-x_k)^{\mathrm{T}}Z(x_{k+1}-x_k)$$

$$
\begin{aligned}
&-\sum_{i=-L_{\max}}^{-1}(x_{k+i+1}-x_{k+i})^{\mathrm{T}}Z(x_{k+i+1}-x_{k+i})\\
&=L_{\max}(x_{k+1}-x_k)^{\mathrm{T}}Z(x_{k+1}-x_k)-\sum_{i=k-L_{\max}}^{k-1}(x_{i+1}-x_i)^{\mathrm{T}}Z(x_{i+1}-x_i)
\end{aligned}
\tag{4.51}
$$

定义 $\xi_k=[x_{k+1}^{\mathrm{T}}\quad x_k^{\mathrm{T}}\quad x_{k-L_k}^{\mathrm{T}}]^{\mathrm{T}}$，$\tilde{\xi}_k=[\xi_k^{\mathrm{T}}\quad \omega_k^{\mathrm{T}}]^{\mathrm{T}}$，$M=[M_1^{\mathrm{T}}\quad M_2^{\mathrm{T}}\quad M_3^{\mathrm{T}}]^{\mathrm{T}}$，且 M_1、M_2、M_3 是具有适当维数的矩阵，则

$$
\begin{aligned}
\Pi_1&=2\xi_k^{\mathrm{T}}M\left[x_k-x_{k-L_k}-\sum_{j=k-L_k}^{k-1}(x_{j+1}-x_j)\right]=0\\
\Pi_2&=2(x_{k+1}^{\mathrm{T}}\theta_1W+x_k^{\mathrm{T}}\theta_2W+x_{k-L_k}^{\mathrm{T}}\theta_3W)\\
&\quad\times(x_{k+1}-\Psi_{1k}x_k-\Psi_{2k}x_{k-L_k}-\Psi_{3k}\omega_k)=0
\end{aligned}
\tag{4.52}
$$

式中，θ_1、θ_2 和 θ_3 是给定的标量；W 是具有适当维数的矩阵。

定义

$$
X=\begin{bmatrix}X_{11}&X_{12}&X_{13}\\ *&X_{22}&X_{23}\\ *&*&X_{33}\end{bmatrix},\quad Y=\begin{bmatrix}Y_1\\ Y_2\\ Y_3\end{bmatrix}
\tag{4.53}
$$

式中，

$$
\begin{bmatrix}X_{11}&X_{12}&X_{13}&Y_1\\ *&X_{22}&X_{23}&Y_2\\ *&*&X_{33}&Y_3\\ *&*&*&Z\end{bmatrix}\geqslant 0
\tag{4.54}
$$

由引理 2.2，可以得到

$$
\begin{aligned}
-2\xi_k^{\mathrm{T}}M\sum_{j=k-L_k}^{k-1}(x_{j+1}-x_j)&\leqslant 2\xi_k^{\mathrm{T}}(Y-M)(x_k-x_{k-L_k})+L_k\xi_k^{\mathrm{T}}X\xi_k\\
&\quad+\sum_{j=k-L_k}^{k-1}(x_{j+1}-x_j)^{\mathrm{T}}Z(x_{j+1}-x_j)
\end{aligned}
\tag{4.55}
$$

则

$$
\Pi_1\leqslant L_{\max}\xi_k^{\mathrm{T}}X\xi_k+2\xi_k^{\mathrm{T}}Y(x_k-x_{k-L_k})+\sum_{j=k-L_{\max}}^{k-1}(x_{j+1}-x_j)^{\mathrm{T}}Z(x_{j+1}-x_j)
\tag{4.56}
$$

结合式 (4.47)~式 (4.52) 和式 (4.56)，可得到

$$\begin{aligned}\Delta V_k =& \Delta V_{1k} + \Delta V_{2k} + \Delta V_{3k} + \Delta V_{4k} + \Pi_1 + \Pi_2 \\ \leqslant& x_{k+1}^{\mathrm{T}} P x_{k+1} - x_k^{\mathrm{T}} P x_k + (L_{\max} - L_{\min} + 1) x_k^{\mathrm{T}} Q x_k - x_{k-L_k}^{\mathrm{T}} Q x_{k-L_k} \\ &+ L_{\max}(x_{k+1} - x_k)^{\mathrm{T}} Z (x_{k+1} - x_k) + L_{\max}\xi_k^{\mathrm{T}} X \xi_k + 2\xi_k^{\mathrm{T}} Y (x_k - x_{k-L_k}) + \Pi_2 \\ =& \tilde{\xi}_k^{\mathrm{T}} \Lambda \tilde{\xi}_k \end{aligned} \tag{4.57}$$

式中，

$$\Lambda = \begin{bmatrix} \Lambda_{11} & \Lambda_{12} & \Lambda_{13} & \Lambda_{14} \\ * & \Lambda_{22} & \Lambda_{23} & \Lambda_{24} \\ * & * & \Lambda_{33} & \Lambda_{34} \\ * & * & * & 0 \end{bmatrix}$$

这里，

$$\begin{aligned} \Lambda_{11} &= P + L_{\max} Z + L_{\max} X_{11} + \theta_1 W + \theta_1 W^{\mathrm{T}} \\ \Lambda_{12} &= -L_{\max} Z + L_{\max} X_{12} + Y_1 + \theta_2 W^{\mathrm{T}} - \theta_1 W \Psi_{1k} \\ \Lambda_{13} &= L_{\max} X_{13} - Y_1 - \theta_1 W \Psi_{2k} + \theta_3 W^{\mathrm{T}} \\ \Lambda_{14} &= -\theta_1 W \Psi_{3k} \\ \Lambda_{22} &= -P + (L_{\max} - L_{\min} + 1) Q + L_{\max} Z + L_{\max} X_{22} \\ &\quad + Y_2 + Y_2^{\mathrm{T}} - \theta_2 W \Psi_{1k} - \theta_2 \Psi_{1k}^{\mathrm{T}} W^{\mathrm{T}} \\ \Lambda_{23} &= L_{\max} X_{23} - Y_2 - \theta_2 W \Psi_{2k} - \theta_3 \Psi_{1k}^{\mathrm{T}} W^{\mathrm{T}} + Y_3^{\mathrm{T}} \\ \Lambda_{24} &= -\theta_2 W \Psi_{3k} \\ \Lambda_{33} &= -Q + L_{\max} X_{33} - Y_3 - Y_3^{\mathrm{T}} - \theta_3 W \Psi_{2k} - \theta_3 \Psi_{2k}^{\mathrm{T}} W^{\mathrm{T}} \\ \Lambda_{34} &= -\theta_3 W \Psi_{3k} \end{aligned}$$

在 t_k 时刻，执行器可用的最新控制输入为 $-Kx_{k-L_k}$，则 $z_k = Cx_k - DKx_{k-L_k}$。对任意非零的 $\tilde{\xi}_k$，可以得到 $\gamma_k^{-1} z_k^{\mathrm{T}} z_k - \gamma_k \omega_k^{\mathrm{T}} \omega_k = \tilde{\xi}_k^{\mathrm{T}} \Xi \tilde{\xi}_k$，其中，

$$\Xi = \begin{bmatrix} 0 & 0 & 0 & 0 \\ 0 & \gamma_k^{-1} C^{\mathrm{T}} C & -\gamma_k^{-1} C^{\mathrm{T}} DK & 0 \\ 0 & -\gamma_k^{-1} K^{\mathrm{T}} D^{\mathrm{T}} C & \gamma_k^{-1} K^{\mathrm{T}} D^{\mathrm{T}} DK & 0 \\ 0 & 0 & 0 & -\gamma_k I \end{bmatrix}$$

因此，$\gamma_k^{-1} z_k^{\mathrm{T}} z_k - \gamma_k \omega_k^{\mathrm{T}} \omega_k + \Delta V_k \leqslant \tilde{\xi}_k^{\mathrm{T}} \Omega \tilde{\xi}_k$，其中，$\Omega = \Lambda + \Xi$。

下面证明 $\gamma_k^{-1}z_k^{\mathrm{T}}z_k-\gamma_k\omega_k^{\mathrm{T}}\omega_k+\Delta V_k<0$，即 $\varOmega<0$。由矩阵 Schur 补可知，$\varOmega<0$ 等价于

$$\begin{bmatrix}\varLambda_{11} & \varLambda_{12} & \varLambda_{13} & \varLambda_{14} & 0\\ * & \varLambda_{22} & \varLambda_{23} & \varLambda_{24} & C^{\mathrm{T}}\\ * & * & \varLambda_{33} & \varLambda_{34} & -K^{\mathrm{T}}D^{\mathrm{T}}\\ * & * & * & -\gamma_k I & 0\\ * & * & * & * & -\gamma_k I\end{bmatrix}<0 \tag{4.58}$$

对式 (4.58) 前后分别乘以 $\mathrm{diag}(W^{-1},\ W^{-1},\ W^{-1},\ I,\ I)$ 和 $\mathrm{diag}(W^{-\mathrm{T}},\ W^{-\mathrm{T}},\ W^{-\mathrm{T}},\ I,\ I)$，定义 $W^{-1}=N$, $W^{-1}PW^{-\mathrm{T}}=\widetilde{P}$, $W^{-1}QW^{-\mathrm{T}}=\widetilde{Q}$, $W^{-1}ZW^{-\mathrm{T}}=\widetilde{Z}$, $W^{-1}X_{ij}W^{-\mathrm{T}}=\widetilde{X}_{ij}\ (i=1,2,3,\ i\leqslant j\leqslant 3)$, $W^{-1}Y_iW^{-\mathrm{T}}=\widetilde{Y}_i\ (i=1,2,3)$, $KW^{-\mathrm{T}}=V$，从式 (4.29)~式 (4.31) 可以看出，式 (4.58) 分别等价于

$$\varTheta_1+\widetilde{D}_1\widetilde{F}_{1k}\widetilde{E}_1+\widetilde{E}_1^{\mathrm{T}}\widetilde{F}_{1k}^{\mathrm{T}}\widetilde{D}_1^{\mathrm{T}}<0 \tag{4.59}$$

和

$$\varTheta_2+\widetilde{D}_2\widetilde{F}_{2k}\widetilde{E}_2+\widetilde{E}_2^{\mathrm{T}}\widetilde{F}_{2k}^{\mathrm{T}}\widetilde{D}_2^{\mathrm{T}}<0 \tag{4.60}$$

式 (4.59) 对应于 $\tau_k\in\sigma_{1k}$，式 (4.60) 对应于 $\tau_k\in\sigma_{2k}$，而 $\varTheta_1$、$\varTheta_2$、$\widetilde{D}_1$、$\widetilde{E}_1$、$\widetilde{D}_2$、$\widetilde{E}_2$ 与式 (4.38)~式 (4.42) 中相同，且 $\widetilde{F}_{1k}=\mathrm{diag}(F_{1k},\ F_{1k},\ F_{1k},\ F_{1k},\ F_{1k})$, $\widetilde{F}_{2k}=\mathrm{diag}(F_{2k},\ F_{2k},\ F_{2k},\ F_{2k},\ F_{2k})$。

由 $F_{1k}^{\mathrm{T}}F_{1k}\leqslant\lambda_{1k}^2I$, $F_{2k}^{\mathrm{T}}F_{2k}\leqslant\lambda_{2k}^2I$，可以得到 $\widetilde{F}_{1k}^{\mathrm{T}}\widetilde{F}_{1k}\leqslant\lambda_{1k}^2I$ 和 $\widetilde{F}_{2k}^{\mathrm{T}}\widetilde{F}_{2k}\leqslant\lambda_{2k}^2I$。对任意标量 $\rho_{1k}>0$ 和 $\rho_{2k}>0$，由引理 2.4 和矩阵 Schur 补可知，如果以下不等式可行，则式 (4.59) 和式 (4.60) 也分别是可行的：

$$\begin{bmatrix}\varTheta_1 & \widetilde{E}_1^{\mathrm{T}} & \widetilde{D}_1\\ * & -\lambda_{1k}^{-1}\rho_{1k}I & 0\\ * & * & -\lambda_{1k}^{-1}\rho_{1k}^{-1}I\end{bmatrix}<0 \tag{4.61}$$

$$\begin{bmatrix}\varTheta_2 & \widetilde{E}_2^{\mathrm{T}} & \widetilde{D}_2\\ * & -\lambda_{2k}^{-1}\rho_{2k}I & 0\\ * & * & -\lambda_{2k}^{-1}\rho_{2k}^{-1}I\end{bmatrix}<0 \tag{4.62}$$

对式 (4.61) 前后分别乘以 $\mathrm{diag}(I,\ I,\ \rho_{1k}I)$ 和 $\mathrm{diag}(I,\ I,\ \rho_{1k}I)$，对式 (4.62) 前后分别乘以 $\mathrm{diag}(I,\ I,\ \rho_{2k}I)$ 和 $\mathrm{diag}(I,\ I,\ \rho_{2k}I)$，则式 (4.61) 和式 (4.62) 分别等价于式 (4.35) 和式 (4.36)。

另外，为保证式 (4.55) 成立，式 (4.54) 应该成立。对式 (4.54) 前后分别乘以 $\mathrm{diag}(W^{-1}, W^{-1}, W^{-1}, W^{-1})$ 和 $\mathrm{diag}(W^{-\mathrm{T}}, W^{-\mathrm{T}}, W^{-\mathrm{T}}, W^{-\mathrm{T}})$，则式 (4.54) 等价于

式 (4.37)。因此，如果式 (4.35)∼ 式 (4.37) 可行，则有 $\gamma_k^{-1}z_k^{\mathrm{T}}z_k-\gamma_k\omega_k^{\mathrm{T}}\omega_k+\Delta V_k<0$。类似于定理 3.1，可以证明，如果 $\gamma_k^{-1}z_k^{\mathrm{T}}z_k-\gamma_k\omega_k^{\mathrm{T}}\omega_k+\Delta V_k<0$，则 $||z||_2^2<\gamma_k^2||\omega||_2^2$。

如果扰动输入 $\omega_k=0$，则式 (4.35)∼式 (4.37) 可以保证系统 (4.34) 的渐近稳定性；如果扰动输入 $\omega_k\neq 0$，则可以得到 $||z||_2^2<\gamma_k^2||\omega||_2^2$。因此，如果式 (4.35)∼式 (4.37) 满足，则系统 (4.34) 渐近稳定且相应的 H_∞ 范数界为 γ_k，控制器增益 $K=VN^{-\mathrm{T}}$。证毕。

注 4.4　正如定理 4.4 所示，因为难以同时优化所有的 γ_k，所以可以采用注 3.4 中的多目标优化算法来得到 γ_k 的最优值。

由于常数采样周期是主动时变采样周期的一种特殊情况，所以本节所提出的时延切换与参数不确定性相结合的方法也可以用于常数采样周期网络控制系统中。

如果采样周期 $h_k=h$，则系统 (4.23) 的离散时间表达式为

$$\begin{cases}x_{k+1}=\varPhi x_k+\mathrm{pr}(\varGamma_{0k}(\tau_k)u_k+\varGamma_{1k}(\tau_k)u_{k-L_k})+(1-\mathrm{pr})\varGamma_3u_{k-L_k}+\varGamma_2\omega_k\\ z_k=Cx_k+Du_{k-L_k}\end{cases}\tag{4.63}$$

式中，$\varPhi=\mathrm{e}^{Ah}$；$\varGamma_{0k}(\tau_k)=\int_0^{h-\tau_k}\mathrm{e}^{As}\mathrm{d}sB_1$；$\varGamma_{1k}(\tau_k)=\int_{h-\tau_k}^{h}\mathrm{e}^{As}\mathrm{d}sB_1$；$\varGamma_2=\int_0^{h}\mathrm{e}^{As}\mathrm{d}sB_2$；$\varGamma_3=\int_0^{d_2}\mathrm{e}^{As}\mathrm{d}sB_1$；pr 的定义见式 (4.26)。

定义 $\varepsilon_0=h-(d_2-d_1)/l$, $\varepsilon_2=h-(d_2-d_1)/(2l)$, $\varepsilon_1=(\varepsilon_0+\varepsilon_2)/2$, $\varepsilon_3=(\varepsilon_2+h)/2$, $\sigma_1=(h-(d_2-d_1)/l,\ h-(d_2-d_1)/(2l)]$, $\sigma_2=(h-(d_2-d_1)/(2l),\ h]$。

如果 $\tau_k\in\sigma_1$，则可以得到

$$\begin{aligned}\varGamma_{0k}(\tau_k)&=H_1+D_1F_1E_1\\ \varGamma_{1k}(\tau_k)&=H_2+D_2F_1E_2\end{aligned}\tag{4.64}$$

式中，$H_1=\int_0^{h-\varepsilon_1}\mathrm{e}^{As}\mathrm{d}sB_1$；$H_2=\int_{h-\varepsilon_1}^{h}\mathrm{e}^{As}\mathrm{d}sB_1$；$D_1=D_2=I$；$E_1=B_1$；$E_2=-B_1$；$F_1=\int_{h-\varepsilon_1}^{h-\tau_k}\mathrm{e}^{As}\mathrm{d}s$。

如果 $\tau_k\in\sigma_2$，则可以得到

$$\begin{aligned}\varGamma_{0k}(\tau_k)&=H_3+D_3F_2E_3\\ \varGamma_{1k}(\tau_k)&=H_4+D_4F_2E_4\end{aligned}\tag{4.65}$$

式中，$H_3=\int_0^{h-\varepsilon_3}\mathrm{e}^{As}\mathrm{d}sB_1$；$H_4=\int_{h-\varepsilon_3}^{h}\mathrm{e}^{As}\mathrm{d}sB_1$；$D_3=D_4=I$；$E_3=B_1$；$E_4=-B_1$；$F_2=\int_{h-\varepsilon_3}^{h-\tau_k}\mathrm{e}^{As}\mathrm{d}s$。

设 $F_1^{\mathrm{T}}F_1 \leqslant \lambda_1^2 I$, $F_2^{\mathrm{T}}F_2 \leqslant \lambda_2^2 I$，则

$$\lambda_1 = \frac{\mathrm{e}^{\sigma_{\max}(A)\times(h-\varepsilon_0)} - \mathrm{e}^{\sigma_{\max}(A)\times(h-\varepsilon_1)}}{\sigma_{\max}(A)} \tag{4.66}$$

$$\lambda_2 = \frac{\mathrm{e}^{\sigma_{\max}(A)\times(h-\varepsilon_2)} - \mathrm{e}^{\sigma_{\max}(A)\times(h-\varepsilon_3)}}{\sigma_{\max}(A)} \tag{4.67}$$

如上所示，τ_k 在 σ_1 和 σ_2 间切换，而且当 $\tau_k \in \sigma_1$ 或 $\tau_k \in \sigma_2$ 时，系统 (4.63) 是一个参数不确定性系统，则系统 (4.23) 的 H_∞ 性能优化和控制器设计问题可以转化为既具有切换又具有参数不确定性的系统 (4.63) 的相应问题。

类似于定理 4.4，可以得到推论 4.1。

推论 4.1　对给定的标量 θ_1、θ_2、θ_3、$L_{\max}>0$、$L_{\min}>0$、$\lambda_1>0$、$\lambda_2>0$，如果存在对称正定矩阵 $\widetilde{P}$、$\widetilde{Q}$、$\widetilde{Z}$，矩阵 $\widetilde{X}_{11}$、$\widetilde{X}_{12}$、$\widetilde{X}_{13}$、$\widetilde{X}_{22}$、$\widetilde{X}_{23}$、$\widetilde{X}_{33}$、$\widetilde{Y}_1$、$\widetilde{Y}_2$、$\widetilde{Y}_3$、V、N，标量 $\gamma>0$、$\rho_1>0$、$\rho_2>0$，使得以下不等式成立：

$$\begin{bmatrix} \Theta_1 & \widetilde{E}_1^{\mathrm{T}} & \rho_1\widetilde{D}_1 \\ * & -\lambda_1^{-1}\rho_1 I & 0 \\ * & * & -\lambda_1^{-1}\rho_1 I \end{bmatrix} < 0 \tag{4.68}$$

$$\begin{bmatrix} \Theta_2 & \widetilde{E}_2^{\mathrm{T}} & \rho_2\widetilde{D}_2 \\ * & -\lambda_2^{-1}\rho_2 I & 0 \\ * & * & -\lambda_2^{-1}\rho_2 I \end{bmatrix} < 0 \tag{4.69}$$

$$\begin{bmatrix} \widetilde{X}_{11} & \widetilde{X}_{12} & \widetilde{X}_{13} & \widetilde{Y}_1 \\ * & \widetilde{X}_{22} & \widetilde{X}_{23} & \widetilde{Y}_2 \\ * & * & \widetilde{X}_{33} & \widetilde{Y}_3 \\ * & * & * & \widetilde{Z} \end{bmatrix} \geqslant 0 \tag{4.70}$$

式中，

$$\Theta_1 = \begin{bmatrix} \Omega_{11}^1 & \Omega_{12}^1 & \Omega_{13}^1 & -\theta_1\Gamma_2 & 0 \\ * & \Omega_{22}^1 & \Omega_{23}^1 & -\theta_2\Gamma_2 & NC^{\mathrm{T}} \\ * & * & \Omega_{33}^1 & -\theta_3\Gamma_2 & -V^{\mathrm{T}}D^{\mathrm{T}} \\ * & * & * & -\gamma I & 0 \\ * & * & * & * & -\gamma I \end{bmatrix}$$

$$\Theta_2 = \begin{bmatrix} \Omega_{11}^2 & \Omega_{12}^2 & \Omega_{13}^2 & -\theta_1\Gamma_2 & 0 \\ * & \Omega_{22}^2 & \Omega_{23}^2 & -\theta_2\Gamma_2 & NC^{\mathrm{T}} \\ * & * & \Omega_{33}^2 & -\theta_3\Gamma_2 & -V^{\mathrm{T}}D^{\mathrm{T}} \\ * & * & * & -\gamma I & 0 \\ * & * & * & * & -\gamma I \end{bmatrix}$$

$\widetilde{D}_1$、$\widetilde{E}_1$、$\widetilde{D}_2$ 和 $\widetilde{E}_2$ 同定理 4.4，这里，

$$\begin{aligned}
\Omega_{11}^1 &= \widetilde{P} + L_{\max}\widetilde{Z} + L_{\max}\widetilde{X}_{11} + \theta_1 N + \theta_1 N^{\mathrm{T}} \\
\Omega_{12}^1 &= -L_{\max}\widetilde{Z} + L_{\max}\widetilde{X}_{12} + \widetilde{Y}_1 + \theta_2 N - \theta_1 \varPhi N^{\mathrm{T}} + \theta_1 \mathrm{pr} H_1 V \\
\Omega_{13}^1 &= L_{\max}\widetilde{X}_{13} - \widetilde{Y}_1 + \theta_1 \mathrm{pr} H_2 V + \theta_1(1-\mathrm{pr})\varGamma_3 V + \theta_3 N \\
\Omega_{22}^1 &= -\widetilde{P} + (L_{\max} - L_{\min} + 1)\widetilde{Q} + L_{\max}\widetilde{Z} + L_{\max}\widetilde{X}_{22} + \widetilde{Y}_2 \\
&\quad + \widetilde{Y}_2^{\mathrm{T}} - \theta_2 \varPhi N^{\mathrm{T}} - \theta_2 N \varPhi^{\mathrm{T}} + \theta_2 \mathrm{pr} H_1 V + \theta_2 \mathrm{pr} V^{\mathrm{T}} H_1^{\mathrm{T}} \\
\Omega_{23}^1 &= L_{\max}\widetilde{X}_{23} - \widetilde{Y}_2 + \theta_2 \mathrm{pr} H_2 V + \theta_2(1-\mathrm{pr})\varGamma_3 V \\
&\quad - \theta_3 N \varPhi^{\mathrm{T}} + \theta_3 \mathrm{pr} V^{\mathrm{T}} H_1^{\mathrm{T}} + \widetilde{Y}_3^{\mathrm{T}} \\
\Omega_{33}^1 &= -\widetilde{Q} + L_{\max}\widetilde{X}_{33} - \widetilde{Y}_3 - \widetilde{Y}_3^{\mathrm{T}} + \theta_3(1-\mathrm{pr})\varGamma_3 V \\
&\quad + \theta_3(1-\mathrm{pr}) V^{\mathrm{T}} \varGamma_3^{\mathrm{T}} + \theta_3 \mathrm{pr} H_2 V + \theta_3 \mathrm{pr} V^{\mathrm{T}} H_2^{\mathrm{T}} \\
\Omega_{11}^2 &= \widetilde{P} + L_{\max}\widetilde{Z} + L_{\max}\widetilde{X}_{11} + \theta_1 N + \theta_1 N^{\mathrm{T}} \\
\Omega_{12}^2 &= -L_{\max}\widetilde{Z} + L_{\max}\widetilde{X}_{12} + \widetilde{Y}_1 + \theta_2 N - \theta_1 \varPhi N^{\mathrm{T}} + \theta_1 \mathrm{pr} H_3 V \\
\Omega_{13}^2 &= L_{\max}\widetilde{X}_{13} - \widetilde{Y}_1 + \theta_1 \mathrm{pr} H_4 V + \theta_1(1-\mathrm{pr})\varGamma_3 V + \theta_3 N \\
\Omega_{22}^2 &= -\widetilde{P} + (L_{\max} - L_{\min} + 1)\widetilde{Q} + L_{\max}\widetilde{Z} + L_{\max}\widetilde{X}_{22} + \widetilde{Y}_2 \\
&\quad + \widetilde{Y}_2^{\mathrm{T}} - \theta_2 \varPhi N^{\mathrm{T}} - \theta_2 N \varPhi^{\mathrm{T}} + \theta_2 \mathrm{pr} H_3 V + \theta_2 \mathrm{pr} V^{\mathrm{T}} H_3^{\mathrm{T}} \\
\Omega_{23}^2 &= L_{\max}\widetilde{X}_{23} - \widetilde{Y}_2 + \theta_2 \mathrm{pr} H_4 V + \theta_2(1-\mathrm{pr})\varGamma_3 V \\
&\quad - \theta_3 N \varPhi^{\mathrm{T}} + \theta_3 \mathrm{pr} V^{\mathrm{T}} H_3^{\mathrm{T}} + \widetilde{Y}_3^{\mathrm{T}} \\
\Omega_{33}^2 &= -\widetilde{Q} + L_{\max}\widetilde{X}_{33} - \widetilde{Y}_3 - \widetilde{Y}_3^{\mathrm{T}} + \theta_3(1-\mathrm{pr})\varGamma_3 V \\
&\quad + \theta_3(1-\mathrm{pr}) V^{\mathrm{T}} \varGamma_3^{\mathrm{T}} + \theta_3 \mathrm{pr} H_4 V + \theta_3 \mathrm{pr} V^{\mathrm{T}} H_4^{\mathrm{T}}
\end{aligned}$$

pr 的定义见式 (4.26)，则在控制律 $u_k = -Kx_k, K = VN^{-\mathrm{T}}$ 的作用下，系统 (4.63) 渐近稳定且相应的 H_∞ 范数界为 γ。

需要说明的是，也可以利用基于参数不确定性的方法 [9,10] 来优化常数采样周期系统 (4.63) 的 H_∞ 性能。

考虑到 $\tau_k \in (h-(d_2-d_1)/l,\ h]$，定义 $\varepsilon_0 = h-(d_2-d_1)/l, \varepsilon_2 = h-(d_2-d_1)/(2l)$，利用基于参数不确定性的方法，可得到

$$\begin{aligned}
\varGamma_{0k}(\tau_k) &= H_5 + D_5 F E_5 \\
\varGamma_{1k}(\tau_k) &= H_6 + D_6 F E_6
\end{aligned} \tag{4.71}$$

式中，$H_5 = \int_0^{h-\varepsilon_2} \mathrm{e}^{As}\mathrm{d}s B_1$；$D_5 = I$；$F = \int_{h-\varepsilon_2}^{h-\tau_k} \mathrm{e}^{As}\mathrm{d}s$；$E_5 = B_1$；$H_6 = \int_{h-\varepsilon_2}^{h} \mathrm{e}^{As}\mathrm{d}s B_1$；$D_6 = I$；$E_6 = -B_1$。

设 $F^{\mathrm{T}}F \leqslant \lambda^2 I$，其中 λ 是正标量，则

$$\lambda = \frac{\mathrm{e}^{\sigma_{\max}(A)\times(h-\varepsilon_0)} - \mathrm{e}^{\sigma_{\max}(A)\times(h-\varepsilon_2)}}{\sigma_{\max}(A)} \tag{4.72}$$

如果 $\Gamma_{0k}(\tau_k)$ 和 $\Gamma_{1k}(\tau_k)$ 采用式 (4.71) 中的表达方式，那么系统 (4.63) 可以建模为一个具有参数不确定性的系统。利用基于参数不确定性的方法和定理 4.4 中的方法，可以得到推论 4.2。

推论 4.2　对给定的标量 θ_1、θ_2、θ_3、$L_{\max}>0$、$L_{\min}>0$、$\lambda>0$，如果存在对称正定矩阵 $\widetilde{P}$、$\widetilde{Q}$、$\widetilde{Z}$，矩阵 $\widetilde{X}_{11}$、$\widetilde{X}_{12}$、$\widetilde{X}_{13}$、$\widetilde{X}_{22}$、$\widetilde{X}_{23}$、$\widetilde{X}_{33}$、$\widetilde{Y}_1$、$\widetilde{Y}_2$、$\widetilde{Y}_3$、V、N，标量 $\gamma>0$、$\rho>0$，使得以下不等式成立：

$$\begin{bmatrix} \Theta & \widetilde{E}^{\mathrm{T}} & \rho\widetilde{D} \\ * & -\lambda^{-1}\rho I & 0 \\ * & * & -\lambda^{-1}\rho I \end{bmatrix} < 0 \tag{4.73}$$

$$\begin{bmatrix} \widetilde{X}_{11} & \widetilde{X}_{12} & \widetilde{X}_{13} & \widetilde{Y}_1 \\ * & \widetilde{X}_{22} & \widetilde{X}_{23} & \widetilde{Y}_2 \\ * & * & \widetilde{X}_{33} & \widetilde{Y}_3 \\ * & * & * & \widetilde{Z} \end{bmatrix} \geqslant 0 \tag{4.74}$$

式中，

$$\Theta = \begin{bmatrix} \Omega_{11} & \Omega_{12} & \Omega_{13} & -\theta_1\Gamma_2 & 0 \\ * & \Omega_{22} & \Omega_{23} & -\theta_2\Gamma_2 & NC^{\mathrm{T}} \\ * & * & \Omega_{33} & -\theta_3\Gamma_2 & -V^{\mathrm{T}}D^{\mathrm{T}} \\ * & * & * & -\gamma I & 0 \\ * & * & * & * & -\gamma I \end{bmatrix}$$

$$\widetilde{D} = \begin{bmatrix} 0 & \theta_1\mathrm{pr}D_5 & \theta_1\mathrm{pr}D_6 & 0 & 0 \\ 0 & \theta_2\mathrm{pr}D_5 & \theta_2\mathrm{pr}D_6 & 0 & 0 \\ 0 & \theta_3\mathrm{pr}D_5 & \theta_3\mathrm{pr}D_6 & 0 & 0 \\ 0 & 0 & 0 & 0 & 0 \\ 0 & 0 & 0 & 0 & 0 \end{bmatrix}$$

$$\widetilde{E} = \mathrm{diag}(0,\ E_5V,\ E_6V,\ 0,\ 0)$$

这里，

$$\Omega_{11} = \widetilde{P} + L_{\max}\widetilde{Z} + L_{\max}\widetilde{X}_{11} + \theta_1 N + \theta_1 N^{\mathrm{T}}$$

$$\Omega_{12} = -L_{\max}\widetilde{Z} + L_{\max}\widetilde{X}_{12} + \widetilde{Y}_1 + \theta_2 N - \theta_1\Phi N^{\mathrm{T}} + \theta_1\mathrm{pr}H_5V$$

$$
\begin{aligned}
\Omega_{13} =& L_{\max}\widetilde{X}_{13} - \widetilde{Y}_1 + \theta_1 \mathrm{pr} H_6 V + \theta_1(1-\mathrm{pr})\Gamma_3 V + \theta_3 N \\
\Omega_{22} =& -\widetilde{P} + (L_{\max} - L_{\min} + 1)\widetilde{Q} + L_{\max}\widetilde{Z} + L_{\max}\widetilde{X}_{22} + \widetilde{Y}_2 \\
& + \widetilde{Y}_2^{\mathrm{T}} - \theta_2 \Phi N^{\mathrm{T}} - \theta_2 N \Phi^{\mathrm{T}} + \theta_2 \mathrm{pr} H_5 V + \theta_2 \mathrm{pr} V^{\mathrm{T}} H_5^{\mathrm{T}} \\
\Omega_{23} =& L_{\max}\widetilde{X}_{23} - \widetilde{Y}_2 + \theta_2 \mathrm{pr} H_6 V + \theta_2(1-\mathrm{pr})\Gamma_3 V \\
& - \theta_3 N \Phi^{\mathrm{T}} + \theta_3 \mathrm{pr} V^{\mathrm{T}} H_5^{\mathrm{T}} + \widetilde{Y}_3^{\mathrm{T}} \\
\Omega_{33} =& -\widetilde{Q} + L_{\max}\widetilde{X}_{33} - \widetilde{Y}_3 - \widetilde{Y}_3^{\mathrm{T}} + \theta_3(1-\mathrm{pr})\Gamma_3 V \\
& + \theta_3(1-\mathrm{pr}) V^{\mathrm{T}} \Gamma_3^{\mathrm{T}} + \theta_3 \mathrm{pr} H_6 V + \theta_3 \mathrm{pr} V^{\mathrm{T}} H_6^{\mathrm{T}}
\end{aligned}
$$

则在控制律 $u_k = -Kx_k, K = VN^{-\mathrm{T}}$ 的作用下，系统 (4.63) 渐近稳定且相应的 H_∞ 范数界为 γ。

注 4.5 推论 4.1 和推论 4.2 分别用本节所提出的时延切换与参数不确定性相结合的方法及现有的基于参数不确定性的方法讨论了系统 (4.63) 的 H_∞ 控制器设计问题，本节提出的方法比基于参数不确定性的方法具有更小的保守性，仿真例子也验证了这一点。

4.3.3 数值算例

下面通过两个数值算例说明本节所提出的改进的主动变采样周期方法和时延切换与参数不确定性相结合的方法的优越性。

算例 4.2 验证改进的主动变采样周期方法的优点。考虑如下开环不稳定系统：

$$
\begin{cases}
\dot{x}(t) = \begin{bmatrix} -0.36 & -1.12 \\ -0.40 & -1.11 \end{bmatrix} x(t) + \begin{bmatrix} 0.41 \\ -1.22 \end{bmatrix} u(t) + \begin{bmatrix} 1.31 \\ 0.62 \end{bmatrix} \omega(t) \\
z(t) = \begin{bmatrix} -0.31 & -0.02 \end{bmatrix} x(t) - 0.68u(t)
\end{cases}
\tag{4.75}
$$

设 $d_1 = 0.1\mathrm{s}$, $d_2 = 0.4\mathrm{s}$，分解 $[d_1,\ d_2]$ 为三个等长的小区间，即 $l = 3$，设 $\tilde{k} > t_k + d_1$ 对每个采样时刻 t_k 都成立，则采样周期 h_k 将在 $h_1 = 0.2\mathrm{s}$、$h_2 = 0.3\mathrm{s}$、$h_3 = 0.4\mathrm{s}$ 间切换。设 $\theta_1 = 100$, $\theta_2 = 1$, $\theta_3 = 1$, $L_{\max} = 3$, $L_{\min} = 1$, $\tau_k \in (h_k - (d_2 - d_1)/l,\ h_k]$。如果利用时延切换与参数不确定性相结合的方法，则有 $\sigma_{1k} = (h_k - (d_2 - d_1)/l,\ h_k - (d_2 - d_1)/(2l)]$, $\sigma_{2k} = (h_k - (d_2 - d_1)/(2l),\ h_k]$。

设对应于采样周期 h_1、h_2、h_3 的 H_∞ 范数界分别为 γ_1、γ_2、γ_3。表 4.3 列出了对于不同的加权系数 α_1、α_2、α_3 (情况 1 对应于 $\alpha_1 = 2, \alpha_2 = 0.8, \alpha_3 = 0.6$；情况 2 对应于 $\alpha_1 = 1.8, \alpha_2 = 0.8, \alpha_3 = 0.8$；情况 3 对应于 $\alpha_1 = 1.8, \alpha_2 = 0.8, \alpha_3 = 1$) 所得到的 H_∞ 范数界。

表 4.3　H_∞ 范数界 (变采样周期)

情况	γ_1	γ_2	γ_3
情况 1	1.6970	1.8627	2.9708
情况 2	1.7607	1.8198	2.8462
情况 3	1.7973	1.8038	2.7867

如果采样周期为常数，则可以取 h_3 为采样周期的长度，以便在网络负载最大时可有效地避免网络拥塞。假设由推论 4.1 所得到的 H_∞ 范数界为 γ，可以得到 $\gamma = 2.1267$。

由表 4.3 可以得到，$\gamma_3 > \gamma$, $\gamma_1 < \gamma_2 < \gamma$，而在大多数情况下网络负载达不到最大，也就是说大多数情况下系统选取较小的采样周期。因此，与常数采样周期相比，本节所提出的主动变采样周期方法可以保证系统在大多数情况下有更好的 H_∞ 性能。另外，加权系数 α_i $(i = 1, 2, 3)$ 不同会导致 γ_i 也不同，因此可以通过调节 α_i 的值得到适当的 H_∞ 范数界。

设系统的初始状态为 $x_0 = [1\ \ -1]^{\mathrm{T}}$，基于对象状态 x_0, x_2, x_4, $\cdots$ 得到的控制输入成功地传到了执行器，而基于对象状态 x_1, x_3, x_5, $\cdots$ 所得到的控制输入丢失，$\tau_k = h_k - (d_2 - d_1)/(2l)$。如果系统采用常数采样周期 h_3，则可以得到控制器增益 $K = [0.1353\ \ -0.1233]$，在时间段 [16.4s, 24.4s)，扰动输入 $2\sin j$ $(j = 1, 2, \cdots, 20)$ 加入到系统中。图 4.3(a) 给出了系统 (4.75) 的状态响应和受控输出曲线。

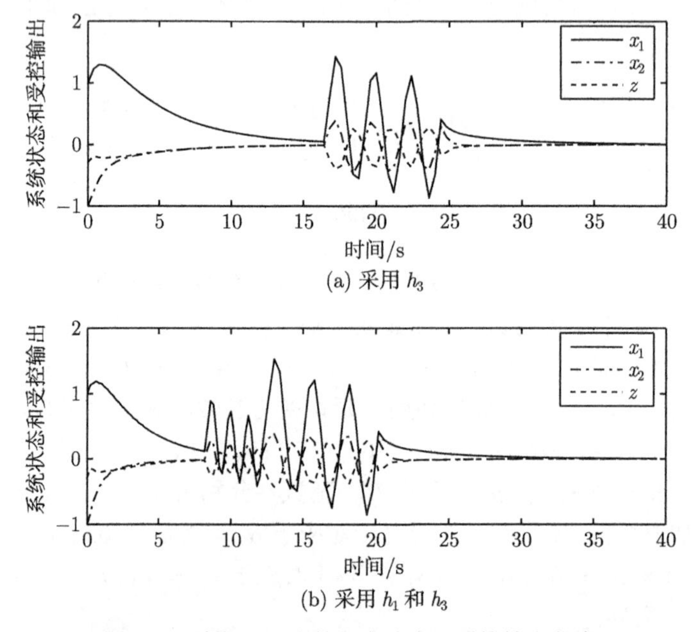

(a) 采用 h_3

(b) 采用 h_1 和 h_3

图 4.3　系统 (4.75) 的状态响应和受控输出曲线

如果存在采样周期的切换，则相对于加权系数 $\alpha_1 = 1.8$、$\alpha_2 = 0.8$、$\alpha_3 = 1$ 得到的控制器增益为 $K = [0.1385 \quad -0.1301]$。假设在时间段 [0s, 12.2s) 和 [12.2s, 39.4s)，采样周期分别为 0.2s 和 0.4s。在时间段 [8.2s, 12.2s)，扰动输入 $2\sin j$ $(j = 1, 2, \cdots, 20)$ 加入到系统中，而在时间段 [12.2s, 20.2s)，另一组扰动输入 $2\sin j$ $(j = 1, 2, \cdots, 20)$ 加入到系统中。图 4.3(b) 给出了系统 (4.75) 的状态响应和受控输出曲线。

从图 4.3 可以看出，如果 $\omega(t) \neq 0$ 且存在采样周期的切换，则与常数采样周期 h_3 相比，短的采样周期可以保证系统有更好的 H_∞ 性能，这也说明了所提出的主动变采样周期方法的优点。

算例 4.3　验证时延切换与参数不确定性相结合方法的优点。考虑一个卫星系统 [30,31]，该系统的相关图形见文献 [31]。系统的动态方程如下：

$$\begin{cases} J_1\ddot{\theta}_1(t) + f(\dot{\theta}_1(t) - \dot{\theta}_2(t)) + k(\theta_1(t) - \theta_2(t)) = u(t) \\ J_2\ddot{\theta}_2(t) + f(\dot{\theta}_2(t) - \dot{\theta}_1(t)) + k(\theta_2(t) - \theta_1(t)) = \omega(t) \end{cases} \tag{4.76}$$

如果受控输出为角度位置 $\theta_2(t)$，方程 (4.76) 的状态空间表达式如下：

$$\begin{cases} \begin{bmatrix} 1 & 0 & 0 & 0 \\ 0 & 1 & 0 & 0 \\ 0 & 0 & J_1 & 0 \\ 0 & 0 & 0 & J_2 \end{bmatrix} \begin{bmatrix} \dot{\theta}_1(t) \\ \dot{\theta}_2(t) \\ \ddot{\theta}_1(t) \\ \ddot{\theta}_2(t) \end{bmatrix} = \begin{bmatrix} 0 & 0 & 1 & 0 \\ 0 & 0 & 0 & 1 \\ -k & k & -f & f \\ k & -k & f & -f \end{bmatrix} \begin{bmatrix} \theta_1(t) \\ \theta_2(t) \\ \dot{\theta}_1(t) \\ \dot{\theta}_2(t) \end{bmatrix} + \begin{bmatrix} 0 \\ 0 \\ 1 \\ 0 \end{bmatrix} u(t) + \begin{bmatrix} 0 \\ 0 \\ 0 \\ 1 \end{bmatrix} \omega(t) \\ z(t) = \begin{bmatrix} 0 & 1 & 0 & 0 \end{bmatrix} \begin{bmatrix} \theta_1(t) \\ \theta_2(t) \\ \dot{\theta}_1(t) \\ \dot{\theta}_2(t) \end{bmatrix} \end{cases} \tag{4.77}$$

k 和 f 在以下范围内变化 (见文献 [31])：

$$\begin{aligned} & 0.09 \leqslant k \leqslant 0.4 \\ & 0.04\sqrt{\frac{k}{10}} \leqslant f \leqslant 0.2\sqrt{\frac{k}{10}} \end{aligned} \tag{4.78}$$

取 $J_1 = J_2 = 1$, $k = 0.3$, $f = 0.02$，则系统 (4.23) 中的相应矩阵如下：

$$A = \begin{bmatrix} 0 & 0 & 1 & 0 \\ 0 & 0 & 0 & 1 \\ -0.3 & 0.3 & -0.02 & 0.02 \\ 0.3 & -0.3 & 0.02 & -0.02 \end{bmatrix}$$

$$B_1 = \begin{bmatrix} 0 \\ 0 \\ 1 \\ 0 \end{bmatrix}, \quad B_2 = \begin{bmatrix} 0 \\ 0 \\ 0 \\ 1 \end{bmatrix}$$

$$C = \begin{bmatrix} 0 & 1 & 0 & 0 \end{bmatrix}, \quad D = 0 \tag{4.79}$$

可以取 $d_1 = 0.01\text{s}$, $d_2 = 0.04\text{s}$，且把 $[d_1,\ d_2]$ 分成三个等长小区间，即 $l = 3$。令 $\theta_1 = 100$, $\theta_2 = 1$, $\theta_3 = 1$, $L_{\max} = 3$, $L_{\min} = 1$, $\tau_k \in (h - (d_2 - d_1)/l,\ h]$，通过求解推论 4.1 和推论 4.2 中的线性矩阵不等式，可以得到对应于不同常数采样周期的 H_∞ 范数界 (表 4.4)。从表 4.4 可以看出，本节提出的时延切换与参数不确定性相结合的方法比基于参数不确定性的方法有更小的保守性。

表 4.4 H_∞ 范数界 (常数采样周期)

方法	$h = 0.05\text{s}$	$h = 0.08\text{s}$	$h = 0.12\text{s}$	$h = 0.16\text{s}$
推论 4.1	5.5232	6.8519	9.2171	12.1424
推论 4.2	7.0390	7.9003	10.1225	13.0335

4.4 本章小结

本章提出了基于时延切换的方法以及时延切换与参数不确定性相结合的方法来处理网络诱导时延，并改进了第 3 章提出的主动变采样周期方法。理论推导证明了基于时延切换的方法比基于参数不确定性的方法具有更小的保守性；而时延切换与参数不确定性相结合的方法的计算量比时延切换方法要少，保守性比基于参数不确定性的方法要小。数值算例也说明了本章所提出的基于时延切换的方法以及时延切换与参数不确定性相结合的方法的优越性。

参 考 文 献

[1] Du Z P, Yue D, Hu S L. *H*-infinity stabilization for singular networked cascade control systems with state delay and disturbance[J]. IEEE Transactions on Industrial Informatics, 2014, 10(2): 882-894.

[2] Zhang X M, Han Q L. Network-based H_∞ filtering for discrete-time systems[J]. IEEE Transactions on Signal Processing, 2012, 60(2): 956-961.

[3] Zhang B L, Han Q L, Zhang X M, et al. Sliding mode control with mixed current and delayed states for offshore steel jacket platforms[J]. IEEE Transactions on Control Systems Technology, 2014, 22(5): 1769-1783.

[4] Zhang B L, Han Q L. Network-based modelling and active control for offshore steel jacket platform with TMD mechanisms[J]. Journal of Sound and Vibration, 2014, 333(25): 6796-6814.

[5] Kim D S, Lee Y S, Kwon W H, et al. Maximum allowable delay bounds of networked control systems[J]. Control Engineering Practice, 2003, 11(11): 1301-1313.

[6] Walsh G C, Ye H, Bushnell L G. Stability analysis of networked control systems[J]. IEEE Transactions on Control Systems Technology, 2002, 10(3): 438-446.

[7] Carnevale D, Teel A R, Nešić D. A Lyapunov proof of an improved maximum allowable transfer interval for networked control systems[J]. IEEE Transactions on Automatic Control, 2007, 52(5): 892-897.

[8] Zhang L Q, Shi Y, Chen T W, et al. A new method for stabilization of networked control systems with random delays[J]. IEEE Transactions on Automatic Control, 2005, 50(8): 1177-1181.

[9] Xie G M, Wang L. Stabilization of networked control systems with time-varying network-induced delay[C]. Proceedings of the 43rd IEEE Conference on Decision and Control, Nassau, 2004: 3551-3556.

[10] Pan Y J, Marquez H J, Chen T W. Remote stabilization of networked control systems with unknown time varying delays by LMI techniques[C]. Proceedings of the 44th IEEE Conference on Decision and Control, Seville, 2005: 1589-1594.

[11] Gao H J, Chen T W, Lam J. A new delay system approach to network-based control[J]. Automatica, 2008, 44(1): 39-52.

[12] Chen C H, Lin C L, Hwang T S. Stability of networked control systems with time-varying delays[J]. IEEE Communications Letters, 2007, 11(3): 270-272.

[13] Yue D, Han Q L, Lam J. Network-based robust H_∞ control of systems with uncertainty[J]. Automatica, 2005, 41(6): 999-1007.

[14] Yang F W, Wang Z D, Hung Y S, et al. H_∞ control for networked systems with random communication delays[J]. IEEE Transactions on Automatic Control, 2006, 51(3): 511-518.

[15] Jiang X F, Han Q L. Network-induced delay-dependent H_∞ controller design for a class of networked control systems[J]. Asian Journal of Control, 2006, 8(2): 97-106.

[16] Diouri I, Georges J P, Rondeau E. Accommodation of delays for networked control systems using classification of service[C]. Proceedings of the IEEE International Conference on Networking, Sensing and Control, London, 2007: 410-415.

[17] Cloosterman M B G, Hetel L, van de Wouw N, et al. Controller synthesis for networked control systems[J]. Automatica, 2010, 46(10): 1584-1594.

[18] Yu M, Wang L, Chu T G, et al. An LMI approach to networked control systems with data packet dropout and transmission delays[C]. Proceedings of the 43rd IEEE Conference on Decision and Control, Nassau, 2004: 3545-3550.

[19] Yu M, Wang L, Chu T G, et al. Stabilization of networked control systems with data packet dropout and transmission delays: Continuous-time case[J]. European Journal of Control, 2005, 11(1): 40-49.

[20] Yu M, Wang L, Chu T G. Stability analysis of networked systems with packet dropout and transmission delays: Discrete-time case[J]. Asian Journal of Control, 2005, 7(4): 433-439.

[21] Ishii H, Francis B A. Stabilization with control networks[J]. Automatica, 2002, 38(10): 1745-1751.

[22] Xiong J L, Lam J. Stabilization of linear systems over networks with bounded packet loss[J]. Automatica, 2007, 43(1): 80-87.

[23] Rivera M G, Barreiro A. Analysis of networked control systems with drops and variable delays[J]. Automatica, 2007, 43(12): 2054-2059.

[24] Wu J, Chen T W. Design of networked control systems with packet dropouts[J]. IEEE Transactions on Automatic Control, 2007, 52(7): 1314-1319.

[25] Yue D, Han Q L, Peng C. State feedback controller design of networked control systems[J]. IEEE Transactions on Circuits and Systems II: Express Briefs, 2004, 51(11): 640-644.

[26] He Y, Liu G P, Rees D, et al. Improved stabilisation method for networked control systems[J]. IET Control Theory & Applications, 2007, 1(6): 1580-1585.

[27] Wen P, Cao J Y, Li Y. Design of high-performance networked real-time control systems[J]. IET Control Theory & Applications, 2007, 1(5): 1329-1335.

[28] Hu S, Yan W Y. Stability robustness of networked control systems with respect to packet loss[J]. Automatica, 2007, 43(7): 1243-1248.

[29] Ghaoui L E, Oustry F, AitRami M. A cone complementarity linearization algorithm for static output-feedback and related problems[J]. IEEE Transactions on Automatic Control, 1997, 42(8): 1171-1176.

[30] Gao H J, Chen T W. H_∞ model reference control for networked feedback systems[C]. Proceedings of the 45th IEEE Conference on Decision and Control, San Diego, 2006: 5591-5596.

[31] Biernacki R M, Hwang H, Bhattacharyya S P. Robust stability with structured real parameter perturbations[J]. IEEE Transactions on Automatic Control, 1987, 32(6): 495-506.

第 5 章　基于预测及线性估计的丢包补偿

5.1 引　　言

网络诱导时延及数据包丢失会降低系统性能甚至引起系统不稳定，因此合理地补偿网络诱导时延及数据包丢失的负面影响具有十分重要的意义。利用预测控制方法来补偿时延及丢包可以取得较好的效果 [1-9]。Kim 等 [1] 提出了一种 p 步提前状态估计算法来克服时延及丢包的负面影响。Yang 等 [2] 给出了一种基于预测控制的时延补偿方法，但该方法一直用预测控制输入而非实际到达的控制输入，这样可能会导致短时延系统性能的降低。Lian 等 [3] 提出了基于滑模控制和神经网络数据包时序错乱预测器的控制方案。Liu 等 [4] 采用预测控制方法来克服网络时延及丢包对系统的负面影响，并给出了常时延闭环系统稳定的条件。其他关于预测控制的结果，可参见文献 [5]~文献 [9]。

对基于预测控制的补偿方法而言，通常需要定义扩展向量 [2,4]，而扩展向量的定义会使控制器设计的过程变得复杂。另外，由于每次采样时都需要提前若干步预测控制输入并传到执行器，这样会增大每次传输的数据包的字节数，从而增加了网络负载，因此基于预测的控制方法比较适合丢包比较频繁的系统。如果系统的时延较小且丢包率较低，则可以在发生长时延或丢包时利用现有的控制输入去估计那些不能在预定时刻到达的控制输入，从而补偿时延及丢包的负面影响，同时该方法不需要定义扩展向量，且不会引起网络负载的增加，因此具有重要的价值。

本章采用预测控制与基于线性估计的方法来补偿时延及丢包的负面影响，并讨论线性时不变系统的 H_∞ 性能分析和状态反馈控制器设计问题。对基于预测的补偿方法，本章改进了文献 [2] 中的结果，并设计了状态反馈和基于观测器的网络控制系统的 H_∞ 控制器。在为系统选择控制输入时，充分考虑了网络时延的大小：如果某个控制输入的传输时延小于一个给定的阈值，则使用该控制输入；如果时延大于该阈值，则使用预测的控制输入。本章提出一种新的基于线性估计的方法来补偿时延及丢包的负面影响，其主要思想是在发生长时延或丢包时利用现有的控制输入去估计那些不能在预定时刻到达的控制输入，由于该方法不需要定义扩展向量，所以简化了系统的分析与设计。与基于预测控制的补偿方法相比，基于线性估计的补偿方法更适合时延较小且丢包率较低的系统。另外，通过仿真实例验证所提出的两种补偿方法的有效性。

5.2　基于预测控制的时延及丢包补偿

本节介绍基于预测控制的时延及丢包补偿，并用线性矩阵不等式技术设计了状态反馈和基于观测器的网络控制系统的 H_∞ 控制器。

5.2.1　问题描述

网络诱导时延及数据包时序错乱会降低系统的性能，本节采用基于预测控制的方法提前预测那些发生时延、丢包及时序错乱的数据包，从而改善系统性能。在网络控制系统的控制器端加入一个预测器以预测将来的控制输入，在执行器端加入一个缓冲区以存储预测的控制输入，如图 5.1 所示。本节假定执行器既是时钟驱动的，又是事件驱动的。

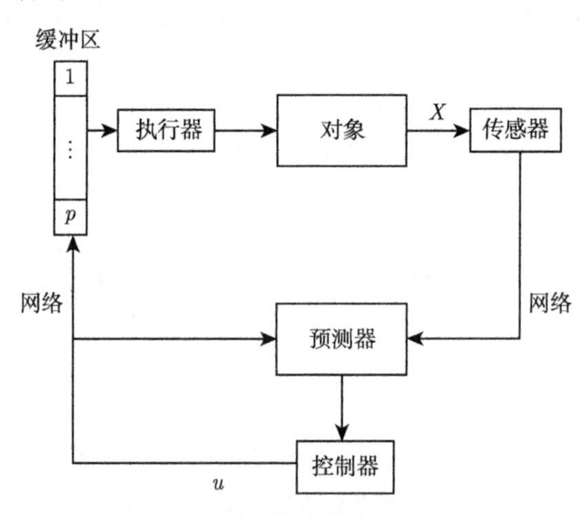

图 5.1　基于预测的网络控制系统

假定传感器的采样周期为 h，最大时延为 mh，数据包时序错乱的最大数目为 n，其中，m、n 为正整数，定义 $m+n$ 为 p。利用控制器端的预测器提前 p 步估计对象状态。基于 $(k-1)h, (k-2)h, \cdots, (k-p)h$ 时刻的对象状态，kh 时刻的对象状态被预测 p 次；同时，基于对象在 kh 时刻的状态，可以预测受控对象在 $(k+1)h$, $(k+2)h, \cdots, (k+p)h$ 时刻的状态。

注 5.1　现有文献中的预测控制方法在选择控制输入时通常不考虑实际时延的大小 [2]，系统采用的控制输入是预测生成的控制输入。实际上，如果某个控制输入的时延很小，则用实际到达的控制输入比用预测的控制输入更好 (由于预测误差的影响)。定义一个时延的阈值 τ_0 (如 $\tau_0=0.1h$)，如果第 k 个控制输入不能在 $kh+\tau_0$ 之前到达执行器，则用预测的控制输入，否则用实际到达的控制输入，这样可以有效减小预测误差的负面影响。

注 5.2 如果数据包到达执行器时发生时序错乱，则系统将使用预测的控制输入。如果在一个采样周期内有一个以上的控制输入包到达执行器，则只有最新的数据包被存储在缓冲区中，其他的数据包丢掉。即使发生时序错乱的数据包被丢掉，预测控制方法仍可以保证在每个采样周期内系统有可用的控制输入，从而改善了具有时序错乱的网络控制系统的性能。

考虑如下线性时不变系统：

$$\begin{cases} \dot{x}(t) = Ax(t) + B_1u(t) + B_2\omega(t) \\ z(t) = C_1x(t) + D_1\omega(t) \\ y(t) = C_2x(t) + D_2\omega(t) \end{cases} \tag{5.1}$$

式中，$x(t)$、$u(t)$、$z(t)$、$y(t)$ 和 $\omega(t)$ 分别是状态向量、控制输入向量、受控输出、量测输出和扰动输入，且 $\omega(t)$ 是分段常数；A、B_1、B_2、C_1、C_2、D_1 和 D_2 是已知的具有适当维数的常数矩阵。

假定 u_k 是基于对象在 kh 时刻的状态而生成的控制输入，如果 u_k 在 $kh+\tau_0$ 之前到达执行器，则系统用 u_k 作为控制输入；否则，系统用预测得到的控制输入。基于对象状态 x_{k-i_k}，可以预测 kh 时刻的对象状态，此处记为 $\hat{x}_{k|k-i_k}$，其中，$1 \leqslant i_k \leqslant p$。类似地，用 $\hat{u}_{k|k-i_k}$ 表示基于 $\hat{x}_{k|k-i_k}$ 而得到的控制输入，有

$$\hat{u}_{k|k-i_k} = -K\sum_{l=1}^{p}\delta(i_k = l)\hat{x}_{k|k-l}$$

式中，当 $i_k = l$ 时，$\delta(i_k = l) = 1$；否则，$\delta(i_k = l) = 0$。

与采样周期的长度 h 相比，τ_0 是很小的，因此可以假设当系统用实际到达的控制输入时，在 $[kh,(k+1)h)$ 这个时间段的控制输入是不变的，可以得到对象与受控输出的离散化状态方程如下：

$$\begin{cases} x_{k+1} = \varPhi x_k + \varGamma_1u_k + \varGamma_2\omega_k \\ z_k = C_1x_k + D_1\omega_k \end{cases} \tag{5.2}$$

式中，$\varPhi = \mathrm{e}^{Ah}$；$\varGamma_1 = \int_0^h \mathrm{e}^{As}\mathrm{d}sB_1$；$\varGamma_2 = \int_0^h \mathrm{e}^{As}\mathrm{d}sB_2$。

用 τ_k 表示控制输入 u_k 的传感器–执行器时延，则

$$u_k = \begin{cases} -Kx_k, & \tau_k \leqslant \tau_0 \\ \hat{u}_{k|k-i_k}, & \tau_k > \tau_0 \end{cases} \tag{5.3}$$

假设基于对象状态 x_k 而生成的控制输入被成功地传到了执行器，则可以进行

p 步提前状态预测:

$$\begin{aligned}
&\hat{x}_{k+1|k} = \Phi x_k + \Gamma_1 u_k \\
&u_k = -K x_k \\
&\hat{x}_{k+1|k-1} = \Phi \hat{x}_{k|k-1} + \Gamma_1 \hat{u}_{k|k-1} \\
&\hat{u}_{k|k-1} = -K \hat{x}_{k|k-1} \\
&\quad\vdots \\
&\hat{x}_{k+1|k-p+1} = \Phi \hat{x}_{k|k-p+1} + \Gamma_1 \hat{u}_{k|k-p+1} \\
&\hat{u}_{k|k-p+1} = -K \hat{x}_{k|k-p+1}
\end{aligned}$$

即

$$\begin{aligned}
&\hat{x}_{k+1|k} = (\Phi - \Gamma_1 K) x_k \\
&\hat{x}_{k+1|k-1} = (\Phi - \Gamma_1 K) \hat{x}_{k|k-1} \\
&\quad\vdots \\
&\hat{x}_{k+1|k-p+1} = (\Phi - \Gamma_1 K) \hat{x}_{k|k-p+1}
\end{aligned} \tag{5.4}$$

定义 $e_{k|k-l}$ 为对象实际状态 x_k 与预测值 $\hat{x}_{k|k-l}$ 之间的误差，定义

$$r(\tau_k > \tau_0) = \begin{cases} 1, & \tau_k > \tau_0 \\ 0, & \tau_k \leqslant \tau_0 \end{cases}$$

有

$$x_{k+1} = (\Phi - \Gamma_1 K) x_k + r(\tau_k > \tau_0) \Gamma_1 K \sum_{l=1}^{p} \delta(i_k = l) e_{k|k-l} + \Gamma_2 \omega_k \tag{5.5}$$

下面将给出系统 (5.5) 的稳定性分析和控制器设计方法。

5.2.2 状态反馈网络控制系统的 H_∞ 控制器设计

结合离散化的对象状态方程和预测误差，可以得到如下的扩展状态向量 ξ_k:

$$\xi_k = \begin{bmatrix} x_k \\ e_{k|k-p} \\ \vdots \\ e_{k|k-1} \end{bmatrix}$$

因此，有

$$\begin{cases} \xi_{k+1} = \widetilde{A}_{i_k} \xi_k + \widetilde{B} \omega_k \\ z_k = \widetilde{C} \xi_k + \widetilde{D} \omega_k \end{cases} \tag{5.6}$$

式中，

$$
\widetilde{A}_{i_k} = \begin{bmatrix} \varPhi - \varGamma_1 K & \tilde{r}\varGamma_1 K\delta_p & \tilde{r}\varGamma_1 K\delta_{p-1} & \cdots & \tilde{r}\varGamma_1 K\delta_1 \\ 0 & \tilde{r}\varGamma_1 K\delta_p & \varPhi - \varGamma_1 K + \tilde{r}\varGamma_1 K\delta_{p-1} & \cdots & \tilde{r}\varGamma_1 K\delta_1 \\ \vdots & \vdots & \vdots & & \vdots \\ 0 & \tilde{r}\varGamma_1 K\delta_p & \tilde{r}\varGamma_1 K\delta_{p-1} & \cdots & \varPhi - \varGamma_1 K + \tilde{r}\varGamma_1 K\delta_1 \\ 0 & \tilde{r}\varGamma_1 K\delta_p & \tilde{r}\varGamma_1 K\delta_{p-1} & \cdots & \tilde{r}\varGamma_1 K\delta_1 \end{bmatrix}
$$

$$
\widetilde{B} = \begin{bmatrix} \varGamma_2 \\ \vdots \\ \varGamma_2 \end{bmatrix}, \quad \widetilde{C} = \begin{bmatrix} C_1 & 0 & \cdots & 0 \end{bmatrix}, \quad \widetilde{D} = D_1
$$

并且 $\tilde{r} = r(\tau_k > \tau_0)$, $\delta_j = \delta(i_k = j)$, $j = 1, 2, \cdots, p$。

定理 5.1　对给定的标量 $\bar{i}$，如果存在对称正定矩阵 R、S，矩阵 V，标量 $\gamma > 0$，使得

$$
\begin{bmatrix} \varPsi_{11} & * & * & * \\ 0 & -\gamma I & * & * \\ \varPsi_{31} & \widetilde{D} & -\gamma I & * \\ \varPsi_{41} & \widetilde{B} & 0 & \varPsi_{44} \end{bmatrix} < 0 \tag{5.7}
$$

式中，

$$
\varPsi_{11} = \begin{bmatrix} (\bar{i}+2)S - R & & \\ & \ddots & \\ & & (\bar{i}+2)S - R \end{bmatrix}
$$

$$
\varPsi_{31} = \begin{bmatrix} C_1 R & 0 & \cdots & 0 \end{bmatrix}
$$

$$
\varPsi_{41} = \begin{bmatrix} \varPhi R - \varGamma_1 V & \tilde{r}\varGamma_1 V\delta_p & \tilde{r}\varGamma_1 V\delta_{p-1} & \cdots & \tilde{r}\varGamma_1 V\delta_1 \\ 0 & \tilde{r}\varGamma_1 V\delta_p & \varPhi R - \varGamma_1 V + \tilde{r}\varGamma_1 V\delta_{p-1} & \cdots & \tilde{r}\varGamma_1 V\delta_1 \\ \vdots & \vdots & \vdots & & \vdots \\ 0 & \tilde{r}\varGamma_1 V\delta_p & \tilde{r}\varGamma_1 V\delta_{p-1} & \cdots & \varPhi R - \varGamma_1 V + \tilde{r}\varGamma_1 V\delta_1 \\ 0 & \tilde{r}\varGamma_1 V\delta_p & \tilde{r}\varGamma_1 V\delta_{p-1} & \cdots & \tilde{r}\varGamma_1 V\delta_1 \end{bmatrix}
$$

$$
\varPsi_{44} = \begin{bmatrix} -R & & \\ & \ddots & \\ & & -R \end{bmatrix}
$$

$i_k = 1, 2, \cdots, p$，$\bar{i}$ 是 i_k 的上界，则在控制器增益 $K = VR^{-1}$ 的作用下，系统 (5.6) 渐近稳定且相应的 H_∞ 范数界为 γ。

证明　定义李雅普诺夫泛函 $V(k)=V_1(k)+V_2(k)$，其中，

$$V_1(k)=\xi_k^{\mathrm{T}}P\xi_k$$

$$V_2(k)=\sum_{j=-i_k}^{0}\sum_{l=k+j-1}^{k-1}\xi_l^{\mathrm{T}}Q\xi_l$$

而 P、Q 是分块对角矩阵且每一分块都是对称正定的，有

$$\begin{aligned}\Delta V_1(k)&=\xi_{k+1}^{\mathrm{T}}P\xi_{k+1}-\xi_k^{\mathrm{T}}P\xi_k\\&=\xi_k^{\mathrm{T}}\widetilde{A}_{i_k}^{\mathrm{T}}P\widetilde{A}_{i_k}\xi_k+2\xi_k^{\mathrm{T}}\widetilde{A}_{i_k}^{\mathrm{T}}P\widetilde{B}\omega_k+\omega_k^{\mathrm{T}}\widetilde{B}^{\mathrm{T}}P\widetilde{B}\omega_k-\xi_k^{\mathrm{T}}P\xi_k\\\Delta V_2(k)&=\sum_{j=-i_{k+1}}^{0}\sum_{l=k+j}^{k}\xi_l^{\mathrm{T}}Q\xi_l-\sum_{j=-i_k}^{0}\sum_{l=k+j-1}^{k-1}\xi_l^{\mathrm{T}}Q\xi_l\end{aligned}$$

注意到在 $(k+1)h$ 时刻系统用到的控制输入可能是基于对象在 $[k+1-(i_k+1)]h$, $\cdots$, kh 时刻的状态而生成的，即 $i_{k+1}\leqslant i_k+1$，则

$$\begin{aligned}\Delta V_2(k)&\leqslant\sum_{j=-i_k-1}^{0}\sum_{l=k+j}^{k}\xi_l^{\mathrm{T}}Q\xi_l-\sum_{j=-i_k}^{0}\sum_{l=k+j-1}^{k-1}\xi_l^{\mathrm{T}}Q\xi_l\\&=(i_k+2)\xi_k^{\mathrm{T}}Q\xi_k\leqslant(\bar{i}+2)\xi_k^{\mathrm{T}}Q\xi_k\end{aligned}$$

$$\Delta V(k)=\Delta V_1(k)+\Delta V_2(k)\leqslant\begin{bmatrix}\xi_k^{\mathrm{T}} & \omega_k^{\mathrm{T}}\end{bmatrix}\varOmega_{i_k}\begin{bmatrix}\xi_k\\\omega_k\end{bmatrix}$$

式中，$\bar{i}$ 是 i_k 的上界，并且

$$\varOmega_{i_k}=\begin{bmatrix}\widetilde{A}_{i_k}^{\mathrm{T}}P\widetilde{A}_{i_k}+(\bar{i}+2)Q-P & \widetilde{A}_{i_k}^{\mathrm{T}}P\widetilde{B}\\\widetilde{B}^{\mathrm{T}}P\widetilde{A}_{i_k} & \widetilde{B}^{\mathrm{T}}P\widetilde{B}\end{bmatrix}$$

对任意非零的 ω_k 和 ξ_k，可得到

$$\gamma^{-1}z_k^{\mathrm{T}}z_k-\gamma\omega_k^{\mathrm{T}}\omega_k=\begin{bmatrix}\xi_k^{\mathrm{T}} & \omega_k^{\mathrm{T}}\end{bmatrix}\varLambda\begin{bmatrix}\xi_k\\\omega_k\end{bmatrix}$$

式中，

$$\varLambda=\begin{bmatrix}\gamma^{-1}\widetilde{C}^{\mathrm{T}}\widetilde{C} & \gamma^{-1}\widetilde{C}^{\mathrm{T}}\widetilde{D}\\\gamma^{-1}\widetilde{D}^{\mathrm{T}}\widetilde{C} & \gamma^{-1}\widetilde{D}^{\mathrm{T}}\widetilde{D}-\gamma I\end{bmatrix}$$

因此，有

$$\gamma^{-1}z_k^{\mathrm{T}}z_k-\gamma\omega_k^{\mathrm{T}}\omega_k+\Delta V_k=\begin{bmatrix}\xi_k^{\mathrm{T}} & \omega_k^{\mathrm{T}}\end{bmatrix}\widetilde{\varLambda}\begin{bmatrix}\xi_k\\\omega_k\end{bmatrix}$$

式中，

$$\widetilde{\Lambda}=\begin{bmatrix}\widetilde{A}_{i_k}^{\mathrm{T}}P\widetilde{A}_{i_k}+(\bar{i}+2)Q-P+\gamma^{-1}\widetilde{C}^{\mathrm{T}}\widetilde{C} & \widetilde{A}_{i_k}^{\mathrm{T}}P\widetilde{B}+\gamma^{-1}\widetilde{C}^{\mathrm{T}}\widetilde{D}\\ \widetilde{B}^{\mathrm{T}}P\widetilde{A}_{i_k}+\gamma^{-1}\widetilde{D}^{\mathrm{T}}\widetilde{C} & \widetilde{B}^{\mathrm{T}}P\widetilde{B}+\gamma^{-1}\widetilde{D}^{\mathrm{T}}\widetilde{D}-\gamma I\end{bmatrix}$$

下面证明 $\gamma^{-1}z_k^{\mathrm{T}}z_k-\gamma\omega_k^{\mathrm{T}}\omega_k+\Delta V_k<0$。对于非零的 ω_k 和 ξ_k，$\gamma^{-1}z_k^{\mathrm{T}}z_k-\gamma\omega_k^{\mathrm{T}}\omega_k+\Delta V_k<0$ 等价于 $\widetilde{\Lambda}<0$，由矩阵 Schur 补可以得到 $\widetilde{\Lambda}<0$ 等价于

$$\begin{bmatrix}(\bar{i}+2)Q-P & 0 & \widetilde{C}^{\mathrm{T}} & \widetilde{A}_{i_k}^{\mathrm{T}}P\\ 0 & -\gamma I & \widetilde{D}^{\mathrm{T}} & \widetilde{B}^{\mathrm{T}}P\\ \widetilde{C} & \widetilde{D} & -\gamma I & 0\\ P\widetilde{A}_{i_k} & P\widetilde{B} & 0 & -P\end{bmatrix}<0 \tag{5.8}$$

对式 (5.8) 前后分别乘以$\mathrm{diag}(P^{-1}, I, I, P^{-1})$和$\mathrm{diag}(P^{-1}, I, I, P^{-1})$，式 (5.8) 等价于

$$\begin{bmatrix}(\bar{i}+2)P^{-1}QP^{-1}-P^{-1} & * & * & *\\ 0 & -\gamma I & * & *\\ \widetilde{C}P^{-1} & \widetilde{D} & -\gamma I & *\\ \widetilde{A}_{i_k}P^{-1} & \widetilde{B} & 0 & -P^{-1}\end{bmatrix}<0 \tag{5.9}$$

注意到 P、Q 是分块对角矩阵且每一分块矩阵都是对称正定的，假设 $P^{-1}=\mathrm{diag}(R,\cdots,R)$, $P^{-1}QP^{-1}=\mathrm{diag}(S,\cdots,S)$ 且定义 $KR=V$，其中 R、S 是对称正定矩阵，则式 (5.9) 等价于式 (5.7)，即 $\gamma^{-1}z_k^{\mathrm{T}}z_k-\gamma\omega_k^{\mathrm{T}}\omega_k+\Delta V_k<0$。

由 $\gamma^{-1}z_k^{\mathrm{T}}z_k-\gamma\omega_k^{\mathrm{T}}\omega_k+\Delta V_k<0$，可以得到

$$\gamma^{-1}z_k^{\mathrm{T}}z_k-\gamma\omega_k^{\mathrm{T}}\omega_k<-\Delta V_k$$

对以上不等式的两端从 $k=0$ 到 $k=n$ 求和，利用零初始条件，可得到

$$\sum_{k=0}^{n}||z_k||^2<\gamma^2\sum_{k=0}^{n}||\omega_k||^2-\gamma V_{n+1}$$

以上不等式对所有 n 都成立，令 $n\to\infty$，有

$$||z||_2^2<\gamma^2||\omega||_2^2$$

如果扰动输入 $\omega_k=0$，则式 (5.7) 可以保证系统 (5.6) 的渐近稳定性；如果 $\omega_k\neq 0$，则可以得到 $||z||_2^2<\gamma^2||\omega||_2^2$。因此，如果式 (5.7) 满足，则系统 (5.6) 渐近稳定且相应的 H_∞ 范数界为 γ。证毕。

5.2.3　基于观测器的 H_∞ 控制器设计

下面把以上结果扩展到对象状态不是直接可测的情况。在这种情况下，为了得到对象状态的估计值，需要在系统中加入一个观测器，且假定观测器与传感器连接在一起。

假定对象与观测器的方程如下：

$$\begin{cases} \dot{x}(t) = Ax(t) + B_1u(t) + B_2\omega(t) \\ \dot{\bar{x}}(t) = A\bar{x}(t) + B_1u(t) + G(y(t) - C_2\bar{x}(t)) \\ z(t) = C_1x(t) + D_1\omega(t) \\ y(t) = C_2x(t) + D_2\omega(t) \end{cases} \tag{5.10}$$

式中，G 是观测器的输出误差反馈矩阵。

对基于观测器的网络控制系统，假定对象一直用通过预测而得到的控制输入，则对象的离散化状态方程为

$$x_{k+1} = (\varPhi - \varGamma_1K)x_k + \varGamma_1K\sum_{l=1}^{p}\delta(i_k = l)e_{k|k-l} + \varGamma_2\omega_k \tag{5.11}$$

式中，$\varPhi = \mathrm{e}^{Ah}$；$\varGamma_1 = \int_0^h \mathrm{e}^{As}\mathrm{d}sB_1$；$\varGamma_2 = \int_0^h \mathrm{e}^{As}\mathrm{d}sB_2$。

假设基于 $\bar{x}_k$ 而生成的控制输入被成功地传到了执行器，则 p 步提前状态预测如下：

$$\begin{aligned} &\hat{x}_{k+1|k} = \varPhi\bar{x}_k + \varGamma_1u_k \\ &u_k = -K\bar{x}_k \\ &\hat{x}_{k+1|k-1} = \varPhi\hat{x}_{k|k-1} + \varGamma_1\hat{u}_{k|k-1} \\ &\hat{u}_{k|k-1} = -K\hat{x}_{k|k-1} \\ &\quad\vdots \\ &\hat{x}_{k+1|k-p+1} = \varPhi\hat{x}_{k|k-p+1} + \varGamma_1\hat{u}_{k|k-p+1} \\ &\hat{u}_{k|k-p+1} = -K\hat{x}_{k|k-p+1} \end{aligned}$$

即

$$\begin{aligned} &\hat{x}_{k+1|k} = (\varPhi - \varGamma_1K)\bar{x}_k \\ &\hat{x}_{k+1|k-1} = (\varPhi - \varGamma_1K)\hat{x}_{k|k-1} \\ &\quad\vdots \\ &\hat{x}_{k+1|k-p+1} = (\varPhi - \varGamma_1K)\hat{x}_{k|k-p+1} \end{aligned} \tag{5.12}$$

定义 $e_{k|k-l}$ 为实际对象状态 x_k 与预测值 $\hat{x}_{k|k-l}$ 之间的误差。控制输入 $u_k =$

$\hat{u}_{k|k-i_k}$，且 $\hat{u}_{k|k-i_k}$ 可以表示为

$$\hat{u}_{k|k-i_k} = -K\sum_{l=1}^{p}\delta(i_k = l)\hat{x}_{k|k-l}$$

式中，当 $i_k = l$ 时，$\delta(i_k = l) = 1$，否则 $\delta(i_k = l) = 0$。

离散化观测器的状态方程，有

$$\bar{x}_{k+1} = \widetilde{\Phi}\bar{x}_k + (\widetilde{\Gamma}_1 - \widetilde{\Gamma}_2 K)x_k + \widetilde{\Gamma}_2 K\sum_{l=1}^{p}\delta(i_k = l)e_{k|k-l} + \widetilde{\Gamma}_3\omega_k \tag{5.13}$$

式中，

$$\begin{aligned}
\widetilde{\Phi} &= \mathrm{e}^{(A-GC_2)h}\\
\widetilde{\Gamma}_1 &= \int_0^h \mathrm{e}^{(A-GC_2)s}\mathrm{d}sGC_2\\
\widetilde{\Gamma}_2 &= \int_0^h \mathrm{e}^{(A-GC_2)s}\mathrm{d}sB_1\\
\widetilde{\Gamma}_3 &= \int_0^h \mathrm{e}^{(A-GC_2)s}\mathrm{d}sGD_2
\end{aligned}$$

结合离散化的对象状态方程与预测误差，可以定义如下的扩展状态向量 ξ_k：

$$\xi_k = \begin{bmatrix} x_k^{\mathrm{T}} & \bar{x}_k^{\mathrm{T}} & e_{k|k-p}^{\mathrm{T}} & \cdots & e_{k|k-1}^{\mathrm{T}} \end{bmatrix}^{\mathrm{T}}$$

有

$$\begin{cases} \xi_{k+1} = \widetilde{A}_{i_k}\xi_k + \widetilde{B}\omega_k \\ z_k = \widetilde{C}\xi_k + \widetilde{D}\omega_k \end{cases} \tag{5.14}$$

式中，

$$\widetilde{A}_{i_k} = \begin{bmatrix}
\Phi - \Gamma_1 K & 0 & \Gamma_1 K\delta_p & \Gamma_1 K\delta_{p-1} & \cdots & \Gamma_1 K\delta_1\\
\widetilde{\Gamma}_1 - \widetilde{\Gamma}_2 K & \widetilde{\Phi} & \widetilde{\Gamma}_2 K\delta_p & \widetilde{\Gamma}_2 K\delta_{p-1} & \cdots & \widetilde{\Gamma}_2 K\delta_1\\
0 & 0 & \Gamma_1 K\delta_p & \mathscr{X}_{p-1} & \cdots & \Gamma_1 K\delta_1\\
\vdots & \vdots & \vdots & \vdots & & \vdots\\
0 & 0 & \Gamma_1 K\delta_p & \Gamma_1 K\delta_{p-1} & \cdots & \mathscr{X}_1\\
\Phi - \Gamma_1 K & \Gamma_1 K - \Phi & \Gamma_1 K\delta_p & \Gamma_1 K\delta_{p-1} & \cdots & \Gamma_1 K\delta_1
\end{bmatrix}$$

$$\widetilde{B} = \begin{bmatrix} \Gamma_2 \\ \widetilde{\Gamma}_3 \\ \vdots \\ \Gamma_2 \end{bmatrix}, \quad \widetilde{C} = \begin{bmatrix} C_1 & 0 & \cdots & 0 \end{bmatrix}, \quad \widetilde{D} = D_1$$

并且 $\delta_j=\delta(i_k=j), j=1,2,\cdots,p$，$\mathscr{X}_{p-1}=\Phi-\Gamma_1K+\Gamma_1K\delta_{p-1}$，$\mathscr{X}_1=\Phi-\Gamma_1K+\Gamma_1K\delta_1$。

定理 5.2　对给定的输出误差反馈矩阵 G 和标量 $\bar{i}$，如果存在对称正定矩阵 R、S，矩阵 V，标量 $\gamma>0$，使得以下不等式成立：

$$\begin{bmatrix}\Psi_{11} & * & * & * \\ 0 & -\gamma I & * & * \\ \Psi_{31} & \widetilde{D} & -\gamma I & * \\ \Psi_{41} & \widetilde{B} & 0 & \Psi_{44}\end{bmatrix}<0 \tag{5.15}$$

式中，Ψ_{11}、Ψ_{31} 和 Ψ_{44} 同定理 5.1，且

$$\Psi_{41}=\begin{bmatrix}\Phi R-\Gamma_1V & 0 & \Gamma_1V\delta_p & \Gamma_1V\delta_{p-1} & \cdots & \Gamma_1V\delta_1 \\ \widetilde{\Gamma}_1R-\widetilde{\Gamma}_2V & \widetilde{\Phi}R & \widetilde{\Gamma}_2V\delta_p & \widetilde{\Gamma}_2V\delta_{p-1} & \cdots & \widetilde{\Gamma}_2V\delta_1 \\ 0 & 0 & \Gamma_1V\delta_p & \mathscr{Y}_{p-1} & \cdots & \Gamma_1V\delta_1 \\ \vdots & \vdots & \vdots & \vdots & & \vdots \\ 0 & 0 & \Gamma_1V\delta_p & \Gamma_1V\delta_{p-1} & \cdots & \mathscr{Y}_1 \\ \Phi R-\Gamma_1V & \Gamma_1V-\Phi R & \Gamma_1V\delta_p & \Gamma_1V\delta_{p-1} & \cdots & \Gamma_1V\delta_1\end{bmatrix}$$

$i_k=1,2,\cdots,p$，$\mathscr{Y}_{p-1}=\Phi R-\Gamma_1V+\Gamma_1V\delta_{p-1}$，$\mathscr{Y}_1=\Phi R-\Gamma_1V+\Gamma_1V\delta_1$，$\bar{i}$ 是 i_k 的上界，则在控制器增益 $K=VR^{-1}$ 的作用下，系统 (5.14) 渐近稳定且相应的 H_∞ 范数界为 γ。

证明　定理 5.2 的证明类似于定理 5.1，此处略。

注 5.3　考虑对象与观测器的状态方程，定义 $\tilde{x}(t)=x(t)-\bar{x}(t)$，如果扰动输入 $\omega(t)=0$，则有

$$\begin{aligned}\dot{\bar{x}}(t)&=A\bar{x}(t)+B_1u(t)+G(y(t)-C_2\bar{x}(t))\\&=(A-GC_2)\bar{x}(t)+Gy(t)+B_1u(t)\\\dot{\tilde{x}}(t)&=\dot{x}(t)-\dot{\bar{x}}(t)=(A-GC_2)(x(t)-\bar{x}(t))\\&=(A-GC_2)\tilde{x}(t)\end{aligned}$$

因此，有

$$\tilde{x}(t)=\mathrm{e}^{(A-GC_2)t}\tilde{x}(0),\quad t\geqslant 0$$

如果 $\tilde{x}(0)=0$，则 $\tilde{x}(t)\equiv 0$ 对每个 $t\geqslant 0$ 都成立；否则，如果 $(A-GC_2)$ 的所有特征值都具有负实部，则 $\tilde{x}(t)$ 将收敛到零，即 $\bar{x}(t)$ 收敛到 $x(t)$。因此，应该选择合适的 G 以保证 $A-GC_2$ 的所有特征值都具有负实部。

定理 5.3　如果存在对称正定矩阵 S 和矩阵 V，使得以下的不等式成立：

$$SA - VC_2 + (SA - VC_2)^{\mathrm{T}} < 0 \tag{5.16}$$

则 $(A - GC_2)$ 是赫尔维茨稳定的，且相应的输出误差反馈矩阵 $G = S^{-1}V$。

证明　$(A - GC_2)$ 是赫尔维茨稳定的，当且仅当存在对称正定矩阵 $P > 0$，使得

$$(A - GC_2)P + P(A - GC_2)^{\mathrm{T}} < 0 \tag{5.17}$$

对式 (5.17) 前后分别乘以 P^{-1} 和 P^{-1}，定义 $S = P^{-1}$, $P^{-1}G = V$，则式 (5.17) 等价于式 (5.16)。证毕。

5.2.4　数值算例

算例 5.1　验证基于预测的补偿方法的有效性。考虑如下简化的倒立摆模型[10]：

$$\begin{cases} \dot{x}(t) = \begin{bmatrix} -1.84 & 0.33 \\ 7.18 & -1.14 \end{bmatrix} x(t) + \begin{bmatrix} 2.43 \\ -0.42 \end{bmatrix} u(t) + \begin{bmatrix} 1.86 \\ -0.76 \end{bmatrix} \omega(t) \\ z(t) = \begin{bmatrix} 0.57 & 0.78 \end{bmatrix} x(t) - 0.56\omega(t) \end{cases}$$

设传感器的采样周期为 h，最大时延为 $2h$，数据包时序错乱的最大数目是 1，则 $p = 3$。设 $h = 0.1\mathrm{s}$, $\tau_0 = 0.1h$，系统的初始状态为 $x_0 = [1 \quad -1]^{\mathrm{T}}$ 且 x_0 被按时传到了执行器。在时间间隔 [2s, 2.5s)，扰动输入 $\sin j$ $(j = 1, 2, \cdots, 5)$ 被加入到系统中。

正如注 5.1 所示，如果 $\tau_k > \tau_0$，则将一直用预测得到的控制输入。假定控制输入总是提前 3 步预测得到的，求解定理 5.1 的线性矩阵不等式，可得到

$$R = \begin{bmatrix} 0.3399 & -0.4284 \\ -0.4284 & 1.7968 \end{bmatrix}, \quad V = [0.1690 \quad 0.3154]$$

而且，由定理 5.1 可以直接得到状态反馈控制器增益 $K = VR^{-1} = [1.0270 \quad 0.4204]$，且 H_∞ 范数界的最优值为 $\gamma = 2.4966$，系统的状态响应和受控输出曲线如图 5.2 所示。

如果控制输入在预先给定的阈值 τ_0 之前到达执行器，则不需要用预测的控制输入，求解定理 5.1 中的线性矩阵不等式，可得到状态反馈控制器增益 $K = VR^{-1} = [4.9906 \quad 3.0189]$，且 H_∞ 范数界的最优值为 $\gamma = 0.7215$，系统的状态响应和受控输出曲线如图 5.3 所示。从 H_∞ 范数界与系统的状态响应和受控输出曲线可以看出，与总是用预测得到的控制输入相比，本节的设计方法具有更小的保守性。当 $\tau_k > \tau_0$ 和 $\tau_k < \tau_0$ 交替出现时，可以得到类似的结果。

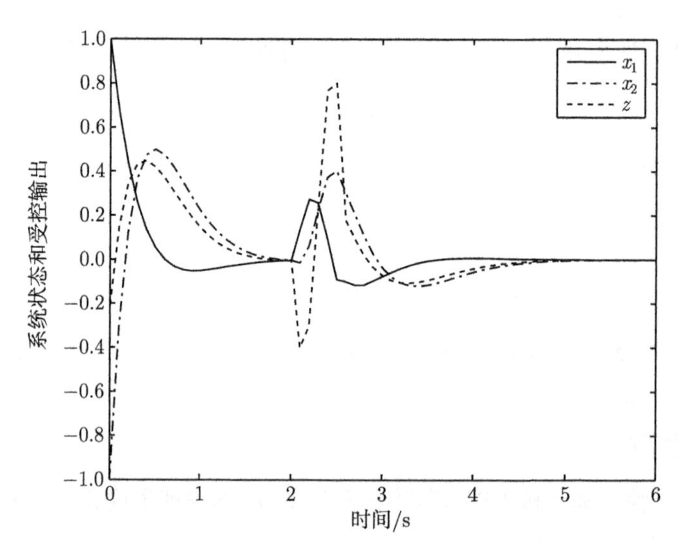

图 5.2　状态响应和受控输出曲线 (用预测输入)

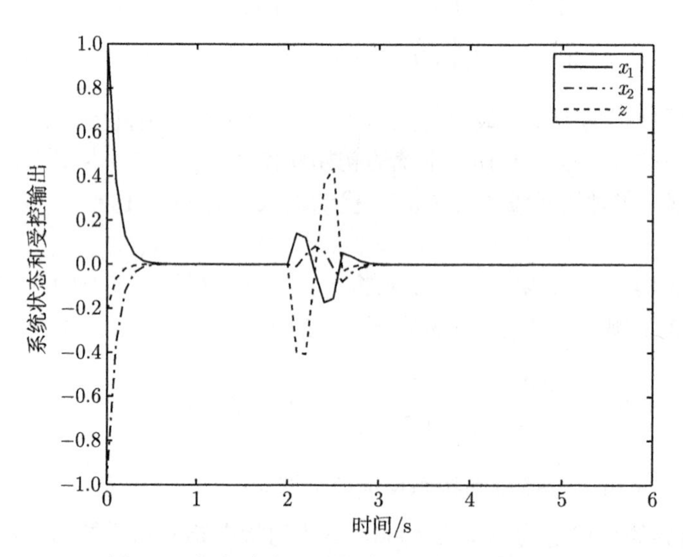

图 5.3　状态响应和受控输出曲线 (本节方法)

如果设计过程中不考虑时延及数据包时序错乱的补偿 [11,12]，假定时延为 h，且系统中没有数据包时序错乱，当时延发生时，系统用最近使用的控制输入，定义 $\xi_k = \begin{bmatrix} x_k \\ x_{k-1} \end{bmatrix}$，则有

$$\begin{cases} \xi_{k+1} = \widetilde{A}\xi_k + \widetilde{B}\omega_k \\ z_k = \widetilde{C}\xi_k + \widetilde{D}\omega_k \end{cases}$$

式中，$\widetilde{A}=\begin{bmatrix}\Phi & -\Gamma_1K\\ I & 0\end{bmatrix}$；$\widetilde{B}=\begin{bmatrix}\Gamma_2\\ 0\end{bmatrix}$；$\widetilde{C}=\begin{bmatrix}C_1 & 0\end{bmatrix}$；$\widetilde{D}=D_1$。

以上扩展系统类似于系统 (5.6)，因此可以用类似定理 5.1 的方法为以上系统设计 H_∞ 控制器。然而，由此得到的线性矩阵不等式条件是不可行的，这表明本节所提出的基于预测的补偿方法的有效性。

5.3　基于线性估计的时延及丢包补偿

基于预测控制的补偿方法需要提前若干步预测控制输入并传到执行器，这样会增大网络负载和系统的计算量。同时，该方法通常需要定义扩展向量，而扩展向量的定义会使控制器设计的过程变得复杂。如果在发生长时延或丢包时利用现有的控制输入去估计那些不能在预定时刻到达的控制输入，而那些可以在预定时刻到达的控制输入则不需要估计，这样既可以减少系统的计算量，又可以减小网络负载。

本节首先介绍线性估计补偿方法的基本思想，并给出系统模型；然后用线性矩阵不等式技术讨论系统的稳定性分析和控制器设计问题；最后通过数字算例验证所提出的补偿方法的有效性。

5.3.1　问题描述

考虑如下线性时不变系统：

$$\begin{cases}\dot{x}(t)=Ax(t)+B_1u(t)+B_2\omega(t)\\ z(t)=C_1x(t)+D_1u(t)\end{cases}\tag{5.18}$$

式中，$x(t)$、$u(t)$、$z(t)$ 和 $\omega(t)$ 分别是状态向量、控制输入向量、受控输出和扰动输入，$\omega(t)\in L_2[0,\ \infty)$ 且 $\omega(t)$ 是分段常数；A、B_1、B_2、C_1、D_1 是已知的具有适当维数的常数矩阵。

设 h 为采样周期的长度，k_jh $(j=1,2,\cdots)$ 和 $(k_j+m)h$ $(m=1,2,\cdots)$ 为采样时刻 (图 5.4)，τ_{k_j+i} $(i=0,1,2,\cdots)$ 是控制输入 u_{k_j+i} (u_{k_j+i} 基于对象在 $(k_j+i)h$ 时刻的状态得到的) 的传感器–执行器时延；控制输入 u_{k_j} 是基于对象在 k_jh 时刻的状态得到的，u_{k_j} 被成功地传到了执行器且 $0\leqslant\tau_{k_j}\leqslant h$，而控制输入 u_{k_j+m} 是基于对象在 $(k_j+m)h$ 时刻的状态得到的，u_{k_j+m} 在传输过程中被丢失或者被成功传到了执行器且其时延 $\tau_{k_j+m}>h$。图 5.4 给出了具有时延及丢包的网络控制系统信号传输示意图，其中虚线表示相应的控制输入被丢失。

为补偿时延及丢包的负面影响，在系统中加入一个线性估计器，以估计那些被延迟的及丢失的数据包。基于线性估计的时延及丢包补偿的主要思想如下：如果

u_{k_j+m} 因丢包或 $\tau_{k_j+m} > h$ 而不能在 $(k_j+m+1)h$ 时刻到达执行器，则估计器将在 $(k_j+m+1)h$ 时刻估计控制输入 u_{k_j+m} 的值，且其估计值 $\hat{u}_{k_j+m}$ 将作用于受控对象，而 u_{k_j+m} 即使最后到达执行器也不再使用，这样可以减小长时延的负面影响。

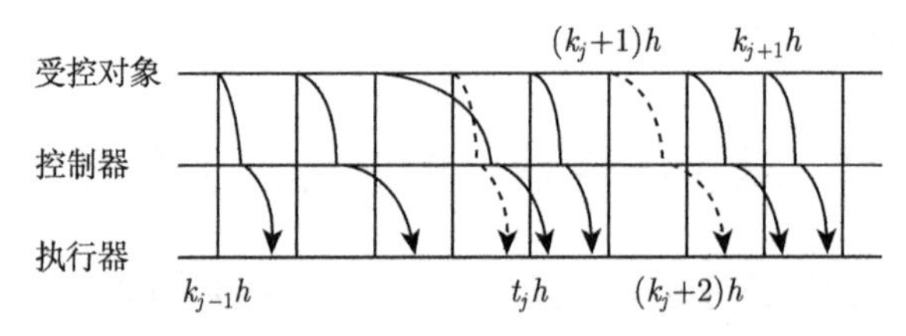

图 5.4　具有时延及丢包的网络控制系统信号传输示意图

注 5.4　如图 5.4 所示，由于 u_{k_j+1} 被丢失，执行器在 $(k_j+2)h$ 时刻无法收到 u_{k_j+1}，则在 $(k_j+2)h$ 时刻估计器将基于 u_{k_j} 估计 u_{k_j+1} 的值；u_{k_j+2} 因长时延而不能在 $k_{j+1}h$ 时刻到达执行器，则在 $k_{j+1}h$ 时刻估计器将基于 u_{k_j} 和 $\hat{u}_{k_j+1}$ 估计 u_{k_j+2} 的值 ($\hat{u}_{k_j+m}$ 表示 u_{k_j+m} 的估计值)。

假设对象状态 $x_0, x_{k_1}, x_{k_2}, \cdots, x_{k_j}, \cdots$ 以及基于这些状态而得到的控制输入成功地传到了执行器，$L-1$ 是连续丢包数的上界。考虑到当系统达到稳态时控制输入将趋于零，可以按如下方式估计那些具有长时延的及丢失的数据包：

$$
\begin{aligned}
\hat{u}_{k_j+1} &= u_{k_j} - \frac{1}{L}u_{k_j} = \left(1-\frac{1}{L}\right)u_{k_j} \\
\hat{u}_{k_j+2} &= \hat{u}_{k_j+1} + (\hat{u}_{k_j+1} - u_{k_j}) = \left(1-\frac{2}{L}\right)u_{k_j} \\
\hat{u}_{k_j+3} &= \hat{u}_{k_j+2} + (\hat{u}_{k_j+2} - \hat{u}_{k_j+1}) = \left(1-\frac{3}{L}\right)u_{k_j} \\
&\vdots \\
\hat{u}_{k_{j+1}-1} &= \hat{u}_{k_{j+1}-2} + (\hat{u}_{k_{j+1}-2} - \hat{u}_{k_{j+1}-3}) = \left(1-\frac{k_{j+1}-k_j-1}{L}\right)u_{k_j}
\end{aligned}
\tag{5.19}
$$

式中，L 是预先给定的正标量，且 $k_{j+1}-k_j = 1, 2, \cdots, L$。

基于式 (5.19) 中的补偿方法，可给出系统 (5.18) 的离散时间模型。

从线性估计的主要思想可以看出 u_{k_j} 将在时间段 $[(k_j+1)h,\ (k_j+2)h)$ 内被使用，而 $\hat{u}_{k_j+1}$ 将在时间段 $[(k_j+2)h,\ k_{j+1}h)$ 内被使用，依次类推。假设扰动输入 $\omega_{k_j}=\omega_{k_j+1}=\cdots=\omega_{k_{j+1}-1}$ 对每个 k_j 都成立，则有

$$
\begin{aligned}
x_{k_j+1} &= \varPhi x_{k_j} + \varGamma_0^{k_j}u_{k_j} + \varGamma_1^{k_j}\hat{u}_{k_j-1} + \widetilde{\varGamma}\omega_{k_j} \\
&= (\varPhi - \varGamma_0^{k_j}K)x_{k_j} - \left(1-\frac{k_j-k_{j-1}-1}{L}\right)\varGamma_1^{k_j}Kx_{k_{j-1}} + \widetilde{\varGamma}\omega_{k_j}
\end{aligned}
$$

$$
\begin{aligned}
x_{k_j+2} &= \Phi x_{k_j+1} + \Gamma u_{k_j} + \widetilde{\Gamma}\omega_{k_j} \\
&= (\Phi^2 - \Phi\Gamma_0^{k_j}K - \Gamma K)x_{k_j} \\
&\quad - \left(1 - \frac{k_j - k_{j-1} - 1}{L}\right)\Phi\Gamma_1^{k_j}Kx_{k_{j-1}} + (\Phi\widetilde{\Gamma} + \widetilde{\Gamma})\omega_{k_j} \\
x_{k_j+3} &= \Phi x_{k_j+2} + \Gamma\hat{u}_{k_j+1} + \widetilde{\Gamma}\omega_{k_j} \\
&= \left[\Phi^3 - \Phi^2\Gamma_0^{k_j}K - \Phi\Gamma K - \left(1 - \frac{1}{L}\right)\Gamma K\right]x_{k_j} \\
&\quad - \left(1 - \frac{k_j - k_{j-1} - 1}{L}\right)\Phi^2\Gamma_1^{k_j}Kx_{k_{j-1}} + (\Phi^2\widetilde{\Gamma} + \Phi\widetilde{\Gamma} + \widetilde{\Gamma})\omega_{k_j} \\
&\ \ \vdots \\
x_{k_{j+1}} &= \widetilde{A}_j x_{k_j} + \widetilde{B}_j x_{k_{j-1}} + \widetilde{D}_j\omega_{k_j}
\end{aligned}
\tag{5.20}
$$

式中，$\Phi = \mathrm{e}^{Ah}$；$\Gamma_0^{k_j} = \int_0^{h-\tau_{k_j}} \mathrm{e}^{As}\mathrm{d}sB_1$；$\Gamma_1^{k_j} = \int_{h-\tau_{k_j}}^{h} \mathrm{e}^{As}\mathrm{d}sB_1$；$\widetilde{\Gamma} = \int_0^{h} \mathrm{e}^{As}\mathrm{d}sB_2$；$\Gamma = \int_0^{h} \mathrm{e}^{As}\mathrm{d}sB_1$；$\tau_{k_j}$ 是控制输入 u_{k_j} 的时延；并且

$$
\begin{aligned}
\widetilde{A}_j =& \Phi^{k_{j+1}-k_j} - \Phi^{k_{j+1}-k_j-1}\Gamma_0^{k_j}K - \Phi^{k_{j+1}-k_j-2}\Gamma K - \left(1 - \frac{1}{L}\right)\Phi^{k_{j+1}-k_j-3}\Gamma K \\
& - \left(1 - \frac{2}{L}\right)\Phi^{k_{j+1}-k_j-4}\Gamma K - \cdots - \sigma_1\Gamma K \\
\widetilde{B}_j =& -\sigma_2\Phi^{k_{j+1}-k_j-1}\Gamma_1^{k_j}K \\
\widetilde{D}_j =& \Phi^{k_{j+1}-k_j-1}\widetilde{\Gamma} + \Phi^{k_{j+1}-k_j-2}\widetilde{\Gamma} + \cdots + \widetilde{\Gamma}
\end{aligned}
\tag{5.21}
$$

这里，

$$
\sigma_1 = 1 - \frac{k_{j+1} - k_j - 2}{L}
$$

$$
\sigma_2 = 1 - \frac{k_j - k_{j-1} - 1}{L}
$$

为简单起见，分别定义 $x_{k_{j+1}}$、x_{k_j}、$x_{k_{j-1}}$、ω_{k_j} 为 ξ_{j+1}、ξ_j、ξ_{j-1}、ω_j，有

$$
\begin{cases}
\xi_{j+1} = \widetilde{A}_j\xi_j + \widetilde{B}_j\xi_{j-1} + \widetilde{D}_j\omega_j \\
z_j = C_1\xi_j + D_1\hat{u}_{k_j-1}
\end{cases}
\tag{5.22}
$$

在本节中，假设时延 τ_{k_j} 在有限集 $\vartheta = \{0, h/l, 2h/l, \cdots, (l-1)h/l, h\}$ 内切换，则式 (5.21) 中的 $\Gamma_0^{k_j}$ 和 $\Gamma_1^{k_j}$ 也在有限集内切换，与此相应，系统 (5.18) 的 H_∞ 控制器设计问题可以转化为系统 (5.22) 的相应问题。对于时延 τ_{k_j} ($\tau_{k_j} \in [0, h]$) 在一个区间内随机变化的情况，可利用时延切换与参数不确定性相结合的方法讨论系统 (5.22) 的 H_∞ 控制器设计问题。

注 5.5 如果扰动输入 $\omega_{k_j} \neq \omega_{k_j+1} \neq \cdots \neq \omega_{k_{j+1}-1}$，利用式 (5.20) 中的方法，仍可以得到系统 (5.18) 的离散时间模型。为简单起见，此处略。

5.3.2 基于时延切换的 H_∞ 控制器设计

下面设计控制器增益矩阵 K，以使系统 (5.22) 渐近稳定且相应的 H_∞ 范数界为 γ。

定理 5.4 对给定的正标量 θ_1、θ_2、θ_3，如果存在对称正定矩阵 $\widetilde{P}$、$\widetilde{Z}$、$\widetilde{R}$，矩阵 $\widetilde{X}_{11}$、$\widetilde{X}_{12}$、$\widetilde{X}_{13}$、$\widetilde{X}_{22}$、$\widetilde{X}_{23}$、$\widetilde{X}_{33}$、$\widetilde{Y}_1$、$\widetilde{Y}_2$、$\widetilde{Y}_3$、V、N，标量 $\gamma>0$，使得以下线性矩阵不等式对 $k_{j+1}-k_j$ $(k_{j+1}-k_j=1,2,\cdots,L)$、$\varGamma_0^{k_j}$ 和 $\varGamma_1^{k_j}$ 的每个可能的值都成立：

$$\begin{bmatrix} \widetilde{\varLambda}_{11} & \widetilde{\varLambda}_{12} & \widetilde{\varLambda}_{13} & -\theta_1\widetilde{D}_j & 0 \\ * & \widetilde{\varLambda}_{22} & \widetilde{\varLambda}_{23} & -\theta_2\widetilde{D}_j & NC_1^{\mathrm{T}} \\ * & * & \widetilde{\varLambda}_{33} & -\theta_3\widetilde{D}_j & -\sigma_2V^{\mathrm{T}}D_1^{\mathrm{T}} \\ * & * & * & -\gamma I & 0 \\ * & * & * & * & -\gamma I \end{bmatrix} < 0 \tag{5.23}$$

$$\begin{bmatrix} \widetilde{X}_{11} & \widetilde{X}_{12} & \widetilde{X}_{13} & \widetilde{Y}_1 \\ * & \widetilde{X}_{22} & \widetilde{X}_{23} & \widetilde{Y}_2 \\ * & * & \widetilde{X}_{33} & \widetilde{Y}_3 \\ * & * & * & \widetilde{Z} \end{bmatrix} \geqslant 0 \tag{5.24}$$

式中，

$$\begin{aligned} \widetilde{\varLambda}_{11} &= \widetilde{P}+\widetilde{Z}+\theta_1N+\theta_1N^{\mathrm{T}}+\widetilde{X}_{11} \\ \widetilde{\varLambda}_{12} &= -\widetilde{Z}-\theta_1\varPsi_1+\theta_2N+\widetilde{X}_{12}+\widetilde{Y}_1 \\ \widetilde{\varLambda}_{13} &= -\theta_1\varPsi_2+\theta_3N+\widetilde{X}_{13}-\widetilde{Y}_1 \\ \widetilde{\varLambda}_{22} &= -\widetilde{P}+\widetilde{Z}+\widetilde{R}-\theta_2\varPsi_1-\theta_2\varPsi_1^{\mathrm{T}}+\widetilde{X}_{22}+\widetilde{Y}_2+\widetilde{Y}_2^{\mathrm{T}} \\ \widetilde{\varLambda}_{23} &= -\theta_2\varPsi_2-\theta_3\varPsi_1^{\mathrm{T}}+\widetilde{X}_{23}-\widetilde{Y}_2+\widetilde{Y}_3^{\mathrm{T}} \\ \widetilde{\varLambda}_{33} &= -\widetilde{R}-\theta_3\varPsi_2-\theta_3\varPsi_2^{\mathrm{T}}+\widetilde{X}_{33}-\widetilde{Y}_3-\widetilde{Y}_3^{\mathrm{T}} \end{aligned} \tag{5.25}$$

这里，

$$\begin{aligned} \varPsi_1 &= \varPhi^{k_{j+1}-k_j}N^{\mathrm{T}}-\varPhi^{k_{j+1}-k_j-1}\varGamma_0^{k_j}V-\varPhi^{k_{j+1}-k_j-2}\varGamma V \\ &\quad -\left(1-\frac{1}{L}\right)\varPhi^{k_{j+1}-k_j-3}\varGamma V-\left(1-\frac{2}{L}\right)\varPhi^{k_{j+1}-k_j-4}\varGamma V-\cdots-\sigma_1\varGamma V \\ \varPsi_2 &= -\sigma_2\varPhi^{k_{j+1}-k_j-1}\varGamma_1^{k_j}V \end{aligned}$$

则在控制律 $u_j=-K\xi_j, K=VN^{-\mathrm{T}}$ 的作用下，系统 (5.22) 渐近稳定且相应的 H_∞ 范数界为 γ。

证明　定义以下李雅普诺夫泛函：

$$
\begin{aligned}
V_j &= V_{1j} + V_{2j} + V_{3j} \\
V_{1j} &= \xi_j^{\mathrm{T}} P \xi_j \\
V_{2j} &= (\xi_j - \xi_{j-1})^{\mathrm{T}} Z (\xi_j - \xi_{j-1}) \\
V_{3j} &= \xi_{j-1}^{\mathrm{T}} R \xi_{j-1}
\end{aligned}
$$

式中，P、Z、R 为对称正定矩阵。

由系统 (5.22) 和函数 V_j，可得到

$$
\begin{aligned}
\Delta V_{1j} &= \xi_{j+1}^{\mathrm{T}} P \xi_{j+1} - \xi_j^{\mathrm{T}} P \xi_j \\
\Delta V_{2j} &= (\xi_{j+1} - \xi_j)^{\mathrm{T}} Z (\xi_{j+1} - \xi_j) - (\xi_j - \xi_{j-1})^{\mathrm{T}} Z (\xi_j - \xi_{j-1}) \\
\Delta V_{3j} &= \xi_j^{\mathrm{T}} R \xi_j - \xi_{j-1}^{\mathrm{T}} R \xi_{j-1} \\
\Delta V_j &= \Delta V_{1j} + \Delta V_{2j} + \Delta V_{3j}
\end{aligned} \tag{5.26}
$$

定义 $\eta = [\xi_{j+1}^{\mathrm{T}} \quad \xi_j^{\mathrm{T}} \quad \xi_{j-1}^{\mathrm{T}}]^{\mathrm{T}}$, $\tilde{\eta} = [\eta^{\mathrm{T}} \quad \omega_j^{\mathrm{T}}]^{\mathrm{T}}$，对任意具有适当维数的矩阵 W 和 M 及正标量 θ_1、θ_2、θ_3，得到

$$
\begin{aligned}
&\varPi_1 = 2\eta^{\mathrm{T}} W[\xi_j - \xi_{j-1} - (\xi_j - \xi_{j-1})] = 0 \\
&\varPi_2 = 2(\theta_1 \xi_{j+1}^{\mathrm{T}} M + \theta_2 \xi_j^{\mathrm{T}} M + \theta_3 \xi_{j-1}^{\mathrm{T}} M)(\xi_{j+1} - \widetilde{A}_j \xi_j - \widetilde{B}_j \xi_{j-1} - \widetilde{D}_j \omega_j) = 0
\end{aligned} \tag{5.27}
$$

定义 $a = \eta$，$G = W$，$b = \xi_j - \xi_{j-1}$，由引理 2.2，设矩阵 X、Y、Z 满足 $\begin{bmatrix} X & Y \\ Y^{\mathrm{T}} & Z \end{bmatrix} \geqslant 0$，则有

$$
-2\eta^{\mathrm{T}} W(\xi_j - \xi_{j-1}) \leqslant \eta^{\mathrm{T}} X \eta + 2\eta^{\mathrm{T}}(Y - W)(\xi_j - \xi_{j-1}) + (\xi_j - \xi_{j-1})^{\mathrm{T}} Z (\xi_j - \xi_{j-1}) \tag{5.28}
$$

即

$$
\varPi_1 \leqslant \eta^{\mathrm{T}} X \eta + 2\eta^{\mathrm{T}} Y (\xi_j - \xi_{j-1}) + (\xi_j - \xi_{j-1})^{\mathrm{T}} Z (\xi_j - \xi_{j-1}) \tag{5.29}
$$

定义

$$
X = \begin{bmatrix} X_{11} & X_{12} & X_{13} \\ * & X_{22} & X_{23} \\ * & * & X_{33} \end{bmatrix}, \quad Y = \begin{bmatrix} Y_1 \\ Y_2 \\ Y_3 \end{bmatrix} \tag{5.30}
$$

有

$$
\Delta V_j + \varPi_1 + \varPi_2 \leqslant \tilde{\eta}^{\mathrm{T}} \varLambda \tilde{\eta} \tag{5.31}
$$

式中，

$$
\varLambda = \begin{bmatrix} \varLambda_{11} & \varLambda_{12} & \varLambda_{13} & -\theta_1 M \widetilde{D}_j \\ * & \varLambda_{22} & \varLambda_{23} & -\theta_2 M \widetilde{D}_j \\ * & * & \varLambda_{33} & -\theta_3 M \widetilde{D}_j \\ * & * & * & 0 \end{bmatrix}
$$

这里，

$$
\begin{aligned}
\Lambda_{11} &= P + Z + \theta_1 M + \theta_1 M^{\mathrm{T}} + X_{11} \\
\Lambda_{12} &= -Z - \theta_1 M \widetilde{A}_j + \theta_2 M^{\mathrm{T}} + X_{12} + Y_1 \\
\Lambda_{13} &= -\theta_1 M \widetilde{B}_j + \theta_3 M^{\mathrm{T}} + X_{13} - Y_1 \\
\Lambda_{22} &= -P + Z + R - \theta_2 M \widetilde{A}_j - \theta_2 \widetilde{A}_j^{\mathrm{T}} M^{\mathrm{T}} + X_{22} + Y_2 + Y_2^{\mathrm{T}} \\
\Lambda_{23} &= -\theta_2 M \widetilde{B}_j - \theta_3 \widetilde{A}_j^{\mathrm{T}} M^{\mathrm{T}} + X_{23} - Y_2 + Y_3^{\mathrm{T}} \\
\Lambda_{33} &= -R - \theta_3 M \widetilde{B}_j - \theta_3 \widetilde{B}_j^{\mathrm{T}} M^{\mathrm{T}} + X_{33} - Y_3 - Y_3^{\mathrm{T}}
\end{aligned}
$$

如果使用式 (5.19) 中给出的基于线性估计的补偿方法，在 $k_j h$ 时刻执行器可用的控制输入为 $\hat{u}_{k_j-1} = -\sigma_2 K \xi_{j-1}$，则受控输出为 $z_j = C_1 \xi_j - \sigma_2 D_1 K \xi_{j-1}$，对任意非零的 ξ_j，可得到

$$
\gamma^{-1} z_j^{\mathrm{T}} z_j - \gamma \omega_j^{\mathrm{T}} \omega_j = \tilde{\eta}^{\mathrm{T}} \varXi \tilde{\eta}
$$

式中，

$$
\varXi = \begin{bmatrix} 0 & 0 & 0 & 0 \\ * & \gamma^{-1} {C_1}^{\mathrm{T}} C_1 & -\sigma_2 \gamma^{-1} {C_1}^{\mathrm{T}} D_1 K & 0 \\ * & * & \sigma_2^2 \gamma^{-1} K^{\mathrm{T}} D_1^{\mathrm{T}} D_1 K & 0 \\ * & * & * & -\gamma I \end{bmatrix}
$$

因此，有

$$
\gamma^{-1} z_j^{\mathrm{T}} z_j - \gamma \omega_j^{\mathrm{T}} \omega_j + \Delta V_j + \varPi_1 + \varPi_2 \leqslant \tilde{\eta}^{\mathrm{T}} \widetilde{\Lambda} \tilde{\eta}
$$

式中，$\widetilde{\Lambda} = \Lambda + \varXi$。

下面证明 $\gamma^{-1} z_j^{\mathrm{T}} z_j - \gamma \omega_j^{\mathrm{T}} \omega_j + \Delta V_j < 0$，即只要证明 $\widetilde{\Lambda} < 0$。利用矩阵 Schur 补，$\widetilde{\Lambda} < 0$ 等价于

$$
\begin{bmatrix} \Lambda_{11} & \Lambda_{12} & \Lambda_{13} & -\theta_1 M \widetilde{D}_j & 0 \\ * & \Lambda_{22} & \Lambda_{23} & -\theta_2 M \widetilde{D}_j & C_1^{\mathrm{T}} \\ * & * & \Lambda_{33} & -\theta_3 M \widetilde{D}_j & -\sigma_2 (D_1 K)^{\mathrm{T}} \\ * & * & * & -\gamma I & 0 \\ * & * & * & * & -\gamma I \end{bmatrix} < 0 \tag{5.32}
$$

对式 (5.32) 前后分别乘以 diag(M^{-1}, M^{-1}, M^{-1}, I, I) 和 diag($M^{-\mathrm{T}}$, $M^{-\mathrm{T}}$, $M^{-\mathrm{T}}$, I, I)。定义 $M^{-1} = N$, $KN^{\mathrm{T}} = V$, $M^{-1} P M^{-\mathrm{T}} = \widetilde{P}$, $M^{-1} Z M^{-\mathrm{T}} = \widetilde{Z}$, $M^{-1} R M^{-\mathrm{T}} = \widetilde{R}$, $M^{-1} X_{ij} M^{-\mathrm{T}} = \widetilde{X}_{ij}$, $M^{-1} Y_i M^{-\mathrm{T}} = \widetilde{Y}_i$，其中，$i = 1,2,3$ 且 $i \leqslant j \leqslant 3$。考虑到 $\widetilde{A}_j$ 和 $\widetilde{B}_j$ 的表达式，可知式 (5.32) 等价于式 (5.23)。另外，对 $\begin{bmatrix} X & Y \\ Y^{\mathrm{T}} & Z \end{bmatrix} \geqslant 0$ 前后分别乘以 diag(M^{-1}, M^{-1}, M^{-1}, M^{-1}) 和 diag($M^{-\mathrm{T}}$, $M^{-\mathrm{T}}$,

$M^{-\mathrm{T}}, M^{-\mathrm{T}})$，则 $\begin{bmatrix} X & Y \\ Y^{\mathrm{T}} & Z \end{bmatrix} \geqslant 0$ 等价于式 (5.24)，也就是说，如果式 (5.23) 和式 (5.24) 满足，则有 $\gamma^{-1}z_j^{\mathrm{T}}z_j - \gamma\omega_j^{\mathrm{T}}\omega_j + \Delta V_j < 0$。

由 $\gamma^{-1}z_j^{\mathrm{T}}z_j - \gamma\omega_j^{\mathrm{T}}\omega_j + \Delta V_j < 0$，可得到

$$\gamma^{-1}z_j^{\mathrm{T}}z_j - \gamma\omega_j^{\mathrm{T}}\omega_j < -\Delta V_j$$

对以上不等式的两端从 $j=0$ 到 $j=n$ 求和，利用零初始条件，同时考虑到扰动输入 ω_j 具有有限能量，有

$$\sum_{j=0}^{n}||z_j||^2 < \gamma^2\sum_{j=0}^{n}||\omega_j||^2 - \gamma V_{n+1}$$

以上不等式对所有的 n 成立，令 $n\to\infty$ 且考虑到 $\lim\limits_{n\to\infty}\xi_n = 0$，有

$$||z||_2^2 < \gamma^2||\omega||_2^2$$

如果扰动输入 $\omega_j = 0$，则式 (5.23) 和式 (5.24) 能够保证系统 (5.22) 的渐近稳定性。如果 $\omega_j \neq 0$，则可以得到 $||z||_2^2 < \gamma^2||\omega||_2^2$。因此，如果式 (5.23) 和式 (5.24) 可行，则在控制器增益 $K = VN^{-\mathrm{T}}$ 的作用下，系统 (5.22) 渐近稳定且相应的 H_∞ 范数界为 γ。证毕。

第 4 章证明了基于时延切换的方法比基于参数不确定性的方法 [13, 14] 具有更小的保守性，但定理 5.4 的条件需要对 $k_{j+1}-k_j$ $(k_{j+1}-k_j = 1, 2, \cdots, L)$、$\Gamma_0^{k_j}$ 和 $\Gamma_1^{k_j}$ 的每个可能的值都成立，这样会增加计算复杂性。

下面将利用时延切换与参数不确定性相结合的方法处理系统 (5.22) 的 H_∞ 控制器设计问题，同时在设计过程中采用本节提出的基于线性估计的补偿方法。本节所提出的设计方法不仅比定理 5.4 中所采用的基于时延切换的方法有更小的计算复杂性，而且比基于参数不确定性的方法具有更小的保守性。

5.3.3　时延切换与参数不确定性相结合的 H_∞ 控制器设计

考虑时延 $\tau_{k_j} \in [0,\ h]$，把区间 $[0,\ h]$ 分成两个等长的小区间，则 $\tau_{k_j} \in \vartheta_1$ $\left(\vartheta_1 = \left[0,\ \frac{h}{2}\right]\right)$ 或 $\tau_{k_j} \in \vartheta_2$ $\left(\vartheta_2 = \left[\frac{h}{2},\ h\right]\right)$。定义 $\bar{\tau}_1 = \left(0 + \frac{h}{2}\right)/2 = \frac{h}{4}$，$\bar{\tau}_2 = \left(\frac{h}{2} + h\right)/2 = \frac{3h}{4}$。

如果 $\tau_{k_j} \in \vartheta_1$，则有

$$\Gamma_0^{k_j} = \int_0^{h-\tau_{k_j}} \mathrm{e}^{As}\mathrm{d}sB_1 = \int_0^{h-\bar{\tau}_1} \mathrm{e}^{As}\mathrm{d}sB_1 + \int_{h-\bar{\tau}_1}^{h-\tau_{k_j}} \mathrm{e}^{As}\mathrm{d}sB_1$$

定义 $H_1=\int_0^{h-\bar{\tau}_1}\mathrm{e}^{As}\mathrm{d}sB_1$, $G_1=I$, $F_1=\int_{h-\bar{\tau}_1}^{h-\tau_{k_j}}\mathrm{e}^{As}\mathrm{d}s$, $E_1=B_1$，有

$$\Gamma_0^{k_j}=H_1+G_1F_1E_1 \tag{5.33}$$

类似地，可以得到

$$\Gamma_1^{k_j}=\int_{h-\tau_{k_j}}^{h}\mathrm{e}^{As}\mathrm{d}sB_1=H_2+G_2F_1E_2 \tag{5.34}$$

式中，$H_2=\int_{h-\bar{\tau}_1}^{h}\mathrm{e}^{As}\mathrm{d}sB_1$；$G_2=I$；$E_2=-B_1$。

如果 $\tau_{k_j}\in\vartheta_2$，则可以得到

$$\Gamma_0^{k_j}=H_3+G_3F_2E_3 \tag{5.35}$$

$$\Gamma_1^{k_j}=H_4+G_4F_2E_4 \tag{5.36}$$

式中，$H_3=\int_0^{h-\bar{\tau}_2}\mathrm{e}^{As}\mathrm{d}sB_1$；$H_4=\int_{h-\bar{\tau}_2}^{h}\mathrm{e}^{As}\mathrm{d}sB_1$；$G_3=G_4=I$；$F_2=\int_{h-\bar{\tau}_2}^{h-\tau_{k_j}}\mathrm{e}^{As}\mathrm{d}s$；$E_3=B_1$；$E_4=-B_1$。

如果 $\tau_{k_j}\in\vartheta_1$，则 $h-\tau_{k_j}$ 的上界为 h；如果 $\tau_{k_j}\in\vartheta_2$，则 $h-\tau_{k_j}$ 的上界为 $h/2$。因此，$F_1^{\mathrm{T}}F_1\leqslant\lambda_1^2I$, $F_2^{\mathrm{T}}F_2\leqslant\lambda_2^2I$，其中，$\lambda_1$ 和 λ_2 是正标量。定义 $\sigma_{\max}(A)$ 为矩阵 A 的最大奇异值，可得 (证明见文献 [13])

$$\lambda_1=\frac{\mathrm{e}^{\sigma_{\max}(A)\times(h-0)}-\mathrm{e}^{\sigma_{\max}(A)\times(h-\bar{\tau}_1)}}{\sigma_{\max}(A)} \tag{5.37}$$

$$\lambda_2=\frac{\mathrm{e}^{\sigma_{\max}(A)\times(h-\frac{h}{2})}-\mathrm{e}^{\sigma_{\max}(A)\times(h-\bar{\tau}_2)}}{\sigma_{\max}(A)} \tag{5.38}$$

注 5.6　由以上分析可知，$\tau_{k_j}\in\vartheta_1$ 或 $\tau_{k_j}\in\vartheta_2$。另外，由式 (5.33)~式 (5.36) 可以看出，系统 (5.22) 可以建模为一个参数不确定系统，则系统 (5.22) 既可以建模为时延切换系统，又可以建模为参数不确定系统。

下面利用时延切换与参数不确定性相结合的方法讨论系统 (5.22) 的 H_∞ 控制器设计问题。

定理 5.5　对给定的正标量 θ_1、θ_2、θ_3、λ_1、λ_2，如果存在对称正定矩阵 $\widetilde{P}$、$\widetilde{Z}$、$\widetilde{R}$，矩阵 $\widetilde{X}_{11}$、$\widetilde{X}_{12}$、$\widetilde{X}_{13}$、$\widetilde{X}_{22}$、$\widetilde{X}_{23}$、$\widetilde{X}_{33}$、$\widetilde{Y}_1$、$\widetilde{Y}_2$、$\widetilde{Y}_3$、V、N，正标量 γ, ε_1, $\cdots$, ε_5, ρ_1, $\cdots$, ρ_5，使得以下线性矩阵不等式对 $k_{j+1}-k_j$ ($k_{j+1}-k_j=1, 2, \cdots, L$) 的每个可能的值都成立：

$$\begin{bmatrix}\Omega_{11} & \Omega_{12} & \Omega_{13}\\ * & \Omega_{22} & 0\\ * & * & \Omega_{33}\end{bmatrix}<0 \tag{5.39}$$

$$\begin{bmatrix} \Theta_{11} & \Theta_{12} & \Theta_{13} \\ * & \Theta_{22} & 0 \\ * & * & \Theta_{33} \end{bmatrix} < 0 \tag{5.40}$$

$$\begin{bmatrix} \widetilde{X}_{11} & \widetilde{X}_{12} & \widetilde{X}_{13} & \widetilde{Y}_1 \\ * & \widetilde{X}_{22} & \widetilde{X}_{23} & \widetilde{Y}_2 \\ * & * & \widetilde{X}_{33} & \widetilde{Y}_3 \\ * & * & * & \widetilde{Z} \end{bmatrix} \geqslant 0 \tag{5.41}$$

式中，

$$\Omega_{11} = \begin{bmatrix} \widetilde{\Lambda}_{11} & \widetilde{\Lambda}_{12} & \widetilde{\Lambda}_{13} & -\theta_1 \widetilde{D}_j & 0 \\ * & \widetilde{\Lambda}_{22} & \widetilde{\Lambda}_{23} & -\theta_2 \widetilde{D}_j & NC_1^{\mathrm{T}} \\ * & * & \widetilde{\Lambda}_{33} & -\theta_3 \widetilde{D}_j & -\sigma_2 V^{\mathrm{T}} D_1^{\mathrm{T}} \\ * & * & * & -\gamma I & 0 \\ * & * & * & * & -\gamma I \end{bmatrix} \tag{5.42}$$

这里，

$$\begin{aligned}
\widetilde{\Lambda}_{11} &= \widetilde{P} + \widetilde{Z} + \theta_1 N + \theta_1 N^{\mathrm{T}} + \widetilde{X}_{11} \\
\widetilde{\Lambda}_{12} &= -\widetilde{Z} - \theta_1 \Psi_1 + \theta_2 N + \widetilde{X}_{12} + \widetilde{Y}_1 \\
\widetilde{\Lambda}_{13} &= -\theta_1 \Psi_2 + \theta_3 N + \widetilde{X}_{13} - \widetilde{Y}_1 \\
\widetilde{\Lambda}_{22} &= -\widetilde{P} + \widetilde{Z} + \widetilde{R} - \theta_2 \Psi_1 - \theta_2 \Psi_1^{\mathrm{T}} + \widetilde{X}_{22} + \widetilde{Y}_2 + \widetilde{Y}_2^{\mathrm{T}} \\
\widetilde{\Lambda}_{23} &= -\theta_2 \Psi_2 - \theta_3 \Psi_1^{\mathrm{T}} + \widetilde{X}_{23} - \widetilde{Y}_2 + \widetilde{Y}_3^{\mathrm{T}} \\
\widetilde{\Lambda}_{33} &= -\widetilde{R} - \theta_3 \Psi_2 - \theta_3 \Psi_2^{\mathrm{T}} + \widetilde{X}_{33} - \widetilde{Y}_3 - \widetilde{Y}_3^{\mathrm{T}} \\
\Psi_1 &= \Phi^{k_{j+1}-k_j} N^{\mathrm{T}} - \Phi^{k_{j+1}-k_j-1} H_1 V - \Phi^{k_{j+1}-k_j-2} \Gamma V \\
&\quad - \left(1 - \frac{1}{L}\right) \Phi^{k_{j+1}-k_j-3} \Gamma V - \left(1 - \frac{2}{L}\right) \Phi^{k_{j+1}-k_j-4} \Gamma V - \cdots - \sigma_1 \Gamma V \\
\Psi_2 &= -\sigma_2 \Phi^{k_{j+1}-k_j-1} H_2 V
\end{aligned}$$

且

$$\Omega_{12} = \mathrm{diag}(0,\ V^{\mathrm{T}} E_1^{\mathrm{T}},\ V^{\mathrm{T}} E_2^{\mathrm{T}},\ 0,\ 0) \tag{5.43}$$

$$\Omega_{13} = \begin{bmatrix} 0 & \theta_1 \varepsilon_2 \Phi^{k_{j+1}-k_j-1} G_1 & \theta_1 \sigma_2 \varepsilon_3 \Phi^{k_{j+1}-k_j-1} G_2 & 0 & 0 \\ 0 & \theta_2 \varepsilon_2 \Phi^{k_{j+1}-k_j-1} G_1 & \theta_2 \sigma_2 \varepsilon_3 \Phi^{k_{j+1}-k_j-1} G_2 & 0 & 0 \\ 0 & \theta_3 \varepsilon_2 \Phi^{k_{j+1}-k_j-1} G_1 & \theta_3 \sigma_2 \varepsilon_3 \Phi^{k_{j+1}-k_j-1} G_2 & 0 & 0 \\ 0 & 0 & 0 & 0 & 0 \\ 0 & 0 & 0 & 0 & 0 \end{bmatrix} \tag{5.44}$$

$$\Omega_{22} = \text{diag}(\underbrace{-\lambda_1^{-1}\varepsilon_1 I,\ \cdots,\ -\lambda_1^{-1}\varepsilon_5 I}_{5}) \tag{5.45}$$

$$\Omega_{33} = \text{diag}(\underbrace{-\lambda_1^{-1}\varepsilon_1 I,\ \cdots,\ -\lambda_1^{-1}\varepsilon_5 I}_{5}) \tag{5.46}$$

另外，

$$\Theta_{11} = \begin{bmatrix} \bar{\Lambda}_{11} & \bar{\Lambda}_{12} & \bar{\Lambda}_{13} & -\theta_1 \widetilde{D}_j & 0 \\ * & \bar{\Lambda}_{22} & \bar{\Lambda}_{23} & -\theta_2 \widetilde{D}_j & NC_1^{\mathrm{T}} \\ * & * & \bar{\Lambda}_{33} & -\theta_3 \widetilde{D}_j & -\sigma_2 V^{\mathrm{T}} D_1^{\mathrm{T}} \\ * & * & * & -\gamma I & 0 \\ * & * & * & * & -\gamma I \end{bmatrix} \tag{5.47}$$

这里，

$$\begin{aligned}
\bar{\Lambda}_{11} &= \widetilde{P} + \widetilde{Z} + \theta_1 N + \theta_1 N^{\mathrm{T}} + \widetilde{X}_{11} \\
\bar{\Lambda}_{12} &= -\widetilde{Z} - \theta_1 \Psi_1 + \theta_2 N + \widetilde{X}_{12} + \widetilde{Y}_1 \\
\bar{\Lambda}_{13} &= -\theta_1 \Psi_2 + \theta_3 N + \widetilde{X}_{13} - \widetilde{Y}_1 \\
\bar{\Lambda}_{22} &= -\widetilde{P} + \widetilde{Z} + \widetilde{R} - \theta_2 \Psi_1 - \theta_2 \Psi_1^{\mathrm{T}} + \widetilde{X}_{22} + \widetilde{Y}_2 + \widetilde{Y}_2^{\mathrm{T}} \\
\bar{\Lambda}_{23} &= -\theta_2 \Psi_2 - \theta_3 \Psi_1^{\mathrm{T}} + \widetilde{X}_{23} - \widetilde{Y}_2 + \widetilde{Y}_3^{\mathrm{T}} \\
\bar{\Lambda}_{33} &= -\widetilde{R} - \theta_3 \Psi_2 - \theta_3 \Psi_2^{\mathrm{T}} + \widetilde{X}_{33} - \widetilde{Y}_3 - \widetilde{Y}_3^{\mathrm{T}} \\
\Psi_1 &= \Phi^{k_{j+1}-k_j} N^{\mathrm{T}} - \Phi^{k_{j+1}-k_j-1} H_3 V - \Phi^{k_{j+1}-k_j-2} \Gamma V \\
&\quad - \left(1 - \frac{1}{L}\right) \Phi^{k_{j+1}-k_j-3} \Gamma V - \left(1 - \frac{2}{L}\right) \Phi^{k_{j+1}-k_j-4} \Gamma V - \cdots - \sigma_1 \Gamma V \\
\Psi_2 &= -\sigma_2 \Phi^{k_{j+1}-k_j-1} H_4 V
\end{aligned}$$

且

$$\Theta_{12} = \text{diag}(0,\ V^{\mathrm{T}} E_3^{\mathrm{T}},\ V^{\mathrm{T}} E_4^{\mathrm{T}},\ 0,\ 0) \tag{5.48}$$

$$\Theta_{13} = \begin{bmatrix} 0 & \theta_1 \rho_2 \Phi^{k_{j+1}-k_j-1} G_3 & \theta_1 \sigma_2 \rho_3 \Phi^{k_{j+1}-k_j-1} G_4 & 0 & 0 \\ 0 & \theta_2 \rho_2 \Phi^{k_{j+1}-k_j-1} G_3 & \theta_2 \sigma_2 \rho_3 \Phi^{k_{j+1}-k_j-1} G_4 & 0 & 0 \\ 0 & \theta_3 \rho_2 \Phi^{k_{j+1}-k_j-1} G_3 & \theta_3 \sigma_2 \rho_3 \Phi^{k_{j+1}-k_j-1} G_4 & 0 & 0 \\ 0 & 0 & 0 & 0 & 0 \\ 0 & 0 & 0 & 0 & 0 \end{bmatrix} \tag{5.49}$$

$$\Theta_{22} = \text{diag}(\underbrace{-\lambda_2^{-1}\rho_1 I,\ \cdots,\ -\lambda_2^{-1}\rho_5 I}_{5}) \tag{5.50}$$

$$\Theta_{33} = \mathrm{diag}(\underbrace{-\lambda_2^{-1}\rho_1 I,\ \cdots,\ -\lambda_2^{-1}\rho_5 I}_{5}) \tag{5.51}$$

则在控制律 $u_j = -K\xi_j$, $K = VN^{-\mathrm{T}}$ 的作用下，系统 (5.22) 渐近稳定且相应的 H_∞ 范数界为 γ。

证明　通过分析可以得到，如果式 (5.23) 和式 (5.24) 成立，则 $\gamma^{-1}z_j^{\mathrm{T}}z_j - \gamma\omega_j^{\mathrm{T}}\omega_j + \Delta V_j < 0$。如果 $\tau_{k_j} \in \vartheta_1$, 则式 (5.23) 可以写为

$$\Omega_1 + \widetilde{G}_1\widetilde{F}_1\widetilde{E}_1 + \widetilde{E}_1^{\mathrm{T}}\widetilde{F}_1^{\mathrm{T}}\widetilde{G}_1^{\mathrm{T}} < 0 \tag{5.52}$$

式中，Ω_1 同定理 5.5 中的 Ω_{11}，且

$$\widetilde{G}_1 = \begin{bmatrix} 0 & \theta_1\Phi^{k_{j+1}-k_j-1}G_1 & \theta_1\sigma_2\Phi^{k_{j+1}-k_j-1}G_2 & 0 & 0 \\ 0 & \theta_2\Phi^{k_{j+1}-k_j-1}G_1 & \theta_2\sigma_2\Phi^{k_{j+1}-k_j-1}G_2 & 0 & 0 \\ 0 & \theta_3\Phi^{k_{j+1}-k_j-1}G_1 & \theta_3\sigma_2\Phi^{k_{j+1}-k_j-1}G_2 & 0 & 0 \\ 0 & 0 & 0 & 0 & 0 \\ 0 & 0 & 0 & 0 & 0 \end{bmatrix} \tag{5.53}$$

$$\widetilde{E}_1 = \mathrm{diag}(0,\ E_1V,\ E_2V,\ 0,\ 0) \tag{5.54}$$

$$\widetilde{F}_1 = \mathrm{diag}(F_1,\ F_1,\ F_1,\ F_1,\ F_1) \tag{5.55}$$

对于正标量 $\varepsilon_1, \cdots, \varepsilon_5$, 由引理 2.3，可得到

$$\widetilde{G}_1\widetilde{F}_1\widetilde{E}_1 + \widetilde{E}_1^{\mathrm{T}}\widetilde{F}_1^{\mathrm{T}}\widetilde{G}_1^{\mathrm{T}} \leqslant \lambda_1\widetilde{G}_1\Delta\widetilde{G}_1^{\mathrm{T}} + \lambda_1\widetilde{E}_1^{\mathrm{T}}\Delta^{-1}\widetilde{E}_1 \tag{5.56}$$

式中，$\Delta = \mathrm{diag}(\varepsilon_1 I,\ \cdots,\ \varepsilon_5 I)$。

利用矩阵 Schur 补，如果以下不等式成立，则式 (5.52) 也是可行的:

$$\begin{bmatrix} \Omega_1 & \widetilde{E}_1^{\mathrm{T}} & \widetilde{G}_1 \\ * & -\lambda_1^{-1}\Delta & 0 \\ * & * & -\lambda_1^{-1}\Delta^{-1} \end{bmatrix} < 0 \tag{5.57}$$

对式 (5.57) 前后分别乘以 $\mathrm{diag}(I,\ I,\ \Delta)$ 和 $\mathrm{diag}(I,\ I,\ \Delta)$，则式 (5.57) 等价于式 (5.39)。

类似地，对于 $\tau_{k_j} \in \vartheta_2$ 的情况，如果式 (5.40) 满足，则式 (5.23) 也是可行的。因此，式 (5.39)~式 (5.41) 可以保证 $\gamma^{-1}z_j^{\mathrm{T}}z_j - \gamma\omega_j^{\mathrm{T}}\omega_j + \Delta V_j < 0$。定理 5.5 剩余部分的证明类似于定理 5.4 的证明，此处略。证毕。

采用现有基于参数不确定性的方法，也可以为系统 (5.22) 设计 H_∞ 控制器，此处略。

注 5.7　定理 5.5 的证明中采用了引理 2.3，且矩阵 $\Delta = \mathrm{diag}(\delta_1 I, \cdots, \delta_r I)$。然而，现有的方法通常定义 $\Delta = \mathrm{diag}(\delta I, \cdots, \delta I)$，因此，引理 2.3 的引入会带来更小的保守性。

注 5.8　对系统 (5.22) 而言，如果不考虑时延及丢包补偿，且发生长时延或丢包时采用最近收到的控制输入，则 $u_{k_j+1} = u_{k_j}$，$u_{k_j+2} = u_{k_j}$，$\cdots$，$u_{k_{j+1}-1} = u_{k_j}$，对应于式 (5.19) 中 $L \to \infty$ 的情况。类似地，可以讨论系统 (5.18) 的 H_∞ 性能优化和控制器设计问题。与不考虑补偿的方法相比，本节所提出的基于线性估计的补偿方法可以在较大程度上改善系统性能。

5.3.4　数值算例

算例 5.2　验证基于线性估计的时延与丢包补偿方法的有效性。考虑如下开环不稳定系统：

$$\begin{cases} \dot{x}(t) = \begin{bmatrix} 0.8822 & -0.4090 \\ -0.4863 & -0.3902 \end{bmatrix} x(t) + \begin{bmatrix} 0.7523 \\ 0.7399 \end{bmatrix} u(t) + \begin{bmatrix} -0.3379 \\ -0.3533 \end{bmatrix} \omega(t) \\ z(t) = \begin{bmatrix} -0.1181 & 0.4057 \end{bmatrix} x(t) - 0.5074u(t) \end{cases} \tag{5.58}$$

设传感器的采样周期为 0.25s，时延 $\tau_{k_j} \in [0,\ h]$，系统的初始状态 $x_0 = [1\ \ -1]^{\mathrm{T}}$，$\theta_1 = 10$, $\theta_2 = 1$, $\theta_3 = 1$。令 “方法 3” 表示基于参数不确定性的方法 [13,14]，γ_{com} 表示采用丢包补偿方法时得到的 H_∞ 范数界，γ_{nocom} 表示没有丢包补偿时得到的 H_∞ 范数界。为简单起见，假设在 0, 4, 8, $\cdots$ 时刻的数据包被成功传到了执行器，即每 4 个数据包中有 3 个被丢失，则 $L = 4$。

如果利用时延切换的方法，则假定 τ_{k_j} 在 $\tau_{k_j}^1 = 0.06\mathrm{s}$、$\tau_{k_j}^2 = 0.09\mathrm{s}$、$\tau_{k_j}^3 = 0.12\mathrm{s}$ 之间切换。如果利用时延切换与参数不确定性相结合的方法，由式 (5.37) 和式 (5.38) 可以得到 $\lambda_1 = 0.0783$ 且 $\lambda_2 = 0.0688$。如果利用基于参数不确定性的方法，类似于式 (5.37)，可以得到 $\lambda = 0.1516$。

不考虑时延及丢包补偿，仍然可以为系统 (5.22) 设计 H_∞ 控制器。表 5.1 列出了对应于不同情况的 H_∞ 范数界 (“—” 表示线性矩阵不等式不可行)。

表 5.1　H_∞ 范数界

γ	定理 5.4	定理 5.5	方法 3 [13,14]
γ_{com}	0.6028	1.0342	—
γ_{nocom}	1.6991	77.7318	—

由表 5.1 可以看出，$\gamma_{\mathrm{com}} < \gamma_{\mathrm{nocom}}$，这说明本节所提出的补偿方法的优点。另外，定理 5.4 中所采用的时延切换方法和定理 5.5 中采用的时延切换与参数不确定性相结合的方法比基于参数不确定性的方法 [13,14] 具有更小的保守性。

对网络控制系统而言，采样周期越大，系统越容易不稳定。假定系统的连续丢包数为 3，表 5.2 列出了基于不同方法而得到的最大容许采样周期 (maximum admissible sampling periods, MASP)，其中，$h_{\rm com}$ 和 $h_{\rm nocom}$ 分别表示有补偿和无补偿时所得到的最大容许采样周期。表 5.2 也说明了本节所提出的补偿方法的有效性。

表 5.2　最大容许采样周期

h	定理 5.4	定理 5.5	方法 3 [13,14]
$h_{\rm com}$	0.66	0.33	0.12
$h_{\rm nocom}$	0.43	0.25	0.07

为简单起见，设 $\tau_{k_j}=0.06$s，求解定理 5.5 中的线性矩阵不等式，可以得到有补偿和无补偿时的控制器增益 K 分别为 $[4.1138\quad -1.1757]$ 和 $[2.7610\quad -0.8012]$，当系统运行到 10s 时，加入扰动输入 $3\sin j$ $(j=1,2,\cdots,15)$，系统 (5.59) 的状态响应和受控输出曲线如图 5.5 所示。由图 5.5(a) 和图 5.5(b) 可以看出，本节所提出的补偿方法可以保证系统具有较好的 H_∞ 性能。

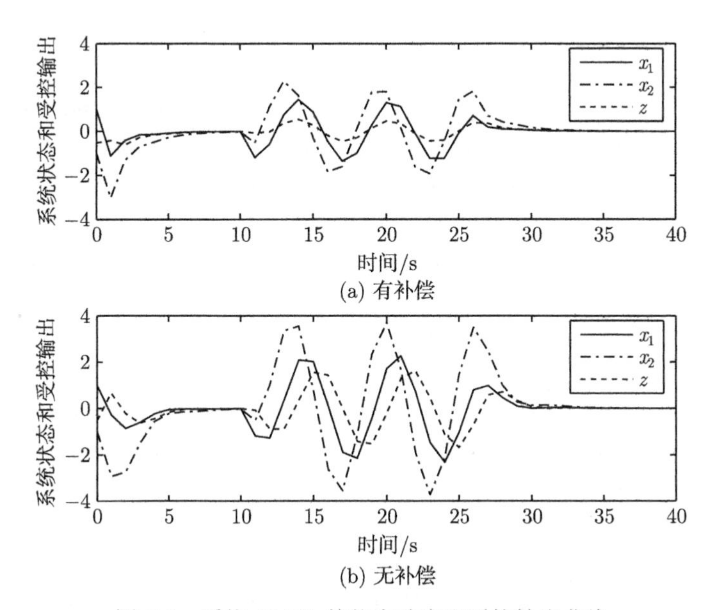

图 5.5　系统 (5.58) 的状态响应和受控输出曲线

5.4　本 章 小 结

本章采用基于预测控制与基于线性估计的方法来补偿时延及丢包的负面影响，

讨论了线性时不变系统的 H_∞ 性能分析和状态反馈控制器设计问题。基于预测控制的补偿方法更适合时延较大且丢包率较高的系统，而基于线性估计的方法更适合时延小且丢包率低的系统。对基于预测的补偿方法，通过给定一个时延阈值，减小了预测误差的负面影响。对基于线性估计的补偿方法，采用时延切换的方法以及时延切换与参数不确定性相结合的方法来处理时变时延，这两种方法比现有的基于参数不确定性的方法具有更小的保守性。与现有的结果相比，本章所提出的补偿方法可以保证系统具有更优的 H_∞ 性能，数值算例进一步验证了本章所提出的两种补偿方法的优越性。

参 考 文 献

[1] Kim W J, Ji K, Ambike A. Networked real-time control strategies dealing with stochastic time delays and packet losses[C]. American Control Conference, Portland, 2005: 621-626.

[2] Yang Y, Wang Y J, Yang S H. A networked control systems with stochastically varying transmission delay and uncertain process parameters[C]. Proceedings of the 16th Triennial World Congress, Prague, 2005: 91-96.

[3] Lian B S, Zhang Q L, Li J N. Integrated sliding mode control and neural networks based packet disordering prediction for nonlinear networked control systems[J]. IEEE Transactions on Neural Networks and Learning Systems, 2019, 30(8): 2324-2335.

[4] Liu G P, Xia Y Q, Chen J, et al. Networked predictive control of systems with random network delays in both forward and feedback channels[J]. IEEE Transactions on Industrial Electronics, 2007, 54(3): 1282-1297.

[5] Sanchis R, Peñarrocha I, Albertos P. Design of robust output predictors under scarce measurements with time-varying delays[J]. Automatica, 2007, 43(2): 281-289.

[6] Liu G P, Xia Y Q, Rees D, et al. Design and stability criteria of networked predictive control systems with random network delay in the feedback channel[J]. IEEE Transactions on Systems, Man, and Cybernetics Part C: Applications and Reviews, 2007, 37(2): 173-184.

[7] Peng H, Razi A, Afghah F, et al. A unified framework for joint mobility prediction and object profiling of drones in UAV networks[J]. Journal of Communications and Networks, 2018, 20(5): 434-442.

[8] Chai S C, Liu G P, Rees D, et al. Design and practical implementation of internet-based predictive control of a servo system[J]. IEEE Transactions on Control Systems Technology, 2008, 16(1): 158-168.

[9] Hu W S, Liu G P, Rees D. Event-driven networked predictive control [J]. IEEE Transactions on Industrial Electronics, 2007, 54(3): 1603-1613.

[10] Hu S S, Zhu Q X. Stochastic optimal control and analysis of stability of networked control systems with long delay[J]. Automatica, 2003, 39(11): 1877-1884.

[11] Yu M, Wang L, Chu T G, et al. Stabilization of networked control systems with data packet dropout and network delays via switching system approach[C]. Proceedings of the 43rd IEEE Conference on Decision and Control, Nassau, 2004: 3539-3544.

[12] Yu M, Wang L, Chu T G, et al. An LMI approach to networked control systems with data packet dropout and transmission delays[C]. Proceedings of the 43rd IEEE Conference on Decision and Control, Nassau, 2004: 3545-3550.

[13] Xie G M, Wang L. Stabilization of networked control systems with time-varying network-induced delay[C]. Proceedings of the 43rd IEEE Conference on Decision and Control, Nassau, 2004: 3551-3556.

[14] Pan Y J, Marquez H J, Chen T W. Remote stabilization of networked control systems with unknown time varying delays by LMI techniques[C]. Proceedings of the 44th IEEE Conference on Decision and Control, Seville, 2005: 1589-1594.

第 6 章　基于信道共享的丢包补偿

6.1　引　　言

合理地补偿网络诱导时延及数据包丢失的负面影响，具有十分重要的意义。利用预测控制方法来补偿时延及丢包可以取得较好的效果。对基于预测控制的补偿方法而言，由于每次采样时都需要提前若干步预测控制输入并传到执行器，这样会增大每次传输的数据包的字节数，从而增加网络负载。第 5 章提出了基于线性估计的方法来估计那些丢失的或者发生长时延的数据包，由于该方法不需要提前若干步估计控制输入并传到执行器，与基于预测控制的方法相比，可以减小网络负载。

需要说明的是，基于预测控制的方法 [1-4] 和基于估计的方法 [5] 都会存在一定的预测或估计误差，而这种误差的影响通常难以消除。对网络控制系统而言，一个重要的特性就是网络资源的共享，如果控制输入可以经由多个空闲的信道传输，则即使在某些通道发生长时延或丢包，执行器仍然可能收到最新的控制输入，而且这种信道的共享不会导致硬件成本的增加。采用基于多信道共享的方法来补偿时延及丢包的负面影响，系统中通常会存在多个时延项。

本章首先提出一种基于多信道共享的方法来补偿时延及丢包的负面影响，并讨论线性时不变系统的 H_∞ 性能优化和控制器设计问题。与基于单信道的方法相比，对空闲信道的共享可以补偿时延及丢包的负面影响，且不会增加系统的硬件成本。然后，通过定义合适的李雅普诺夫泛函并避免对向量交叉积的放大，来验证本章所提出的 H_∞ 性能优化和控制器设计方法具有较小的保守性。最后，通过数值算例验证所提出的基于多信道共享的补偿方法的优越性。

6.2　问 题 描 述

网络控制系统的一个重要特性就是网络资源的共享，图 6.1 给出了多信道网络控制系统的典型结构，其中，K_i $(i=1,2,\cdots,p)$ 是相对于第 i 个对象的控制器。本章的目的是通过充分利用空闲的信道和控制器来补偿时延及丢包的负面影响。

注 6.1　图 6.1 中，信道 1 的控制输入被丢失了多个，信道 2, 3, $\cdots$, p (如果它们空闲) 仍可以为对象 1 传输控制输入，这样可以降低时延及丢包对于对象 1 的负面影响。另外，如果信道 2, 3, $\cdots$, p 都处于忙的状态，则只有信道 1 可以为对象 1 传输控制输入。因此，单信道网络控制系统可以看作多信道系统的一种特殊情况。

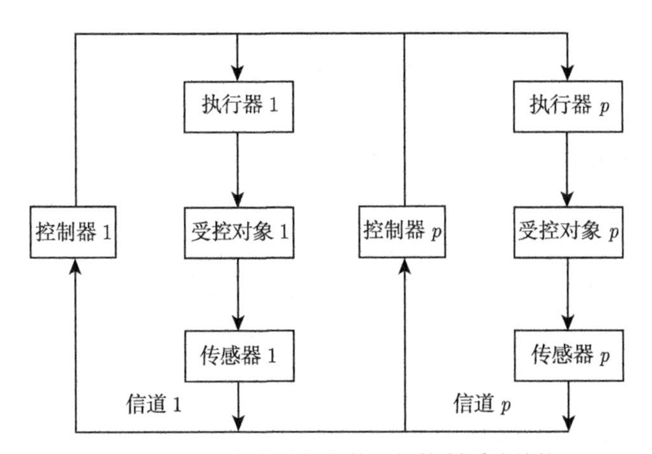

图 6.1　基于多信道共享的网络控制系统结构

本章将考虑执行器从两个信道接收控制输入的情况。实际上，如果系统从两个以上的信道接收控制输入，本章所提出的设计方法也是可行的。

设从控制器 1 和 2 得到的控制输入分别经过信道 1 和 2 传输到执行器，控制器 1 和信道 1 空闲且被用来补偿时延及丢包的负面影响。图 6.2 给出了从两个信道接收控制输入的网络控制系统的信号传输时序图。对时延作如下假设。

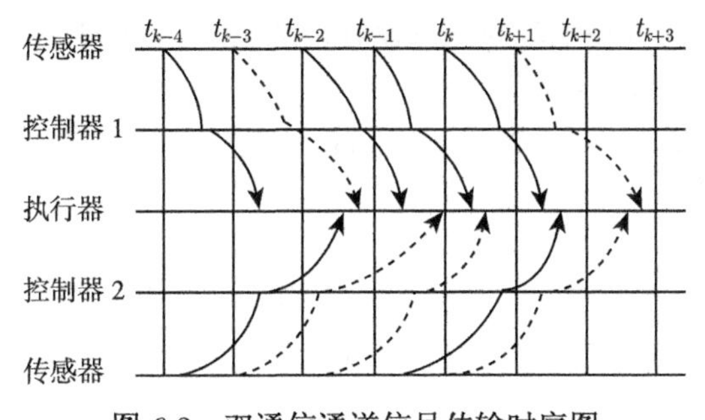

图 6.2　双通信通道信号传输时序图

假设 6.1　设 τ_{1k} 和 τ_{2k} 分别是信道 1 和 2 的传感器–执行器时延，τ_{1k} 和 τ_{2k} 是时变的且 $\tau_{1k}=nh+\varepsilon_{1k}$，$\tau_{2k}=mh+\varepsilon_{2k}$，其中，$n$、$m$ 是已知的正整数；h 为采样周期的长度；$\varepsilon_{1k}\in[0,\ h]$，$\varepsilon_{2k}\in[0,\ h]$；$n\leqslant m$，$\varepsilon_{1k}\leqslant\varepsilon_{2k}$。

考虑如下线性时不变系统：

$$\begin{cases}\dot{x}(t)=Ax(t)+B_1u(t)+B_2\omega(t)\\ z(t)=Cx(t)+Du(t)\end{cases}\tag{6.1}$$

式中，$x(t)$、$u(t)$、$z(t)$、$\omega(t)$ 分别是状态向量、控制输入向量、受控输出、扰动输入，

且 $\omega(t)$ 是分段常数；A、B_1、B_2、C、D 是具有适当维数的常数矩阵。对于双信道网络控制系统，控制输入 $u(t)=K_1x(t)+K_2x(t)$，其中，K_1 和 K_2 为控制器增益。

下面给出双信道网络控制系统的离散时间模型，且空闲的信道被充分利用以补偿时延及丢包的影响。

在采样时刻 t_k，设基于控制器 1 和控制器 2 所得到的最新控制输入分别为 u_{k-l_k} 和 u_{k-r_k}，且 $l_m\leqslant l_k\leqslant l_M$，$r_m\leqslant r_k\leqslant r_M$，$l_m\leqslant r_m$，$l_M\leqslant r_M$。

本章中，假设控制输入的丢包是随机的，且信道 1 和 2 连续丢包数的上界分别为 l_M-n-1 和 r_M-m-1。对具有长时延及丢包的网络控制系统，如果执行器在采样周期 $[t_k,\ t_{k+1}]$ 内收到两个控制输入 u_{k-n} 和 u_{k-m}，则系统 (6.1) 的离散时间表达式如下：

$$\begin{cases} x_{k+1}=\varPhi x_k+\varGamma_{0n}u_{k-n}+\varGamma_{1n}u_{k-l_k}+\varGamma_{0m}u_{k-m}+\varGamma_{1m}u_{k-r_k}+\varGamma_2\omega_k \\ z_k=Cx_k+D[\mathrm{pr}\ u_{k-l_k}+(1-\mathrm{pr})\ u_{k-r_k}] \end{cases} \tag{6.2}$$

式中，$\varPhi=\mathrm{e}^{Ah}$；$\varGamma_{0n}=\int_0^{h-\varepsilon_{1k}}\mathrm{e}^{As}\mathrm{d}sB_1$；$\varGamma_{1n}=\int_{h-\varepsilon_{1k}}^{h}\mathrm{e}^{As}\mathrm{d}sB_1$；$\varGamma_{0m}=\int_0^{h-\varepsilon_{2k}}\mathrm{e}^{As}\mathrm{d}sB_1$；$\varGamma_{1m}=\int_{h-\varepsilon_{2k}}^{h}\mathrm{e}^{As}\mathrm{d}sB_1$；$\varGamma_2=\int_0^{h}\mathrm{e}^{As}\mathrm{d}sB_2$；$u_{k-n}=-K_1x_{k-n}$；$u_{k-l_k}=-K_1x_{k-l_k}$；$u_{k-m}=-K_2x_{k-m}$；$u_{k-r_k}=-K_2x_{k-r_k}$。

如果在 t_k 时刻执行器端最新的控制输入为 u_{k-l_k}，则令 $\mathrm{pr}=1$；如果最新的控制输入为 u_{k-r_k}，则令 $\mathrm{pr}=0$。

分别定义 $-\varGamma_{0n}K_1$、$-\varGamma_{0m}K_2$、$-\varGamma_{1n}K_1$、$-\varGamma_{1m}K_2$、$\varGamma_2$ 为 $\varPhi_1$、$\varPhi_2$、$\varPhi_3$、$\varPhi_4$、$\varPhi_5$，系统 (6.2) 可以写为

$$\begin{cases} x_{k+1}=\varPhi x_k+\varPhi_1x_{k-n}+\varPhi_2x_{k-m}+\varPhi_3x_{k-l_k}+\varPhi_4x_{k-r_k}+\varPhi_5\omega_k \\ z_k=Cx_k-D[\mathrm{pr}K_1x_{k-l_k}+(1-\mathrm{pr})\ K_2x_{k-r_k}] \end{cases} \tag{6.3}$$

正如系统 (6.3) 所示，空闲的信道被用来为受控对象传输控制输入。下面将基于系统 (6.3) 讨论时延及丢包补偿问题。

6.3 网络控制系统 H_∞ 性能分析及控制器设计

6.3.1 多共享信道网络控制系统

基于系统模型 (6.3)，本节将讨论多信道网络控制系统的 H_∞ 性能分析和控制器设计问题。

首先考虑控制器增益 K_1、K_2 已知的情况。

定理 6.1 对给定的正标量n、m、l_M、l_m、r_M、r_m，标量$\theta_i\ (i=1,2,\cdots,8)$，矩阵$K_1$、$K_2$，如果存在对称正定矩阵 P、$Q_i\ (i=1,2,\cdots,6)$、R_j，矩阵 M_j、N_j、X_j、Y_j、$Z_j\ (j=1,2,\cdots,4)$、S，标量 $\gamma>0$，使得以下不等式对 pr (pr = 0 或 pr = 1) 的每个可能的值都成立：

$$\begin{bmatrix} \Lambda_{11} & \Lambda_{12} & \Lambda_{13} & \Lambda_{14} & \Lambda_{15} & \Lambda_{16} & \Lambda_{17} & \Lambda_{18} & -\theta_1 S\Gamma_2 & C^{\mathrm{T}} \\ * & \Lambda_{22} & \Lambda_{23} & \Lambda_{24} & \Lambda_{25} & \Lambda_{26} & \Lambda_{27} & \Lambda_{28} & -\theta_2 S\Gamma_2 & 0 \\ * & * & \Lambda_{33} & \Lambda_{34} & \Lambda_{35} & \Lambda_{36} & \Lambda_{37} & \Lambda_{38} & -\theta_3 S\Gamma_2 & \mathscr{C}_1 \\ * & * & * & \Lambda_{44} & \Lambda_{45} & \Lambda_{46} & 0 & \Lambda_{48} & -\theta_4 S\Gamma_2 & 0 \\ * & * & * & * & \Lambda_{55} & \Lambda_{56} & \Lambda_{57} & \Lambda_{58} & -\theta_5 S\Gamma_2 & 0 \\ * & * & * & * & * & \Lambda_{66} & \Lambda_{67} & \Lambda_{68} & -\theta_6 S\Gamma_2 & \mathscr{C}_2 \\ * & * & * & * & * & * & \Lambda_{77} & \Lambda_{78} & -\theta_7 S\Gamma_2 & 0 \\ * & * & * & * & * & * & * & \Lambda_{88} & -\theta_8 S\Gamma_2 & 0 \\ * & * & * & * & * & * & * & * & -\gamma I & 0 \\ * & * & * & * & * & * & * & * & * & -\gamma I \end{bmatrix} < 0 \tag{6.4}$$

$$\begin{bmatrix} -X_j & -Y_j & -M_j \\ * & -Z_j & -N_j \\ * & * & -R_j \end{bmatrix} < 0, \quad j=1,2,3,4 \tag{6.5}$$

式中，$\mathscr{C}_1 = -\mathrm{pr}\ K_1^{\mathrm{T}} D^{\mathrm{T}}$；$\mathscr{C}_2 = -(1-\mathrm{pr})\ K_2^{\mathrm{T}} D^{\mathrm{T}}$

$$\begin{aligned}
\Lambda_{11} =& -P + Q_1 + nR_1 + (l_M - l_m + 1)Q_2 + l_M R_2 + Q_3 + Q_4 + mR_3 \\
&+ (r_M - r_m + 1)Q_5 + r_M R_4 + Q_6 + M_1 + M_1^{\mathrm{T}} + nX_1 + M_2 + M_2^{\mathrm{T}} \\
&+ l_M X_2 + M_3 + M_3^{\mathrm{T}} + mX_3 + M_4 + M_4^{\mathrm{T}} + r_M X_4 - \theta_1 S\Phi - \theta_1 \Phi^{\mathrm{T}} S^{\mathrm{T}} \\
\Lambda_{12} =& -M_1 + N_1^{\mathrm{T}} + nY_1 + \theta_1 S\Gamma_{0n} K_1 - \theta_2 \Phi^{\mathrm{T}} S^{\mathrm{T}} \\
\Lambda_{13} =& \theta_1 S\Gamma_{1n} K_1 - \theta_3 \Phi^{\mathrm{T}} S^{\mathrm{T}} \\
\Lambda_{14} =& -M_2 + N_2^{\mathrm{T}} + l_M Y_2 - \theta_4 \Phi^{\mathrm{T}} S^{\mathrm{T}} \\
\Lambda_{15} =& -M_3 + N_3^{\mathrm{T}} + mY_3 + \theta_1 S\Gamma_{0m} K_2 - \theta_5 \Phi^{\mathrm{T}} S^{\mathrm{T}} \\
\Lambda_{16} =& \theta_1 S\Gamma_{1m} K_2 - \theta_6 \Phi^{\mathrm{T}} S^{\mathrm{T}} \\
\Lambda_{17} =& -M_4 + N_4^{\mathrm{T}} + r_M Y_4 - \theta_7 \Phi^{\mathrm{T}} S^{\mathrm{T}} \\
\Lambda_{18} =& -nR_1 - l_M R_2 - mR_3 - r_M R_4 + \theta_1 S - \theta_8 \Phi^{\mathrm{T}} S^{\mathrm{T}} \\
\Lambda_{22} =& -Q_1 - N_1 - N_1^{\mathrm{T}} + nZ_1 + \theta_2 S\Gamma_{0n} K_1 + \theta_2 K_1^{\mathrm{T}} \Gamma_{0n}^{\mathrm{T}} S^{\mathrm{T}} \\
\Lambda_{23} =& \theta_2 S\Gamma_{1n} K_1 + \theta_3 K_1^{\mathrm{T}} \Gamma_{0n}^{\mathrm{T}} S^{\mathrm{T}} \\
\Lambda_{24} =& \theta_4 K_1^{\mathrm{T}} \Gamma_{0n}^{\mathrm{T}} S^{\mathrm{T}}
\end{aligned}$$

$$\Lambda_{25} = \theta_2 S \Gamma_{0m} K_2 + \theta_5 K_1^{\mathrm{T}} \Gamma_{0n}^{\mathrm{T}} S^{\mathrm{T}}$$

$$\Lambda_{26} = \theta_2 S \Gamma_{1m} K_2 + \theta_6 K_1^{\mathrm{T}} \Gamma_{0n}^{\mathrm{T}} S^{\mathrm{T}}$$

$$\Lambda_{27} = \theta_7 K_1^{\mathrm{T}} \Gamma_{0n}^{\mathrm{T}} S^{\mathrm{T}}$$

$$\Lambda_{28} = \theta_2 S + \theta_8 K_1^{\mathrm{T}} \Gamma_{0n}^{\mathrm{T}} S^{\mathrm{T}}$$

$$\Lambda_{33} = -Q_2 + \theta_3 S \Gamma_{1n} K_1 + \theta_3 K_1^{\mathrm{T}} \Gamma_{1n}^{\mathrm{T}} S^{\mathrm{T}}$$

$$\Lambda_{34} = \theta_4 K_1^{\mathrm{T}} \Gamma_{1n}^{\mathrm{T}} S^{\mathrm{T}}$$

$$\Lambda_{35} = \theta_3 S \Gamma_{0m} K_2 + \theta_5 K_1^{\mathrm{T}} \Gamma_{1n}^{\mathrm{T}} S^{\mathrm{T}}$$

$$\Lambda_{36} = \theta_3 S \Gamma_{1m} K_2 + \theta_6 K_1^{\mathrm{T}} \Gamma_{1n}^{\mathrm{T}} S^{\mathrm{T}}$$

$$\Lambda_{37} = \theta_7 K_1^{\mathrm{T}} \Gamma_{1n}^{\mathrm{T}} S^{\mathrm{T}}$$

$$\Lambda_{38} = \theta_3 S + \theta_8 K_1^{\mathrm{T}} \Gamma_{1n}^{\mathrm{T}} S^{\mathrm{T}}$$

$$\Lambda_{44} = -Q_3 - N_2 - N_2^{\mathrm{T}} + l_M Z_2$$

$$\Lambda_{45} = \theta_4 S \Gamma_{0m} K_2$$

$$\Lambda_{46} = \theta_4 S \Gamma_{1m} K_2$$

$$\Lambda_{48} = \theta_4 S$$

$$\Lambda_{55} = -Q_4 - N_3 - N_3^{\mathrm{T}} + m Z_3 + \theta_5 S \Gamma_{0m} K_2 + \theta_5 K_2^{\mathrm{T}} \Gamma_{0m}^{\mathrm{T}} S^{\mathrm{T}}$$

$$\Lambda_{56} = \theta_5 S \Gamma_{1m} K_2 + \theta_6 K_2^{\mathrm{T}} \Gamma_{0m}^{\mathrm{T}} S^{\mathrm{T}}$$

$$\Lambda_{57} = \theta_7 K_2^{\mathrm{T}} \Gamma_{0m}^{\mathrm{T}} S^{\mathrm{T}}$$

$$\Lambda_{58} = \theta_5 S + \theta_8 K_2^{\mathrm{T}} \Gamma_{0m}^{\mathrm{T}} S^{\mathrm{T}}$$

$$\Lambda_{66} = -Q_5 + \theta_6 S \Gamma_{1m} K_2 + \theta_6 K_2^{\mathrm{T}} \Gamma_{1m}^{\mathrm{T}} S^{\mathrm{T}}$$

$$\Lambda_{67} = \theta_7 K_2^{\mathrm{T}} \Gamma_{1m}^{\mathrm{T}} S^{\mathrm{T}}$$

$$\Lambda_{68} = \theta_6 S + \theta_8 K_2^{\mathrm{T}} \Gamma_{1m}^{\mathrm{T}} S^{\mathrm{T}}$$

$$\Lambda_{77} = -Q_6 - N_4 - N_4^{\mathrm{T}} + r_M Z_4$$

$$\Lambda_{78} = \theta_7 S$$

$$\Lambda_{88} = P + n R_1 + l_M R_2 + m R_3 + r_M R_4 + \theta_8 S + \theta_8 S^{\mathrm{T}}$$

则系统 (6.3) 渐近稳定且相应的 H_∞ 范数界为 γ。

证明　考虑以下的李雅普诺夫泛函：

$$V_k = \sum_{i=1}^{13} V_{ik} \tag{6.6}$$

式中，

$$
\begin{aligned}
V_{1k} &= x_k^{\mathrm{T}} P x_k \\
V_{2k} &= \sum_{i=k-n}^{k-1} x_i^{\mathrm{T}} Q_1 x_i \\
V_{3k} &= \sum_{i=-n}^{-1} \sum_{j=k+i}^{k-1} \eta_j^{\mathrm{T}} R_1 \eta_j \\
V_{4k} &= \sum_{i=k-l_k}^{k-1} x_i^{\mathrm{T}} Q_2 x_i \\
V_{5k} &= \sum_{i=-l_M+1}^{-l_m} \sum_{j=k+i}^{k-1} x_j^{\mathrm{T}} Q_2 x_j \\
V_{6k} &= \sum_{i=-l_M}^{-1} \sum_{j=k+i}^{k-1} \eta_j^{\mathrm{T}} R_2 \eta_j \\
V_{7k} &= \sum_{i=k-l_M}^{k-1} x_i^{\mathrm{T}} Q_3 x_i \\
V_{8k} &= \sum_{i=k-m}^{k-1} x_i^{\mathrm{T}} Q_4 x_i \\
V_{9k} &= \sum_{i=-m}^{-1} \sum_{j=k+i}^{k-1} \eta_j^{\mathrm{T}} R_3 \eta_j \\
V_{10k} &= \sum_{i=k-r_k}^{k-1} x_i^{\mathrm{T}} Q_5 x_i \\
V_{11k} &= \sum_{i=-r_M+1}^{-r_m} \sum_{j=k+i}^{k-1} x_j^{\mathrm{T}} Q_5 x_j \\
V_{12k} &= \sum_{i=-r_M}^{-1} \sum_{j=k+i}^{k-1} \eta_j^{\mathrm{T}} R_4 \eta_j \\
V_{13k} &= \sum_{i=k-r_M}^{k-1} x_i^{\mathrm{T}} Q_6 x_i
\end{aligned}
$$

且 P、Q_1、Q_2、Q_3、Q_4、Q_5、Q_6、R_1、R_2、R_3、R_4 是对称正定矩阵，$\eta_j = x_{j+1} - x_j$。

定义 $\Delta V_k = V_{k+1} - V_k$，则

$$\Delta V_{1k} = x_{k+1}^{\mathrm{T}} P x_{k+1} - x_k^{\mathrm{T}} P x_k \tag{6.7}$$

$$\Delta V_{2k} = x_k^{\mathrm{T}} Q_1 x_k - x_{k-n}^{\mathrm{T}} Q_1 x_{k-n} \tag{6.8}$$

$$\begin{aligned}\Delta V_{3k} &= \sum_{i=-n}^{-1}(\eta_k^{\mathrm{T}}R_1\eta_k - \eta_{k+i}^{\mathrm{T}}R_1\eta_{k+i})\\ &= n(x_{k+1}-x_k)^{\mathrm{T}}R_1(x_{k+1}-x_k) - \sum_{i=k-n}^{k-1}\eta_i^{\mathrm{T}}R_1\eta_i\end{aligned} \tag{6.9}$$

$$\begin{aligned}\Delta V_{4k} &= \sum_{i=k-l_{k+1}+1}^{k} x_i^{\mathrm{T}}Q_2x_i - \sum_{i=k-l_k}^{k-1} x_i^{\mathrm{T}}Q_2x_i\\ &= x_k^{\mathrm{T}}Q_2x_k + \sum_{i=k-l_{k+1}+1}^{k-l_m} x_i^{\mathrm{T}}Q_2x_i + \sum_{i=k-l_m+1}^{k-1} x_i^{\mathrm{T}}Q_2x_i\\ &\quad - \sum_{i=k-l_k+1}^{k-1} x_i^{\mathrm{T}}Q_2x_i - x_{k-l_k}^{\mathrm{T}}Q_2x_{k-l_k}\\ &\leqslant x_k^{\mathrm{T}}Q_2x_k + \sum_{i=k-l_M+1}^{k-l_m} x_i^{\mathrm{T}}Q_2x_i - x_{k-l_k}^{\mathrm{T}}Q_2x_{k-l_k}\end{aligned} \tag{6.10}$$

$$\begin{aligned}\Delta V_{5k} &= \sum_{i=-l_M+1}^{-l_m}(x_k^{\mathrm{T}}Q_2x_k - x_{k+i}^{\mathrm{T}}Q_2x_{k+i})\\ &= (l_M-l_m)x_k^{\mathrm{T}}Q_2x_k - \sum_{i=k-l_M+1}^{k-l_m} x_i^{\mathrm{T}}Q_2x_i\end{aligned} \tag{6.11}$$

$$\begin{aligned}\Delta V_{6k} &= \sum_{i=-l_M}^{-1}(\eta_k^{\mathrm{T}}R_2\eta_k - \eta_{k+i}^{\mathrm{T}}R_2\eta_{k+i})\\ &= l_M(x_{k+1}-x_k)^{\mathrm{T}}R_2(x_{k+1}-x_k) - \sum_{i=k-l_M}^{k-1}\eta_i^{\mathrm{T}}R_2\eta_i\end{aligned} \tag{6.12}$$

$$\Delta V_{7k} = x_k^{\mathrm{T}}Q_3x_k - x_{k-l_M}^{\mathrm{T}}Q_3x_{k-l_M} \tag{6.13}$$

类似地，可以得到

$$\Delta V_{8k} = x_k^{\mathrm{T}}Q_4x_k - x_{k-m}^{\mathrm{T}}Q_4x_{k-m} \tag{6.14}$$

$$\Delta V_{9k} = m(x_{k+1}-x_k)^{\mathrm{T}}R_3(x_{k+1}-x_k) - \sum_{i=k-m}^{k-1}\eta_i^{\mathrm{T}}R_3\eta_i \tag{6.15}$$

$$\Delta V_{10k} \leqslant x_k^{\mathrm{T}}Q_5x_k + \sum_{i=k-r_M+1}^{k-r_m} x_i^{\mathrm{T}}Q_5x_i - x_{k-r_k}^{\mathrm{T}}Q_5x_{k-r_k} \tag{6.16}$$

$$\Delta V_{11k} = (r_M-r_m)x_k^{\mathrm{T}}Q_5x_k - \sum_{i=k-r_M+1}^{k-r_m} x_i^{\mathrm{T}}Q_5x_i \tag{6.17}$$

$$\Delta V_{12k} = r_M(x_{k+1} - x_k)^{\mathrm{T}} R_4 (x_{k+1} - x_k) - \sum_{i=k-r_M}^{k-1} \eta_i^{\mathrm{T}} R_4 \eta_i \tag{6.18}$$

$$\Delta V_{13k} = x_k^{\mathrm{T}} Q_6 x_k - x_{k-r_M}^{\mathrm{T}} Q_6 x_{k-r_M} \tag{6.19}$$

另外，有以下关系式成立：

$$\Theta_1 = 2\begin{bmatrix} x_k^{\mathrm{T}} & x_{k-n}^{\mathrm{T}} \end{bmatrix} \begin{bmatrix} M_1 \\ N_1 \end{bmatrix} \left(x_k - x_{k-n} - \sum_{i=k-n}^{k-1} \eta_i \right) = 0 \tag{6.20}$$

$$\begin{aligned} \Theta_2 = {} & n\begin{bmatrix} x_k^{\mathrm{T}} & x_{k-n}^{\mathrm{T}} \end{bmatrix} \begin{bmatrix} X_1 & Y_1 \\ * & Z_1 \end{bmatrix} \begin{bmatrix} x_k \\ x_{k-n} \end{bmatrix} \\ & - \sum_{i=k-n}^{k-1} \begin{bmatrix} x_k^{\mathrm{T}} & x_{k-n}^{\mathrm{T}} \end{bmatrix} \begin{bmatrix} X_1 & Y_1 \\ * & Z_1 \end{bmatrix} \begin{bmatrix} x_k \\ x_{k-n} \end{bmatrix} = 0 \end{aligned} \tag{6.21}$$

$$\Theta_3 = 2\begin{bmatrix} x_k^{\mathrm{T}} & x_{k-l_M}^{\mathrm{T}} \end{bmatrix} \begin{bmatrix} M_2 \\ N_2 \end{bmatrix} \left(x_k - x_{k-l_M} - \sum_{i=k-l_M}^{k-1} \eta_i \right) = 0 \tag{6.22}$$

$$\begin{aligned} \Theta_4 = {} & l_M\begin{bmatrix} x_k^{\mathrm{T}} & x_{k-l_M}^{\mathrm{T}} \end{bmatrix} \begin{bmatrix} X_2 & Y_2 \\ * & Z_2 \end{bmatrix} \begin{bmatrix} x_k \\ x_{k-l_M} \end{bmatrix} \\ & - \sum_{i=k-l_M}^{k-1} \begin{bmatrix} x_k^{\mathrm{T}} & x_{k-l_M}^{\mathrm{T}} \end{bmatrix} \begin{bmatrix} X_2 & Y_2 \\ * & Z_2 \end{bmatrix} \begin{bmatrix} x_k \\ x_{k-l_M} \end{bmatrix} = 0 \end{aligned} \tag{6.23}$$

$$\Theta_5 = 2\begin{bmatrix} x_k^{\mathrm{T}} & x_{k-m}^{\mathrm{T}} \end{bmatrix} \begin{bmatrix} M_3 \\ N_3 \end{bmatrix} \left(x_k - x_{k-m} - \sum_{i=k-m}^{k-1} \eta_i \right) = 0 \tag{6.24}$$

$$\begin{aligned} \Theta_6 = {} & m\begin{bmatrix} x_k^{\mathrm{T}} & x_{k-m}^{\mathrm{T}} \end{bmatrix} \begin{bmatrix} X_3 & Y_3 \\ * & Z_3 \end{bmatrix} \begin{bmatrix} x_k \\ x_{k-m} \end{bmatrix} \\ & - \sum_{i=k-m}^{k-1} \begin{bmatrix} x_k^{\mathrm{T}} & x_{k-m}^{\mathrm{T}} \end{bmatrix} \begin{bmatrix} X_3 & Y_3 \\ * & Z_3 \end{bmatrix} \begin{bmatrix} x_k \\ x_{k-m} \end{bmatrix} = 0 \end{aligned} \tag{6.25}$$

$$\Theta_7 = 2\begin{bmatrix} x_k^{\mathrm{T}} & x_{k-r_M}^{\mathrm{T}} \end{bmatrix} \begin{bmatrix} M_4 \\ N_4 \end{bmatrix} \left(x_k - x_{k-r_M} - \sum_{i=k-r_M}^{k-1} \eta_i \right) = 0 \tag{6.26}$$

$$\begin{aligned} \Theta_8 = {} & r_M\begin{bmatrix} x_k^{\mathrm{T}} & x_{k-r_M}^{\mathrm{T}} \end{bmatrix} \begin{bmatrix} X_4 & Y_4 \\ * & Z_4 \end{bmatrix} \begin{bmatrix} x_k \\ x_{k-r_M} \end{bmatrix} \\ & - \sum_{i=k-r_M}^{k-1} \begin{bmatrix} x_k^{\mathrm{T}} & x_{k-r_M}^{\mathrm{T}} \end{bmatrix} \begin{bmatrix} X_4 & Y_4 \\ * & Z_4 \end{bmatrix} \begin{bmatrix} x_k \\ x_{k-r_M} \end{bmatrix} = 0 \end{aligned} \tag{6.27}$$

从系统 (6.3) 可以得到

$$\Theta_9 = 2(\theta_1 x_k^{\mathrm{T}} S + \theta_2 x_{k-n}^{\mathrm{T}} S + \theta_3 x_{k-l_k}^{\mathrm{T}} S + \theta_4 x_{k-l_M}^{\mathrm{T}} S + \theta_5 x_{k-m}^{\mathrm{T}} S + \theta_6 x_{k-r_k}^{\mathrm{T}} S$$

$$+\theta_7 x_{k-r_M}^{\mathrm{T}} S+\theta_8 x_{k+1}^{\mathrm{T}} S)(x_{k+1}-\Phi x_k-\Phi_1 x_{k-n}-\Phi_2 x_{k-m}-\Phi_3 x_{k-l_k}$$
$$-\Phi_4 x_{k-r_k}-\Phi_5 \omega_k)=0 \tag{6.28}$$

结合式 (6.7)~式 (6.28)，可得到

$$\Delta V_k+\Theta_1+\Theta_2+\cdots+\Theta_9$$
$$\leqslant \xi_k{}^{\mathrm{T}} \Lambda \xi_k+\sum_{i=k-n}^{k-1} \xi_{k1}^{\mathrm{T}} \Lambda_1 \xi_{k1}+\sum_{i=k-l_M}^{k-1} \xi_{k2}^{\mathrm{T}} \Lambda_2 \xi_{k2}+\sum_{i=k-m}^{k-1} \xi_{k3}^{\mathrm{T}} \Lambda_3 \xi_{k3}+\sum_{i=k-r_M}^{k-1} \xi_{k4}^{\mathrm{T}} \Lambda_4 \xi_{k4} \tag{6.29}$$

式中，

$$\xi_k^{\mathrm{T}}=\begin{bmatrix} x_k^{\mathrm{T}} & x_{k-n}^{\mathrm{T}} & x_{k-l_k}^{\mathrm{T}} & x_{k-l_M}^{\mathrm{T}} & x_{k-m}^{\mathrm{T}} & x_{k-r_k}^{\mathrm{T}} & x_{k-r_M}^{\mathrm{T}} & x_{k+1}^{\mathrm{T}} & \omega_k^{\mathrm{T}} \end{bmatrix}$$

$$\xi_{k1}=\begin{bmatrix} x_k \\ x_{k-n} \\ \eta_i \end{bmatrix},\quad \xi_{k2}=\begin{bmatrix} x_k \\ x_{k-l_M} \\ \eta_i \end{bmatrix},\quad \xi_{k3}=\begin{bmatrix} x_k \\ x_{k-m} \\ \eta_i \end{bmatrix},\quad \xi_{k4}=\begin{bmatrix} x_k \\ x_{k-r_M} \\ \eta_i \end{bmatrix}$$

$$\Lambda=\begin{bmatrix}
\Lambda_{11} & \Lambda_{12} & \Lambda_{13} & \Lambda_{14} & \Lambda_{15} & \Lambda_{16} & \Lambda_{17} & \Lambda_{18} & -\theta_1 S \Gamma_2 \\
* & \Lambda_{22} & \Lambda_{23} & \Lambda_{24} & \Lambda_{25} & \Lambda_{26} & \Lambda_{27} & \Lambda_{28} & -\theta_2 S \Gamma_2 \\
* & * & \Lambda_{33} & \Lambda_{34} & \Lambda_{35} & \Lambda_{36} & \Lambda_{37} & \Lambda_{38} & -\theta_3 S \Gamma_2 \\
* & * & * & \Lambda_{44} & \Lambda_{45} & \Lambda_{46} & \Lambda_{47} & \Lambda_{48} & -\theta_4 S \Gamma_2 \\
* & * & * & * & \Lambda_{55} & \Lambda_{56} & \Lambda_{57} & \Lambda_{58} & -\theta_5 S \Gamma_2 \\
* & * & * & * & * & \Lambda_{66} & \Lambda_{67} & \Lambda_{68} & -\theta_6 S \Gamma_2 \\
* & * & * & * & * & * & \Lambda_{77} & \Lambda_{78} & -\theta_7 S \Gamma_2 \\
* & * & * & * & * & * & * & \Lambda_{88} & -\theta_8 S \Gamma_2 \\
* & * & * & * & * & * & * & * & 0
\end{bmatrix}$$

$$\Lambda_j=\begin{bmatrix} -X_j & -Y_j & -M_j \\ * & -Z_j & -N_j \\ * & * & -R_j \end{bmatrix},\quad j=1,2,3,4$$

这里，Λ_{pq} $(p=1,2,\cdots,8,\ p\leqslant q\leqslant 8)$ 与式 (6.4) 中相同。

从系统 (6.3) 可以得到 $z_k=Cx_k-\mathrm{pr}DK_1x_{k-l_k}-(1-\mathrm{pr})DK_2x_{k-r_k}$，且 z_k 可以写为 $z_k=\Psi_1\xi_k$，其中，$\Psi_1=[C\ \ 0\ \ -\mathrm{pr}DK_1\ \ 0\ \ 0\ \ -(1-\mathrm{pr})DK_2\ \ 0\ \ 0\ \ 0]$。类似地，$\omega_k=\Psi_2\xi_k$，其中，$\Psi_2=[0\ \ 0\ \ 0\ \ 0\ \ 0\ \ 0\ \ 0\ \ 0\ \ I]$。对任意非零的 ξ_k，可得到 $\gamma^{-1}z_k^{\mathrm{T}}z_k-\gamma\omega_k^{\mathrm{T}}\omega_k=\xi_k^{\mathrm{T}}\Xi\xi_k$，其中，$\Xi=\gamma^{-1}\Psi_1^{\mathrm{T}}\Psi_1-\gamma\Psi_2^{\mathrm{T}}\Psi_2$。因此，有

$$\gamma^{-1}z_k^{\mathrm{T}}z_k-\gamma\omega_k^{\mathrm{T}}\omega_k+\Delta V_k+\Theta_1+\Theta_2+\cdots+\Theta_9$$

$$
\begin{aligned}
&\leqslant \xi_k^{\mathrm{T}}\mathscr{H}\xi_k + \sum_{i=k-n}^{k-1}\xi_{k1}^{\mathrm{T}}\varLambda_1\xi_{k1} + \sum_{i=k-l_M}^{k-1}\xi_{k2}^{\mathrm{T}}\varLambda_2\xi_{k2}\\
&\quad + \sum_{i=k-m}^{k-1}\xi_{k3}^{\mathrm{T}}\varLambda_3\xi_{k3} + \sum_{i=k-r_M}^{k-1}\xi_{k4}^{\mathrm{T}}\varLambda_4\xi_{k4}
\end{aligned}
\tag{6.30}
$$

式中，$\mathscr{H} = \varLambda + \varXi$。

考虑到 $\varTheta_1 = 0, \varTheta_2 = 0, \cdots, \varTheta_9 = 0$，从式 (6.30) 可以看出，如果 $\varLambda_j < 0\ (j = 1,2,3,4)$ 且 $\mathscr{H} < 0$，则 $\gamma^{-1}z_k^{\mathrm{T}}z_k - \gamma\omega_k^{\mathrm{T}}\omega_k + \Delta V_k < 0$。由矩阵 Schur 补可知，$\mathscr{H} < 0$ 等价于式 (6.4)，因此，如果式 (6.4) 和式 (6.5) 成立，则 $\gamma^{-1}z_k^{\mathrm{T}}z_k - \gamma\omega_k^{\mathrm{T}}\omega_k + \Delta V_k < 0$。类似于定理 3.1，由 $\gamma^{-1}z_k^{\mathrm{T}}z_k - \gamma\omega_k^{\mathrm{T}}\omega_k + \Delta V_k < 0$ 可以证明 $||z||_2^2 < \gamma^2||\omega||_2^2$。

如果扰动输入 $\omega_k = 0$，则式 (6.4) 和式 (6.5) 能够保证系统 (6.3) 的渐近稳定性；如果扰动输入 $\omega_k \neq 0$，则可以得到 $||z||_2^2 < \gamma^2||\omega||_2^2$。因此，如果式 (6.4) 和式 (6.5) 成立，则系统 (6.3) 渐近稳定且相应的 H_∞ 范数界为 γ。证毕。

下面基于定理 6.1，讨论状态反馈控制器增益 K_1 和 K_2 的设计问题。

定理 6.2　对给定的正标量 n、m、l_M、l_m、r_M、r_m 和标量 $\theta_i\ (i = 1,2,\cdots,8)$，如果存在对称正定矩阵 $\widetilde{P}$、$\widetilde{Q}_i\ (i = 1,2,\cdots,6)$、$\widetilde{R}_j$，矩阵 $\widetilde{M}_j$、$\widetilde{N}_j$、$\widetilde{X}_j$、$\widetilde{Y}_j$，$\widetilde{Z}_j\ (j = 1,2,3,4)$、$N$、$V_1$、$V_2$，标量 $\gamma > 0$，使得以下不等式对 pr (pr = 0 或 pr = 1) 的每个可能的值都成立：

$$
\begin{bmatrix}
\widetilde{\varLambda}_{11} & \widetilde{\varLambda}_{12} & \widetilde{\varLambda}_{13} & \widetilde{\varLambda}_{14} & \widetilde{\varLambda}_{15} & \widetilde{\varLambda}_{16} & \widetilde{\varLambda}_{17} & \widetilde{\varLambda}_{18} & -\theta_1\varGamma_2 & NC^{\mathrm{T}}\\
* & \widetilde{\varLambda}_{22} & \widetilde{\varLambda}_{23} & \widetilde{\varLambda}_{24} & \widetilde{\varLambda}_{25} & \widetilde{\varLambda}_{26} & \widetilde{\varLambda}_{27} & \widetilde{\varLambda}_{28} & -\theta_2\varGamma_2 & 0\\
* & * & \widetilde{\varLambda}_{33} & \widetilde{\varLambda}_{34} & \widetilde{\varLambda}_{35} & \widetilde{\varLambda}_{36} & \widetilde{\varLambda}_{37} & \widetilde{\varLambda}_{38} & -\theta_3\varGamma_2 & \mathscr{J}_1\\
* & * & * & \widetilde{\varLambda}_{44} & \widetilde{\varLambda}_{45} & \widetilde{\varLambda}_{46} & 0 & \widetilde{\varLambda}_{48} & -\theta_4\varGamma_2 & 0\\
* & * & * & * & \widetilde{\varLambda}_{55} & \widetilde{\varLambda}_{56} & \widetilde{\varLambda}_{57} & \widetilde{\varLambda}_{58} & -\theta_5\varGamma_2 & 0\\
* & * & * & * & * & \widetilde{\varLambda}_{66} & \widetilde{\varLambda}_{67} & \widetilde{\varLambda}_{68} & -\theta_6\varGamma_2 & \mathscr{J}_2\\
* & * & * & * & * & * & \widetilde{\varLambda}_{77} & \widetilde{\varLambda}_{78} & -\theta_7\varGamma_2 & 0\\
* & * & * & * & * & * & * & \widetilde{\varLambda}_{88} & -\theta_8\varGamma_2 & 0\\
* & * & * & * & * & * & * & * & -\gamma I & 0\\
* & * & * & * & * & * & * & * & * & -\gamma I
\end{bmatrix} < 0 \tag{6.31}
$$

$$
\begin{bmatrix}
-\widetilde{X}_j & -\widetilde{Y}_j & -\widetilde{M}_j\\
* & -\widetilde{Z}_j & -\widetilde{N}_j\\
* & * & -\widetilde{R}_j
\end{bmatrix} < 0 \tag{6.32}
$$

式中，

$$
\widetilde{\varLambda}_{11} = -\widetilde{P} + \widetilde{Q}_1 + n\widetilde{R}_1 + (l_M - l_m + 1)\widetilde{Q}_2 + l_M\widetilde{R}_2 + \widetilde{Q}_3 + \widetilde{Q}_4 + m\widetilde{R}_3
$$

$$+ (r_M - r_m + 1)\widetilde{Q}_5 + r_M \widetilde{R}_4 + \widetilde{Q}_6 + \widetilde{M}_1 + \widetilde{M}_1^{\mathrm{T}} + n\widetilde{X}_1 + \widetilde{M}_2 + \widetilde{M}_2^{\mathrm{T}}$$

$$+ l_M \widetilde{X}_2 + \widetilde{M}_3 + \widetilde{M}_3^{\mathrm{T}} + m\widetilde{X}_3 + \widetilde{M}_4 + \widetilde{M}_4^{\mathrm{T}} + r_M \widetilde{X}_4 - \theta_1 \varPhi N^{\mathrm{T}} - \theta_1 N \varPhi^{\mathrm{T}}$$

$$\widetilde{\varLambda}_{12} = - \widetilde{M}_1 + \widetilde{N}_1^{\mathrm{T}} + n\widetilde{Y}_1 + \theta_1 \varGamma_{0n} V_1 - \theta_2 N \varPhi^{\mathrm{T}}$$

$$\widetilde{\varLambda}_{13} = \theta_1 \varGamma_{1n} V_1 - \theta_3 N \varPhi^{\mathrm{T}}$$

$$\widetilde{\varLambda}_{14} = - \widetilde{M}_2 + \widetilde{N}_2^{\mathrm{T}} + l_M \widetilde{Y}_2 - \theta_4 N \varPhi^{\mathrm{T}}$$

$$\widetilde{\varLambda}_{15} = - \widetilde{M}_3 + \widetilde{N}_3^{\mathrm{T}} + m\widetilde{Y}_3 + \theta_1 \varGamma_{0m} V_2 - \theta_5 N \varPhi^{\mathrm{T}}$$

$$\widetilde{\varLambda}_{16} = \theta_1 \varGamma_{1m} V_2 - \theta_6 N \varPhi^{\mathrm{T}}$$

$$\widetilde{\varLambda}_{17} = - \widetilde{M}_4 + \widetilde{N}_4^{\mathrm{T}} + r_M \widetilde{Y}_4 - \theta_7 N \varPhi^{\mathrm{T}}$$

$$\widetilde{\varLambda}_{18} = - n\widetilde{R}_1 - l_M \widetilde{R}_2 - m\widetilde{R}_3 - r_M \widetilde{R}_4 + \theta_1 N^{\mathrm{T}} - \theta_8 N \varPhi^{\mathrm{T}}$$

$$\widetilde{\varLambda}_{22} = - \widetilde{Q}_1 - \widetilde{N}_1 - \widetilde{N}_1^{\mathrm{T}} + n\widetilde{Z}_1 + \theta_2 \varGamma_{0n} V_1 + \theta_2 V_1^{\mathrm{T}} \varGamma_{0n}^{\mathrm{T}}$$

$$\widetilde{\varLambda}_{23} = \theta_2 \varGamma_{1n} V_1 + \theta_3 V_1^{\mathrm{T}} \varGamma_{0n}^{\mathrm{T}}$$

$$\widetilde{\varLambda}_{24} = \theta_4 V_1^{\mathrm{T}} \varGamma_{0n}^{\mathrm{T}}$$

$$\widetilde{\varLambda}_{25} = \theta_2 \varGamma_{0m} V_2 + \theta_5 V_1^{\mathrm{T}} \varGamma_{0n}^{\mathrm{T}}$$

$$\widetilde{\varLambda}_{26} = \theta_2 \varGamma_{1m} V_2 + \theta_6 V_1^{\mathrm{T}} \varGamma_{0n}^{\mathrm{T}}$$

$$\widetilde{\varLambda}_{27} = \theta_7 V_1^{\mathrm{T}} \varGamma_{0n}^{\mathrm{T}}$$

$$\widetilde{\varLambda}_{28} = \theta_2 N^{\mathrm{T}} + \theta_8 V_1^{\mathrm{T}} \varGamma_{0n}^{\mathrm{T}}$$

$$\widetilde{\varLambda}_{33} = - \widetilde{Q}_2 + \theta_3 \varGamma_{1n} V_1 + \theta_3 V_1^{\mathrm{T}} \varGamma_{1n}^{\mathrm{T}}$$

$$\widetilde{\varLambda}_{34} = \theta_4 V_1^{\mathrm{T}} \varGamma_{1n}^{\mathrm{T}}$$

$$\widetilde{\varLambda}_{35} = \theta_3 \varGamma_{0m} V_2 + \theta_5 V_1^{\mathrm{T}} \varGamma_{1n}^{\mathrm{T}}$$

$$\widetilde{\varLambda}_{36} = \theta_3 \varGamma_{1m} V_2 + \theta_6 V_1^{\mathrm{T}} \varGamma_{1n}^{\mathrm{T}}$$

$$\widetilde{\varLambda}_{37} = \theta_7 V_1^{\mathrm{T}} \varGamma_{1n}^{\mathrm{T}}$$

$$\widetilde{\varLambda}_{38} = \theta_3 N^{\mathrm{T}} + \theta_8 V_1^{\mathrm{T}} \varGamma_{1n}^{\mathrm{T}}$$

$$\widetilde{\varLambda}_{44} = - \widetilde{Q}_3 - \widetilde{N}_2 - \widetilde{N}_2^{\mathrm{T}} + l_M \widetilde{Z}_2$$

$$\widetilde{\varLambda}_{45} = \theta_4 \varGamma_{0m} V_2$$

$$\widetilde{\varLambda}_{46} = \theta_4 \varGamma_{1m} V_2$$

$$\widetilde{\varLambda}_{48} = \theta_4 N^{\mathrm{T}}$$

$$\widetilde{\varLambda}_{55} = - \widetilde{Q}_4 - \widetilde{N}_3 - \widetilde{N}_3^{\mathrm{T}} + m\widetilde{Z}_3 + \theta_5 \varGamma_{0m} V_2 + \theta_5 V_2^{\mathrm{T}} \varGamma_{0m}^{\mathrm{T}}$$

$$\widetilde{\varLambda}_{56} = \theta_5 \varGamma_{1m} V_2 + \theta_6 V_2^{\mathrm{T}} \varGamma_{0m}^{\mathrm{T}}$$

$$\widetilde{\varLambda}_{57} = \theta_7 V_2^{\mathrm{T}} \varGamma_{0m}^{\mathrm{T}}$$

$$\widetilde{\Lambda}_{58} = \theta_5 N^{\mathrm{T}} + \theta_8 V_2^{\mathrm{T}} \Gamma_{0m}^{\mathrm{T}}$$
$$\widetilde{\Lambda}_{66} = -\widetilde{Q}_5 + \theta_6 \Gamma_{1m} V_2 + \theta_6 V_2^{\mathrm{T}} \Gamma_{1m}^{\mathrm{T}}$$
$$\widetilde{\Lambda}_{67} = \theta_7 V_2^{\mathrm{T}} \Gamma_{1m}^{\mathrm{T}}$$
$$\widetilde{\Lambda}_{68} = \theta_6 N^{\mathrm{T}} + \theta_8 V_2^{\mathrm{T}} \Gamma_{1m}^{\mathrm{T}}$$
$$\widetilde{\Lambda}_{77} = -\widetilde{Q}_6 - \widetilde{N}_4 - \widetilde{N}_4^{\mathrm{T}} + r_M \widetilde{Z}_4$$
$$\widetilde{\Lambda}_{78} = \theta_7 N^{\mathrm{T}}$$
$$\widetilde{\Lambda}_{88} = \widetilde{P} + n\widetilde{R}_1 + l_M \widetilde{R}_2 + m\widetilde{R}_3 + r_M \widetilde{R}_4 + \theta_8 N + \theta_8 N^{\mathrm{T}}$$
$$\mathscr{J}_1 = -\operatorname{pr} V_1^{\mathrm{T}} D^{\mathrm{T}}$$
$$\mathscr{J}_2 = -(1-\operatorname{pr}) V_2^{\mathrm{T}} D^{\mathrm{T}}$$

则在控制器 $K_1 = V_1 N^{-\mathrm{T}}, K_2 = V_2 N^{-\mathrm{T}}$ 的作用下，系统 (6.3) 渐近稳定且相应的 H_∞ 范数界为 γ。

证明　对式 (6.4) 前后分别乘以 $\operatorname{diag}(\underbrace{S^{-1}, S^{-1}, \cdots, S^{-1}}_{8}, I, I)$ 和 $\operatorname{diag}(\underbrace{S^{-\mathrm{T}}, S^{-\mathrm{T}}, \cdots, S^{-\mathrm{T}}}_{8}, I, I)$，定义 $S^{-1}PS^{-\mathrm{T}} = \widetilde{P}, S^{-1}Q_iS^{-\mathrm{T}} = \widetilde{Q}_i\ (i=1,2,\cdots,6)$，$S^{-1}R_jS^{-\mathrm{T}} = \widetilde{R}_j$，$S^{-1}M_jS^{-\mathrm{T}} = \widetilde{M}_j$，$S^{-1}N_jS^{-\mathrm{T}} = \widetilde{N}_j$，$S^{-1}X_jS^{-\mathrm{T}} = \widetilde{X}_j$，$S^{-1}Y_jS^{-\mathrm{T}} = \widetilde{Y}_j$，$S^{-1}Z_jS^{-\mathrm{T}} = \widetilde{Z}_j\ (j=1,2,3,4)$，$S^{-1} = N$，$K_1S^{-\mathrm{T}} = V_1$，$K_2S^{-\mathrm{T}} = V_2$，式 (6.4) 等价于式 (6.31)。因此，如果式 (6.31) 成立，则 $\mathscr{H} < 0$ 也是可行的。

另外，对 $\Lambda_j < 0$ 前后分别乘以 $\operatorname{diag}(S^{-1}, S^{-1}, S^{-1})$ 和 $\operatorname{diag}(S^{-\mathrm{T}}, S^{-\mathrm{T}}, S^{-\mathrm{T}})$，由 $\widetilde{R}_j$、$\widetilde{M}_j$、$\widetilde{N}_j$、$\widetilde{X}_j$、$\widetilde{Y}_j$、$\widetilde{Z}_j$ 的定义可知 $\Lambda_j < 0$ 等价于式 (6.32)。因此，如果式 (6.31) 和式 (6.32) 成立，则 $\gamma^{-1}z_k^{\mathrm{T}}z_k - \gamma\omega_k^{\mathrm{T}}\omega_k + \Delta V_k < 0$。定理 6.2 剩余部分的证明类似于定理 6.1，此处略。

因此，如果式 (6.31) 和式 (6.32) 成立，则系统 (6.3) 渐近稳定且相应的 H_∞ 范数界为 γ，控制器增益 $K_1 = V_1N^{-\mathrm{T}}$、$K_2 = V_2N^{-\mathrm{T}}$。证毕。

注 6.2　正如定理 6.1 所示，在证明过程中引入式 (6.20)~式 (6.28)，从而避免了对向量交叉积的放大，这使得定理 6.1 的条件具有更小的保守性。

实际上，以上提出的 H_∞ 性能分析和控制器设计方法对于单信道网络控制系统也是可用的，下面将给出相应的结果。

6.3.2　单信道网络控制系统

对某个特定的网络控制系统，假定只有信道 2 和控制器 2 被用来传输控制输入，且在 t_k 时刻执行器可用的最新控制输入为 u_{k-r_k}，则系统 (6.1) 的离散时间表达式如下：

$$\begin{cases} x_{k+1} = \Phi x_k + \Gamma_{0m} u_{k-m} + \Gamma_{1m} u_{k-r_k} + \Gamma_2 \omega_k \\ z_k = C x_k + D u_{k-r_k} \end{cases} \tag{6.33}$$

式中，$\Phi = \mathrm{e}^{Ah}$；$\Gamma_{0m} = \int_0^{h-\varepsilon_{2k}} \mathrm{e}^{As}\mathrm{d}s B_1$；$\Gamma_{1m} = \int_{h-\varepsilon_{2k}}^{h} \mathrm{e}^{As}\mathrm{d}s B_1$；$\Gamma_2 = \int_0^h \mathrm{e}^{As}\mathrm{d}s B_2$；$u_{k-m} = -K_2 x_{k-m}$；$u_{k-r_k} = -K_2 x_{k-r_k}$。

由定理 6.1 和定理 6.2，可以得到推论 6.1。

推论 6.1　对给定的正标量 m、r_M、r_m 和标量 θ_i $(i=1,2,\cdots,5)$，如果存在对称正定矩阵 $\widetilde{P}$、$\widetilde{Q}_i$ $(i=1,2,3)$、$\widetilde{R}_j$，矩阵 $\widetilde{M}_j$、$\widetilde{N}_j$、$\widetilde{X}_j$、$\widetilde{Y}_j$、$\widetilde{Z}_j$ $(j=1,2)$、N、V，标量 $\gamma>0$，使得以下线性矩阵不等式成立：

$$\begin{bmatrix} \widetilde{\Lambda}_{11} & \widetilde{\Lambda}_{12} & \widetilde{\Lambda}_{13} & \widetilde{\Lambda}_{14} & \widetilde{\Lambda}_{15} & -\theta_1\Gamma_2 & NC^{\mathrm{T}} \\ * & \widetilde{\Lambda}_{22} & \widetilde{\Lambda}_{23} & \widetilde{\Lambda}_{24} & \widetilde{\Lambda}_{25} & -\theta_2\Gamma_2 & 0 \\ * & * & \widetilde{\Lambda}_{33} & \widetilde{\Lambda}_{34} & \widetilde{\Lambda}_{35} & -\theta_3\Gamma_2 & -V^{\mathrm{T}}D^{\mathrm{T}} \\ * & * & * & \widetilde{\Lambda}_{44} & \widetilde{\Lambda}_{45} & -\theta_4\Gamma_2 & 0 \\ * & * & * & * & \widetilde{\Lambda}_{55} & -\theta_5\Gamma_2 & 0 \\ * & * & * & * & * & -\gamma I & 0 \\ * & * & * & * & * & * & -\gamma I \end{bmatrix} < 0 \tag{6.34}$$

$$\begin{bmatrix} -\widetilde{X}_j & -\widetilde{Y}_j & -\widetilde{M}_j \\ * & -\widetilde{Z}_j & -\widetilde{N}_j \\ * & * & -\widetilde{R}_j \end{bmatrix} < 0 \tag{6.35}$$

式中，

$$\begin{aligned}
\widetilde{\Lambda}_{11} =& -\widetilde{P} + \widetilde{Q}_1 + m\widetilde{R}_1 + (r_M - r_m + 1)\widetilde{Q}_2 + r_M\widetilde{R}_2 + \widetilde{Q}_3 + \widetilde{M}_1 \\
&+ \widetilde{M}_1^{\mathrm{T}} + m\widetilde{X}_1 + \widetilde{M}_2 + \widetilde{M}_2^{\mathrm{T}} + r_M\widetilde{X}_2 - \theta_1\Phi N^{\mathrm{T}} - \theta_1 N\Phi^{\mathrm{T}} \\
\widetilde{\Lambda}_{12} =& -\widetilde{M}_1 + \widetilde{N}_1^{\mathrm{T}} + m\widetilde{Y}_1 + \theta_1\Gamma_{0m}V - \theta_2 N\Phi^{\mathrm{T}} \\
\widetilde{\Lambda}_{13} =& \theta_1\Gamma_{1m}V - \theta_3 N\Phi^{\mathrm{T}} \\
\widetilde{\Lambda}_{14} =& -\widetilde{M}_2 + \widetilde{N}_2^{\mathrm{T}} + r_M\widetilde{Y}_2 - \theta_4 N\Phi^{\mathrm{T}} \\
\widetilde{\Lambda}_{15} =& -m\widetilde{R}_1 - r_M\widetilde{R}_2 + \theta_1 N^{\mathrm{T}} - \theta_5 N\Phi^{\mathrm{T}} \\
\widetilde{\Lambda}_{22} =& -\widetilde{Q}_1 - \widetilde{N}_1 - \widetilde{N}_1^{\mathrm{T}} + m\widetilde{Z}_1 + \theta_2\Gamma_{0m}V + \theta_2 V^{\mathrm{T}}\Gamma_{0m}^{\mathrm{T}} \\
\widetilde{\Lambda}_{23} =& \theta_2\Gamma_{1m}V + \theta_3 V^{\mathrm{T}}\Gamma_{0m}^{\mathrm{T}} \\
\widetilde{\Lambda}_{24} =& \theta_4 V^{\mathrm{T}}\Gamma_{0m}^{\mathrm{T}} \\
\widetilde{\Lambda}_{25} =& \theta_2 N^{\mathrm{T}} + \theta_5 V^{\mathrm{T}}\Gamma_{0m}^{\mathrm{T}}
\end{aligned}$$

$$
\begin{aligned}
\widetilde{\Lambda}_{33} &= -\widetilde{Q}_2 + \theta_3 \Gamma_{1m} V + \theta_3 V^{\mathrm{T}} \Gamma_{1m}^{\mathrm{T}} \\
\widetilde{\Lambda}_{34} &= \theta_4 V^{\mathrm{T}} \Gamma_{1m}^{\mathrm{T}} \\
\widetilde{\Lambda}_{35} &= \theta_3 N^{\mathrm{T}} + \theta_5 V^{\mathrm{T}} \Gamma_{1m}^{\mathrm{T}} \\
\widetilde{\Lambda}_{44} &= -\widetilde{Q}_3 - \widetilde{N}_2 - \widetilde{N}_2^{\mathrm{T}} + r_M \widetilde{Z}_2 \\
\widetilde{\Lambda}_{45} &= \theta_4 N^{\mathrm{T}} \\
\widetilde{\Lambda}_{55} &= \widetilde{P} + m\widetilde{R}_1 + r_M \widetilde{R}_2 + \theta_5 N + \theta_5 N^{\mathrm{T}}
\end{aligned}
$$

则在控制律 $u_k = -K_2 x_k, K_2 = VN^{-\mathrm{T}}$ 的作用下，系统 (6.33) 渐近稳定且相应的 H_∞ 范数界为 γ。

注 6.3　定理 6.2 和推论 6.1 分别给出了多信道和单信道网络控制系统的 H_∞ 控制器设计方法，与基于单信道的方法相比，基于多信道共享的方法可以使系统具有更好的 H_∞ 性能。

6.4　数值算例

下面将通过具体的数值算例说明本章所提出的控制器设计方法的有效性。

算例 6.1　验证基于多信道共享的补偿方法的有效性。考虑如下开环不稳定系统：

$$
\begin{cases}
\dot{x}(t) = \begin{bmatrix} -0.3954 & -0.1070 \\ -0.0993 & -0.0131 \end{bmatrix} x(t) + \begin{bmatrix} 0.2631 \\ 0.2951 \end{bmatrix} u(t) + \begin{bmatrix} -0.2756 \\ -0.2649 \end{bmatrix} \omega(t) \\
z(t) = \begin{bmatrix} -0.0670 & -0.3057 \end{bmatrix} x(t) + 0.0091 u(t)
\end{cases}
\tag{6.36}
$$

如果系统中存在信道的共享，设采样周期 $h = 0.1\mathrm{s}$, $n = 1$, $l_M = 3$, $l_m = n$, $m = 2$, $r_M = 5$, $r_m = m$, $\theta_1 = \theta_2 = \cdots = \theta_7 = 1$, $\theta_8 = 100$, $\varepsilon_{1k} = 0.2h$。如果系统中只有单个信道，设 $m = 2$, $r_M = 5$, $r_m = m$, $\theta_1 = \theta_2 = \cdots = \theta_4 = 1$, $\theta_5 = 100$。分别用 γ_m 和 γ_s 表示对应于多信道方法与单信道方法的 H_∞ 范数界，通过求解定理 6.2 和推论 6.1 中的线性矩阵不等式，可以得到对应于不同 ε_{2k} 的 H_∞ 范数界 (见表 6.1)。

表 6.1　H_∞ 范数界 (不同的 ε_{2k})

情况	$0.2h$	$0.3h$	$0.4h$	$0.5h$	h
γ_m	0.1019	0.1023	0.1024	0.1024	0.1025
γ_s	0.2289	6.3034	—	—	—

如果 ε_{1k} 和 ε_{2k} 是常数且 $\varepsilon_{1k} = \varepsilon_{2k} = 0.2h$，对多信道共享的系统，设 $n = 1$, $l_M = 3$, $l_m = n$, $m = 2$, $r_m = m$, $\theta_1 = \theta_2 = \cdots = \theta_7 = 1$, $\theta_8 = 100$；对单信道系统，

设 $m=2, r_m=m, \theta_1=\theta_2=\cdots=\theta_4=1, \theta_5=100$。通过求解定理 6.2 和推论 6.1 中的线性矩阵不等式，可以得到对应于不同 r_M 的 H_∞ 范数界 (表 6.2)。

表 6.2 H_∞ 范数界 (不同的 r_M)

情况	5	8	11	13	14
γ_m	0.1019	0.1043	0.1063	0.1075	0.1081
γ_s	0.2289	0.4669	1.6496	29.8510	—

从表 6.1 和表 6.2 可以看出，与基于单信道的方法相比，本章所提出的基于多信道共享的方法可以使系统具有更好的 H_∞ 性能。

设系统的初始状态为 $x_0=[1\quad -1]^{\mathrm{T}}$，基于对象状态 $x_0, x_2, x_4, \cdots$ 所得到的控制输入被成功地传到了执行器，而基于对象状态 $x_1, x_3, x_5, \cdots$ 得到的控制输入被丢失了。如果利用基于多信道共享的方法来补偿时延及丢包的负面影响，那么设 $n=1, l_M=3, l_m=n, m=2, r_M=5, r_m=m, \theta_1=\theta_2=\cdots=\theta_7=1, \theta_8=100, \varepsilon_{1k}=0.2h, \varepsilon_{2k}=0.3h$。求解定理 6.2 中的线性矩阵不等式，可以得到控制器增益 $K_1=[0.6595\quad 10.6846]$、$K_2=[0.0069\quad 0.1052]$。设在时间段 [15.9s, 18.9s) 内，扰动输入 $10\sin j$ $(j=1, 2, \cdots, 30)$ 被加入到系统中，图 6.3 给出了系统 (6.36) 的状态响应和受控输出曲线，说明了本章所提出的基于多信道共享方法的有效性。

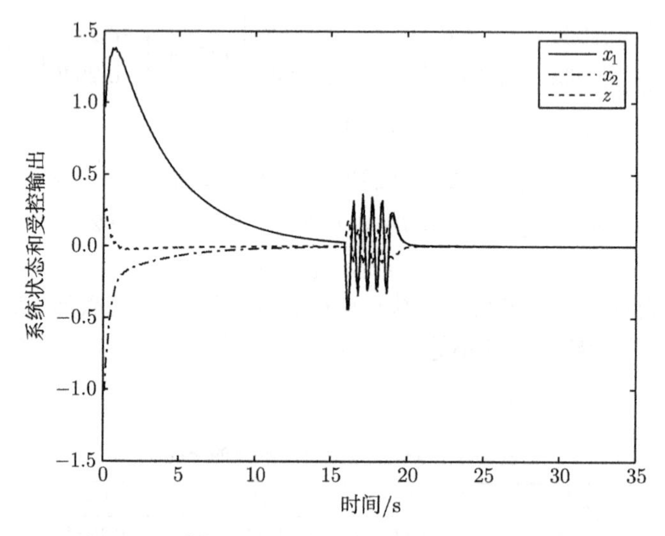

图 6.3 系统 (6.36) 的状态响应和受控输出曲线

6.5 本章小结

本章提出了一种基于多信道共享的方法来补偿时延及丢包的负面影响。首先给出了多共享信道网络控制系统的模型。然后通过定义适当的李雅普诺夫泛函且避免对向量交叉积的放大，讨论了系统的 H_∞ 性能优化和控制器设计问题。与基于单信道的方法相比，对空闲信道的共享可以补偿时延及丢包的负面影响，且不会增加系统的硬件成本。最后通过数值算例验证了所提出的基于多信道共享的补偿方法的有效性。

参考文献

[1] Lian B S, Zhang Q L, Li J N. Integrated sliding mode control and neural networks based packet disordering prediction for nonlinear networked control systems[J]. IEEE Transactions on Neural Networks and Learning Systems, 2019, 30(8): 2324-2335.

[2] Peng H, Razi A, Afghah F, et al. A unified framework for joint mobility prediction and object profiling of drones in UAV networks[J]. Journal of Communications and Networks, 2018, 20(5): 434-442.

[3] Sanchis R, Peñarrocha I, Albertos P. Design of robust output predictors under scarce measurements with time-varying delays[J]. Automatica, 2007, 43(2): 281-289.

[4] Liu G P, Xia Y Q, Rees D, et al. Design and stability criteria of networked predictive control systems with random network delay in the feedback channel[J]. IEEE Transactions on Systems, Man, and Cybernetics Part C: Applications and Reviews, 2007, 37(2): 173-184.

[5] Wang Y L, Yang G H. H_∞ controller design for networked control systems via active-varying sampling period method[J]. Acta Automatica Sinica, 2008, 34(7): 814-818.

第 7 章　网络控制系统的输出跟踪控制

7.1　引　　言

跟踪控制的主要目的是使受控对象的输出尽可能地跟踪给定参考模型的输出。对于跟踪控制的研究，已取得了较多的成果 [1-7]。由于网络化控制与跟踪控制在实际工业系统中具有较高的应用价值，网络控制系统的跟踪控制成为近年来研究的热点之一，目前已有一些最新进展 [8-11]。例如，Li 等 [10] 研究了具有通信限制和外部扰动的网络控制系统鲁棒跟踪控制问题；Foderaro 等 [11] 提出了分布式最优控制方法以实现对运动目标的协同跟踪。网络控制系统的跟踪控制将成为一个研究热点。

需要说明的是，现有研究并未对具有时延及丢包的离散化网络控制系统的 H_∞ 输出跟踪性能优化和控制器设计问题予以足够重视，本章将对上述问题进行讨论。首先讨论常数采样周期网络控制系统的 H_∞ 输出跟踪性能优化和控制器设计。然后对于时变采样周期网络控制系统，采用多目标优化方法来优化系统的 H_∞ 输出跟踪性能，并相应地给出控制器设计方法。由于采用离散 Jensen 不等式，本章所提出的 H_∞ 输出跟踪控制器设计方法比基于自由加权矩阵的方法 [8,12,13] 具有更小的计算复杂性。

7.2　问 题 描 述

考虑如下线性时不变系统：

$$\begin{cases} \dot{x}(t) = Ax(t) + B_1u(t) + B_2\omega(t) \\ y(t) = Cx(t) + Du(t) \end{cases} \tag{7.1}$$

式中，$x(t)$、$u(t)$、$y(t)$、$\omega(t)$ 分别是状态向量、控制输入、量测输出、扰动输入，$\omega(t) \in L_2[0,\ \infty)$ 且 $\omega(t)$ 是分段常数；A、B_1、B_2、C、D 是已知的具有适当维数的常数矩阵。

本章的主要目的是设计一个控制器，使得对象的输出 $y(t)$ 尽可能地跟踪一个给定的参考模型的输出。设参考模型的状态方程如下：

$$\begin{cases} \dot{\hat{x}}(t) = G\hat{x}(t) + r(t) \\ \hat{y}(t) = H\hat{x}(t) \end{cases} \tag{7.2}$$

式中，$\hat{x}(t)$ 和 $r(t)$ 分别是参考模型的状态和能量有界的参考输入，且 $r(t)$ 是分段常数；G 和 H 是已知的具有适当维数的常数矩阵，且 G 是赫尔维茨稳定的。

状态反馈控制器如下：

$$u(t) = K_1 x(t) + K_2 \hat{x}(t) \tag{7.3}$$

式中，K_1、K_2 是本章将要设计的状态反馈控制器增益。

网络控制系统输出跟踪控制的模型如图 7.1 所示。

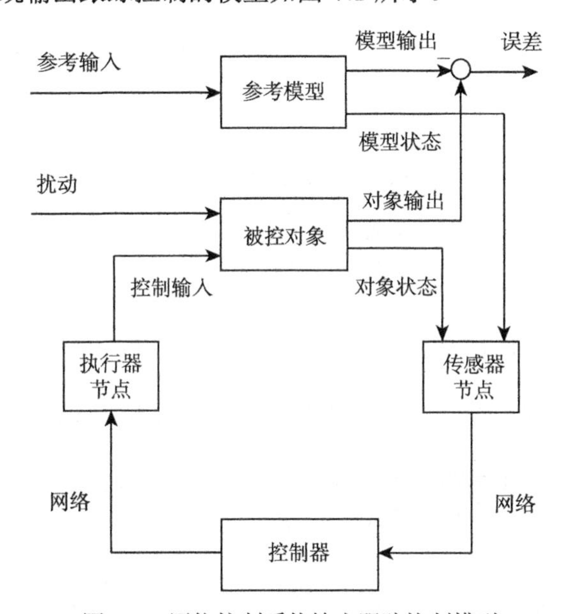

图 7.1　网络控制系统输出跟踪控制模型

本章中，假设传感器是时钟驱动的，控制器和执行器都是事件驱动的。如果发生长时延或丢包，系统将使用最新的可用控制输入。下面将分别给出常数和时变采样周期网络控制系统的扩展闭环模型。

7.2.1　常数采样周期网络控制系统扩展闭环模型

如果采样周期为常数，则对时延做如下假设。

假设 7.1　设 τ_k 为传感器–执行器的网络诱导时延，τ_k 是时变的且可以表示为 $\tau_k = nh + \varepsilon_k$，其中，$n$ 是正整数；h 是采样周期的长度；$\varepsilon_k \in \vartheta_1 = \{0,\ h/l,\ 2h/l,\ \cdots,\ (l-1)h/l,\ h\}$；$l$ 是正整数且 $l > 1$。

由 ε_k 的定义，可以得到

$$u(t) = \begin{cases} u_{k-n-L_k}, & t \in [kh,\ kh + mh/l) \\ u_{k-n}, & t \in [kh + mh/l,\ (k+1)h] \end{cases} \tag{7.4}$$

式中，$m=0,1,2,\cdots,l$；u_{k-n-L_k} 是在 kh 时刻执行器可用的最新控制输入。

设 L_k 的上界和下界分别为 L_M 和 L_m，则连续丢包数的最大值为 L_M-1。

如果采样周期为常数，考虑到时延及丢包的影响，系统 (7.1) 的离散时间表达式如下：

$$\begin{cases} x_{k+1}=\Phi x_k+\Gamma_0(\varepsilon_{k-n})u_{k-n}+\Gamma_1(\varepsilon_{k-n})u_{k-n-L_k}+\Gamma_2\omega_k \\ y_k=Cx_k+Du_{k-n-L_k} \end{cases} \tag{7.5}$$

式中，$\Phi=\mathrm{e}^{Ah}$；$\Gamma_0(\varepsilon_{k-n})=\int_0^{h-\varepsilon_{k-n}}\mathrm{e}^{As}\mathrm{d}sB_1$；$\Gamma_1(\varepsilon_{k-n})=\int_{h-\varepsilon_{k-n}}^{h}\mathrm{e}^{As}\mathrm{d}sB_1$；$\Gamma_2=\int_0^h\mathrm{e}^{As}\mathrm{d}sB_2$；$u_k=K_1x_k+K_2\hat{x}_k$。

相应地，系统 (7.2) 的离散时间表达式如下：

$$\begin{cases} \hat{x}_{k+1}=\widetilde{\Phi}\hat{x}_k+\widetilde{\Gamma}r_k \\ \hat{y}_k=H\hat{x}_k \end{cases} \tag{7.6}$$

式中，$\widetilde{\Phi}=\mathrm{e}^{Gh}$；$\widetilde{\Gamma}=\int_0^h\mathrm{e}^{Gs}\mathrm{d}s$。

因此，由系统 (7.5) 和 (7.6)，可以得到以下扩展闭环系统：

$$\begin{cases} \xi_{k+1}=\Psi_1\xi_k+\Psi_2K\xi_{k-n}+\Psi_3K\xi_{k-n-L_k}+\Psi_4\nu_k \\ e_k=\widetilde{\Psi}_1\xi_k+DK\xi_{k-n-L_k} \end{cases} \tag{7.7}$$

式中，$\xi_k=\begin{bmatrix}x_k\\ \hat{x}_k\end{bmatrix}$；$e_k=y_k-\hat{y}_k$；$\nu_k=\begin{bmatrix}\omega_k\\ r_k\end{bmatrix}$；$\Psi_1=\begin{bmatrix}\Phi & 0\\ 0 & \widetilde{\Phi}\end{bmatrix}$；$\Psi_2=\begin{bmatrix}\Gamma_0(\varepsilon_{k-n})\\ 0\end{bmatrix}$；$\Psi_3=\begin{bmatrix}\Gamma_1(\varepsilon_{k-n})\\ 0\end{bmatrix}$；$\Psi_4=\begin{bmatrix}\Gamma_2 & 0\\ 0 & \widetilde{\Gamma}\end{bmatrix}$；$\widetilde{\Psi}_1=[C\ \ -H]$；$K=[K_1\ K_2]$。

7.2.2 时变采样周期网络控制系统扩展闭环模型

下面给出时变采样周期网络控制系统的扩展闭环模型。定义 t_k 为第 k 个采样时刻，且

$$t_{k+1}-t_k=h+\sigma_k \tag{7.8}$$

即实际采样周期 $h_k=h+\sigma_k$，其中，h 为理想状态下的采样周期长度；σ_k 为采样周期的小波动，$-h\leqslant\sigma_k\leqslant h$，$\bar{\sigma}=\max\{|\sigma_k|\}$。

由以上分析可知，实际采样周期 $h_k=h+\sigma_k$，把 $[h,\ h+\bar{\sigma}]$ 和 $[h-\bar{\sigma},\ h]$ 分别分解为 l 个等长的小区间，则 $h_k\in[h+\alpha\bar{\sigma}/l,\ h+(\alpha+1)\bar{\sigma}/l]$ 或 $h_k\in[h-(\alpha+1)\bar{\sigma}/l,\ h-\alpha\bar{\sigma}/l]$，其中，$\alpha=0,1,2,\cdots,l-1$。本章中，假设 $h_k=h\pm m\bar{\sigma}/l$，$m=0,1,2,\cdots,l$，

定义 $\vartheta_2 = \{h, h\pm\bar{\sigma}/l, h\pm 2\bar{\sigma}/l, \cdots, h\pm\bar{\sigma}\}$，则 $h_k\in\vartheta_2$。如果采样周期为时变的，则对时延做如下假设。

假设 7.2　设 τ_{k-n} 为控制输入 u_{k-n} 的传感器–执行器时延，τ_{k-n} 是时变的且可以表示为 $\tau_{k-n} = t_k - t_{k-n} + \varepsilon_{k-n}$，其中 n 是正整数，ε_{k-n} 未知且 $\varepsilon_{k-n}\in\vartheta_3 = \{0,\ h_k/l,\ 2h_k/l,\ \cdots,\ (l-1)h_k/l,\ h_k\}$，$l$ 是正整数且 $l>1$。

考虑到 ε_{k-n} 的定义，可以得到

$$u(t) = \begin{cases} u_{k-n-L_k}, & t\in[t_k,\ t_k+mh_k/l) \\ u_{k-n}, & t\in[t_k+mh_k/l,\ t_{k+1}] \end{cases} \tag{7.9}$$

式中，u_{k-n-L_k} 是在 t_k 时刻执行器可用的最新控制输入，$m=0,1,2,\cdots,l$。

如果传感器的采样周期为时变的，考虑到时延及丢包的影响，系统 (7.1) 的离散时间表达式如下：

$$\begin{cases} x_{k+1} = \varPhi_k x_k + \varGamma_{0k}(\varepsilon_{k-n})u_{k-n} + \varGamma_{1k}(\varepsilon_{k-n})u_{k-n-L_k} + \varGamma_{2k}\omega_k \\ y_k = Cx_k + Du_{k-n-L_k} \end{cases} \tag{7.10}$$

式中，$\varPhi_k = \mathrm{e}^{Ah_k}$；$\varGamma_{0k}(\varepsilon_{k-n}) = \int_0^{h_k-\varepsilon_{k-n}} \mathrm{e}^{As}\mathrm{d}sB_1$；$\varGamma_{1k}(\varepsilon_{k-n}) = \int_{h_k-\varepsilon_{k-n}}^{h_k} \mathrm{e}^{As}\mathrm{d}sB_1$；$\varGamma_{2k} = \int_0^{h_k} \mathrm{e}^{As}\mathrm{d}sB_2$；$u_k = K_1x_k + K_2\hat{x}_k$。

相应地，系统 (7.2) 的离散时间表达式如下：

$$\begin{cases} \hat{x}_{k+1} = \widetilde{\varPhi}_k\hat{x}_k + \widetilde{\varGamma}_k r_k \\ \hat{y}_k = H\hat{x}_k \end{cases} \tag{7.11}$$

式中，$\widetilde{\varPhi}_k = \mathrm{e}^{Gh_k}$；$\widetilde{\varGamma}_k = \int_0^{h_k} \mathrm{e}^{Gs}\mathrm{d}s$。

因此，由系统 (7.10) 和 (7.11)，可以得到以下扩展闭环系统：

$$\begin{cases} \xi_{k+1} = \varPsi_{1k}\xi_k + \varPsi_{2k}K\xi_{k-n} + \varPsi_{3k}K\xi_{k-n-L_k} + \varPsi_{4k}\nu_k \\ e_k = \widetilde{\varPsi}_1\xi_k + DK\xi_{k-n-L_k} \end{cases} \tag{7.12}$$

式中，$\xi_k = \begin{bmatrix} x_k \\ \hat{x}_k \end{bmatrix}$；$e_k = y_k - \hat{y}_k$；$\nu_k = \begin{bmatrix} \omega_k \\ r_k \end{bmatrix}$；$\varPsi_{1k} = \begin{bmatrix} \varPhi_k & 0 \\ 0 & \widetilde{\varPhi}_k \end{bmatrix}$；$\varPsi_{2k} = \begin{bmatrix} \varGamma_{0k}(\varepsilon_{k-n}) \\ 0 \end{bmatrix}$；$\varPsi_{3k} = \begin{bmatrix} \varGamma_{1k}(\varepsilon_{k-n}) \\ 0 \end{bmatrix}$；$\varPsi_{4k} = \begin{bmatrix} \varGamma_{2k} & 0 \\ 0 & \widetilde{\varGamma}_k \end{bmatrix}$；$\widetilde{\varPsi}_1 = [C \quad -H]$；$K = [K_1 \quad K_2]$。

系统的输出跟踪要求如下 [8]：

(1) 当 $\nu_k = 0$ 时，扩展闭环系统 (7.7) 和 (7.12) 渐近稳定。

(2) 如果 $\nu_k \neq 0$ 且 $\nu_k \in L_2[0, \infty)$，在零初始条件下，$||e_k||_2 < \gamma||\nu_k||_2$ 或 $||e_k||_2 < \gamma_k||\nu_k||_2$ $(\gamma > 0, \gamma_k > 0)$。

如果以上两个要求满足，则称系统 (7.7) 和 (7.12) 分别具有 H_∞ 输出跟踪性能界 γ 和 γ_k。

下面将基于扩展闭环系统 (7.7) 和 (7.12) 讨论常数和时变采样周期网络控制系统的 H_∞ 输出跟踪性能分析及控制器设计问题。

7.3 H_∞ 输出跟踪性能分析及控制器设计

7.3.1 常数采样周期网络控制系统

对于扩展闭环系统 (7.7)，先假设控制器增益 K_1 和 K_2 已知。下面分析系统 (7.7) 的 H_∞ 输出跟踪控制问题，以使其具有 H_∞ 输出跟踪性能界 γ。

定理 7.1 对给定的控制器增益 K_1 和 K_2，如果存在对称正定矩阵 P、Q_1、Q_2、Q_3、Q_4、Z_1、Z_2、Z_3、Z_4，标量 $\gamma > 0$，使得以下不等式对 ε_{k-n} $(\varepsilon_{k-n} \in \vartheta_1)$ 的每个可能的值都成立：

$$\begin{bmatrix} \Lambda_{11} & Z_1 & 0 & Z_4 & Z_2 & 0 & \Psi_1^{\mathrm{T}}P & (\Psi_1 - I)^{\mathrm{T}}M & \widetilde{\Psi}_1^{\mathrm{T}} \\ * & \Lambda_{22} & 0 & 0 & 0 & 0 & K^{\mathrm{T}}\Psi_2^{\mathrm{T}}P & K^{\mathrm{T}}\Psi_2^{\mathrm{T}}M & 0 \\ * & * & \Lambda_{33} & Z_3 & Z_3 & 0 & K^{\mathrm{T}}\Psi_3^{\mathrm{T}}P & K^{\mathrm{T}}\Psi_3^{\mathrm{T}}M & K^{\mathrm{T}}D^{\mathrm{T}} \\ * & * & * & \Lambda_{44} & 0 & 0 & 0 & 0 & 0 \\ * & * & * & * & \Lambda_{55} & 0 & 0 & 0 & 0 \\ * & * & * & * & * & -\gamma I & \Psi_4^{\mathrm{T}}P & \Psi_4^{\mathrm{T}}M & 0 \\ * & * & * & * & * & * & -P & 0 & 0 \\ * & * & * & * & * & * & * & -M & 0 \\ * & * & * & * & * & * & * & * & -\gamma I \end{bmatrix} < 0 \quad (7.13)$$

式中，

$$\Lambda_{11} = -P + Q_1 + (L_M - L_m + 1)Q_2 + Q_3 + Q_4 - Z_1 - Z_2 - Z_4$$

$$\Lambda_{22} = -Q_1 - Z_1$$

$$\Lambda_{33} = -Q_2 - 2Z_3$$

$$\Lambda_{44} = -Q_4 - Z_3 - Z_4$$

$$\Lambda_{55} = -Q_3 - Z_2 - Z_3$$

$$M = n^2 Z_1 + (n + L_M)^2 Z_2 + (L_M - L_m)^2 Z_3 + (n + L_m)^2 Z_4$$

则系统 (7.7) 渐近稳定且相应的 H_∞ 输出跟踪性能界为 γ。

证明 考虑以下李雅普诺夫泛函:

$$V_k = \sum_{i=1}^{10} V_{ik} \tag{7.14}$$

式中,

$$V_{1k} = \xi_k^{\mathrm{T}} P \xi_k$$

$$V_{2k} = \sum_{i=k-n}^{k-1} \xi_i^{\mathrm{T}} Q_1 \xi_i$$

$$V_{3k} = \sum_{i=k-n-L_k}^{k-1} \xi_i^{\mathrm{T}} Q_2 \xi_i$$

$$V_{4k} = \sum_{i=-n-L_M+1}^{-n-L_m} \sum_{j=k+i}^{k-1} \xi_j^{\mathrm{T}} Q_2 \xi_j$$

$$V_{5k} = \sum_{i=k-n-L_M}^{k-1} \xi_i^{\mathrm{T}} Q_3 \xi_i$$

$$V_{6k} = \sum_{i=k-n-L_m}^{k-1} \xi_i^{\mathrm{T}} Q_4 \xi_i$$

$$V_{7k} = n \sum_{i=-n}^{-1} \sum_{j=k+i}^{k-1} \eta_j^{\mathrm{T}} Z_1 \eta_j$$

$$V_{8k} = (n + L_M) \sum_{i=-n-L_M}^{-1} \sum_{j=k+i}^{k-1} \eta_j^{\mathrm{T}} Z_2 \eta_j$$

$$V_{9k} = (L_M - L_m) \sum_{i=-n-L_M}^{-n-L_m-1} \sum_{j=k+i}^{k-1} \eta_j^{\mathrm{T}} Z_3 \eta_j$$

$$V_{10k} = (n + L_m) \sum_{i=-n-L_m}^{-1} \sum_{j=k+i}^{k-1} \eta_j^{\mathrm{T}} Z_4 \eta_j$$

P、Q_1、Q_2、Q_3、Q_4、Z_1、Z_2、Z_3、Z_4 为对称正定矩阵，且 $\eta_j = \xi_{j+1} - \xi_j$。

由引理 2.5 可以得到

$$-n\sum_{j=k-n}^{k-1}\eta_j^{\mathrm{T}}Z_1\eta_j\leqslant-\sum_{j=k-n}^{k-1}\eta_j^{\mathrm{T}}Z_1\sum_{j=k-n}^{k-1}\eta_j$$
$$=-(\xi_k-\xi_{k-n})^{\mathrm{T}}Z_1(\xi_k-\xi_{k-n}) \tag{7.15}$$

$$-(n+L_M)\sum_{j=k-n-L_M}^{k-1}\eta_j^{\mathrm{T}}Z_2\eta_j\leqslant-\sum_{j=k-n-L_M}^{k-1}\eta_j^{\mathrm{T}}Z_2\sum_{j=k-n-L_M}^{k-1}\eta_j$$
$$=-(\xi_k-\xi_{k-n-L_M})^{\mathrm{T}}Z_2(\xi_k-\xi_{k-n-L_M}) \tag{7.16}$$

$$\begin{aligned}
&-(L_M-L_m)\sum_{j=k-n-L_M}^{k-n-L_m-1}\eta_j^{\mathrm{T}}Z_3\eta_j\\
=&-(L_M-L_m)\sum_{j=k-n-L_k}^{k-n-L_m-1}\eta_j^{\mathrm{T}}Z_3\eta_j\\
&-(L_M-L_m)\sum_{j=k-n-L_M}^{k-n-L_k-1}\eta_j^{\mathrm{T}}Z_3\eta_j\\
\leqslant&-\sum_{j=k-n-L_k}^{k-n-L_m-1}\eta_j^{\mathrm{T}}Z_3\sum_{j=k-n-L_k}^{k-n-L_m-1}\eta_j\\
&-\sum_{j=k-n-L_M}^{k-n-L_k-1}\eta_j^{\mathrm{T}}Z_3\sum_{j=k-n-L_M}^{k-n-L_k-1}\eta_j\\
=&-(\xi_{k-n-L_m}-\xi_{k-n-L_k})^{\mathrm{T}}Z_3(\xi_{k-n-L_m}-\xi_{k-n-L_k})\\
&-(\xi_{k-n-L_k}-\xi_{k-n-L_M})^{\mathrm{T}}Z_3(\xi_{k-n-L_k}-\xi_{k-n-L_M})
\end{aligned} \tag{7.17}$$

$$-(n+L_m)\sum_{j=k-n-L_m}^{k-1}\eta_j^{\mathrm{T}}Z_4\eta_j\leqslant-\sum_{j=k-n-L_m}^{k-1}\eta_j^{\mathrm{T}}Z_4\sum_{j=k-n-L_m}^{k-1}\eta_j$$
$$=-(\xi_k-\xi_{k-n-L_m})^{\mathrm{T}}Z_4(\xi_k-\xi_{k-n-L_m}) \tag{7.18}$$

定义 $\Delta V_k=V_{k+1}-V_k$，有

$$\Delta V_{1k}=\xi_{k+1}^{\mathrm{T}}P\xi_{k+1}-\xi_k^{\mathrm{T}}P\xi_k \tag{7.19}$$

$$\Delta V_{2k}=\xi_k^{\mathrm{T}}Q_1\xi_k-\xi_{k-n}^{\mathrm{T}}Q_1\xi_{k-n} \tag{7.20}$$

$$\Delta V_{3k} \leqslant \xi_k^{\mathrm{T}} Q_2 \xi_k - \xi_{k-n-L_k}^{\mathrm{T}} Q_2 \xi_{k-n-L_k} + \sum_{i=k-n-L_{k+1}+1}^{k-n-L_m} \xi_i^{\mathrm{T}} Q_2 \xi_i \tag{7.21}$$

$$\Delta V_{4k} = (L_M - L_m) \xi_k^{\mathrm{T}} Q_2 \xi_k - \sum_{i=k-n-L_M+1}^{k-n-L_m} \xi_i^{\mathrm{T}} Q_2 \xi_i \tag{7.22}$$

$$\Delta V_{5k} = \xi_k^{\mathrm{T}} Q_3 \xi_k - \xi_{k-n-L_M}^{\mathrm{T}} Q_3 \xi_{k-n-L_M} \tag{7.23}$$

$$\Delta V_{6k} = \xi_k^{\mathrm{T}} Q_4 \xi_k - \xi_{k-n-L_m}^{\mathrm{T}} Q_4 \xi_{k-n-L_m} \tag{7.24}$$

$$\begin{aligned} \Delta V_{7k} &= n \sum_{i=-n}^{-1} (\eta_k^{\mathrm{T}} Z_1 \eta_k - \eta_{k+i}^{\mathrm{T}} Z_1 \eta_{k+i}) \\ &= n^2 (\xi_{k+1} - \xi_k)^{\mathrm{T}} Z_1 (\xi_{k+1} - \xi_k) - n \sum_{j=k-n}^{k-1} \eta_j^{\mathrm{T}} Z_1 \eta_j \end{aligned} \tag{7.25}$$

$$\begin{aligned} \Delta V_{8k} &= (n + L_M) \sum_{i=-n-L_M}^{-1} (\eta_k^{\mathrm{T}} Z_2 \eta_k - \eta_{k+i}^{\mathrm{T}} Z_2 \eta_{k+i}) \\ &= (n + L_M)^2 (\xi_{k+1} - \xi_k)^{\mathrm{T}} Z_2 (\xi_{k+1} - \xi_k) \\ &\quad - (n + L_M) \sum_{j=k-n-L_M}^{k-1} \eta_j^{\mathrm{T}} Z_2 \eta_j \end{aligned} \tag{7.26}$$

$$\begin{aligned} \Delta V_{9k} &= (L_M - L_m) \sum_{i=-n-L_M}^{-n-L_m-1} (\eta_k^{\mathrm{T}} Z_3 \eta_k - \eta_{k+i}^{\mathrm{T}} Z_3 \eta_{k+i}) \\ &= (L_M - L_m)^2 (\xi_{k+1} - \xi_k)^{\mathrm{T}} Z_3 (\xi_{k+1} - \xi_k) \\ &\quad - (L_M - L_m) \sum_{j=k-n-L_M}^{k-n-L_m-1} \eta_j^{\mathrm{T}} Z_3 \eta_j \end{aligned} \tag{7.27}$$

$$\begin{aligned} \Delta V_{10k} &= (n + L_m) \sum_{i=-n-L_m}^{-1} (\eta_k^{\mathrm{T}} Z_4 \eta_k - \eta_{k+i}^{\mathrm{T}} Z_4 \eta_{k+i}) \\ &= (n + L_m)^2 (\xi_{k+1} - \xi_k)^{\mathrm{T}} Z_4 (\xi_{k+1} - \xi_k) \\ &\quad - (n + L_m) \sum_{j=k-n-L_m}^{k-1} \eta_j^{\mathrm{T}} Z_4 \eta_j \end{aligned} \tag{7.28}$$

结合系统 (7.7) 和式 (7.15)~式 (7.28)，可以得到

$$\Delta V_k \leqslant \tilde{\xi}_k^{\mathrm{T}} \varLambda \tilde{\xi}_k \tag{7.29}$$

式中，

$$\tilde{\xi}_k = \begin{bmatrix} \xi_k \\ \xi_{k-n} \\ \xi_{k-n-L_k} \\ \xi_{k-n-L_m} \\ \xi_{k-n-L_M} \\ \nu_k \end{bmatrix}, \quad \Lambda = \begin{bmatrix} \Lambda_{11} & \Lambda_{12} & \Lambda_{13} & \Lambda_{14} & \Lambda_{15} & \Lambda_{16} \\ * & \Lambda_{22} & \Lambda_{23} & 0 & 0 & \Lambda_{26} \\ * & * & \Lambda_{33} & \Lambda_{34} & \Lambda_{35} & \Lambda_{36} \\ * & * & * & \Lambda_{44} & 0 & 0 \\ * & * & * & * & \Lambda_{55} & 0 \\ * & * & * & * & * & \Lambda_{66} \end{bmatrix}$$

这里，

$$\begin{aligned}
\Lambda_{11} &= \Psi_1^{\mathrm{T}} P \Psi_1 - P + Q_1 + (L_M - L_m + 1) Q_2 + Q_3 + Q_4 \\
&\quad - Z_1 - Z_2 - Z_4 + (\Psi_1 - I)^{\mathrm{T}} M (\Psi_1 - I) \\
\Lambda_{12} &= \Psi_1^{\mathrm{T}} P \Psi_2 K + (\Psi_1 - I)^{\mathrm{T}} M \Psi_2 K + Z_1 \\
\Lambda_{13} &= \Psi_1^{\mathrm{T}} P \Psi_3 K + (\Psi_1 - I)^{\mathrm{T}} M \Psi_3 K \\
\Lambda_{14} &= Z_4, \quad \Lambda_{15} = Z_2 \\
\Lambda_{16} &= \Psi_1^{\mathrm{T}} P \Psi_4 + (\Psi_1 - I)^{\mathrm{T}} M \Psi_4 \\
\Lambda_{22} &= K^{\mathrm{T}} \Psi_2^{\mathrm{T}} P \Psi_2 K + K^{\mathrm{T}} \Psi_2^{\mathrm{T}} M \Psi_2 K - Q_1 - Z_1 \\
\Lambda_{23} &= K^{\mathrm{T}} \Psi_2^{\mathrm{T}} P \Psi_3 K + K^{\mathrm{T}} \Psi_2^{\mathrm{T}} M \Psi_3 K \\
\Lambda_{26} &= K^{\mathrm{T}} \Psi_2^{\mathrm{T}} P \Psi_4 + K^{\mathrm{T}} \Psi_2^{\mathrm{T}} M \Psi_4 \\
\Lambda_{33} &= K^{\mathrm{T}} \Psi_3^{\mathrm{T}} P \Psi_3 K + K^{\mathrm{T}} \Psi_3^{\mathrm{T}} M \Psi_3 K - Q_2 - 2Z_3 \\
\Lambda_{34} &= Z_3, \quad \Lambda_{35} = Z_3 \\
\Lambda_{36} &= K^{\mathrm{T}} \Psi_3^{\mathrm{T}} P \Psi_4 + K^{\mathrm{T}} \Psi_3^{\mathrm{T}} M \Psi_4 \\
\Lambda_{44} &= -Q_4 - Z_3 - Z_4 \\
\Lambda_{55} &= -Q_3 - Z_2 - Z_3 \\
\Lambda_{66} &= \Psi_4^{\mathrm{T}} P \Psi_4 + \Psi_4^{\mathrm{T}} M \Psi_4 \\
M &= n^2 Z_1 + (n + L_M)^2 Z_2 + (L_M - L_m)^2 Z_3 + (n + L_m)^2 Z_4
\end{aligned}$$

对任意非零的 ξ_k，可以得到 $\gamma^{-1} e_k^{\mathrm{T}} e_k - \gamma \nu_k^{\mathrm{T}} \nu_k = \tilde{\xi}_k^{\mathrm{T}} \Xi \tilde{\xi}_k$，其中，

$$
\Xi = \begin{bmatrix}
\gamma^{-1}\widetilde{\Psi}_1^{\mathrm{T}}\widetilde{\Psi}_1 & 0 & \gamma^{-1}\widetilde{\Psi}_1^{\mathrm{T}}DK & 0 & 0 & 0 \\
0 & 0 & 0 & 0 & 0 & 0 \\
\gamma^{-1}K^{\mathrm{T}}D^{\mathrm{T}}\widetilde{\Psi}_1 & 0 & \gamma^{-1}K^{\mathrm{T}}D^{\mathrm{T}}DK & 0 & 0 & 0 \\
0 & 0 & 0 & 0 & 0 & 0 \\
0 & 0 & 0 & 0 & 0 & 0 \\
0 & 0 & 0 & 0 & 0 & -\gamma I
\end{bmatrix}
$$

因此，有

$$
\gamma^{-1}e_k^{\mathrm{T}}e_k - \gamma\nu_k^{\mathrm{T}}\nu_k + \Delta V_k \leqslant \tilde{\xi}_k^{\mathrm{T}}\widetilde{\Lambda}\tilde{\xi}_k
$$

式中，$\widetilde{\Lambda} = \Lambda + \Xi$。

由 Schur 补定理可以看出，式 (7.13) 等价于 $\widetilde{\Lambda} < 0$。对于任意非零的 $\tilde{\xi}_k$，如果式 (7.13) 中的线性矩阵不等式可行，则 $\gamma^{-1}e_k^{\mathrm{T}}e_k - \gamma\nu_k^{\mathrm{T}}\nu_k + \Delta V_k < 0$。类似于定理 3.1，由 $\gamma^{-1}e_k^{\mathrm{T}}e_k - \gamma\nu_k^{\mathrm{T}}\nu_k + \Delta V_k < 0$，可以证明 $\|e\|_2^2 < \gamma^2\|\nu\|_2^2$。因此，如果式 (7.13) 中的线性矩阵不等式可行，则系统 (7.7) 渐近稳定且相应的 H_∞ 输出跟踪性能界为 γ。证毕。

定理 7.2 考虑了系统 (7.7) 的 H_∞ 输出跟踪控制器增益 K_1 和 K_2 的设计问题。

定理 7.2 如果存在对称正定矩阵 N、$\widetilde{Q}_1$、$\widetilde{Q}_2$、$\widetilde{Q}_3$、$\widetilde{Q}_4$、$\widetilde{Z}_1$、$\widetilde{Z}_2$、$\widetilde{Z}_3$、$\widetilde{Z}_4$，矩阵 V，标量 $\gamma > 0$，使得以下线性矩阵不等式对 ε_{k-n} $(\varepsilon_{k-n} \in \vartheta_1)$ 的每个可能的值都成立：

$$
\begin{bmatrix}
\widetilde{\Lambda}_{11} & \widetilde{Z}_1 & 0 & \widetilde{Z}_4 & \widetilde{Z}_2 & 0 & N\Psi_1^{\mathrm{T}} & N\Psi_1^{\mathrm{T}} - N \\
* & \widetilde{\Lambda}_{22} & 0 & 0 & 0 & 0 & V^{\mathrm{T}}\Psi_2^{\mathrm{T}} & V^{\mathrm{T}}\Psi_2^{\mathrm{T}} \\
* & * & \widetilde{\Lambda}_{33} & \widetilde{Z}_3 & \widetilde{Z}_3 & 0 & V^{\mathrm{T}}\Psi_3^{\mathrm{T}} & V^{\mathrm{T}}\Psi_3^{\mathrm{T}} \\
* & * & * & \widetilde{\Lambda}_{44} & 0 & 0 & 0 & 0 \\
* & * & * & * & \widetilde{\Lambda}_{55} & 0 & 0 & 0 \\
* & * & * & * & * & -\gamma I & \Psi_4^{\mathrm{T}} & \Psi_4^{\mathrm{T}} \\
* & * & * & * & * & * & -N & 0 \\
* & * & * & * & * & * & * & \widetilde{\Lambda}_{88} \\
* & * & * & * & * & * & * & * \\
* & * & * & * & * & * & * & * \\
* & * & * & * & * & * & * & * \\
* & * & * & * & * & * & * & *
\end{bmatrix}
$$

$$
\left.\begin{matrix}
N\Psi_1^{\mathrm{T}}-N & N\Psi_1^{\mathrm{T}}-N & N\Psi_1^{\mathrm{T}}-N & N\widetilde{\Psi}_1^{\mathrm{T}} \\
V^{\mathrm{T}}\Psi_2^{\mathrm{T}} & V^{\mathrm{T}}\Psi_2^{\mathrm{T}} & V^{\mathrm{T}}\Psi_2^{\mathrm{T}} & 0 \\
V^{\mathrm{T}}\Psi_3^{\mathrm{T}} & V^{\mathrm{T}}\Psi_3^{\mathrm{T}} & V^{\mathrm{T}}\Psi_3^{\mathrm{T}} & V^{\mathrm{T}}D^{\mathrm{T}} \\
0 & 0 & 0 & 0 \\
0 & 0 & 0 & 0 \\
\Psi_4^{\mathrm{T}} & \Psi_4^{\mathrm{T}} & \Psi_4^{\mathrm{T}} & 0 \\
0 & 0 & 0 & 0 \\
0 & 0 & 0 & 0 \\
\widetilde{\Lambda}_{99} & 0 & 0 & 0 \\
* & \widetilde{\Lambda}_{10,10} & 0 & 0 \\
* & * & \widetilde{\Lambda}_{11,11} & 0 \\
* & * & * & -\gamma I
\end{matrix}\right] < 0 \tag{7.30}
$$

式中，

$$
\begin{aligned}
&\widetilde{\Lambda}_{11}=-N+\widetilde{Q}_1+(L_M-L_m+1)\widetilde{Q}_2+\widetilde{Q}_3+\widetilde{Q}_4-\widetilde{Z}_1-\widetilde{Z}_2-\widetilde{Z}_4\\
&\widetilde{\Lambda}_{22}=-\widetilde{Q}_1-\widetilde{Z}_1\\
&\widetilde{\Lambda}_{33}=-\widetilde{Q}_2-2\widetilde{Z}_3\\
&\widetilde{\Lambda}_{44}=-\widetilde{Q}_4-\widetilde{Z}_3-\widetilde{Z}_4\\
&\widetilde{\Lambda}_{55}=-\widetilde{Q}_3-\widetilde{Z}_2-\widetilde{Z}_3\\
&\widetilde{\Lambda}_{88}=n^{-2}(\widetilde{Z}_1-2N)\\
&\widetilde{\Lambda}_{99}=(n+L_M)^{-2}(\widetilde{Z}_2-2N)\\
&\widetilde{\Lambda}_{10,10}=(L_M-L_m)^{-2}(\widetilde{Z}_3-2N)\\
&\widetilde{\Lambda}_{11,11}=(n+L_m)^{-2}(\widetilde{Z}_4-2N)
\end{aligned}
\tag{7.31}
$$

则在控制律 $u_k=K_1x_k+K_2\hat{x}_k$，$K=VN^{-1}$ 的作用下，扩展闭环系统 (7.7) 渐近稳定且相应的 H_∞ 输出跟踪性能界为 γ。

证明　利用矩阵 Schur 补，式 (7.13) 等价于

$$
\begin{bmatrix}
\Lambda_{11} & Z_1 & 0 & Z_4 & Z_2 & 0 & \Psi_1^{\mathrm{T}} & \Psi_1^{\mathrm{T}}-I & \Psi_1^{\mathrm{T}}-I & \Psi_1^{\mathrm{T}}-I & \Psi_1^{\mathrm{T}}-I & \widetilde{\Psi}_1^{\mathrm{T}} \\
* & \Lambda_{22} & 0 & 0 & 0 & 0 & K^{\mathrm{T}}\Psi_2^{\mathrm{T}} & K^{\mathrm{T}}\Psi_2^{\mathrm{T}} & K^{\mathrm{T}}\Psi_2^{\mathrm{T}} & K^{\mathrm{T}}\Psi_2^{\mathrm{T}} & K^{\mathrm{T}}\Psi_2^{\mathrm{T}} & 0 \\
* & * & \Lambda_{33} & Z_3 & Z_3 & 0 & K^{\mathrm{T}}\Psi_3^{\mathrm{T}} & K^{\mathrm{T}}\Psi_3^{\mathrm{T}} & K^{\mathrm{T}}\Psi_3^{\mathrm{T}} & K^{\mathrm{T}}\Psi_3^{\mathrm{T}} & K^{\mathrm{T}}\Psi_3^{\mathrm{T}} & K^{\mathrm{T}}D^{\mathrm{T}} \\
* & * & * & \Lambda_{44} & 0 & 0 & 0 & 0 & 0 & 0 & 0 & 0 \\
* & * & * & * & \Lambda_{55} & 0 & 0 & 0 & 0 & 0 & 0 & 0 \\
* & * & * & * & * & -\gamma I & \Psi_4^{\mathrm{T}} & \Psi_4^{\mathrm{T}} & \Psi_4^{\mathrm{T}} & \Psi_4^{\mathrm{T}} & \Psi_4^{\mathrm{T}} & 0 \\
* & * & * & * & * & * & -P^{-1} & 0 & 0 & 0 & 0 & 0 \\
* & * & * & * & * & * & * & -n^{-2}Z_1^{-1} & 0 & 0 & 0 & 0 \\
* & * & * & * & * & * & * & * & \Lambda_{99} & 0 & 0 & 0 \\
* & * & * & * & * & * & * & * & * & \Lambda_{10,10} & 0 & 0 \\
* & * & * & * & * & * & * & * & * & * & \Lambda_{11,11} & 0 \\
* & * & * & * & * & * & * & * & * & * & * & -\gamma I
\end{bmatrix} < 0 \tag{7.32}
$$

式中，Λ_{11}、Λ_{22}、Λ_{33}、Λ_{44}、Λ_{55} 与式 (7.13) 中相同，且

$$
\begin{aligned}
\Lambda_{99} &= -(n+L_M)^{-2}Z_2^{-1} \\
\Lambda_{10,10} &= -(L_M-L_m)^{-2}Z_3^{-1} \\
\Lambda_{11,11} &= -(n+L_m)^{-2}Z_4^{-1}
\end{aligned}
$$

对式 (7.32) 前后分别乘以 $\mathrm{diag}(P^{-1}, P^{-1}, P^{-1}, P^{-1}, P^{-1}, I, I, I, I, I, I, I)$ 和 $\mathrm{diag}(P^{-1}, P^{-1}, P^{-1}, P^{-1}, P^{-1}, I, I, I, I, I, I, I)$，定义 $P^{-1}=N$, $P^{-1}Q_iP^{-1}=\widetilde{Q}_i$, $P^{-1}Z_iP^{-1}=\widetilde{Z}_i$, $i=1,2,3,4$, $P^{-1}K^{\mathrm{T}}=V^{\mathrm{T}}$，则式 (7.32) 等价于

$$
\begin{bmatrix}
\widetilde{\Lambda}_{11} & \widetilde{Z}_1 & 0 & \widetilde{Z}_4 & \widetilde{Z}_2 & 0 & N\Psi_1^{\mathrm{T}} & N\Psi_1^{\mathrm{T}}-N & N\Psi_1^{\mathrm{T}}-N & N\Psi_1^{\mathrm{T}}-N & N\Psi_1^{\mathrm{T}}-N & N\widetilde{\Psi}_1^{\mathrm{T}} \\
* & \widetilde{\Lambda}_{22} & 0 & 0 & 0 & 0 & V^{\mathrm{T}}\Psi_2^{\mathrm{T}} & V^{\mathrm{T}}\Psi_2^{\mathrm{T}} & V^{\mathrm{T}}\Psi_2^{\mathrm{T}} & V^{\mathrm{T}}\Psi_2^{\mathrm{T}} & V^{\mathrm{T}}\Psi_2^{\mathrm{T}} & 0 \\
* & * & \widetilde{\Lambda}_{33} & \widetilde{Z}_3 & \widetilde{Z}_3 & 0 & V^{\mathrm{T}}\Psi_3^{\mathrm{T}} & V^{\mathrm{T}}\Psi_3^{\mathrm{T}} & V^{\mathrm{T}}\Psi_3^{\mathrm{T}} & V^{\mathrm{T}}\Psi_3^{\mathrm{T}} & V^{\mathrm{T}}\Psi_3^{\mathrm{T}} & V^{\mathrm{T}}D^{\mathrm{T}} \\
* & * & * & \widetilde{\Lambda}_{44} & 0 & 0 & 0 & 0 & 0 & 0 & 0 & 0 \\
* & * & * & * & \widetilde{\Lambda}_{55} & 0 & 0 & 0 & 0 & 0 & 0 & 0 \\
* & * & * & * & * & -\gamma I & \Psi_4^{\mathrm{T}} & \Psi_4^{\mathrm{T}} & \Psi_4^{\mathrm{T}} & \Psi_4^{\mathrm{T}} & \Psi_4^{\mathrm{T}} & 0 \\
* & * & * & * & * & * & -N & 0 & 0 & 0 & 0 & 0 \\
* & * & * & * & * & * & * & -n^{-2}Z_1^{-1} & 0 & 0 & 0 & 0 \\
* & * & * & * & * & * & * & * & \Lambda_{99} & 0 & 0 & 0 \\
* & * & * & * & * & * & * & * & * & \Lambda_{10,10} & 0 & 0 \\
* & * & * & * & * & * & * & * & * & * & \Lambda_{11,11} & 0 \\
* & * & * & * & * & * & * & * & * & * & * & -\gamma I
\end{bmatrix} < 0 \tag{7.33}
$$

式中，$\widetilde{\Lambda}_{11}$、$\widetilde{\Lambda}_{22}$、$\widetilde{\Lambda}_{33}$、$\widetilde{\Lambda}_{44}$、$\widetilde{\Lambda}_{55}$ 与式 (7.30) 中相同。

另外，考虑到 P 和 Z_i 为对称正定矩阵，可以得到 $(P-Z_i)Z_i^{-1}(P-Z_i) \geqslant 0$，即 $-Z_i^{-1} \leqslant P^{-1}Z_iP^{-1}-2P^{-1}$。由 $\widetilde{Z}_i$ 和 N 的定义可以看出，如果式 (7.30) 满足，则式 (7.33) 也是可行的。因此，如果式 (7.30) 满足，则扩展闭环系统 (7.7) 渐近稳定且相应的 H_∞ 输出跟踪性能界为 γ，控制器增益 $K=VN^{-1}$。证毕。

对于扩展闭环系统 (7.7)，如果 $n=0$ 且控制器增益 K_1 和 K_2 未知，则利用定理 7.2 中的方法也可以为系统 (7.7) 设计 H_∞ 输出跟踪控制器。

推论 7.1　如果存在对称正定矩阵 N、$\widetilde{Q}_1$、$\widetilde{Q}_2$、$\widetilde{Q}_3$、$\widetilde{Z}_1$、$\widetilde{Z}_2$、$\widetilde{Z}_3$，矩阵 V，标量

$\gamma>0$，使得以下线性矩阵不等式对 ε_{k-n} $(\varepsilon_{k-n}\in\vartheta_1)$ 的每个可能的值都成立：

$$
\begin{bmatrix}
\widetilde{\Lambda}_{11} & 0 & \widetilde{Z}_1 & \widetilde{Z}_2 & 0 & \mathscr{P}_1 & \mathscr{P}_2 & \mathscr{P}_2 & \mathscr{P}_2 & N\widetilde{\Psi}_1^{\mathrm{T}} \\
* & \widetilde{\Lambda}_{22} & \widetilde{Z}_3 & \widetilde{Z}_3 & 0 & V^{\mathrm{T}}\Psi_3^{\mathrm{T}} & V^{\mathrm{T}}\Psi_3^{\mathrm{T}} & V^{\mathrm{T}}\Psi_3^{\mathrm{T}} & V^{\mathrm{T}}\Psi_3^{\mathrm{T}} & V^{\mathrm{T}}D^{\mathrm{T}} \\
* & * & \widetilde{\Lambda}_{33} & 0 & 0 & 0 & 0 & 0 & 0 & 0 \\
* & * & * & \widetilde{\Lambda}_{44} & 0 & 0 & 0 & 0 & 0 & 0 \\
* & * & * & * & -\gamma I & \Psi_4^{\mathrm{T}} & \Psi_4^{\mathrm{T}} & \Psi_4^{\mathrm{T}} & \Psi_4^{\mathrm{T}} & 0 \\
* & * & * & * & * & -N & 0 & 0 & 0 & 0 \\
* & * & * & * & * & * & \widetilde{\Lambda}_{77} & 0 & 0 & 0 \\
* & * & * & * & * & * & * & \widetilde{\Lambda}_{88} & 0 & 0 \\
* & * & * & * & * & * & * & * & \widetilde{\Lambda}_{99} & 0 \\
* & * & * & * & * & * & * & * & * & -\gamma I
\end{bmatrix} < 0 \tag{7.34}
$$

式中，

$$
\begin{aligned}
\widetilde{\Lambda}_{11} &= -N+\widetilde{Q}_1+(L_M-L_m+1)\widetilde{Q}_2+\widetilde{Q}_3-\widetilde{Z}_1-\widetilde{Z}_2 \\
\widetilde{\Lambda}_{22} &= -\widetilde{Q}_2-2\widetilde{Z}_3 \\
\widetilde{\Lambda}_{33} &= -\widetilde{Q}_1-\widetilde{Z}_1-\widetilde{Z}_3 \\
\widetilde{\Lambda}_{44} &= -\widetilde{Q}_3-\widetilde{Z}_2-\widetilde{Z}_3 \\
\widetilde{\Lambda}_{77} &= L_m^{-2}(\widetilde{Z}_1-2N) \\
\widetilde{\Lambda}_{88} &= L_M^{-2}(\widetilde{Z}_2-2N) \\
\widetilde{\Lambda}_{99} &= (L_M-L_m)^{-2}(\widetilde{Z}_3-2N) \\
\mathscr{P}_1 &= N\Psi_1^{\mathrm{T}}+V^{\mathrm{T}}\Psi_2^{\mathrm{T}} \\
\mathscr{P}_2 &= N\Psi_1^{\mathrm{T}}+V^{\mathrm{T}}\Psi_2^{\mathrm{T}}-N
\end{aligned}
$$

则在控制律 $u_k=K_1x_k+K_2\hat{x}_k$，$K=VN^{-1}$ 的作用下，当 $n=0$ 时扩展闭环系统 (7.7) 具有 H_∞ 输出跟踪性能界 γ。

注 7.1　由于采用了离散 Jensen 不等式且没有引入任何自由加权矩阵，所以定理 7.1、定理 7.2 和推论 7.1 中的条件比采用自由加权矩阵的方法 [8, 12, 13] 具有更小的计算复杂性。

定理 7.1 和定理 7.2 讨论了常数采样周期网络控制系统的 H_∞ 输出跟踪性能分析及控制器设计问题，下面将考虑时变采样周期网络控制系统。

7.3.2　时变采样周期网络控制系统

如果采样周期 $h_k\in\vartheta_2$，则 h_k 可能的取值个数为 $2l+1$，定义 γ_k 为对应于采样周期 h_k 的 H_∞ 输出跟踪性能界，则 γ_k 可能的取值个数也为 $2l+1$。

如果控制器增益 K_1 和 K_2 给定，则可以得到系统 (7.12) 具有 H_∞ 输出跟踪性能界 γ_k 的条件。

定理 7.3 对给定的控制器增益 K_1 和 K_2，如果存在对称正定矩阵 P、Q_1、Q_2、Q_3、Q_4、Z_1、Z_2、Z_3、Z_4，标量 $\gamma_k>0$，使得以下线性矩阵不等式对 ε_{k-n} 和 h_k ($\varepsilon_{k-n}\in\vartheta_3$, $h_k\in\vartheta_2$) 的每个可能的值都成立：

$$\begin{bmatrix}
\varLambda_{11} & Z_1 & 0 & Z_4 & Z_2 & 0 & \varPsi_{1k}^{\mathrm{T}}P & (\varPsi_{1k}-I)^{\mathrm{T}}M & \widetilde{\varPsi}_1^{\mathrm{T}} \\
* & \varLambda_{22} & 0 & 0 & 0 & 0 & K^{\mathrm{T}}\varPsi_{2k}^{\mathrm{T}}P & K^{\mathrm{T}}\varPsi_{2k}^{\mathrm{T}}M & 0 \\
* & * & \varLambda_{33} & Z_3 & Z_3 & 0 & K^{\mathrm{T}}\varPsi_{3k}^{\mathrm{T}}P & K^{\mathrm{T}}\varPsi_{3k}^{\mathrm{T}}M & K^{\mathrm{T}}D^{\mathrm{T}} \\
* & * & * & \varLambda_{44} & 0 & 0 & 0 & 0 & 0 \\
* & * & * & * & \varLambda_{55} & 0 & 0 & 0 & 0 \\
* & * & * & * & * & -\gamma_k I & \varPsi_{4k}^{\mathrm{T}}P & \varPsi_{4k}^{\mathrm{T}}M & 0 \\
* & * & * & * & * & * & -P & 0 & 0 \\
* & * & * & * & * & * & * & -M & 0 \\
* & * & * & * & * & * & * & * & -\gamma_k I
\end{bmatrix}<0 \tag{7.35}$$

式中，$\varLambda_{11}$、$\varLambda_{22}$、$\varLambda_{33}$、$\varLambda_{44}$、$\varLambda_{55}$ 和 M 同定理 7.1，则扩展闭环系统 (7.12) 渐近稳定且相应的 H_∞ 输出跟踪性能界为 γ_k。

下面讨论系统 (7.12) 的 H_∞ 输出跟踪控制器设计问题。

定理 7.4 如果存在对称正定矩阵 N、$\widetilde{Q}_1$、$\widetilde{Q}_2$、$\widetilde{Q}_3$、$\widetilde{Q}_4$、$\widetilde{Z}_1$、$\widetilde{Z}_2$、$\widetilde{Z}_3$、$\widetilde{Z}_4$，矩阵 V，标量 $\gamma_k>0$，使得以下线性矩阵不等式对 ε_{k-n} 和 h_k ($\varepsilon_{k-n}\in\vartheta_3$, $h_k\in\vartheta_2$) 的每个可能的值都成立：

$$\begin{bmatrix}
\widetilde{\varLambda}_{11} & \widetilde{Z}_1 & 0 & \widetilde{Z}_4 & \widetilde{Z}_2 & 0 & N\varPsi_{1k}^{\mathrm{T}} & N\varPsi_{1k}^{\mathrm{T}}-N \\
* & \widetilde{\varLambda}_{22} & 0 & 0 & 0 & 0 & V^{\mathrm{T}}\varPsi_{2k}^{\mathrm{T}} & V^{\mathrm{T}}\varPsi_{2k}^{\mathrm{T}} \\
* & * & \widetilde{\varLambda}_{33} & \widetilde{Z}_3 & \widetilde{Z}_3 & 0 & V^{\mathrm{T}}\varPsi_{3k}^{\mathrm{T}} & V^{\mathrm{T}}\varPsi_{3k}^{\mathrm{T}} \\
* & * & * & \widetilde{\varLambda}_{44} & 0 & 0 & 0 & 0 \\
* & * & * & * & \widetilde{\varLambda}_{55} & 0 & 0 & 0 \\
* & * & * & * & * & -\gamma_k I & \varPsi_{4k}^{\mathrm{T}} & \varPsi_{4k}^{\mathrm{T}} \\
* & * & * & * & * & * & -N & 0 \\
* & * & * & * & * & * & * & \widetilde{\varLambda}_{88} \\
* & * & * & * & * & * & * & * \\
* & * & * & * & * & * & * & * \\
* & * & * & * & * & * & * & * \\
* & * & * & * & * & * & * & *
\end{bmatrix}$$

$$
\left.\begin{matrix}
N\varPsi_{1k}^{\mathrm{T}} - N & N\varPsi_{1k}^{\mathrm{T}} - N & N\varPsi_{1k}^{\mathrm{T}} - N & N\widetilde{\varPsi}_1^{\mathrm{T}} \\
V^{\mathrm{T}}\varPsi_{2k}^{\mathrm{T}} & V^{\mathrm{T}}\varPsi_{2k}^{\mathrm{T}} & V^{\mathrm{T}}\varPsi_{2k}^{\mathrm{T}} & 0 \\
V^{\mathrm{T}}\varPsi_{3k}^{\mathrm{T}} & V^{\mathrm{T}}\varPsi_{3k}^{\mathrm{T}} & V^{\mathrm{T}}\varPsi_{3k}^{\mathrm{T}} & V^{\mathrm{T}}D^{\mathrm{T}} \\
0 & 0 & 0 & 0 \\
0 & 0 & 0 & 0 \\
\varPsi_{4k}^{\mathrm{T}} & \varPsi_{4k}^{\mathrm{T}} & \varPsi_{4k}^{\mathrm{T}} & 0 \\
0 & 0 & 0 & 0 \\
0 & 0 & 0 & 0 \\
\widetilde{\varLambda}_{99} & 0 & 0 & 0 \\
* & \widetilde{\varLambda}_{10,10} & 0 & 0 \\
* & * & \widetilde{\varLambda}_{11,11} & 0 \\
* & * & * & -\gamma_k I
\end{matrix}\right] < 0 \tag{7.36}
$$

式中，$\widetilde{\varLambda}_{11}$、$\widetilde{\varLambda}_{22}$、$\widetilde{\varLambda}_{33}$、$\widetilde{\varLambda}_{44}$、$\widetilde{\varLambda}_{55}$、$\widetilde{\varLambda}_{88}$、$\widetilde{\varLambda}_{99}$、$\widetilde{\varLambda}_{10,10}$ 和 $\widetilde{\varLambda}_{11,11}$ 同定理 7.2，则在控制律 $u_k = K_1 x_k + K_2 \hat{x}_k$，$K = VN^{-1}$ 的作用下，扩展闭环系统 (7.12) 渐近稳定且相应的 H_∞ 输出跟踪性能界为 γ_k。

证明　定理 7.4 的证明类似于定理 7.2，此处略。证毕。

注 7.2　正如定理 7.3 和定理 7.4 所示，由于难以同时对多个 γ_k 进行优化，可以利用 γ_k 的线性加权和来优化 γ_k。设 $\alpha_1\gamma_1 + \alpha_2\gamma_2 + \cdots + \alpha_{2l+1}\gamma_{2l+1} < \gamma_{\text{sum}}$，其中 γ_m $(m = 1, 2, \cdots, 2l+1)$ 是 γ_k 的可能值，α_m 是加权系数且 $\alpha_m > 0$。通过优化 γ_{sum} 的值，可以得到 γ_k 的最优值。一般来说，对特定的加权系数 α_p $(p = 1, 2, \cdots, 2l+1$ 且 $p \neq m)$，加权系数 α_m $(m = 1, 2, \cdots, 2l+1)$ 越大，与之对应的 H_∞ 输出跟踪性能界 γ_m 就越好，可以选择合适的加权系数来得到合适的 H_∞ 输出跟踪性能界。

7.4　数 值 算 例

下面通过两个数值算例来验证本章所提出的控制器设计方法的有效性。

算例 7.1　验证控制器设计方法的有效性。考虑如下开环不稳定系统 (采样周期可以为常数或时变的)：

$$
\begin{cases}
\dot{x}(t) = \begin{bmatrix} 0.1615 & 0.1487 \\ -0.1021 & 0.1696 \end{bmatrix} x(t) + \begin{bmatrix} -0.1660 \\ 0.1066 \end{bmatrix} u(t) + \begin{bmatrix} 0.2066 \\ -0.2104 \end{bmatrix} \omega(t) \\
y(t) = \begin{bmatrix} 0.0724 & -0.0074 \end{bmatrix} x(t) - 0.2455 u(t)
\end{cases} \tag{7.37}
$$

参考模型方程如下：

$$\begin{cases}\dot{\hat{x}}(t) = -\hat{x}(t) + r(t) \\ \hat{y}(t) = 0.6\hat{x}(t)\end{cases} \tag{7.38}$$

本例中，假设 $n = 1$, $L_M = 2$, $L_m=1$。如果采样周期为常数 $h = 0.05\text{s}$，则设 $\varepsilon_{k-n} \in \{0.2h, 0.5h, 0.8h\}$。如果采样周期为时变的，则设采样周期的可能值为 $h_1 = 0.04\text{s}$, $h_2 = 0.05\text{s}$, $h_3 = 0.06\text{s}$，且 h_2 为理想状态下的采样周期长度。对采样周期 h_m $(m = 1,2,3)$，设 $\varepsilon_{k-n} \in \{0.2h_m, 0.5h_m, 0.8h_m\}$。扩展系统 (7.7) 和 (7.12) 的初始状态为 $\xi_0 = [0\quad 0\quad 0]^{\mathrm{T}}$。为简单起见，设基于对象在第 0, 2, 4, $\cdots$ 个采样时刻得到的控制输入被成功地传到了执行器，也就是说每 2 个数据包中有 1 个被丢失。

如果采样周期为常数 h，则求解定理 7.2 中的线性矩阵不等式，可得到 H_∞ 输出跟踪性能界 $\gamma=0.8347$ 且控制器增益 $K=[K_1\quad K_2]=[-0.7118\quad -19.9618\quad 0.9730]$。

如果采样周期为时变的，则设相对于采样周期 h_1、h_2、h_3 的 H_∞ 输出跟踪性能界分别为 γ_1、γ_2、γ_3。设注 7.2 中的加权系数分别为 $\alpha_1 = 6$, $\alpha_2 = 2$, $\alpha_3 = 3$ (记为情况 1)，或 $\alpha_1 = 3$, $\alpha_2 = 1.8$, $\alpha_3 = 2.6$ (记为情况 2)。表 7.1 中列出了对应于采样周期 h_m $(m = 1,\ 2,\ 3)$ 的 H_∞ 输出跟踪性能界，且相对于情况 1 和情况 2 的控制器增益分别为 $K = [K_1\quad K_2] = [-0.5139\quad -15.8581\quad 0.4020]$ 和 $K = [K_1\quad K_2] = [-0.5199\quad -15.9473\quad 0.4162]$。

表 7.1　H_∞ 输出跟踪性能界

情况	γ_1	γ_2	γ_3
情况 1	0.9166	0.8762	0.9605
情况 2	0.9432	0.8787	0.9178

从表 7.1 可以看出，如果加权系数 α_m $(m = 1,\ 2,\ 3)$ 不同，则 H_∞ 输出跟踪性能界也不同，可以选择适当的加权系数来得到合适的 H_∞ 输出跟踪性能界。表 7.1 也说明了本章所提出的控制器设计方法的有效性。

如果采样周期为常数 h，则设输入信号如下：

$$\omega(t) = \begin{cases} 0, & 0\text{s} \leqslant t < 2.55\text{s} \\ -0.4, & 2.55\text{s} \leqslant t < 5.05\text{s} \\ 0.8, & 5.05\text{s} \leqslant t < 7.55\text{s} \\ 0.3, & 7.55\text{s} \leqslant t < 11.95\text{s} \end{cases}$$
$$r(t) = \begin{cases} 0, & 0\text{s} \leqslant t < 2.55\text{s} \\ 0.4, & 2.55\text{s} \leqslant t < 5.05\text{s} \\ -0.9, & 5.05\text{s} \leqslant t < 7.55\text{s} \\ -0.16, & 7.55\text{s} \leqslant t < 11.95\text{s} \end{cases} \tag{7.39}$$

对于成功传到执行器的控制输入 u_k，设 τ_k 的时变部分 ε_k 为

$$\varepsilon_k = \begin{cases} 0.2h, & 0\text{s} \leqslant t < 2.55\text{s} \\ 0.5h, & 2.55\text{s} \leqslant t < 5.05\text{s} \\ 0.8h, & 5.05\text{s} \leqslant t < 7.55\text{s} \\ 0.5h, & 7.55\text{s} \leqslant t < 11.95\text{s} \end{cases} \tag{7.40}$$

图 7.2 给出了系统 (7.37) 的输出 y_k 和系统 (7.38) 的输出 $\hat{y}_k$ 的曲线。

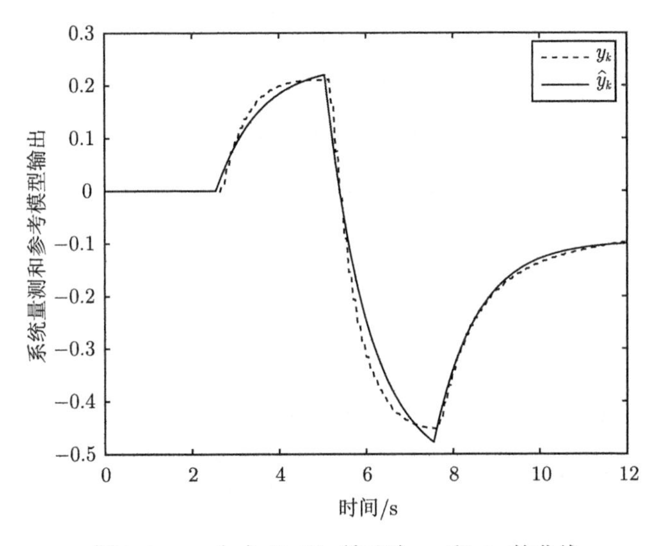

图 7.2 ε_k 为式 (7.40) 所示时 y_k 和 $\hat{y}_k$ 的曲线

如果采样周期为时变的，则设输入信号为式 (7.41) 所示，采样周期 h_k 为式 (7.42) 所示：

$$\begin{aligned} \omega(t) &= \begin{cases} 0, & 0\text{s} \leqslant t < 2.55\text{s} \\ -0.4, & 2.55\text{s} \leqslant t < 5.55\text{s} \\ 0.8, & 5.55\text{s} \leqslant t < 7.55\text{s} \\ 0.3, & 7.55\text{s} \leqslant t < 11.95\text{s} \end{cases} \\ r(t) &= \begin{cases} 0, & 0\text{s} \leqslant t < 2.55\text{s} \\ 0.4, & 2.55\text{s} \leqslant t < 5.55\text{s} \\ -0.9, & 5.55\text{s} \leqslant t < 7.55\text{s} \\ -0.16, & 7.55\text{s} \leqslant t < 11.95\text{s} \end{cases} \end{aligned} \tag{7.41}$$

$$h_k = \begin{cases} h_2, & 0\text{s} \leqslant t < 2.55\text{s} \\ h_3, & 2.55\text{s} \leqslant t < 5.55\text{s} \\ h_1, & 5.55\text{s} \leqslant t < 7.55\text{s} \\ h_2, & 7.55\text{s} \leqslant t < 11.95\text{s} \end{cases} \tag{7.42}$$

对于成功传输到执行器的控制输入 u_k，设 τ_k 的时变部分 ε_k 为

$$\varepsilon_k = \begin{cases} 0.2h_2, & 0\text{s} \leqslant t < 2.55\text{s} \\ 0.5h_3, & 2.55\text{s} \leqslant t < 5.55\text{s} \\ 0.8h_1, & 5.55\text{s} \leqslant t < 7.55\text{s} \\ 0.5h_2, & 7.55\text{s} \leqslant t < 11.95\text{s} \end{cases} \tag{7.43}$$

图 7.3 给出了系统 (7.37) 的输出 y_k 和系统 (7.38) 的输出 $\hat{y}_k$ 的曲线。

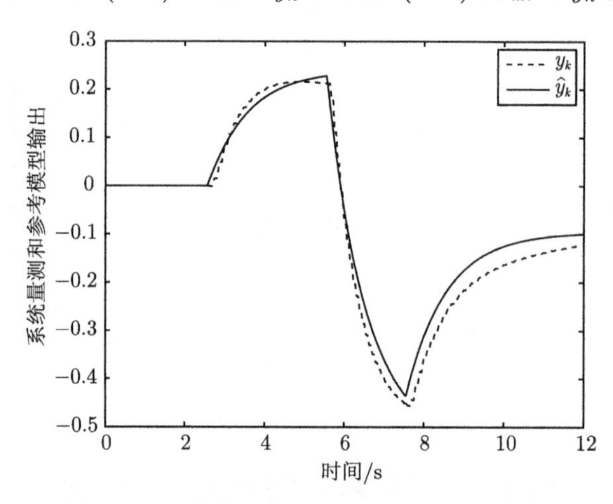

图 7.3 ε_k 为式 (7.43) 所示时 y_k 和 $\hat{y}_k$ 的曲线

图 7.2 和图 7.3 说明了本章提出的 H_∞ 输出跟踪控制器设计方法的有效性。另外，虽然时变采样周期系统的输出跟踪性能比常数采样周期系统的性能稍差一些，但是它仍满足输出跟踪性能要求。

算例 7.2 验证控制器设计方法的优越性。考虑一个卫星系统[8]，其中，采样周期 $h = 5\text{ms}$, $\eta_m = 2\text{ms}$, $\eta_M = 4\text{ms}$，连续的数据包丢失的最大数目为 $\bar{\delta} = 1$。$\eta_M < h$ 对应于本章扩展闭环系统 (7.7) 中的 $n = 0$，且 $\bar{\delta} = 1$ 对应于本章的 $L_m = 1$、$L_M = 2$，设 $\varepsilon_{k-n} \in \{2\text{ms, 3ms, 4ms}\}$。求解式 (7.34) 中的线性矩阵不等式，可以得到 H_∞ 输出跟踪性能界的最优值为 $\gamma = 0.0512$，如果用文献 [8] 中定理 2 的方法，可以得到 $\gamma = 0.0860$，这说明了本章提出的 H_∞ 输出跟踪控制器设计方法的优越性。

7.5 本章小结

本章讨论了具有时延及丢包的离散化网络控制系统的 H_∞ 输出跟踪性能优化及控制器设计问题。通过定义新的李雅普诺夫泛函并利用基于线性矩阵不等式的方法和离散 Jensen 不等式，分析了常数采样周期网络控制系统的 H_∞ 输出跟踪性能优化及控制器设计方法。对于时变采样周期网络控制系统，采用多目标优化方法来优化系统的 H_∞ 输出跟踪性能，并相应地给出了控制器设计方法。由于采用了离散 Jensen 不等式，本章所提出的 H_∞ 输出跟踪控制器设计方法比基于自由加权矩阵的方法具有更小的计算复杂性和更小的保守性。数值算例进一步验证了本章所提出的 H_∞ 输出跟踪控制器设计方法的有效性。

参考文献

[1] Qiu L, Shi Y, Pan J F, et al. Collaborative tracking control of dual linear switched reluctance machines over communication network with time delays[J]. IEEE Transactions on Cybernetics, 2017, 47(12): 4432-4442.

[2] Açlkmeşe A B, Corless M. Robust output tracking for uncertain/nonlinear systems subject to almost constant disturbances[J]. Automatica, 2002, 38(11): 1919-1926.

[3] Wang N, Sun J C, Er M J. Tracking-error-based universal adaptive fuzzy control for output tracking of nonlinear systems with completely unknown dynamics[J]. IEEE Transactions on Fuzzy Systems, 2018, 26(2): 869-883.

[4] Xue W C, Madonski R, Lakomy K, et al. Add-on module of active disturbance rejection for set-point tracking of motion control systems[J]. IEEE Transactions on Industry Applications, 2017, 53(4): 4028-4040.

[5] Zhang Z H, Leifeld T, Zhang P. Finite horizon tracking control of boolean control networks[J]. IEEE Transactions on Automatic Control, 2018, 63(6): 1798-1805.

[6] Jung S, Cho H T, Hsia T C. Neural network control for position tracking of a two-axis inverted pendulum system: Experimental studies[J]. IEEE Transactions on Neural Networks, 2007, 18(4): 1042-1048.

[7] Marconi L, Naldi R. Robust full degree-of-freedom tracking control of a helicopter[J]. Automatica, 2007, 43(11): 1909-1920.

[8] Gao H J, Chen T W. H_∞ model reference control for networked feedback systems[C]. Proceedings of the 45th IEEE Conference on Decision and Control, San Diego, 2006: 5591-5596.

[9] van de Wouw N, Naghshtabrizi P, Cloosterman M, et al. Tracking control for networked control systems[C]. Proceedings of the 46th IEEE Conference on Decision and Control, New Orleans, 2007: 4441-4446.

[10] Li M, Chen Y. Robust tracking control of networked control systems with communication constraints and external disturbance[J]. IEEE Transactions on Industrial Electronics, 2017, 64(5): 4037-4047.

[11] Foderaro G, Zhu P P, Wei H C, et al. Distributed optimal control of sensor networks for dynamic target tracking[J]. IEEE Transactions on Control of Network Systems, 2018, 5(1): 142-153.

[12] Gao H J, Chen T W. New results on stability of discrete-time systems with time-varying state delay[J]. IEEE Transactions on Automatic Control, 2007, 52(2): 328-334.

[13] Wu M, He Y, She J H, et al. Delay-dependent criteria for robust stability of time-varying delay systems[J]. Automatica, 2004, 40(8): 1435-1439.

第 8 章 有限信道及数据漂移网络控制系统控制器设计

8.1 引 言

基于网络的控制系统的优点是布线少、设备即插即用、系统的灵活性提高、系统的诊断和维护更加容易等。然而，网络的引入会带来新的挑战，最常见的挑战就是网络诱导时延和数据包丢失 [1-7]，这两种网络诱导现象可以导致系统性能的降低甚至引起系统不稳定。另外，多个节点对网络的共享会导致通信限制问题，如有限信道、有限数据率和有限数据带宽等。通信限制也会导致系统性能的降低，对于传统控制系统，研究者分析了如何减小通信限制的负面影响问题 [8-11]。对于网络控制系统，通信限制也引起了较高重视，并得到了一些成果。例如，Klinkhieo 等 [12] 研究了网络控制系统的容错控制问题，其中传感器、控制器和执行器通过不同的介质存取控制协议进行连接；对于同时考虑介质存取限制和量测量化的网络控制系统，Guo 等 [13] 研究了控制器和通信序列的综合设计问题；考虑通信受限网络控制系统，Heemels 等 [14] 得到了保证系统稳定性的最大容许传输间隔的上界和最大容许时延；Wang 等 [15] 研究了通信受限网络控制系统的鲁棒 H_∞ 模型参考跟踪控制问题。

Klinkhieo 等 [12] 和 Song 等 [16] 的研究忽略了丢包和网络诱导时延等网络诱导特性，而 Guo 等 [13, 17, 18]、Heemels 等 [14]、Wang 等 [15] 研究的系统是连续时间网络控制系统，因此所得到的结果并不能应用于离散时间网络控制系统。众所周知，在实际的网络控制系统中，可用的信道数通常是有限的，这样，在每个时刻，传感器和控制器只能访问有限的信道。对于离散时间网络控制系统，有限信道、丢包、网络诱导时延等网络诱导特性可以导致系统性能降低，因此十分有必要提出合适的控制器设计方法以改进所考虑的网络控制系统的性能。

在网络控制系统中，量化误差、外部扰动和网络噪声等会导致执行器收到的数据与控制器发送的数据不同。在本章中，称该现象为数据漂移。对于考虑丢包和网络诱导时延的离散时间网络控制系统，改善网络控制系统对于数据漂移的鲁棒性是十分重要的。

通过把丢包和网络诱导时延合并为一项，Liu 等 [19] 和 Meng 等 [20] 研究了连续时间网络控制系统的稳定性和镇定问题。对于离散时间非线性多输入–多输出受控对象，Quevedo 等 [21] 提出了基于预测的网络化控制方案，另外，小时延被结合到了系统模型中，而那些时延值超过某个阈值的信号被认为已丢掉。Xiong 等 [22] 将丢包和网络诱导时延合并为一项，研究了离散时间网络控制系统的镇定问题。将丢包和网络诱导时延合并为一项可以在一定程度上简化控制器设计，然而在这种情况下很难区分丢包、网络诱导时延分别对网络控制系统镇定性有何影响。因此，将离散时间网络控制系统中的丢包和时延分开考虑是一个十分有意义的问题。Tipsuwan 等 [23] 和 Yue 等 [24] 考虑了网络诱导时延的非均匀分布特性。在实际情况下，网络控制系统中的丢包和网络诱导时延也可能是非均匀分布的。本章在考虑有限信道和数据漂移的情况下，把丢包与网络诱导时延分开考虑，建立新的离散时间网络控制系统模型，并在建模过程中利用丢包和网络诱导时延的非均匀分布特性；基于所建立的模型，讨论 H_∞ 性能分析及控制器设计问题；对于同时考虑传感器–控制器和控制器–执行器数据漂移的网络控制系统，本章所提出的建模和控制器设计方法依然是可行的 [25]。

8.2　离散时间网络控制系统建模

考虑如下线性时不变离散时间网络控制系统：

$$\begin{cases} x_{k+1} = Ax_k + B_1u_k + B_2\omega_k \\ z_k = Cx_k + Du_k \\ x_k = \phi_k, \quad k = -L_M,\ -L_M+1,\ \cdots,\ 0 \end{cases} \tag{8.1}$$

式中，$x_k \in \mathbb{R}^n$、$u_k \in \mathbb{R}^m$、$\omega_k \in \mathbb{R}^p$ 和 $z_k \in \mathbb{R}^q$ 分别表示状态向量、控制输入向量、扰动输入和受控输出，$\omega_k \in L_2[0,\ \infty)$；$\phi(\cdot) \in \mathbb{R}^n$ 是离散向量值初始函数；k 是整数且 $k \geqslant -L_M$；A、B_1、B_2、C 和 D 是具有适当维数的已知常数矩阵。

假设共享的通信介质能同时提供 δ $(1 \leqslant \delta < m)$ 个控制器–执行器信道和 n 个传感器–控制器信道，即控制器–执行器信道是有限的。在这样的网络控制系统中，u_k 的 m 个元素中只有 δ 个可以通过信道传输，其他的被丢失。定义二进制值的变量 δ_{ik} $(i = 1, 2, \cdots, m)$ 来表示 u_k 的第 i 个元素的介质存取状态，即 $\delta_{ik}: \mathbb{R} \to \{0,\ 1\}$，其中 1 表示“存取”，0 表示“未存取”，$\delta_{1k} + \delta_{2k} + \cdots + \delta_{mk} = \delta$。执行器选用零阶保持器，用来存储最近收到的控制输入。如果 $\delta_{ik} = 0$，则执行器忽略 u_k 的第 i 个元素，并用零代替。

分别定义 d_k 和 p_k 为 k 时刻网络诱导时延的长度和连续丢包数。假设 $d_m \leqslant d_k \leqslant d_M$，$p_m \leqslant p_k \leqslant p_M$，其中，$d_m$、$d_M$、$p_m$、$p_M$ 为给定整数。如果存在丢包和网络诱导时延，则最近收到的控制输入被用来控制受控对象。基于此通信协议，对于同时考虑丢包、网络诱导时延和控制器–执行器介质存取限制的网络控制系统，控

制输入 u_k 为

$$u_k = \widetilde{W}_{\delta k} K_\delta x_{k-p_k-d_k} \tag{8.2}$$

式中，$\widetilde{W}_{\delta k} = \text{diag}(\delta_{1k},\ \delta_{2k},\ \cdots,\ \delta_{mk})$，$\delta_{ik} = 1$ 或 $\delta_{ik} = 0\ (i = 1, 2, \cdots, m)$；$K_\delta$ 表示根据 $\widetilde{W}_{\delta k}$ 进行切换的控制器增益。

注 8.1　对于式 (8.2) 中的控制律，如果 $\widetilde{W}_{\delta k}$ 从一个模式切换到另一个模式，则 K_δ 相应地进行切换。另外，控制器增益 K_δ 的切换是随机的。Guo 等 [18] 采用了切换控制器增益 $K(M_\rho,\ M_\sigma)$，由于 n 个传感器与 m 个执行器的激活状态被建模为两个独立的马尔可夫过程，控制器增益 $K(M_\rho,\ M_\sigma)$ 的切换也受马尔可夫过程的影响。因此，本章中的切换控制器增益 K_δ 与文献 [18] 中的切换控制器增益 $K(M_\rho,\ M_\sigma)$ 不同。

注 8.2　在处理有限信道问题时，本章采用了零策略，也就是如果 $\delta_{ik} = 0$，则执行器忽略 u_k 的第 i 个元素且用零值来代替。事实上，可以把这样的零策略扩展为保持策略，也就是如果 $\delta_{ik} = 0$，则让执行器中存储的控制输入的第 i 个元素保持不变；如果 $\delta_{ik} = 1$，则将执行器中存储的控制输入的第 i 个元素用最新收到的控制输入 u_k 的第 i 个元素替换。

定义 $\varrho_1 = \lfloor \frac{p_M + p_m}{2} \rfloor$，是小于等于 $\frac{p_M + p_m}{2}$ 的最大整数。假设丢包是非均匀分布的，且丢包数在 $p_m \sim \varrho_1 - 1$ 的概率是 $\bar{\sigma}_1$，其中 $\bar{\sigma}_1 \in [0,\ 1]$，则丢包数在 $\varrho_1 \sim p_M$ 的概率为 $1 - \bar{\sigma}_1$。以上统计特性可以描述为

$$\begin{cases} \text{Prob}\{p_m \leqslant p_k < \varrho_1\} = \bar{\sigma}_1 \\ \text{Prob}\{\varrho_1 \leqslant p_k \leqslant p_M\} = 1 - \bar{\sigma}_1 \end{cases} \tag{8.3}$$

式中，Prob为概率函数。

定义随机变量 σ_{k1} 为

$$\sigma_{k1} = \begin{cases} 1, & p_m \leqslant p_k < \varrho_1 \\ 0, & \varrho_1 \leqslant p_k \leqslant p_M \end{cases} \tag{8.4}$$

利用伯努利分布的白序列来描述随机变量 σ_{k1}，并用 E 表示数学期望，有

$$\begin{cases} \text{Prob}\{\sigma_{k1} = 1\} = E\{\sigma_{k1}\} = \bar{\sigma}_1 \\ \text{Prob}\{\sigma_{k1} = 0\} = 1 - E\{\sigma_{k1}\} = 1 - \bar{\sigma}_1 \end{cases} \tag{8.5}$$

考虑丢包的非均匀分布特性，控制律 (8.2) 可转化为

$$u_k = \sigma_{k1} \widetilde{W}_{\delta k} K_\delta x_{k-p_{k1}-d_k} + (1 - \sigma_{k1}) \widetilde{W}_{\delta k} K_\delta x_{k-p_{k2}-d_k} \tag{8.6}$$

式中，

$$p_{k1}=\begin{cases}p_k, & p_m\leqslant p_k<\varrho_1\\ \bar{p}_1, & \varrho_1\leqslant p_k\leqslant p_M\end{cases} \tag{8.7}$$

$$p_{k2}=\begin{cases}p_k, & \varrho_1\leqslant p_k\leqslant p_M\\ \bar{p}_2, & p_m\leqslant p_k<\varrho_1\end{cases} \tag{8.8}$$

且 $\bar{p}_1$ 和 $\bar{p}_2$ 为常数，$p_m\leqslant\bar{p}_1<\varrho_1$，$\varrho_1\leqslant\bar{p}_2\leqslant p_M$。

结合系统 (8.1) 和控制律 (8.6)，可以建立具有有限信道和非均匀分布丢包的离散时间网络控制系统的模型。

注 8.3 文献 [22] 把丢包与网络诱导时延整合为一项，这可以在一定程度上简化控制器设计，但这种情况下很难区分丢包、网络诱导时延分别对网络控制系统镇定性有何影响。通过将丢包与网络诱导时延分开考虑，本章为控制律 u_k 建立了新的模型，见式 (8.6)。本章中的控制律 (8.6) 比文献 [22] 中的控制律更有一般性。

下面考虑网络诱导时延的非均匀分布特性。定义 $\varrho_2=\lfloor\dfrac{d_M+d_m}{2}\rfloor$，是小于等于 $\dfrac{d_M+d_m}{2}$ 的最大整数。网络诱导时延的非均匀分布特性可用式 (8.9) 描述：

$$\begin{cases}\text{Prob}\{d_m\leqslant d_k<\varrho_2\}=\bar{\sigma}_2\\ \text{Prob}\{\varrho_2\leqslant d_k\leqslant d_M\}=1-\bar{\sigma}_2\end{cases} \tag{8.9}$$

式中，$\bar{\sigma}_2\in[0,\ 1]$。

定义随机变量 σ_{k2} (如果 $d_m\leqslant d_k<\varrho_2$，则 $\sigma_{k2}=1$；如果 $\varrho_2\leqslant d_k\leqslant d_M$，则 $\sigma_{k2}=0$)。定义类似于式 (8.6) 中所给出的控制律，可以建立具有有限信道和非均匀分布时延的网络控制系统模型。为简便起见，此处略去相应的模型。

如果丢包 p_k 和网络诱导时延 d_k 是非均匀分布的，且它们的分布概率不同，则可以得到如下控制律：

$$\begin{aligned}u_k=&\sigma_{k1}\sigma_{k2}\widetilde{W}_{\delta k}K_\delta x_{k-p_{k1}-d_{k1}}+\sigma_{k1}(1-\sigma_{k2})\widetilde{W}_{\delta k}K_\delta x_{k-p_{k1}-d_{k2}}\\&+(1-\sigma_{k1})\sigma_{k2}\widetilde{W}_{\delta k}K_\delta x_{k-p_{k2}-d_{k1}}\\&+(1-\sigma_{k1})(1-\sigma_{k2})\widetilde{W}_{\delta k}K_\delta x_{k-p_{k2}-d_{k2}}\end{aligned} \tag{8.10}$$

式中，d_{k1} 和 d_{k2} 的定义类似于 p_{k1} 和 p_{k2} 的定义。

由于控制律 (8.10) 中包含了随机变量 σ_{k1} 和 σ_{k2} 的乘积，所以会对网络控制系统 (8.1) 的 H_∞ 性能分析和控制器设计增加一定的复杂性，但是该问题仍然是可以解决的。为简单起见，在同时考虑丢包和网络诱导时延的非均匀分布特性时，假定丢包和网络诱导时延的变化准则是相同的，这意味着 $d_m=p_m$，$d_M=p_M$，$\bar{\sigma}_1=\bar{\sigma}_2$。

在这样的假设条件下，可以把丢包和网络诱导时延结合在一起。定义 $d_k + p_k = L_k$ 且假设 $L_m \leqslant L_k \leqslant L_M$。考虑 L_k 的非均匀分布特性，可以为有限信道离散时间网络控制系统建立新的模型。

注 8.4 虽然本章将丢包和网络诱导时延合并为 L_k 以简化控制器设计，但仍然可以区分丢包和网络诱导时延分别对网络控制系统镇定性的影响。产生这一现象的原因是本章假定丢包和网络诱导时延的变化准则相同。如果它们的变化准则不同，则可以采用控制律 (8.10) 将丢包从网络诱导时延中分离出来。

定义$\rho = \lfloor \dfrac{L_M + L_m}{2} \rfloor$，是小于等于 $\dfrac{L_M + L_m}{2}$ 的最大整数。假设 L_k 的统计特性描述为

$$\begin{cases} \text{Prob}\{L_m \leqslant L_k < \rho\} = \bar{\lambda} \\ \text{Prob}\{\rho \leqslant L_k \leqslant L_M\} = 1 - \bar{\lambda} \end{cases} \tag{8.11}$$

式中，$\bar{\lambda} \in [0,\ 1]$。

定义随机变量 λ_k 为

$$\lambda_k = \begin{cases} 1, & L_m \leqslant L_k < \rho \\ 0, & \rho \leqslant L_k \leqslant L_M \end{cases} \tag{8.12}$$

利用伯努利分布的白序列来描述 λ_k，有

$$\begin{cases} \text{Prob}\{\lambda_k = 1\} = E\{\lambda_k\} = \bar{\lambda} \\ \text{Prob}\{\lambda_k = 0\} = 1 - E\{\lambda_k\} = 1 - \bar{\lambda} \end{cases} \tag{8.13}$$

考虑 L_k 的非均匀分布特性，可以构造如下控制律：

$$u_k = \lambda_k \widetilde{W}_{\delta k} K_\delta x_{k-L_{k1}} + (1 - \lambda_k) \widetilde{W}_{\delta k} K_\delta x_{k-L_{k2}} \tag{8.14}$$

式中，

$$L_{k1} = \begin{cases} L_k, & L_m \leqslant L_k < \rho \\ \bar{L}_1, & \rho \leqslant L_k \leqslant L_M \end{cases} \tag{8.15}$$

$$L_{k2} = \begin{cases} L_k, & \rho \leqslant L_k \leqslant L_M \\ \bar{L}_2, & L_m \leqslant L_k < \rho \end{cases} \tag{8.16}$$

且 $\bar{L}_1$ 和 $\bar{L}_2$ 为常数，$L_m \leqslant \bar{L}_1 < \rho, \rho \leqslant \bar{L}_2 \leqslant L_M$。

结合系统 (8.1) 与控制律 (8.14)，可以得到如下系统：

$$\begin{cases} x_{k+1} = \varphi_{1k} + (\lambda_k - \bar{\lambda})\varphi_{2k} + B_2\omega_k \\ z_k = \varphi_{3k} + (\lambda_k - \bar{\lambda})\varphi_{4k} \\ x_k = \phi_k, \quad k = -L_M,\ -L_M + 1,\ \cdots,\ 0 \end{cases} \tag{8.17}$$

式中，

$$\varphi_{1k} = Ax_k + \bar{\lambda} B_1 \widetilde{W}_{\delta k} K_\delta x_{k-L_{k1}} + (1-\bar{\lambda}) B_1 \widetilde{W}_{\delta k} K_\delta x_{k-L_{k2}}$$

$$\varphi_{2k} = B_1 \widetilde{W}_{\delta k} K_\delta (x_{k-L_{k1}} - x_{k-L_{k2}})$$

$$\varphi_{3k} = Cx_k + \bar{\lambda} D \widetilde{W}_{\delta k} K_\delta x_{k-L_{k1}} + (1-\bar{\lambda}) D \widetilde{W}_{\delta k} K_\delta x_{k-L_{k2}}$$

$$\varphi_{4k} = D \widetilde{W}_{\delta k} K_\delta (x_{k-L_{k1}} - x_{k-L_{k2}})$$

注 8.5 系统 (8.17) 考虑了丢包和网络诱导时延的非均匀分布特性。如果 $\rho = L_M + 1$ 且 $\bar{\lambda} = 1$，则系统 (8.17) 退化为不考虑非均匀分布特性的情况。

当控制输入通过网络介质传输时，数据漂移是不可避免的，因此下面考虑控制器–执行器的数据漂移。为反映控制器–执行器数据漂移的影响，对于非零的 δ_{ik}，假设 $\delta_{ik} = \tilde{y} + \tilde{d} f_k \tilde{e}\ (i = 1, 2, \cdots, m)$，其中，$\tilde{y}$、$\tilde{d}$、$\tilde{e}$ 为给定标量，$f_k^{\mathrm{T}} f_k \leqslant 1$。在考虑控制器–执行器数据漂移的情况下，控制律 (8.14) 转换为

$$u_k = \lambda_k (\tilde{y} + \tilde{d} f_k \tilde{e}) \widetilde{W}_{\delta k} K_\delta x_{k-L_{k1}} + (1-\lambda_k)(\tilde{y} + \tilde{d} f_k \tilde{e}) \widetilde{W}_{\delta k} K_\delta x_{k-L_{k2}} \tag{8.18}$$

式中，λ_k、$\widetilde{W}_{\delta k}$、K_δ、L_{k1} 和 L_{k2} 与式 (8.14) 中对应的项相同。

因此，系统 (8.17) 转化为

$$\begin{cases} x_{k+1} = \psi_{1k} + (\lambda_k - \bar{\lambda}) \psi_{2k} + B_2 \omega_k \\ z_k = \psi_{3k} + (\lambda_k - \bar{\lambda}) \psi_{4k} \\ x_k = \phi_k \end{cases} \tag{8.19}$$

式中，

$$\psi_{1k} = Ax_k + \bar{\lambda}(\tilde{y} + \tilde{d} f_k \tilde{e}) B_1 \widetilde{W}_{\delta k} K_\delta x_{k-L_{k1}} + (1-\bar{\lambda})(\tilde{y} + \tilde{d} f_k \tilde{e}) B_1 \widetilde{W}_{\delta k} K_\delta x_{k-L_{k2}}$$

$$\psi_{2k} = (\tilde{y} + \tilde{d} f_k \tilde{e}) B_1 \widetilde{W}_{\delta k} K_\delta (x_{k-L_{k1}} - x_{k-L_{k2}})$$

$$\psi_{3k} = Cx_k + \bar{\lambda}(\tilde{y} + \tilde{d} f_k \tilde{e}) D \widetilde{W}_{\delta k} K_\delta x_{k-L_{k1}} + (1-\bar{\lambda})(\tilde{y} + \tilde{d} f_k \tilde{e}) D \widetilde{W}_{\delta k} K_\delta x_{k-L_{k2}}$$

$$\psi_{4k} = (\tilde{y} + \tilde{d} f_k \tilde{e}) D \widetilde{W}_{\delta k} K_\delta (x_{k-L_{k1}} - x_{k-L_{k2}})$$

注 8.6 式 (8.18) 中利用基于范数有界的参数不确定性方法来描述控制器–执行器数据漂移的影响，也可以采用其他方法，如基于顶点不确定性的方法等，来描述数据漂移的影响。另外，以上建模过程可以推广到同时考虑传感器–控制器和控制器–执行器数据漂移的情况，为简单起见，略去相应的结果。

注 8.7 对于有限信道网络控制系统，如何实现对信道的充分利用是十分重要的。为保证网络控制系统的性能满足用户需求，应该对那些最不容易稳定的子系统

设置最高的网络传输权限。对于系统 (8.19)，如果设置 $\delta_{ik}=1\ (i=1,2,\cdots,m)$ 会保证系统具有更好的性能，则应该对 u_k 的第 i 个元素分配较高的传输权限；否则，应该对 u_k 的第 i 个元素分配较低的传输权限。

定义 8.1　如果 $\lim\limits_{k\to\infty}E||x_k||^2=0$，则系统 (8.17) 或 (8.19) 的稳态解是渐近均方稳定的，其中 $||x_k||$ 表示向量 x_k 的欧氏范数。

注意到 $L_m\leqslant L_{k1}<\rho$, $\rho\leqslant L_{k2}\leqslant L_M$。定义 $\bar{L}=\lfloor\dfrac{L_m+\rho}{2}\rfloor$, $\bar{\rho}=\lfloor\dfrac{\rho+L_M}{2}\rfloor$，分别为小于等于 $\dfrac{L_m+\rho}{2}$ 和 $\dfrac{\rho+L_M}{2}$ 的最大整数。为便于进行 H_∞ 性能分析与控制器设计，引入标量 υ_{k1} 和 υ_{k2}，即

$$\upsilon_{k1}=\begin{cases}1, & L_m\leqslant L_{k1}<\bar{L}\\ 0, & \bar{L}\leqslant L_{k1}<\rho\end{cases}\tag{8.20}$$

$$\upsilon_{k2}=\begin{cases}1, & \rho\leqslant L_{k2}<\bar{\rho}\\ 0, & \bar{\rho}\leqslant L_{k2}\leqslant L_M\end{cases}\tag{8.21}$$

下面将基于系统模型 (8.19)，讨论具有有限信道和控制器–执行器数据漂移的网络控制系统的 H_∞ 性能分析和控制器设计问题。

8.3　H_∞ 性能分析

本节分析具有有限信道和控制器–执行器数据漂移的网络控制系统的 H_∞ 性能。先考虑有限信道网络控制系统的 H_∞ 性能。构造如下李雅普诺夫泛函：

$$V(x_k,k)=\sum_{i=1}^{8}V_i(x_k,k)\tag{8.22}$$

式中，

$$\begin{aligned}
V_1(x_k,k)=&x_k^{\mathrm{T}}Px_k\\
V_2(x_k,k)=&\sum_{i=k-L_{k1}}^{k-1}x_i^{\mathrm{T}}Q_1x_i+\sum_{i=-\rho+1}^{-L_m}\sum_{j=k+i}^{k-1}x_j^{\mathrm{T}}Q_1x_j\\
V_3(x_k,k)=&\sum_{i=k-L_{k2}}^{k-1}x_i^{\mathrm{T}}Q_2x_i+\sum_{i=-L_M+1}^{-\rho}\sum_{j=k+i}^{k-1}x_j^{\mathrm{T}}Q_2x_j\\
V_4(x_k,k)=&\sum_{i=k-L_m}^{k-1}x_i^{\mathrm{T}}Q_3x_i+\sum_{i=k-\rho}^{k-1}x_i^{\mathrm{T}}Q_4x_i+\sum_{i=k-L_M}^{k-1}x_i^{\mathrm{T}}Q_5x_i
\end{aligned}$$

$$V_5(x_k,k)=(\rho-L_m)\sum_{i=-\rho}^{-L_m-1}\sum_{j=k+i}^{k-1}\eta_j^{\mathrm{T}}Z_1\eta_j$$

$$V_6(x_k,k)=(L_M-\rho)\sum_{i=-L_M}^{-\rho-1}\sum_{j=k+i}^{k-1}\eta_j^{\mathrm{T}}Z_2\eta_j$$

$$V_7(x_k,k)=L_M\sum_{i=-L_M}^{-1}\sum_{j=k+i}^{k-1}\eta_j^{\mathrm{T}}Z_3\eta_j$$

$$V_8(x_k,k)=L_m\sum_{i=-L_m}^{-1}\sum_{j=k+i}^{k-1}\eta_j^{\mathrm{T}}Z_4\eta_j$$

且 P、Q_1、Q_2、Q_3、Q_4、Q_5、Z_1、Z_2、Z_3 和 Z_4 表示对称正定矩阵；$\eta_j=x_{j+1}-x_j$。

为了对李雅普诺夫泛函 (8.22) 的前向差中的有限和项进行更精确的估计，引入引理 8.1。

引理 8.1　给定标量 r_m、$\bar{r}$、r_M，满足 $r_m\leqslant r_k\leqslant r_M$ 的时变标量 r_k 和一个对称正定矩阵 Z，则

$$-(r_M-r_m)\sum_{i=k-r_M}^{k-r_m-1}\eta_i^{\mathrm{T}}Z\eta_i\leqslant-\alpha_k\frac{r_M-\bar{r}}{\bar{r}-r_m}\chi_{1k}^{\mathrm{T}}Z\chi_{1k}-\chi_{1k}^{\mathrm{T}}Z\chi_{1k}$$
$$-\chi_{2k}^{\mathrm{T}}Z\chi_{2k}-(1-\alpha_k)\frac{\bar{r}-r_m}{r_M-\bar{r}}\chi_{2k}^{\mathrm{T}}Z\chi_{2k}\quad(8.23)$$

式中，

$$\alpha_k=\begin{cases}1, & r_m\leqslant r_k<\bar{r}\\ 0, & \bar{r}\leqslant r_k\leqslant r_M\end{cases}$$

$\bar{r}$ 表示小于等于$\dfrac{r_m+r_M}{2}$ 的最大整数，即 $\bar{r}=\lfloor\dfrac{r_m+r_M}{2}\rfloor$；$\eta_i=x_{i+1}-x_i$；$\chi_{1k}=x_{k-r_m}-x_{k-r_k}$，$\chi_{2k}=x_{k-r_k}-x_{k-r_M}$。

证明　注意到

$$-(r_M-r_m)\sum_{i=k-r_M}^{k-r_m-1}\eta_i^{\mathrm{T}}Z\eta_i=-(r_M-r_m)\sum_{i=k-r_k}^{k-r_m-1}\eta_i^{\mathrm{T}}Z\eta_i-(r_M-r_m)\sum_{i=k-r_M}^{k-r_k-1}\eta_i^{\mathrm{T}}Z\eta_i$$
$$=-(r_M-r_k)\sum_{i=k-r_k}^{k-r_m-1}\eta_i^{\mathrm{T}}Z\eta_i-(r_k-r_m)\sum_{i=k-r_k}^{k-r_m-1}\eta_i^{\mathrm{T}}Z\eta_i$$

$$-(r_M-r_k)\sum_{i=k-r_M}^{k-r_k-1}\eta_i^{\mathrm{T}}Z\eta_i-(r_k-r_m)\sum_{i=k-r_M}^{k-r_k-1}\eta_i^{\mathrm{T}}Z\eta_i$$

利用文献 [26] 中的引理，可以得到

$$-(r_k-r_m)\sum_{i=k-r_k}^{k-r_m-1}\eta_i^{\mathrm{T}}Z\eta_i\leqslant-\chi_{1k}^{\mathrm{T}}Z\chi_{1k}\tag{8.24}$$

$$-(r_M-r_k)\sum_{i=k-r_M}^{k-r_k-1}\eta_i^{\mathrm{T}}Z\eta_i\leqslant-\chi_{2k}^{\mathrm{T}}Z\chi_{2k}\tag{8.25}$$

且有

$$\begin{aligned}&-(r_M-r_k)\sum_{i=k-r_k}^{k-r_m-1}\eta_i^{\mathrm{T}}Z\eta_i\\&=-\frac{r_M-r_k}{r_k-r_m}(r_k-r_m)\sum_{i=k-r_k}^{k-r_m-1}\eta_i^{\mathrm{T}}Z\eta_i\\&\leqslant-\frac{r_M-r_k}{r_k-r_m}\chi_{1k}^{\mathrm{T}}Z\chi_{1k}\\&=-\left[\alpha_k\frac{r_M-r_k}{r_k-r_m}+(1-\alpha_k)\frac{r_M-r_k}{r_k-r_m}\right]\chi_{1k}^{\mathrm{T}}Z\chi_{1k}\\&\leqslant-\alpha_k\frac{r_M-\bar{r}}{\bar{r}-r_m}\chi_{1k}^{\mathrm{T}}Z\chi_{1k}\end{aligned}\tag{8.26}$$

类似地，可以得到

$$-(r_k-r_m)\sum_{i=k-r_M}^{k-r_k-1}\eta_i^{\mathrm{T}}Z\eta_i\leqslant-(1-\alpha_k)\frac{\bar{r}-r_m}{r_M-\bar{r}}\chi_{2k}^{\mathrm{T}}Z\chi_{2k}\tag{8.27}$$

结合式 (8.24)~式 (8.27)，可以得到式 (8.23)。证毕。

利用李雅普诺夫泛函 (8.22) 和引理 8.1，可得到定理 8.1。

定理 8.1　给定标量 μ、$\bar{\lambda}$、L_M、L_m、ρ、γ 和控制器增益 K_δ，如果存在对称正定矩阵 P、Q_1、Q_2、Q_3、Q_4、Q_5、Z_1、Z_2、Z_3 和 Z_4，使得以下不等式对 $\widetilde{W}_{\delta k}$、υ_{k1} 和 υ_{k2} 的每个可能的值都成立：

$$\begin{bmatrix}\Omega_{11}&\hat{\Omega}_{12}&\hat{\Omega}_{13}\\ *&\hat{\Omega}_{22}&0\\ *&*&\hat{\Omega}_{33}\end{bmatrix}<0\tag{8.28}$$

式中，

$$\Omega_{11} = \Pi + \Xi_2 \tag{8.29}$$

$$\hat{\Omega}_{12} = \begin{bmatrix} A^{\mathrm{T}}P & J_{1\delta}Z_1 & J_{1\delta}Z_2 & J_{1\delta}Z_3 & J_{1\delta}Z_4 \\ \bar{\lambda}J_{2\delta}P & \bar{\lambda}J_{2\delta}Z_1 & \bar{\lambda}J_{2\delta}Z_2 & \bar{\lambda}J_{2\delta}Z_3 & \bar{\lambda}J_{2\delta}Z_4 \\ J_{3\delta}P & J_{3\delta}Z_1 & J_{3\delta}Z_2 & J_{3\delta}Z_3 & J_{3\delta}Z_4 \\ 0 & 0 & 0 & 0 & 0 \\ 0 & 0 & 0 & 0 & 0 \\ 0 & 0 & 0 & 0 & 0 \\ B_2^{\mathrm{T}}P & B_2^{\mathrm{T}}Z_1 & B_2^{\mathrm{T}}Z_2 & B_2^{\mathrm{T}}Z_3 & B_2^{\mathrm{T}}Z_4 \end{bmatrix} \tag{8.30}$$

$$\hat{\Omega}_{13} = \begin{bmatrix} 0 & 0 & 0 & 0 & 0 & C^{\mathrm{T}} & 0 \\ J_{2\delta}P & J_{2\delta}Z_1 & J_{2\delta}Z_2 & J_{2\delta}Z_3 & J_{2\delta}Z_4 & \bar{\lambda}J_{4\delta} & J_{4\delta} \\ J_{5\delta}P & J_{5\delta}Z_1 & J_{5\delta}Z_2 & J_{5\delta}Z_3 & J_{5\delta}Z_4 & (1-\bar{\lambda})J_{4\delta} & -J_{4\delta} \\ 0 & 0 & 0 & 0 & 0 & 0 & 0 \\ 0 & 0 & 0 & 0 & 0 & 0 & 0 \\ 0 & 0 & 0 & 0 & 0 & 0 & 0 \\ 0 & 0 & 0 & 0 & 0 & 0 & 0 \end{bmatrix} \tag{8.31}$$

$$\hat{\Omega}_{22} = \mathrm{diag}(-P,\ \mathscr{H}_1,\ \mathscr{H}_2,\ \mathscr{H}_3,\ \mathscr{H}_4)$$

$$\hat{\Omega}_{33} = \mathrm{diag}(-\hat{\lambda}^{-1}P,\ \hat{\lambda}^{-1}\mathscr{H}_1,\ \hat{\lambda}^{-1}\mathscr{H}_2,\ \hat{\lambda}^{-1}\mathscr{H}_3,\ \hat{\lambda}^{-1}\mathscr{H}_4,\ -\gamma I,\ -\hat{\lambda}^{-1}\gamma I)$$

在 Ω_{11} 中，

$$\Pi = \begin{bmatrix} \Pi_{11} & 0 & 0 & Z_4 & 0 & Z_3 & 0 \\ * & \Pi_{22} & 0 & Z_1 & Z_1 & 0 & 0 \\ * & * & \Pi_{33} & 0 & Z_2 & Z_2 & 0 \\ * & * & * & \Pi_{44} & 0 & 0 & 0 \\ * & * & * & * & \Pi_{55} & 0 & 0 \\ * & * & * & * & * & \Pi_{66} & 0 \\ * & * & * & * & * & * & -\gamma I \end{bmatrix}$$

$$\Xi_2 = -\upsilon_{k1}\frac{\rho-\bar{L}}{\bar{L}-L_m}\Phi_1-(1-\upsilon_{k1})\frac{\bar{L}-L_m}{\rho-\bar{L}}\Phi_2-\upsilon_{k2}\frac{L_M-\bar{\rho}}{\bar{\rho}-\rho}\Phi_3-(1-\upsilon_{k2})\frac{\bar{\rho}-\rho}{L_M-\bar{\rho}}\Phi_4$$

这里

$$\Pi_{11} = -P + (\rho - L_m + 1)Q_1 + (L_M - \rho + 1)Q_2 + Q_3 + Q_4 + Q_5 - Z_3 - Z_4$$

$$\Pi_{22}=-Q_1-2Z_1,\quad \Pi_{33}=-Q_2-2Z_2,\quad \Pi_{44}=-Q_3-Z_1-Z_4$$

$$\Pi_{55}=-Q_4-Z_1-Z_2,\quad \Pi_{66}=-Q_5-Z_2-Z_3$$

$$\Phi_1=[0\ \ -I\ \ 0\ \ I\ \ 0\ \ 0\ \ 0]^{\mathrm{T}}Z_1[0\ \ -I\ \ 0\ \ I\ \ 0\ \ 0\ \ 0]$$

$$\Phi_2=[0\ \ I\ \ 0\ \ 0\ \ -I\ \ 0\ \ 0]^{\mathrm{T}}Z_1[0\ \ I\ \ 0\ \ 0\ \ -I\ \ 0\ \ 0]$$

$$\Phi_3=[0\ \ 0\ \ -I\ \ 0\ \ I\ \ 0\ \ 0]^{\mathrm{T}}Z_2[0\ \ 0\ \ -I\ \ 0\ \ I\ \ 0\ \ 0]$$

$$\Phi_4=[0\ \ 0\ \ I\ \ 0\ \ 0\ \ -I\ \ 0]^{\mathrm{T}}Z_2[0\ \ 0\ \ I\ \ 0\ \ 0\ \ -I\ \ 0]$$

在 $\hat{\Omega}_{12}$、$\hat{\Omega}_{13}$、$\hat{\Omega}_{22}$、$\hat{\Omega}_{33}$ 中，

$$\hat{\lambda}=\bar{\lambda}(1-\bar{\lambda})$$

$$J_{1\delta}=(A-I)^{\mathrm{T}},\quad J_{2\delta}=K_\delta^{\mathrm{T}}\widetilde{W}_{\delta k}B_1^{\mathrm{T}},\quad J_{3\delta}=(1-\bar{\lambda})J_{2\delta}$$

$$J_{4\delta}=K_\delta^{\mathrm{T}}\widetilde{W}_{\delta k}D^{\mathrm{T}},\quad J_{5\delta}=-J_{2\delta}$$

$$\mathscr{H}_1=-(\rho-L_m)^{-2}Z_1,\ \mathscr{H}_2=-(L_M-\rho)^{-2}Z_2$$

$$\mathscr{H}_3=-L_M^{-2}Z_3,\quad \mathscr{H}_4=-L_m^{-2}Z_4$$

则系统 (8.17) 是均方渐近稳定的且相应的 H_∞ 范数界为 γ。

证明 考虑系统 (8.17)，对式 (8.22) 中的李雅普诺夫泛函 $V(x_k,k)$ 做前向差，并考虑到 $\Delta V(x_k,k)=\sum\limits_{i=1}^{8}\Delta V_i(x_k,k)=\sum\limits_{i=1}^{8}E\{V_i(x_{k+1},k+1)|(x_k,k)\}-V_i(x_k,k)$，$E\{\lambda_k-\bar{\lambda}\}=0$, $E\{(\lambda_k-\bar{\lambda})^2\}=\bar{\lambda}(1-\bar{\lambda})$，得到

$$\begin{aligned}\Delta V_1(x_k,k)=&\varphi_{1k}^{\mathrm{T}}P\varphi_{1k}+2\varphi_{1k}^{\mathrm{T}}PB_2\omega_k+E\{(\lambda_k-\bar{\lambda})^2\}\varphi_{2k}^{\mathrm{T}}P\varphi_{2k}\\&+\omega_k^{\mathrm{T}}B_2^{\mathrm{T}}PB_2\omega_k-x_k^{\mathrm{T}}Px_k\end{aligned}\tag{8.32}$$

$$\Delta V_2(x_k,k)\leqslant(\rho-L_m+1)x_k^{\mathrm{T}}Q_1x_k-x_{k-L_{k1}}^{\mathrm{T}}Q_1x_{k-L_{k1}}\tag{8.33}$$

$$\Delta V_3(x_k,k)\leqslant(L_M-\rho+1)x_k^{\mathrm{T}}Q_2x_k-x_{k-L_{k2}}^{\mathrm{T}}Q_2x_{k-L_{k2}}\tag{8.34}$$

$$\begin{aligned}\Delta V_4(x_k,k)=&x_k^{\mathrm{T}}(Q_3+Q_4+Q_5)x_k-x_{k-L_m}^{\mathrm{T}}Q_3x_{k-L_m}\\&-x_{k-\rho}^{\mathrm{T}}Q_4x_{k-\rho}-x_{k-L_M}^{\mathrm{T}}Q_5x_{k-L_M}\end{aligned}\tag{8.35}$$

利用引理 8.1，可得到

$$\begin{aligned}\Delta V_5(x_k,k)=&(\rho-L_m)^2E\{(x_{k+1}-x_k)^{\mathrm{T}}Z_1(x_{k+1}-x_k)\}\\&-(\rho-L_m)\sum_{i=k-L_{k1}}^{k-L_m-1}\eta_i^{\mathrm{T}}Z_1\eta_i-(\rho-L_m)\sum_{i=k-\rho}^{k-L_{k1}-1}\eta_i^{\mathrm{T}}Z_1\eta_i\end{aligned}$$

$$\leqslant (\rho - L_m)^2[\tilde{\varphi}_{1k}^{\mathrm{T}} Z_1 \tilde{\varphi}_{1k} + 2\tilde{\varphi}_{1k}^{\mathrm{T}} Z_1 B_2 \omega_k + E\{(\lambda_k - \bar{\lambda})^2\} \varphi_{2k}^{\mathrm{T}} Z_1 \varphi_{2k} + \omega_k^{\mathrm{T}} B_2^{\mathrm{T}} Z_1 B_2 \omega_k] - \zeta_{1k}^{\mathrm{T}} Z_1 \zeta_{1k} \upsilon_{k1} \frac{\rho - \bar{L}}{\bar{L} - L_m} \zeta_{1k}^{\mathrm{T}} Z_1 \zeta_{1k} - \zeta_{2k}^{\mathrm{T}} Z_1 \zeta_{2k} - (1 - \upsilon_{k1}) \frac{\bar{L} - L_m}{\rho - \bar{L}} \zeta_{2k}^{\mathrm{T}} Z_1 \zeta_{2k} \tag{8.36}$$

式中，

$$\tilde{\varphi}_{1k} = (A - I)x_k + \bar{\lambda} B_1 \widetilde{W}_{\delta k} K_\delta x_{k-L_{k1}} + (1 - \bar{\lambda}) B_1 \widetilde{W}_{\delta k} K_\delta x_{k-L_{k2}}$$

$$\zeta_{1k} = x_{k-L_m} - x_{k-L_{k1}}$$

$$\zeta_{2k} = x_{k-L_{k1}} - x_{k-\rho}$$

类似于 $\Delta V_5(x_k, k)$, 可得到

$$\Delta V_6(x_k, k) = (L_M - \rho)^2 E\{(x_{k+1} - x_k)^{\mathrm{T}} Z_2 (x_{k+1} - x_k)\} - (L_M - \rho) \sum_{i=k-L_{k2}}^{k-\rho-1} \eta_i^{\mathrm{T}} Z_2 \eta_i - (L_M - \rho) \sum_{i=k-L_M}^{k-L_{k2}-1} \eta_i^{\mathrm{T}} Z_2 \eta_i$$
$$\leqslant (L_M - \rho)^2 [\tilde{\varphi}_{1k}^{\mathrm{T}} Z_2 \tilde{\varphi}_{1k} + 2\tilde{\varphi}_{1k}^{\mathrm{T}} Z_2 B_2 \omega_k + E\{(\lambda_k - \bar{\lambda})^2\} \varphi_{2k}^{\mathrm{T}} Z_2 \varphi_{2k} + \omega_k^{\mathrm{T}} B_2^{\mathrm{T}} Z_2 B_2 \omega_k] - \upsilon_{k2} \frac{L_M - \bar{\rho}}{\bar{\rho} - \rho} \zeta_{3k}^{\mathrm{T}} Z_2 \zeta_{3k} - \zeta_{3k}^{\mathrm{T}} Z_2 \zeta_{3k} - (1 - \upsilon_{k2}) \frac{\bar{\rho} - \rho}{L_M - \bar{\rho}} \zeta_{4k}^{\mathrm{T}} Z_2 \zeta_{4k} - \zeta_{4k}^{\mathrm{T}} Z_2 \zeta_{4k} \tag{8.37}$$

式中，$\zeta_{3k} = x_{k-\rho} - x_{k-L_{k2}}$；$\zeta_{4k} = x_{k-L_{k2}} - x_{k-L_M}$。

$$\Delta V_7(x_k, k) = L_M^2 E\{(x_{k+1} - x_k)^{\mathrm{T}} Z_3 (x_{k+1} - x_k)\} - L_M \sum_{i=k-L_M}^{k-1} \eta_i^{\mathrm{T}} Z_3 \eta_i$$
$$\leqslant L_M^2 [\tilde{\varphi}_{1k}^{\mathrm{T}} Z_3 \tilde{\varphi}_{1k} + 2\tilde{\varphi}_{1k}^{\mathrm{T}} Z_3 B_2 \omega_k + E\{(\lambda_k - \bar{\lambda})^2\} \varphi_{2k}^{\mathrm{T}} Z_3 \varphi_{2k} + \omega_k^{\mathrm{T}} B_2^{\mathrm{T}} Z_3 B_2 \omega_k] - (x_k - x_{k-L_M})^{\mathrm{T}} Z_3 (x_k - x_{k-L_M}) \tag{8.38}$$

$$\Delta V_8(x_k, k) = L_m^2 E\{(x_{k+1} - x_k)^{\mathrm{T}} Z_4 (x_{k+1} - x_k)\} - L_m \sum_{i=k-L_m}^{k-1} \eta_i^{\mathrm{T}} Z_4 \eta_i$$
$$\leqslant L_m^2 [\tilde{\varphi}_{1k}^{\mathrm{T}} Z_4 \tilde{\varphi}_{1k} + 2\tilde{\varphi}_{1k}^{\mathrm{T}} Z_4 B_2 \omega_k + E\{(\lambda_k - \bar{\lambda})^2\} \varphi_{2k}^{\mathrm{T}} Z_4 \varphi_{2k} + \omega_k^{\mathrm{T}} B_2^{\mathrm{T}} Z_4 B_2 \omega_k] - (x_k - x_{k-L_m})^{\mathrm{T}} Z_4 (x_k - x_{k-L_m}) \tag{8.39}$$

结合系统 (8.17) 和式 (8.32)~式 (8.39)，并考虑到 $E\{(\lambda_k-\bar{\lambda})^2\}=\bar{\lambda}(1-\bar{\lambda})$，可以得到

$$E\{\Delta V(x_k,k)\}+E\{\gamma^{-1}z_k^{\mathrm{T}}z_k\}-\gamma\omega_k^{\mathrm{T}}\omega_k\leqslant E\{\xi_k^{\mathrm{T}}\Omega\xi_k\} \tag{8.40}$$

式中，$\xi_k=[x_k^{\mathrm{T}}\ \ x_{k-L_{k1}}^{\mathrm{T}}\ \ x_{k-L_{k2}}^{\mathrm{T}}\ \ x_{k-L_m}^{\mathrm{T}}\ \ x_{k-\rho}^{\mathrm{T}}\ \ x_{k-L_M}^{\mathrm{T}}\ \ \omega_k^{\mathrm{T}}]^{\mathrm{T}}$；$\Omega=\Pi+\Xi_1+\Xi_2$，$\Pi$ 和 Ξ_2 与式 (8.28) 的对应矩阵相同，且

$$\Xi_1=\Upsilon_1^{\mathrm{T}}P\Upsilon_1+\Upsilon_2^{\mathrm{T}}\Lambda\Upsilon_2+\bar{\lambda}(1-\bar{\lambda})\Upsilon_3^{\mathrm{T}}(P+\Lambda)\Upsilon_3+\gamma^{-1}\Upsilon_4^{\mathrm{T}}\Upsilon_4+\gamma^{-1}\bar{\lambda}(1-\bar{\lambda})\Upsilon_5^{\mathrm{T}}\Upsilon_5$$

这里，

$$\begin{aligned}
\Upsilon_1&=[A\ \ \bar{\lambda}J_{2\delta}^{\mathrm{T}}\ \ (1-\bar{\lambda})J_{2\delta}^{\mathrm{T}}\ \ 0\ \ 0\ \ 0\ \ B_2]\\
\Upsilon_2&=[A-I\ \ \bar{\lambda}J_{2\delta}^{\mathrm{T}}\ \ (1-\bar{\lambda})J_{2\delta}^{\mathrm{T}}\ \ 0\ \ 0\ \ 0\ \ B_2]\\
\Upsilon_3&=[0\ \ J_{2\delta}^{\mathrm{T}}\ \ -J_{2\delta}^{\mathrm{T}}\ \ 0\ \ 0\ \ 0\ \ 0],\quad J_{2\delta}=K_\delta^{\mathrm{T}}\widetilde{W}_{\delta k}B_1^{\mathrm{T}}\\
\Upsilon_4&=[C\ \ \bar{\lambda}D\widetilde{W}_{\delta k}K_\delta\ \ (1-\bar{\lambda})D\widetilde{W}_{\delta k}K_\delta\ \ 0\ \ 0\ \ 0\ \ 0]\\
\Upsilon_5&=[0\ \ D\widetilde{W}_{\delta k}K_\delta\ \ -D\widetilde{W}_{\delta k}K_\delta\ \ 0\ \ 0\ \ 0\ \ 0]\\
\Lambda&=[(\rho-L_m)^2Z_1+(L_M-\rho)^2Z_2+L_M^2Z_3+L_m^2Z_4]
\end{aligned}$$

由 $\Omega=\Pi+\Xi_1+\Xi_2$ 可知，如果 $\Pi+\Xi_1+\Xi_2<0$，则 $E\{\Delta V(x_k,k)\}+E\{\gamma^{-1}z_k^{\mathrm{T}}z_k\}-\gamma\omega_k^{\mathrm{T}}\omega_k\leqslant E\{\xi_k^{\mathrm{T}}\Omega\xi_k\}<0$。利用矩阵 Schur 补，可知 $\Pi+\Xi_1+\Xi_2<0$ 等价于式 (8.28)。如果式 (8.28) 成立，则可以得到

$$E\{\Delta V(x_k,k)\}+E\{\gamma^{-1}z_k^{\mathrm{T}}z_k\}-\gamma\omega_k^{\mathrm{T}}\omega_k<0 \tag{8.41}$$

对于式 (8.41) 从 0 到 ∞ 基于 k 求和，可得到

$$\sum_{k=0}^{\infty}E\{||z_k||^2\}<\gamma^2\sum_{k=0}^{\infty}||\omega_k||^2+\gamma V(x_0,0)-\gamma E\{V(x_\infty,\infty)\} \tag{8.42}$$

如果 $\omega_k=0$，则式 (8.28) 可以保证系统 (8.17) 的均方渐近稳定性。在零初始条件下，如果 $\omega_k\neq 0$，则有 $\sum\limits_{k=0}^{\infty}E\{||z_k||^2\}<\gamma^2\sum\limits_{k=0}^{\infty}||\omega_k||^2$。证毕。

注 8.8 Han[27] 提出了一种离散时延分解方法来研究常数时延线性时滞系统和中立系统的稳定性问题。在定理 8.1 中，采用时延分解方法来处理时变的网络诱导时延和丢包。

注 8.9 定理 8.1 仅考虑了控制器–执行器介质存取限制。如果同时考虑传感器–控制器和控制器–执行器介质存取限制，假设共享的通信介质能够同时提供 δ

$(1 \leqslant \delta < m)$ 个控制器–执行器信道和 θ $(1 \leqslant \theta < n)$ 个传感器–控制器信道，则控制律 (8.14) 可以描述为 $u_k = \lambda_k \widetilde{W}_{\delta k} K_{\delta\theta} \widetilde{W}_{\theta k} x_{k-L_{k1}} + (1-\lambda_k)\widetilde{W}_{\delta k} K_{\delta\theta} \widetilde{W}_{\theta k} x_{k-L_{k2}}$，其中，$\widetilde{W}_{\theta k} = \mathrm{diag}(\theta_{1k},\, \theta_{2k},\, \cdots,\, \theta_{nk})$，且 $K_{\delta\theta}$ 表示基于 $\widetilde{W}_{\delta k}$ 和 $\widetilde{W}_{\theta k}$ 进行切换的控制器增益。二进制值的变量 $\theta_{\iota k}$ $(\iota = 1, 2, \cdots, n)$ 表示 k 时刻 x_k 的第 ι 个分量的介质存取状态，即 $\theta_{\iota k}: \mathbb{R} \to \{0,\, 1\}$，其中 1 表示存取，0 表示未存取，$\theta_{1k}+\theta_{2k}+\cdots+\theta_{nk} = \theta$。把式 (8.28) 中的 $J_{2\delta}$ 和 $J_{4\delta}$ 分别用 $\widetilde{W}_{\theta k} K_{\delta\theta}^{\mathrm{T}} \widetilde{W}_{\delta k} B_1^{\mathrm{T}}$ 和 $\widetilde{W}_{\theta k} K_{\delta\theta}^{\mathrm{T}} \widetilde{W}_{\delta k} D^{\mathrm{T}}$ 替换，则可以得到新的稳定性准则。

由式 (8.36) 和式 (8.37) 可以发现，对于 $\zeta_{1k} \neq 0$ 和 $\zeta_{2k} \neq 0$，由于 $Z_1 = Z_1^{\mathrm{T}} > 0$，所以 $-\upsilon_{k1}\dfrac{\rho-\bar{L}}{\bar{L}-L_m}\zeta_{1k}^{\mathrm{T}} Z_1 \zeta_{1k} - (1-\upsilon_{k1})\dfrac{\bar{L}-L_m}{\rho-\bar{L}}\zeta_{2k}^{\mathrm{T}} Z_1 \zeta_{2k} < 0$；同理，对于 $\zeta_{3k} \neq 0$ 和 $\zeta_{4k} \neq 0$，由于 $Z_2 = Z_2^{\mathrm{T}} > 0$，所以 $-\upsilon_{k2}\dfrac{L_M-\bar{\rho}}{\bar{\rho}-\rho}\zeta_{3k}^{\mathrm{T}} Z_2 \zeta_{3k} - (1-\upsilon_{k2})\dfrac{\bar{\rho}-\rho}{L_M-\bar{\rho}}\zeta_{4k}^{\mathrm{T}} Z_2 \zeta_{4k} < 0$。然而，在文献 [26] 和文献 [28] 中，类似的项被零代替了，这不可避免地导致一定的保守性。

注意到定理 8.1 利用了引理 8.1 所提出的放大不等式来估计李雅普诺夫泛函的前向差中的有限和项。如果用零来估计式 (8.36) 中的 $-\upsilon_{k1}\dfrac{\rho-\bar{L}}{\bar{L}-L_m}\zeta_{1k}^{\mathrm{T}} Z_1 \zeta_{1k} - (1-\upsilon_{k1})\dfrac{\bar{L}-L_m}{\rho-\bar{L}}\zeta_{2k}^{\mathrm{T}} Z_1 \zeta_{2k}$ 和式 (8.37) 中的 $-\upsilon_{k2}\dfrac{L_M-\bar{\rho}}{\bar{\rho}-\rho}\zeta_{3k}^{\mathrm{T}} Z_2 \zeta_{3k} - (1-\upsilon_{k2})\dfrac{\bar{\rho}-\rho}{L_M-\bar{\rho}}\zeta_{4k}^{\mathrm{T}} \times Z_2 \zeta_{4k}$，则可以得到如下结果。

定理 8.2　给定标量 μ、$\bar{\lambda}$、L_M、L_m、ρ、γ 和控制器增益 K_δ，如果存在对称正定矩阵 P、Q_1、Q_2、Q_3、Q_4、Q_5、Z_1、Z_2、Z_3 和 Z_4，使得以下不等式对于 $\widetilde{W}_{\delta k}$ 的每个可能的值都成立：

$$\begin{bmatrix} \Pi & \hat{\Omega}_{12} & \hat{\Omega}_{13} \\ * & \hat{\Omega}_{22} & 0 \\ * & * & \hat{\Omega}_{33} \end{bmatrix} < 0 \tag{8.43}$$

式中，Π、$\hat{\Omega}_{12}$、$\hat{\Omega}_{13}$、$\hat{\Omega}_{22}$ 和 $\hat{\Omega}_{33}$ 与式 (8.28) 中的对应矩阵相同，则系统 (8.17) 均方渐近稳定且相应的 H_∞ 范数界为 γ。

为说明定理 8.1 与定理 8.2 之间的关系，给出如下结果。

定理 8.3　考虑系统 (8.17)，如果式 (8.43) 成立，则式 (8.28) 也是成立的。

证明　式 (8.28) 可以写为

$$\begin{bmatrix} \Pi & \hat{\Omega}_{12} & \hat{\Omega}_{13} \\ * & \hat{\Omega}_{22} & 0 \\ * & * & \hat{\Omega}_{33} \end{bmatrix} + \begin{bmatrix} \Xi_2 & 0 & 0 \\ 0 & 0 & 0 \\ 0 & 0 & 0 \end{bmatrix} < 0 \tag{8.44}$$

考虑到 $\Xi_2 < 0$，如果式 (8.43) 成立，则式 (8.44) 也是成立的。证毕。

在分析系统 (8.17) 的 H_∞ 性能时，定理 8.3 表明定理 8.1 比定理 8.2 具有更小的保守性。在处理李雅普诺夫泛函的前向差中的有限和项时，如果采用本章所提出的具有更严格估计的放大不等式处理文献 [26] 和文献 [28] 中的问题，则可以得到具有更小保守性的结果。详细证明此处略。

定理 8.1 讨论了有限信道网络控制系统的 H_∞ 性能分析问题。下面讨论同时考虑有限信道和控制器–执行器数据漂移的网络控制系统的 H_∞ 性能分析问题。

定理 8.4　给定标量 μ、$\bar{\lambda}$、L_M、L_m、ρ、$\tilde{y}$、$\tilde{d}$、$\tilde{e}$、γ 和控制器增益 K_δ，如果存在对称正定矩阵 P、Q_1、Q_2、Q_3、Q_4、Q_5、Z_1、Z_2、Z_3、Z_4，标量 $\varepsilon_\delta > 0$，使得以下不等式对于 $\widetilde{W}_{\delta k}$、υ_{k1}、υ_{k2} 的每个可能的值都成立：

$$\begin{bmatrix} H & M_\delta & \varepsilon_\delta N^{\mathrm{T}} \\ * & -\varepsilon_\delta I & 0 \\ * & * & -\varepsilon_\delta I \end{bmatrix} < 0 \tag{8.45}$$

式中，

$$H = \begin{bmatrix} \Omega_{11} & \hat{\Omega}_{12,1} & \hat{\Omega}_{13,1} \\ * & \hat{\Omega}_{22} & 0 \\ * & * & \hat{\Omega}_{33} \end{bmatrix} \tag{8.46}$$

这里，Ω_{11}、$\hat{\Omega}_{22}$、$\hat{\Omega}_{33}$ 与式 (8.28) 中对应的矩阵相同，将式 (8.30) 中 $\hat{\Omega}_{12}$ 的 $J_{2\delta}$ 用 $\tilde{y}K_\delta^{\mathrm{T}}\widetilde{W}_{\delta k}B_1^{\mathrm{T}}$ 替换可以得到 $\hat{\Omega}_{12,1}$，将式 (8.31) 中 $\hat{\Omega}_{13}$ 的 $J_{2\delta}$ 和 $J_{4\delta}$ 分别用 $\tilde{y}K_\delta^{\mathrm{T}}\widetilde{W}_{\delta k}B_1^{\mathrm{T}}$ 和 $\tilde{y}K_\delta^{\mathrm{T}}\widetilde{W}_{\delta k}D^{\mathrm{T}}$ 替换可以得到 $\hat{\Omega}_{13,1}$；另外有

$$M_\delta = \begin{bmatrix} 0_{1\times7} & 0_{1\times5} & 0_{1\times5} & 0 & 0 \\ 0_{1\times7} & \bar{\lambda}\mathscr{A}_\delta & \mathscr{A}_\delta & \bar{\lambda}J_{7\delta} & J_{7\delta} \\ 0_{1\times7} & (1-\bar{\lambda})\mathscr{A}_\delta & -\mathscr{A}_\delta & (1-\bar{\lambda})J_{7\delta} & -J_{7\delta} \\ 0_{16\times7} & 0_{16\times5} & 0_{16\times5} & 0_{16\times1} & 0_{16\times1} \end{bmatrix}^{\mathrm{T}} \tag{8.47}$$

这里，

$$\begin{aligned} &\mathscr{A}_\delta = [J_{6\delta}\ \ J_{6\delta}\ \ J_{6\delta}\ \ J_{6\delta}\ \ J_{6\delta}], \quad J_{6\delta} = \tilde{e}K_\delta^{\mathrm{T}}\widetilde{W}_{\delta k}B_1^{\mathrm{T}} \\ &J_{7\delta} = \tilde{e}K_\delta^{\mathrm{T}}\widetilde{W}_{\delta k}D^{\mathrm{T}}, \quad N = \mathrm{diag}(0,\ \tilde{d},\ \tilde{d},\ \underbrace{0,\ \cdots,\ 0}_{16}) \end{aligned} \tag{8.48}$$

则系统 (8.19) 是均方渐近稳定的且相应的 H_∞ 范数界为 γ。

证明　对于系统 (8.19)，考虑到 $\tilde{y}$、$\tilde{d}$、$\tilde{e}$ 是标量，可以把式 (8.28) 写为

$$H + M_\delta \widetilde{F}_k N + N^{\mathrm{T}}\widetilde{F}_k^{\mathrm{T}}M_\delta^{\mathrm{T}} < 0 \tag{8.49}$$

式中，H、M_δ 和 N 与式 (8.46)~式 (8.48) 中对应的矩阵相同，且 $\widetilde{F}_k = \mathrm{diag}\underbrace{(f_k,\ \cdots,\ f_k)}_{19}$。

考虑到式 (8.49), 并利用矩阵 Schur 补，发现如果式 (8.45) 可行，则式 (8.49) 也是可行的。证毕。

8.4 控制器设计

本节讨论同时考虑有限信道和控制器–执行器数据漂移的网络控制系统的控制器设计问题。先考虑有限信道系统的控制器设计问题，基于定理 8.1 可以得到如下结果。

定理 8.5 给定标量 μ、$\bar{\lambda}$、L_M、L_m、ρ 和 γ, 如果存在对称正定矩阵 W、$\widetilde{Q}_1$、$\widetilde{Q}_2$、$\widetilde{Q}_3$、$\widetilde{Q}_4$、$\widetilde{Q}_5$、$\widetilde{Z}_1$、$\widetilde{Z}_2$、$\widetilde{Z}_3$、$\widetilde{Z}_4$ 和矩阵 G_δ, 使得以下不等式对于 $\widetilde{W}_{\delta k}$、υ_{k1} 和 υ_{k2} 的每个可能值都成立：

$$\begin{bmatrix} \widetilde{\Omega}_{11} & \widetilde{\Omega}_{12} & \widetilde{\Omega}_{13} \\ * & \widetilde{\Omega}_{22} & 0 \\ * & * & \widetilde{\Omega}_{33} \end{bmatrix} < 0 \tag{8.50}$$

式中，

$$\begin{aligned} \widetilde{\Omega}_{11} =& \widetilde{\Pi} - \upsilon_{k1}\frac{\rho-\bar{L}}{\bar{L}-L_m}\widetilde{\Phi}_1 - (1-\upsilon_{k1})\frac{\bar{L}-L_m}{\rho-\bar{L}}\widetilde{\Phi}_2 \\ & - \upsilon_{k2}\frac{L_M-\bar{\rho}}{\bar{\rho}-\rho}\widetilde{\Phi}_3 - (1-\upsilon_{k2})\frac{\bar{\rho}-\rho}{L_M-\bar{\rho}}\widetilde{\Phi}_4 \end{aligned}$$

$$\widetilde{\Omega}_{12} = \begin{bmatrix} WA^{\mathrm{T}} & \widetilde{J}_{1\delta} & \widetilde{J}_{1\delta} & \widetilde{J}_{1\delta} & \widetilde{J}_{1\delta} \\ \bar{\lambda}\widetilde{J}_{2\delta} & \bar{\lambda}\widetilde{J}_{2\delta} & \bar{\lambda}\widetilde{J}_{2\delta} & \bar{\lambda}\widetilde{J}_{2\delta} & \bar{\lambda}\widetilde{J}_{2\delta} \\ \widetilde{J}_{3\delta} & \widetilde{J}_{3\delta} & \widetilde{J}_{3\delta} & \widetilde{J}_{3\delta} & \widetilde{J}_{3\delta} \\ 0 & 0 & 0 & 0 & 0 \\ 0 & 0 & 0 & 0 & 0 \\ 0 & 0 & 0 & 0 & 0 \\ B_2^{\mathrm{T}} & B_2^{\mathrm{T}} & B_2^{\mathrm{T}} & B_2^{\mathrm{T}} & B_2^{\mathrm{T}} \end{bmatrix} \tag{8.51}$$

$$\widetilde{\Omega}_{13} = \begin{bmatrix} 0 & 0 & 0 & 0 & 0 & WC^{\mathrm{T}} & 0 \\ \widetilde{J}_{2\delta} & \widetilde{J}_{2\delta} & \widetilde{J}_{2\delta} & \widetilde{J}_{2\delta} & \widetilde{J}_{2\delta} & \bar{\lambda}\widetilde{J}_{4\delta} & \widetilde{J}_{4\delta} \\ \widetilde{J}_{5\delta} & \widetilde{J}_{5\delta} & \widetilde{J}_{5\delta} & \widetilde{J}_{5\delta} & \widetilde{J}_{5\delta} & (1-\bar{\lambda})\widetilde{J}_{4\delta} & -\widetilde{J}_{4\delta} \\ 0 & 0 & 0 & 0 & 0 & 0 & 0 \\ 0 & 0 & 0 & 0 & 0 & 0 & 0 \\ 0 & 0 & 0 & 0 & 0 & 0 & 0 \\ 0 & 0 & 0 & 0 & 0 & 0 & 0 \end{bmatrix} \tag{8.52}$$

$$\widetilde{\Omega}_{22} = \mathrm{diag}(-W,\ \mathscr{X}_1,\ \mathscr{X}_2,\ \mathscr{X}_3,\ \mathscr{X}_4)$$

$$\widetilde{\Omega}_{33} = \mathrm{diag}(-\hat{\lambda}^{-1}W,\ \hat{\lambda}^{-1}\mathscr{X}_1,\ \hat{\lambda}^{-1}\mathscr{X}_2,\ \hat{\lambda}^{-1}\mathscr{X}_3,\ \hat{\lambda}^{-1}\mathscr{X}_4,\ -\gamma I,\ -\hat{\lambda}^{-1}\gamma I)$$

在 $\widetilde{\Omega}_{11}$ 中，

$$\widetilde{\Pi} = \begin{bmatrix} \widetilde{\Pi}_{11} & 0 & 0 & \widetilde{Z}_4 & 0 & \widetilde{Z}_3 & 0 \\ * & \widetilde{\Pi}_{22} & 0 & \widetilde{Z}_1 & \widetilde{Z}_1 & 0 & 0 \\ * & * & \widetilde{\Pi}_{33} & 0 & \widetilde{Z}_2 & \widetilde{Z}_2 & 0 \\ * & * & * & \widetilde{\Pi}_{44} & 0 & 0 & 0 \\ * & * & * & * & \widetilde{\Pi}_{55} & 0 & 0 \\ * & * & * & * & * & \widetilde{\Pi}_{66} & 0 \\ * & * & * & * & * & * & -\gamma I \end{bmatrix}$$

$$\widetilde{\Pi}_{11} = -W + (\rho - L_m + 1)\widetilde{Q}_1 + (L_M - \rho + 1)\widetilde{Q}_2 + \widetilde{Q}_3 + \widetilde{Q}_4 + \widetilde{Q}_5 - \widetilde{Z}_3 - \widetilde{Z}_4$$

$$\widetilde{\Pi}_{22} = -\widetilde{Q}_1 - 2\widetilde{Z}_1, \quad \widetilde{\Pi}_{33} = -\widetilde{Q}_2 - 2\widetilde{Z}_2$$

$$\widetilde{\Pi}_{44} = -\widetilde{Q}_3 - \widetilde{Z}_1 - \widetilde{Z}_4, \quad \widetilde{\Pi}_{55} = -\widetilde{Q}_4 - \widetilde{Z}_1 - \widetilde{Z}_2$$

$$\widetilde{\Pi}_{66} = -\widetilde{Q}_5 - \widetilde{Z}_2 - \widetilde{Z}_3$$

$$\widetilde{\Phi}_1 = [0\ \ -I\ \ 0\ \ I\ \ 0\ \ 0\ \ 0]^{\mathrm{T}}\widetilde{Z}_1[0\ \ -I\ \ 0\ \ I\ \ 0\ \ 0\ \ 0]$$

$$\widetilde{\Phi}_2 = [0\ \ I\ \ 0\ \ 0\ \ -I\ \ 0\ \ 0]^{\mathrm{T}}\widetilde{Z}_1[0\ \ I\ \ 0\ \ 0\ \ -I\ \ 0\ \ 0]$$

$$\widetilde{\Phi}_3 = [0\ \ 0\ \ -I\ \ 0\ \ I\ \ 0\ \ 0]^{\mathrm{T}}\widetilde{Z}_2[0\ \ 0\ \ -I\ \ 0\ \ I\ \ 0\ \ 0]$$

$$\widetilde{\Phi}_4 = [0\ \ 0\ \ I\ \ 0\ \ 0\ \ -I\ \ 0]^{\mathrm{T}}\widetilde{Z}_2[0\ \ 0\ \ I\ \ 0\ \ 0\ \ -I\ \ 0]$$

在 $\widetilde{\Omega}_{12}$、$\widetilde{\Omega}_{13}$、$\widetilde{\Omega}_{22}$、$\widetilde{\Omega}_{33}$ 中，

$$\begin{aligned} &\hat{\lambda} = \bar{\lambda}(1-\bar{\lambda}) \\ &\widetilde{J}_{1\delta} = W(A-I)^{\mathrm{T}}, \quad \widetilde{J}_{2\delta} = G_\delta \widetilde{W}_{\delta k} B_1^{\mathrm{T}}, \quad \widetilde{J}_{3\delta} = (1-\bar{\lambda})\widetilde{J}_{2\delta} \\ &\widetilde{J}_{4\delta} = G_\delta \widetilde{W}_{\delta k} D^{\mathrm{T}}, \quad \widetilde{J}_{5\delta} = -\widetilde{J}_{2\delta} \\ &\mathscr{X}_1 = (\rho - L_m)^{-2}(\mu^2 \widetilde{Z}_1 - 2\mu W), \quad \mathscr{X}_2 = (L_M - \rho)^{-2}(\mu^2 \widetilde{Z}_2 - 2\mu W) \\ &\mathscr{X}_3 = L_M^{-2}(\mu^2 \widetilde{Z}_3 - 2\mu W), \quad \mathscr{X}_4 = L_m^{-2}(\mu^2 \widetilde{Z}_4 - 2\mu W) \end{aligned}$$

则系统 (8.17) 均方渐近稳定且相应的 H_∞ 范数界为 γ，控制器增益 $K_\delta = G_\delta^{\mathrm{T}} W^{-1}$。

证明　利用矩阵 Schur 补，可以发现式 (8.28) 等价于

$$\begin{bmatrix} \Omega_{11} & \Omega_{12} & \Omega_{13} \\ * & \Omega_{22} & 0 \\ * & * & \Omega_{33} \end{bmatrix} < 0 \tag{8.53}$$

式中，Ω_{11} 见式 (8.29)；

$$\Omega_{12} = \begin{bmatrix} A^{\mathrm{T}} & J_{1\delta} & J_{1\delta} & J_{1\delta} & J_{1\delta} \\ \bar{\lambda}J_{2\delta} & \bar{\lambda}J_{2\delta} & \bar{\lambda}J_{2\delta} & \bar{\lambda}J_{2\delta} & \bar{\lambda}J_{2\delta} \\ J_{3\delta} & J_{3\delta} & J_{3\delta} & J_{3\delta} & J_{3\delta} \\ 0 & 0 & 0 & 0 & 0 \\ 0 & 0 & 0 & 0 & 0 \\ 0 & 0 & 0 & 0 & 0 \\ B_2^{\mathrm{T}} & B_2^{\mathrm{T}} & B_2^{\mathrm{T}} & B_2^{\mathrm{T}} & B_2^{\mathrm{T}} \end{bmatrix} \tag{8.54}$$

$$\Omega_{13} = \begin{bmatrix} 0 & 0 & 0 & 0 & 0 & C^{\mathrm{T}} & 0 \\ J_{2\delta} & J_{2\delta} & J_{2\delta} & J_{2\delta} & J_{2\delta} & \bar{\lambda}J_{4\delta} & J_{4\delta} \\ J_{5\delta} & J_{5\delta} & J_{5\delta} & J_{5\delta} & J_{5\delta} & (1-\bar{\lambda})J_{4\delta} & -J_{4\delta} \\ 0 & 0 & 0 & 0 & 0 & 0 & 0 \\ 0 & 0 & 0 & 0 & 0 & 0 & 0 \\ 0 & 0 & 0 & 0 & 0 & 0 & 0 \\ 0 & 0 & 0 & 0 & 0 & 0 & 0 \end{bmatrix} \tag{8.55}$$

$$\Omega_{22} = \mathrm{diag}(-P^{-1},\ \mathscr{Y}_1,\ \mathscr{Y}_2,\ \mathscr{Y}_3,\ \mathscr{Y}_4)$$

$$\Omega_{33} = \mathrm{diag}(-\hat{\lambda}^{-1}P^{-1},\ \hat{\lambda}^{-1}\mathscr{Y}_1,\ \hat{\lambda}^{-1}\mathscr{Y}_2,\ \hat{\lambda}^{-1}\mathscr{Y}_3,\ \hat{\lambda}^{-1}\mathscr{Y}_4,\ -\gamma I,\ -\hat{\lambda}^{-1}\gamma I)$$

这里，

$$\mathscr{Y}_1 = -(\rho - L_m)^{-2}Z_1^{-1}, \quad \mathscr{Y}_2 = -(L_M - \rho)^{-2}Z_2^{-1}$$
$$\mathscr{Y}_3 = -L_M^{-2}Z_3^{-1}, \quad \mathscr{Y}_4 = -L_m^{-2}Z_4^{-1}$$

且 $J_{1\delta}$、$J_{2\delta}$、$J_{3\delta}$、$J_{4\delta}$ 和 $J_{5\delta}$ 与式 (8.28) 中的对应矩阵相同。

对于给定的正标量 μ、对称正定矩阵 P 和 Z_j $(j=1,2,3,4)$，可以得到 $(P-\mu Z_j)Z_j^{-1}(P-\mu Z_j) \geqslant 0$，且该不等式等价于 $-Z_j^{-1} \leqslant \mu^2 P^{-1}Z_jP^{-1} - 2\mu P^{-1}$。在式 (8.53) 的前后分别乘以 $\mathrm{diag}(\underbrace{P^{-1},\ \cdots,\ P^{-1}}_{6},\ \underbrace{I,\ \cdots,\ I}_{13})$ 及其转置，并引入新变量 $P^{-1}=W$，$P^{-1}Q_\epsilon P^{-1} = \widetilde{Q}_\epsilon$ $(\epsilon = 1,2,\cdots,5)$，$P^{-1}Z_jP^{-1} = \widetilde{Z}_j$ $(j=1,2,3,4)$，$P^{-1}K_\delta^{\mathrm{T}} = G_\delta$，可以发现如果式 (8.50) 成立，则式 (8.53) 也成立。证毕。

注意到文献 [22] 和定理 8.5 分别采用不等式 $-W^{-1} \leqslant \alpha^2X^{-1}WX^{-1} - 2\alpha X^{-1}$ 和 $-Z_j^{-1} \leqslant \mu^2P^{-1}Z_jP^{-1} - 2\mu P^{-1}$ $(j=1,2,3,4)$ 将非线性矩阵不等式转化为可解

的优化问题。然而，文献 [22] 中并未讨论如何选择合适的标量 α。下面的搜索算法给出了如何为不等式 $-Z_j^{-1} \leqslant \mu^2 P^{-1} Z_j P^{-1} - 2\mu P^{-1}$ 选择合适的参数 μ。

算法 8.1　(1) 给定标量 $\bar{\lambda}$、L_M、L_m、ρ，指定 μ 的初值 μ_0、终值 μ_{ult} ($\mu_{\text{ult}} < \mu_0$) 和一个合适的步长 $\mu_{\text{dec}} > 0$；选取充分大的 H_∞ 范数界 γ_{opt}；设置 $\mu_{\text{opt}} = \mu_0$。

(2) 求解矩阵不等式 (8.50)。如果 $\gamma < \gamma_{\text{opt}}$，则设置 $\gamma_{\text{opt}} = \gamma$、$\mu_{\text{opt}} = \mu$ 且转入步骤 (3)；否则，直接转入步骤 (3)。

(3) 设置 $\mu = \mu - \mu_{\text{dec}}$。如果 $\mu \geqslant \mu_{\text{ult}}$，则转入步骤 (2)；否则，转入步骤 (4)。

(4) 输出局部最优的 μ_{opt} 和 γ_{opt}。

如果 $\mu = 1$，则不等式 $-Z_j^{-1} \leqslant \mu^2 P^{-1} Z_j P^{-1} - 2\mu P^{-1}$ $(j = 1, 2, 3, 4)$ 退化为 $-Z_j^{-1} \leqslant P^{-1} Z_j P^{-1} - 2P^{-1}$。与选择 $\mu = 1$ 相比，算法 8.1 可以得到更好的结果。

对于同时考虑有限信道和控制器–执行器数据漂移的网络控制系统，类似于定理 8.4 和定理 8.5 的证明，可以得到以下基于信道利用的控制器设计准则。

定理 8.6　给定标量 μ、$\bar{\lambda}$、L_M、L_m、ρ、$\tilde{y}$、$\tilde{d}$、$\tilde{e}$ 和 γ，如果存在对称正定矩阵 W、$\widetilde{Q}_1$、$\widetilde{Q}_2$、$\widetilde{Q}_3$、$\widetilde{Q}_4$、$\widetilde{Q}_5$、$\widetilde{Z}_1$、$\widetilde{Z}_2$、$\widetilde{Z}_3$、$\widetilde{Z}_4$，矩阵 G_δ，标量 $\varepsilon_\delta > 0$，使得以下不等式对于 $\widetilde{W}_{\delta k}$、υ_{k1} 和 υ_{k2} 的每个可能的值都成立：

$$\begin{bmatrix} \widetilde{H} & \widetilde{M}_\delta & \varepsilon_\delta \widetilde{N}^{\mathrm{T}} \\ * & -\varepsilon_\delta I & 0 \\ * & * & -\varepsilon_\delta I \end{bmatrix} < 0 \tag{8.56}$$

式中，

$$\widetilde{H} = \begin{bmatrix} \widetilde{\Omega}_{11} & \widetilde{\Omega}_{12,1} & \widetilde{\Omega}_{13,1} \\ * & \widetilde{\Omega}_{22} & 0 \\ * & * & \widetilde{\Omega}_{33} \end{bmatrix} \tag{8.57}$$

这里，$\widetilde{\Omega}_{11}$、$\widetilde{\Omega}_{22}$、$\widetilde{\Omega}_{33}$ 与式 (8.50) 中的对应矩阵相同，将式 (8.51) 中 $\widetilde{\Omega}_{12}$ 中的 $\widetilde{J}_{2\delta}$ 用 $\tilde{y} G_\delta \widetilde{W}_{\delta k} B_1^{\mathrm{T}}$ 替换可以得到 $\widetilde{\Omega}_{12,1}$，将式 (8.52) 中 $\widetilde{\Omega}_{13}$ 中的 $\widetilde{J}_{2\delta}$ 和 $\widetilde{J}_{4\delta}$ 分别用 $\tilde{y} G_\delta \widetilde{W}_{\delta k} B_1^{\mathrm{T}}$ 和 $\tilde{y} G_\delta \widetilde{W}_{\delta k} D^{\mathrm{T}}$ 替换可以得到 $\widetilde{\Omega}_{13,1}$；另外，

$$\widetilde{M}_\delta = \begin{bmatrix} 0_{1\times 7} & 0_{1\times 5} & 0_{1\times 5} & 0 & 0 \\ 0_{1\times 7} & \bar{\lambda}\widetilde{\mathscr{A}}_\delta & \widetilde{\mathscr{A}}_\delta & \bar{\lambda}\widetilde{J}_{7\delta} & \widetilde{J}_{7\delta} \\ 0_{1\times 7} & (1-\bar{\lambda})\widetilde{\mathscr{A}}_\delta & -\widetilde{\mathscr{A}}_\delta & (1-\bar{\lambda})\widetilde{J}_{7\delta} & -\widetilde{J}_{7\delta} \\ 0_{16\times 7} & 0_{16\times 5} & 0_{16\times 5} & 0_{16\times 1} & 0_{16\times 1} \end{bmatrix}^{\mathrm{T}} \tag{8.58}$$

$$\widetilde{N} = \mathrm{diag}(0,\ \tilde{d},\ \tilde{d},\ \underbrace{0,\ \cdots,\ 0}_{16})$$

这里，

$$\widetilde{\mathscr{A}}_\delta = [\widetilde{J}_{6\delta} \quad \widetilde{J}_{6\delta} \quad \widetilde{J}_{6\delta} \quad \widetilde{J}_{6\delta} \quad \widetilde{J}_{6\delta}], \quad \widetilde{J}_{6\delta} = \tilde{e} G_\delta \widetilde{W}_{\delta k} B_1^{\mathrm{T}}$$

$$\widetilde{J}_{7\delta} = \tilde{e} G_\delta \widetilde{W}_{\delta k} D^{\mathrm{T}}$$

则系统 (8.19) 均方渐近稳定且相应的 H_∞ 范数界为 γ，控制器增益 $K_\delta = G_\delta^{\mathrm{T}} W^{-1}$。

需要说明的是，定理 8.6 中提出的控制器设计方法可以改善网络控制系统 (8.19) 对于数据漂移的鲁棒性。

8.5 数值算例

算例 8.1 验证基于通道利用的控制器设计方法的有效性。考虑如下开环不稳定的网络控制系统：

$$\begin{cases} x_{k+1} = \begin{bmatrix} 0.7566 & -0.0591 \\ 0.6149 & 1.1704 \end{bmatrix} x_k + \begin{bmatrix} 0.1126 & 0.4238 \\ -0.2959 & 0.9067 \end{bmatrix} u_k + \begin{bmatrix} -0.6522 \\ 0.1915 \end{bmatrix} \omega_k \\ z_k = \begin{bmatrix} -1.1074 & -0.6290 \end{bmatrix} x_k + \begin{bmatrix} -0.3473 & -1.1826 \end{bmatrix} u_k \end{cases} \tag{8.59}$$

假定 $L_M = 5$, $L_m = 1$, $\bar{\lambda} = 0.9$, $\tilde{y} = 1$, $\tilde{d} = 0.5$, $\tilde{e} = -0.5$，且系统提供 1 个控制器–执行器信道，即 $\widetilde{W}_{\delta k} = \begin{bmatrix} 1 & 0 \\ 0 & 0 \end{bmatrix}$ 或 $\widetilde{W}_{\delta k} = \begin{bmatrix} 0 & 0 \\ 0 & 1 \end{bmatrix}$。从 $L_M = 5$, $L_m = 1$, 可以得到 $\rho = 3$, $\bar{L} = 2$, $\bar{\rho} = 4$。

对于系统 (8.59)，利用定理 8.5 可以得到对应于不同 μ 的 H_∞ 范数界 γ，并在表 8.1 中列出相应的结果。

表 8.1 对应于不同 μ 的 H_∞ 范数界 γ

μ	2	2.2	2.6	3
γ	27.1000	26.4035	25.5348	25.1331

由表 8.1 可知，与 $\mu = 1$ 相比，如果选择合适的 μ，则可以得到具有更小保守性的结果。假定 $\mu_0 = 3$, $\mu_{\mathrm{ult}} = 2$, $\mu_{\mathrm{dec}} = 0.1$，利用算法 8.1 可以得到局部最优的 $\mu_{\mathrm{opt}} = 3$，且相应的 H_∞ 范数界为 $\gamma_{\mathrm{opt}} = 25.1331$，这说明了算法 8.1 的有效性。

系统 (8.59) 的开环特征值为 0.8831 和 1.0439。如注 8.7 中所分析的那样，如果分配更多的传输优先权给 u_k 的第 2 个元素，则可以改善系统性能。假设采用注 8.7 中的信道调度方法和局部最优的 $\mu_{\mathrm{opt}} = 3$，则对应于 $\widetilde{W}_{\delta k} = \begin{bmatrix} 1 & 0 \\ 0 & 0 \end{bmatrix}$ 和 $\widetilde{W}_{\delta k} = \begin{bmatrix} 0 & 0 \\ 0 & 1 \end{bmatrix}$ 的 H_∞ 范数界分别为 $\gamma_1 = 25.1331$ 和 $\gamma_2 = 9.8464$。由 $\gamma_2 < \gamma_1$ 可知，注 8.7 中的信道调度方案是有效的。

对于局部最优的 $\mu_{\text{opt}}=3$，求解矩阵不等式 (8.50)，则可以得到对应于 $\widetilde{W}_{\delta k}=\begin{bmatrix}1 & 0\\ 0 & 0\end{bmatrix}$ 和 $\widetilde{W}_{\delta k}=\begin{bmatrix}0 & 0\\ 0 & 1\end{bmatrix}$ 的控制器增益分别为 $K_1=\begin{bmatrix}4.1302 & 1.9413\\ 0 & 0\end{bmatrix}$ 和 $K_2=\begin{bmatrix}0 & 0\\ -0.1471 & -0.0694\end{bmatrix}$。假设系统 (8.59) 的初始状态为 $x_0=[0.1 \quad -0.1]^{\mathrm{T}}$，图 8.1 给出了丢包 p_k 与网络诱导时延 d_k 的和，即 L_k；图 8.2 给出了控制器的切换律

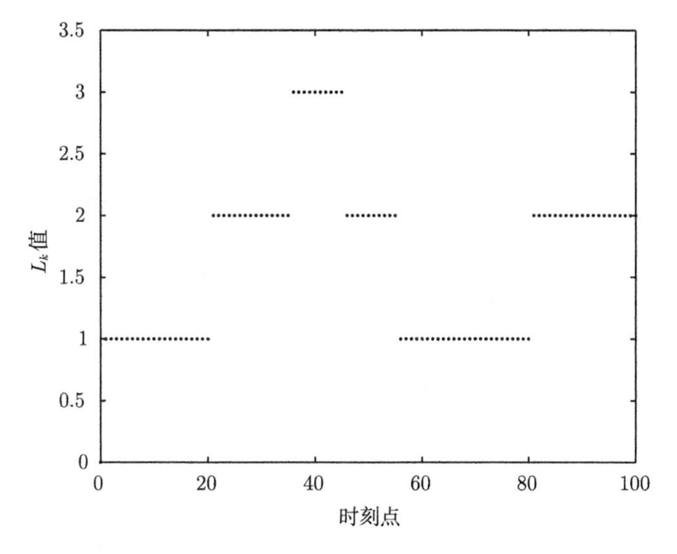

图 8.1　p_k 与 d_k 的和

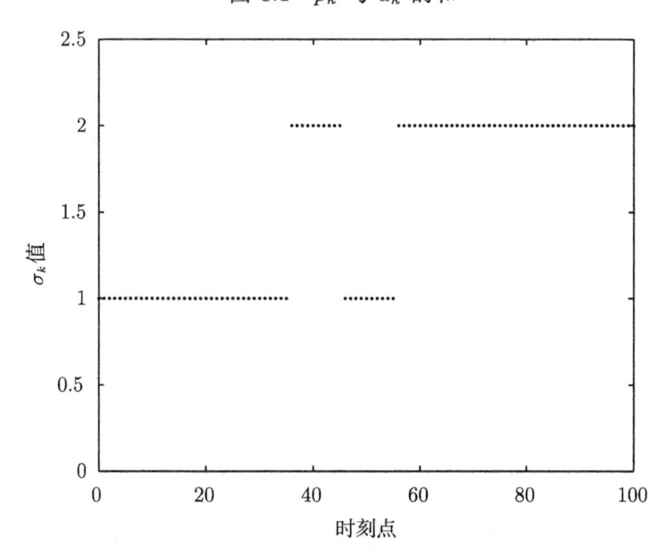

图 8.2　控制器增益的切换律

($\sigma_k = 1$ 和 $\sigma_k = 2$ 分别表示采用控制器增益 K_1 和 K_2)。外部扰动 ω_k 为

$$\omega_k = \begin{cases} -0.1, & 0 \leqslant k \leqslant 7 \\ 0, & \text{其他} \end{cases} \tag{8.60}$$

对象状态响应和受控输出曲线在图 8.3 给出。由图可知，即使可用的信道是有限的，本章所提出的控制器设计方法也仍然是有效的。

在同时考虑有限信道和控制器–执行器数据漂移的情况下，取 $\mu = 3$ 且求解式 (8.56)，可以得到对应于 $\widetilde{W}_{\delta k} = \begin{bmatrix} 1 & 0 \\ 0 & 0 \end{bmatrix}$ 和 $\widetilde{W}_{\delta k} = \begin{bmatrix} 0 & 0 \\ 0 & 1 \end{bmatrix}$ 的控制器增益分别为 $K_1 = \begin{bmatrix} 4.0699 & 1.9176 \\ 0 & 0 \end{bmatrix}$ 和 $K_2 = \begin{bmatrix} 0 & 0 \\ -0.1427 & -0.0672 \end{bmatrix}$。假设丢包与网络诱导时延的和、控制器增益的切换律分别与图 8.1 和图 8.2 中相同，扰动输入 ω_k 在式 (8.60) 中给出，数据漂移项 $\delta_{ik} = \tilde{y} + \tilde{d} f_k \tilde{e}$，其中 $f(k)$ 为

$$f(k) = \begin{cases} \cos(k+1), & 1 \leqslant k \leqslant 7 \\ 0, & \text{其他} \end{cases} \tag{8.61}$$

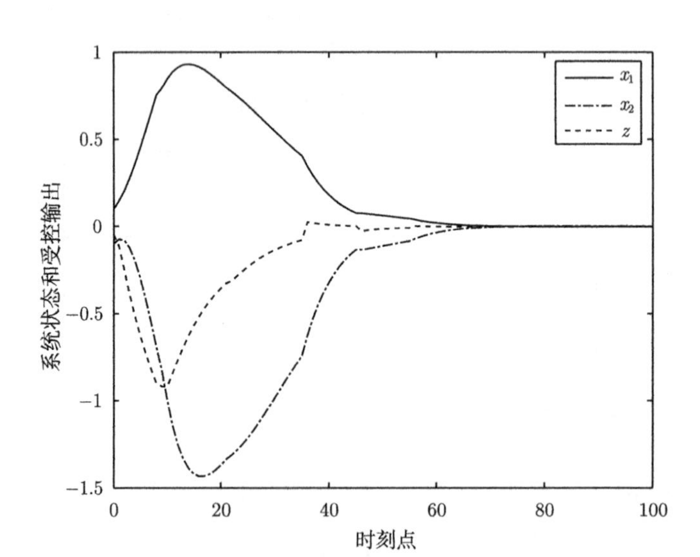

图 8.3　系统 (8.59) 的状态响应和受控输出曲线

得到的对象状态响应和受控输出曲线如图 8.4 所示。由图可知，定理 8.6 所提出的控制器设计方法可以改善网络控制系统对于数据漂移和外部扰动的鲁棒性。

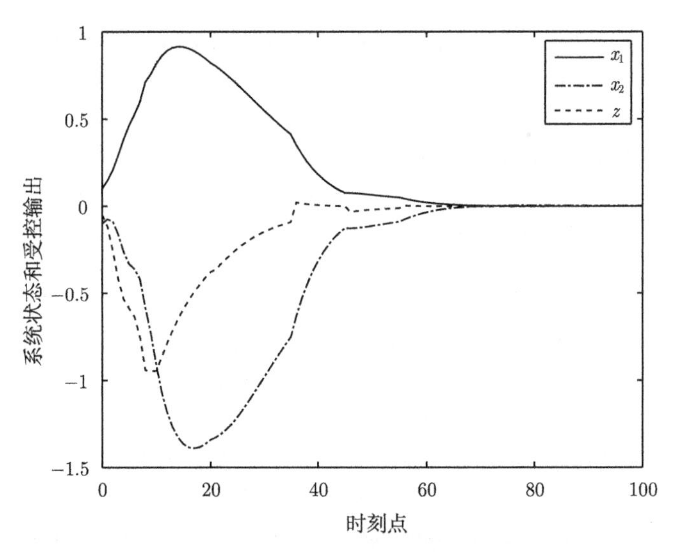

图 8.4　对象状态响应和受控输出曲线 (有数据漂移)

正如前面分析的那样，采用本章所提出的更精确的有限和项放大不等式来处理文献 [26] 和文献 [28] 中的问题，可以得到更好的结果。由于本章所考虑的系统与文献 [26] 和文献 [28] 中的系统不同，此处略去本章结果与文献 [26] 和文献 [28] 中结果的比较。

8.6　本章小结

本章讨论了具有有限信道和控制器–执行器数据漂移的离散时间网络控制系统的建模、H_∞ 性能分析及控制器设计问题。对于具有有限信道及控制器–执行器数据漂移的网络控制系统，建立了新的系统模型；引入了基于信道利用的切换控制器；提出了能够改善网络控制系统对于外部扰动和数据漂移的鲁棒性的控制器设计准则。在处理李雅普诺夫泛函的前向差中的有限和项时，提出了新的放大不等式，并通过理论推导证明了所提出的放大技术能够提供更精确的估计。由于考虑了控制器–执行器数据漂移，对于同时考虑传感器–控制器和控制器–执行器数据漂移的网络控制系统，本章所提出的建模和控制器设计方法依然有效。

参考文献

[1] Bauer N W, Donkers M C F, van de Wouw N, et al. Decentralized observer-based control via networked communication[J]. Automatica, 2013, 49(7): 2074-2086.

[2] Hu S L, Yue D, Liu J L. H_∞ filtering for networked systems with partly known distribution transmission delays[J]. Information Sciences, 2012, 194(1): 270-282.

[3] Liu J L, Yue D. Event-triggering in networked systems with probabilistic sensor and actuator faults[J]. Information Sciences, 2013, 240(10): 145-160.

[4] Peng C, Yang T C. Event-triggered communication and H_∞ control co-design for networked control systems[J]. Automatica, 2013, 49(5): 1326-1332.

[5] Song H B, Yu L, Zhang W A. Networked H_∞ filtering for linear discrete-time systems[J]. Information Sciences, 2011, 181(3): 686-696.

[6] Tian E G, Yue D, Peng C. Quantized output feedback control for networked control systems[J]. Information Sciences, 2008, 178(12): 2734-2749.

[7] Xia Y Q, Xie W, Liu B, et al. Data-driven predictive control for networked control systems[J]. Information Sciences, 2013, 235(6): 45-54.

[8] Li T, Fu M Y, Xie L H, et al. Distributed consensus with limited communication data rate[J]. IEEE Transactions on Automatic Control, 2011, 56(2): 279-292.

[9] Münz U, Papachristodoulou A, Allgöwer F. Robust consensus controller design for nonlinear relative degree two multi-agent systems with communication constraints[J]. IEEE Transactions on Automatic Control, 2011, 56(1): 145-151.

[10] Shi L, Zhang H S. Scheduling two Gauss-Markov systems: An optimal solution for remote state estimation under bandwidth constraint[J]. IEEE Transactions on Signal Processing, 2012, 60(4): 2038-2042.

[11] Yashiro D, Ohnishi K. Performance analysis of bilateral control system with communication bandwidth constraint[J]. IEEE Transactions on Industrial Electronics, 2011, 58(2): 436-443.

[12] Klinkhieo S, Kambhampati C, Patton R J. Fault tolerant control in NCS medium access constraints[C]. Proceedings of the IEEE International Conference on Networking, Sensing and Control, London, 2007: 416-423.

[13] Guo G, Jin H. A switching system approach to actuator assignment with limited channels[J]. International Journal of Robust and Nonlinear Control, 2010, 20(12): 1407-1426.

[14] Heemels W P M H, Teel A R, van der Wouw N, et al. Networked control systems with communication constraints: Tradeoffs between transmission intervals, delays and performance[J]. IEEE Transactions on Automatic Control, 2010, 55(8): 1781-1796.

[15] Wang Y L, Yang G H. Robust H_∞ model reference tracking control for networked control systems with communication constraints[J]. International Journal of Control, Automation, and Systems, 2009, 7(6): 992-1000.

[16] Song H Y, Zhang W A, Yu L. H_∞ filtering of network-based systems with communication constraints[J]. IET Signal Processing, 2010, 41(1): 69-77.

[17] Guo G. A switching system approach to sensor and actuator assignment for stabilisation via limited multi-packet transmitting channels[J]. International Journal of Control, 2011, 84(1): 78-93.

[18] Guo G, Lu Z B, Han Q L. Control with markov sensors/actuators assignment[J]. IEEE Transactions on Automatic Control, 2012, 57(7): 1799-1804.

[19] Liu K, Fridman E. Networked-based stabilization via discontinuous Lyapunov functionals[J]. International Journal of Robust and Nonlinear Control, 2012, 22(4): 420-436.

[20] Meng X Y, Lam J, Gao H J. Network-based H_∞ control for stochastic systems[J]. International Journal of Robust and Nonlinear Control, 2009, 19(3): 295-312.

[21] Quevedo D E, Nešić D. Input-to-state stability of packetized predictive control over unreliable networks affected by packet-dropouts[J]. IEEE Transactions on Automatic Control, 2011, 56(2): 370-375.

[22] Xiong J L, Lam J. Stabilization of networked control systems with a logic ZOH[J]. IEEE Transactions on Automatic Control, 2009, 54(2): 358-363.

[23] Tipsuwan Y, Chow M Y. Gain scheduler middleware: A methodology to enable existing controllers for networked control and teleoperation—Part I: Networked control[J]. IEEE Transactions on Industrial Electronics, 2004, 51(6): 1218-1227.

[24] Yue D, Tian E G, Wang Z D, et al. Stabilization of systems with probabilistic interval input delays and its applications to networked control systems[J]. IEEE Transactions on Systems, Man, and Cybernetics, Part A: Systems and Humans, 2009, 39(4): 939-945.

[25] Wang Y L, Han Q L. Modelling and controller design for discrete-time networked control systems with limited channels and data drift[J]. Information Sciences, 2014, 269: 332-348.

[26] Jiang X F, Han Q L, Yu X H. Stability criteria for linear discrete-time systems with interval-like time-varying delay[C]. American Control Conference, Portland, 2005: 2817-2822.

[27] Han Q L. A discrete delay decomposition approach to stability of linear retarded and neutral systems[J]. Automatica, 2009, 45(2): 517-524.

[28] Wang Y L, Yang G H. Output tracking control for networked control systems with time delay and packet dropout[J]. International Journal of Control, 2008, 81(11): 1709-1719.

第 9 章　基于观测器的建模与控制器设计

9.1　引　　言

网络控制系统的反馈控制环通过共享的通信网络来连接，近年来对于网络控制系统的研究得到了许多成果 [1-3]。需要说明的是，将通信网络引入控制系统会导致网络诱导时延和丢包，而这会导致系统性能的降低。因此，分析网络诱导时延和丢包对网络控制系统的影响是十分重要的。现有研究中已有许多较好的成果，例如，Gao 等 [4] 探讨了具有多个连续时延的网络控制系统的稳定性分析和控制器设计问题；Yue 等 [5] 讨论了具有时延和丢包的不确定网络控制系统的鲁棒 H_∞ 控制器设计问题；Qu 等 [6] 在离散时间域里研究了具有丢包的无线网络控制系统的镇定问题；Dong 等 [7] 和 Hu 等 [8] 研究了具有丢包的非线性时变系统的有限时域滤波问题，且 Hu 等 [8] 考虑了量化的影响；Jia 等 [9] 研究了非线性网络控制系统的模糊跟踪控制问题。与网络控制系统密切相关，具有丢包的离散时间系统引起了控制学界较大的兴趣 [10,11]。虽然本章中的系统不同于文献 [7]、文献 [8]、文献 [10]～文献 [12]，但是本章所得到的结果经过推广可以处理考虑量化的有限时域上的非线性时变离散时间网络控制系统。

文献 [4]～文献 [6] 和文献 [9] 所研究的网络控制系统为状态反馈系统。在实际情况下，对象状态并不是一直可测的。因此，有必要考虑基于观测器的网络控制系统，现在已经得到了一些较好的成果。例如，针对同时考虑传感器–控制器和控制器–执行器随机时延的网络控制系统，Yang 等 [13] 研究了基于观测器的控制器设计问题；对于考虑量测输出量化和丢包的网络控制系统，Niu 等 [14] 研究了基于观测器的控制问题；针对具有伯努利随机二进制分布丢包的离散时间网络控制系统，Wang 等 [15] 研究了基于观测器的鲁棒 H_∞ 控制问题；对于离散时间网络控制系统，Yu 等 [16] 提出了一种依赖于丢包的反馈增益调度算法。

文献 [13]～文献 [16] 考虑了离散时间网络控制系统。对基于观测器的连续时间网络控制系统，传感器–控制器和控制器–执行器网络诱导时延及丢包的发生是不可避免的。因此，有必要同时考虑传感器–控制器和控制器–执行器网络诱导时延及丢包。然而，上述文献并未对该问题予以充分重视，本章将对此开展相关的讨论。

考虑区间时变时延的非均匀分布特性，Yue 等 [17] 研究了控制系统的镇定问题。在实际情况下，网络诱导时延和丢包也可能是非均匀分布的。然而，对基于观测器的连续时间网络控制系统，以上文献并未考虑网络诱导时延和丢包的非均匀分布特性。

Park 等 [18] 和 Shao[19] 采用凸分析方法处理时变时延连续时间系统的稳定性问题。然而，现有研究并没有证明凸分析方法可以引入较小的保守性。对于基于观测器的连续时间网络控制系统，本章采用凸分析方法处理向量乘积放大不等式，并通过理论推导证明所得到的结果具有较小的保守性。

在同时考虑传感器–控制器和控制器–执行器网络诱导时延和丢包的情况下，本章将讨论连续时间网络控制系统的建模和基于观测器的 H_∞ 控制器设计问题 [20]。即使所考虑的系统退化为状态反馈系统，本章基于凸分析方法所得到的结果仍然比一些现有结果具有更小的保守性。

9.2　基于观测器的连续时间网络控制系统建模

考虑如下线性时不变系统：

$$\begin{cases} \dot{x}(t) = Ax(t) + B_1u(t) + B_2\omega(t) \\ z(t) = C_1x(t) + Du(t) \\ y(t) = C_2x(t) \\ x(t_0) = x_0 \end{cases} \tag{9.1}$$

式中，$x(t) \in \mathbb{R}^n$、$u(t) \in \mathbb{R}^m$、$z(t) \in \mathbb{R}^r$、$y(t) \in \mathbb{R}^l$ 和 $\omega(t) \in \mathbb{R}^q$ 分别为状态向量、控制输入向量、受控输出、量测输出和扰动输入，$\omega(t) \in L_2[t_0,\ \infty)$；$x_0 \in \mathbb{R}^n$ 表示初始条件；A、B_1、B_2、C_1、C_2 和 D 为具有适当维数的已知常数矩阵；C_2^{T} 列满秩。

在本章中，假定通过两个通道网络来控制系统 (9.1)，即传感器–控制器通道和控制器–执行器通道，在两个通道中均会发生网络诱导时延和丢包；如果传感器–控制器信号成功传输，则相应的控制器–执行器信号也成功传输；传感器为时钟驱动的，而控制器和执行器为事件驱动的。需要说明的是，对于单通道网络控制系统，只需要考虑传感器–控制器网络诱导时延及丢包，或者控制器–执行器网络诱导时延及丢包，本章所得到的结果可以很容易地简化到单通道网络控制系统的情况。

对于系统 (9.1)，基于观测器的控制器可以描述为

$$\begin{cases} \dot{\hat{x}}(t) = A\hat{x}(t) + B_1\hat{u}(t) + L(y(t) - \hat{y}(t)) \\ \hat{y}(t) = C_2\hat{x}(t) \\ \hat{u}(t) = K\hat{x}(t) \end{cases} \tag{9.2}$$

式中，$\hat{x}(t) \in \mathbb{R}^n$ 是 $x(t)$ 的状态估计。控制器增益 K 和观测器增益 L 是需要设计的。

图 9.1 为考虑传感器–控制器和控制器–执行器网络诱导时延及丢包的基于观测器的网络控制系统信号传输示意图，其中长虚线表示相应的量测输出和控制输入被丢失，短虚线为标注时刻。如图 9.1 所示，基于 t_k，t_{k+1}，$\cdots$ $(k=0,1,2,\cdots)$ 时刻的量测输出所得到的采样数据被成功传到了控制器，而 t_k 和 t_{k+1} 之间采样的量测输出被丢失。

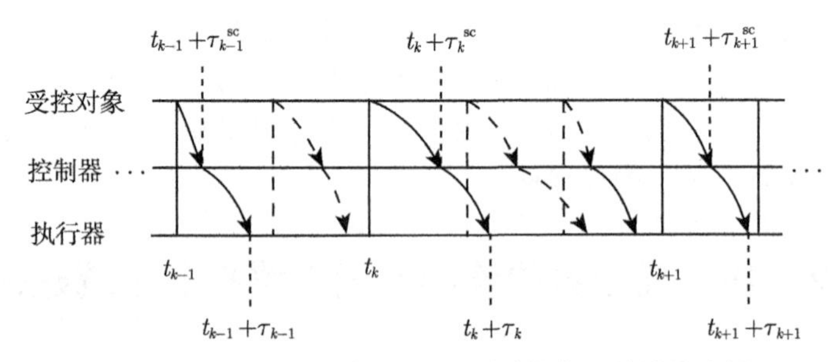

图 9.1 基于观测器的网络控制系统信号传输示意图

令 τ_k^{sc} 表示从传感器的采样时刻 t_k 到控制器收到采样数据的时间长度，τ_k 表示从传感器的采样时刻 t_k 到执行器传输采样数据给受控对象的时间长度，则传感器–控制器网络诱导时延和控制器–执行器网络诱导时延可分别定义为 τ_k^{sc} 和 $\tau_k-\tau_k^{sc}$，其中 $k=0,1,2,\cdots$。假设 $\tau_m^{sc}\leqslant\tau_k^{sc}\leqslant\tau_M^{sc}$，$\tau_m\leqslant\tau_k\leqslant\tau_M$。

对于 $t\in[t_k+\tau_k,\ t_{k+1}+\tau_{k+1})$，受控对象采用的控制输入为

$$u(t)=\hat{u}(t_k+\tau_k^{sc})=K\hat{x}(t_k+\tau_k^{sc}) \tag{9.3}$$

式中，$\hat{u}(t_k+\tau_k^{sc})$ 的控制器–执行器网络诱导时延为 $\tau_k-\tau_k^{sc}$。

对于 $t\in[t_k+\tau_k,\ t_{k+1}+\tau_{k+1}^{sc})$，控制器所用的量测输出为

$$y(t)=y(t_k)=C_2x(t_k) \tag{9.4}$$

式中，$y(t_k)$ 的传感器–控制器网络诱导时延为 τ_k^{sc}。

另外，对于 $t\in[t_{k+1}+\tau_{k+1}^{sc},\ t_{k+1}+\tau_{k+1})$，控制器所用的量测输出为

$$y(t)=y(t_{k+1})=C_2x(t_{k+1}) \tag{9.5}$$

式中，$y(t_{k+1})$ 的传感器–控制器网络诱导时延为 τ_{k+1}^{sc}。

注 9.1 对于基于观测器的连续时间网络控制系统，在时间区间 $t\in[t_k+\tau_k,\ t_{k+1}+\tau_{k+1})$ 内，控制器所用的量测输出 $y(t)$ 是可变的，这会导致构造扩展闭环系统较困难。因此，对于连续时间网络控制系统，提出合适的建模方法是十分重要的。因为网络诱导时延的长度和丢包数都是采样周期长度的整数倍，所以对基于观测器的离散时间网络控制系统的建模相对容易。

量测输出 $y(t_k)$ 在 $t_k+\tau_k^{\mathrm{sc}}$ 时刻到达控制器，为建模方便，可以为最近收到的量测输出 $y(t_k)$ 引入一个人工时延，也就是说，最近收到的量测输出 $y(t_k)$ 在 $t_k+\tau_k$ 时刻而不是在 $t_k+\tau_k^{\mathrm{sc}}$ 时刻被控制器使用。这样，就引入了一个人工时延 $\tau_k-\tau_k^{\mathrm{sc}}$。人工时延的引入会导致系统性能的降低，因此下面提出基于线性估计的人工时延补偿方法来减小其负面影响。假设 $y(t_k)$ 的估计值表示为 $\tilde{y}(t)$，在 $t_k+\tau_k$ 时刻，基于观测器的控制器采用 $\tilde{y}(t)$ 而非 $y(t_k)$。$y(t_k)$ 的估计值描述为

$$\tilde{y}(t)=\left(1-\frac{\tau_m}{\tau_M}\right)y(t_k)=\beta C_2x(t_k) \tag{9.6}$$

式中，$\beta=1-\dfrac{\tau_m}{\tau_M}$。

注 9.2　当执行器在 $t_k+\tau_k$ 时刻收到控制输入 $\hat{u}(t_k+\tau_k^{\mathrm{sc}})$ 时，执行器发送应答信号给控制器。应答信号被赋予最高的传输优先权，因此其传输时延可忽略。一旦控制器收到应答信号，控制器开始利用估计的量测输出 $\tilde{y}(t)$。那么，对于 $t\in[t_k+\tau_k,\ t_{k+1}+\tau_{k+1})$，控制器所用的量测输出为 $\tilde{y}(t)$。

对于 $t\in[t_k+\tau_k,\ t_{k+1}+\tau_{k+1})$，可得到

$$\begin{cases}\dot{x}(t)=Ax(t)+B_1K\hat{x}(t_k+\tau_k^{\mathrm{sc}})+B_2\omega(t)\\ z(t)=C_1x(t)+DK\hat{x}(t_k+\tau_k^{\mathrm{sc}})\end{cases} \tag{9.7}$$

和

$$\dot{\hat{x}}(t)=A\hat{x}(t)+B_1K\hat{x}(t)+\beta LC_2x(t_k)-LC_2\hat{x}(t) \tag{9.8}$$

定义 $e(t)=x(t)-\hat{x}(t)$，可以得到如下扩展闭环系统：

$$\begin{cases}\dot{\xi}(t)=\psi_{1\xi}\xi(t)+\psi_{2\xi}\xi(t_k+\tau_k^{\mathrm{sc}})+\psi_{3\xi}\xi(t_k)+\psi_{4\xi}\omega(t)\\ z(t)=\psi_{1z}\xi(t)+\psi_{2z}\xi(t_k+\tau_k^{\mathrm{sc}})\end{cases} \tag{9.9}$$

式中，

$$\xi(t)=\begin{bmatrix}x(t)\\ e(t)\end{bmatrix},\quad \psi_{1\xi}=\begin{bmatrix}A & 0\\ -B_1K+LC_2 & A+B_1K-LC_2\end{bmatrix},\quad \psi_{2\xi}=\begin{bmatrix}B_1K & -B_1K\\ B_1K & -B_1K\end{bmatrix}$$

$$\psi_{3\xi}=\begin{bmatrix}0 & 0\\ -\beta LC_2 & 0\end{bmatrix},\quad \psi_{4\xi}=\begin{bmatrix}B_2\\ B_2\end{bmatrix},\quad \psi_{1z}=\begin{bmatrix}C_1 & 0\end{bmatrix},\quad \psi_{2z}=\begin{bmatrix}DK & -DK\end{bmatrix}$$

对于 $[t_k+\tau_k,\ t_{k+1}+\tau_{k+1})$，定义 $d(t)=t-(t_k+\tau_k^{\mathrm{sc}})$，$\tau(t)=t-t_k$，则系统 (9.9) 转化为

$$\begin{cases}\dot{\xi}(t)=\psi_{1\xi}\xi(t)+\psi_{2\xi}\xi(t-d(t))+\psi_{3\xi}\xi(t-\tau(t))+\psi_{4\xi}\omega(t)\\ z(t)=\psi_{1z}\xi(t)+\psi_{2z}\xi(t-d(t))\end{cases} \tag{9.10}$$

式中，$d(t) \in [\tau_k - \tau_k^{\rm sc},\ t_{k+1} - t_k + \tau_{k+1} - \tau_k^{\rm sc})$；$\tau(t) \in [\tau_k,\ t_{k+1} - t_k + \tau_{k+1})$。

基于系统 (9.10)，可以设计控制器增益 K 和观测器增益 L 来镇定系统 (9.9)。

注意到系统 (9.10) 包含了区间时变时延项 $\tau(t)$ 和 $d(t)$。事实上，如果受控对象采用估计的控制输入而不是最近收到的控制输入 $\hat{u}(t_k + \tau_k^{\rm sc})$，则系统 (9.10) 可以被简化，且设计复杂性可以相应地得到简化。定义估计的控制输入为 $\tilde{u}(t)$。对于 $t \in [t_k + \tau_k,\ t_{k+1} + \tau_{k+1})$，考虑到时刻 t_k 和 $t_k + \tau_k^{\rm sc}$ 之间的时间长度为 $\tau_k^{\rm sc}$，可以将估计的控制输入 $\tilde{u}(t)$ 描述为

$$\tilde{u}(t) = \left(1 - \frac{\tau_m^{\rm sc}}{\tau_M^{\rm sc}}\right)\hat{u}(t_k) = \alpha K \hat{x}(t_k) \tag{9.11}$$

式中，$\alpha = 1 - \dfrac{\tau_m^{\rm sc}}{\tau_M^{\rm sc}}$。

对于不同的系统，需要选择不同的补偿参数 α 和 β。可以给出一个算法来选择参数 α 和 β，为简便起见，此处略去相应算法。

因此，对于 $t \in [t_k + \tau_k,\ t_{k+1} + \tau_{k+1})$，系统 (9.7) 可转化为

$$\begin{cases} \dot{x}(t) = Ax(t) + \alpha B_1 K \hat{x}(t_k) + B_2\omega(t) \\ z(t) = C_1 x(t) + \alpha D K \hat{x}(t_k) \end{cases} \tag{9.12}$$

由式 (9.8) 和式 (9.12)，可以构造如下系统：

$$\begin{cases} \dot{\xi}(t) = \phi_{1\xi}\xi(t) + \phi_{2\xi}\xi(t - \tau(t)) + \phi_{3\xi}\omega(t) \\ z(t) = \phi_{1z}\xi(t) + \phi_{2z}\xi(t - \tau(t)) \end{cases} \tag{9.13}$$

式中，$\xi(t)$ 和 $\tau(t)$ 与式 (9.10) 中对应的项相同，且

$$\phi_{1\xi} = \begin{bmatrix} A & 0 \\ -B_1K + LC_2 & A + B_1K - LC_2 \end{bmatrix},\quad \phi_{2\xi} = \begin{bmatrix} \alpha B_1 K & -\alpha B_1 K \\ \alpha B_1 K - \beta L C_2 & -\alpha B_1 K \end{bmatrix}$$

$$\phi_{3\xi} = \begin{bmatrix} B_2 \\ B_2 \end{bmatrix},\quad \phi_{1z} = \begin{bmatrix} C_1 & 0 \end{bmatrix},\quad \phi_{2z} = \begin{bmatrix} \alpha DK & -\alpha DK \end{bmatrix}$$

假定连续丢包上界为 δ，且采样周期长度为 h。考虑到 $\tau(t) \in [\tau_k,\ t_{k+1} - t_k + \tau_{k+1})$，得到 $\tau(t) \in [\tau_m,\ (\delta+1)h + \tau_M)$。定义 $\eta = (\delta+1)h + \tau_M$，$\bar{\eta} = \dfrac{\tau_m + \eta}{2}$。

在本章中，假定网络诱导时延和丢包是非均匀分布的，这隐含着区间时变时延 $\tau(t)$ 也是非均匀分布的，$\tau(t)$ 的统计特性描述为

$$\begin{cases} {\rm Prob}\{\tau(t) \in [\tau_m,\ \bar{\eta})\} = \bar{\lambda} \\ {\rm Prob}\{\tau(t) \in [\bar{\eta},\ \eta)\} = 1 - \bar{\lambda} \end{cases} \tag{9.14}$$

式中，$\bar{\lambda} \in [0,\ 1]$。

定义随机变量 $\lambda(t)$ 为

$$\lambda(t) = \begin{cases} 1, & \tau(t) \in [\tau_m,\ \bar{\eta}) \\ 0, & \tau(t) \in [\bar{\eta},\ \eta) \end{cases} \tag{9.15}$$

利用伯努利分布的白序列来描述随机变量 $\lambda(t)$，可得到

$$\begin{cases} \text{Prob}\{\lambda(t) = 1\} = E\{\lambda(t)\} = \bar{\lambda} \\ \text{Prob}\{\lambda(t) = 0\} = 1 - E\{\lambda(t)\} = 1 - \bar{\lambda} \end{cases} \tag{9.16}$$

式中，Prob为概率函数。

如果考虑 $\tau(t)$ 的非均匀分布特性，则系统 (9.13) 可转化为

$$\begin{cases} \dot{\xi}(t) = \phi_{1\xi}\xi(t) + \lambda(t)\phi_{2\xi}\xi(t - \tau_1(t)) \\ \qquad + (1 - \lambda(t))\phi_{2\xi}\xi(t - \tau_2(t)) + \phi_{3\xi}\omega(t) \\ z(t) = \phi_{1z}\xi(t) + \lambda(t)\phi_{2z}\xi(t - \tau_1(t)) \\ \qquad + (1 - \lambda(t))\phi_{2z}\xi(t - \tau_2(t)) \end{cases} \tag{9.17}$$

式中，

$$\tau_1(t) = \begin{cases} \tau(t), & \tau(t) \in [\tau_m,\ \bar{\eta}) \\ \bar{\tau}_1, & \tau(t) \in [\bar{\eta},\ \eta) \end{cases},\quad \tau_2(t) = \begin{cases} \tau(t), & \tau(t) \in [\bar{\eta},\ \eta) \\ \bar{\tau}_2, & \tau(t) \in [\tau_m,\ \bar{\eta}) \end{cases}$$

这里，$\bar{\tau}_1$ 和 $\bar{\tau}_2$ 为常数，$\bar{\tau}_1 \in [\tau_m,\ \bar{\eta})$，$\bar{\tau}_2 \in [\bar{\eta},\ \eta)$。

为便于控制器设计，将系统 (9.17) 改写为

$$\begin{cases} \dot{\xi}(t) = \varphi_1(t) + (\lambda(t) - \bar{\lambda})\varphi_2(t) + \phi_{3\xi}\omega(t) \\ z(t) = \varphi_3(t) + (\lambda(t) - \bar{\lambda})\varphi_4(t) \end{cases},\quad t \in [t_k + \tau_k,\ t_{k+1} + \tau_{k+1}) \tag{9.18}$$

式中，

$$\varphi_1(t) = \phi_{1\xi}\xi(t) + \bar{\lambda}\phi_{2\xi}\xi(t - \tau_1(t)) + (1 - \bar{\lambda})\phi_{2\xi}\xi(t - \tau_2(t))$$
$$\varphi_2(t) = \phi_{2\xi}[\xi(t - \tau_1(t)) - \xi(t - \tau_2(t))]$$
$$\varphi_3(t) = \phi_{1z}\xi(t) + \bar{\lambda}\phi_{2z}\xi(t - \tau_1(t)) + (1 - \bar{\lambda})\phi_{2z}\xi(t - \tau_2(t))$$
$$\varphi_4(t) = \phi_{2z}[\xi(t - \tau_1(t)) - \xi(t - \tau_2(t))]$$

注 9.3　对基于观测器的连续时间网络控制系统，因为传感器–控制器和控制器–执行器网络诱导时延及丢包的发生不可避免，所以有必要充分考虑这些网络诱导特性。不同于文献 [15] 和文献 [21]，本章同时考虑了传感器–控制器和控制器–执行器的网络诱导时延及丢包。

定义 9.1　如果 $\lim\limits_{t\to\infty} E||\xi(t)||^2=0$，则系统 (9.18) 的稳态解均方渐近稳定，其中，$||\xi(t)||$ 表示向量 $\xi(t)$ 的欧氏范数。

基于系统 (9.18)，本章讨论基于观测器的连续时间网络控制系统的控制器设计问题，将采用凸分析方法和新的放大不等式，以得到具有更小保守性的结果。本章的控制器设计方法经过推广可以处理系统 (9.10)，为简单起见，此处略去相应结果。

9.3　基于观测器的控制器设计

本节讨论基于观测器的连续时间网络控制系统的控制器设计问题。定义如下李雅普诺夫泛函：

$$V(t,\xi_t)=\sum_{i=1}^{4}V_i(t,\xi_t) \tag{9.19}$$

式中，

$$\begin{aligned}
V_1(t,\xi_t)=&\xi^{\mathrm{T}}(t)P\xi(t)\\
V_2(t,\xi_t)=&\int_{t-\tau_m}^{t}\xi^{\mathrm{T}}(s)Q_1\xi(s)\mathrm{d}s+\int_{t-\bar{\eta}}^{t-\tau_m}\xi^{\mathrm{T}}(s)Q_2\xi(s)\mathrm{d}s\\
&+\int_{t-\eta}^{t-\bar{\eta}}\xi^{\mathrm{T}}(s)Q_3\xi(s)\mathrm{d}s\\
V_3(t,\xi_t)=&\tau_m\int_{-\tau_m}^{0}\int_{t+s}^{t}\dot{\xi}^{\mathrm{T}}(\theta)R_1\dot{\xi}(\theta)\mathrm{d}\theta\mathrm{d}s\\
&+(\bar{\eta}-\tau_m)\int_{-\bar{\eta}}^{-\tau_m}\int_{t+s}^{t}\dot{\xi}^{\mathrm{T}}(\theta)R_2\dot{\xi}(\theta)\mathrm{d}\theta\mathrm{d}s\\
&+(\eta-\bar{\eta})\int_{-\eta}^{-\bar{\eta}}\int_{t+s}^{t}\dot{\xi}^{\mathrm{T}}(\theta)R_3\dot{\xi}(\theta)\mathrm{d}\theta\mathrm{d}s\\
V_4(t,\xi_t)=&\int_{t-\frac{\tau_m}{2}}^{t}\begin{bmatrix}\xi(\theta)\\ \xi\left(\theta-\dfrac{\tau_m}{2}\right)\end{bmatrix}^{\mathrm{T}}\begin{bmatrix}M_1 & M_2\\ * & M_3\end{bmatrix}\begin{bmatrix}\xi(\theta)\\ \xi\left(\theta-\dfrac{\tau_m}{2}\right)\end{bmatrix}\mathrm{d}\theta
\end{aligned}$$

$$+\int_{t-\frac{\bar{\eta}}{2}}^{t}\begin{bmatrix}\xi(\theta)\\ \xi\left(\theta-\frac{\bar{\eta}}{2}\right)\end{bmatrix}^{\mathrm{T}}\begin{bmatrix}M_4 & M_5\\ * & M_6\end{bmatrix}\begin{bmatrix}\xi(\theta)\\ \xi\left(\theta-\frac{\bar{\eta}}{2}\right)\end{bmatrix}\mathrm{d}\theta$$

$$+\int_{t-\frac{\eta}{2}}^{t}\begin{bmatrix}\xi(\theta)\\ \xi\left(\theta-\frac{\eta}{2}\right)\end{bmatrix}^{\mathrm{T}}\begin{bmatrix}M_7 & M_8\\ * & M_9\end{bmatrix}\begin{bmatrix}\xi(\theta)\\ \xi\left(\theta-\frac{\eta}{2}\right)\end{bmatrix}\mathrm{d}\theta$$

这里，P、Q_1、Q_2、Q_3、R_1、R_2、R_3为具有合适维数的对称正定矩阵，而 $M_\kappa(\kappa=1,2,\cdots,9)$ 为满足如下关系式的矩阵：$\begin{bmatrix}M_1 & M_2\\ * & M_3\end{bmatrix}>0$, $\begin{bmatrix}M_4 & M_5\\ * & M_6\end{bmatrix}>0$, $\begin{bmatrix}M_7 & M_8\\ * & M_9\end{bmatrix}>0$。

这样，可以得到如下结果。

定理 9.1　给定标量 $\bar{\lambda}$、τ_m^{sc}、τ_M^{sc}、τ_m、τ_M、δ、h、ε_1、ε_2、γ 和 $a_i\geqslant 0\ (i=1,2,3)$，如果存在对称正定矩阵 W、$\widetilde{Q}_1$、$\widetilde{Q}_2$、$\widetilde{Q}_3$、$\widetilde{R}_1$、$\widetilde{R}_2$、$\widetilde{R}_3$、$\widetilde{M}_1$、$\widetilde{M}_3$、$\widetilde{M}_4$、$\widetilde{M}_6$、$\widetilde{M}_7$、$\widetilde{M}_9$，矩阵 $\widetilde{M}_2$、$\widetilde{M}_5$、$\widetilde{M}_8$、V_1、V_2、N，使得以下条件成立：

$$\begin{bmatrix}\widetilde{\Pi}_{11}^{j} & \widetilde{\Pi}_{12}\\ * & \widetilde{\Pi}_{22}\end{bmatrix}<0 \tag{9.20}$$

$$WC_2^{\mathrm{T}}=C_2^{\mathrm{T}}N \tag{9.21}$$

式中，

$$\widetilde{\Pi}_{11}^{j}=\widetilde{\Omega}-2\tilde{\theta}_j,\quad j=1,2,3,4$$

$$\widetilde{\Pi}_{12}=\begin{bmatrix}\tilde{\nu}_1 & \tilde{\nu}_1 & \tilde{\nu}_1 & \tilde{\nu}_2 & \tilde{\nu}_2 & \tilde{\nu}_2 & \tilde{\nu}_3 & \tilde{\nu}_4\end{bmatrix}$$

$$\begin{aligned}\widetilde{\Pi}_{22}=&\mathrm{diag}\{\tau_m^{-2}[\widetilde{R}_1-(2+a_1)\Upsilon],\ (\bar{\eta}-\tau_m)^{-2}[\widetilde{R}_2-(2+a_2)\Upsilon],\\&(\eta-\bar{\eta})^{-2}[\widetilde{R}_3-(2+a_3)\Upsilon],\ \hat{\lambda}^{-1}\tau_m^{-2}[\widetilde{R}_1-(2+a_1)\Upsilon],\\&\hat{\lambda}^{-1}(\bar{\eta}-\tau_m)^{-2}[\widetilde{R}_2-(2+a_2)\Upsilon],\ \hat{\lambda}^{-1}(\eta-\bar{\eta})^{-2}[\widetilde{R}_3-(2+a_3)\Upsilon],\\&-\gamma I,\ -\hat{\lambda}^{-1}\gamma I\}\end{aligned}$$

在 $\widetilde{\Pi}_{11}^{j}$ 中，

$$\widetilde{\Omega}=\begin{bmatrix}\widetilde{\Psi}_{11} & \widetilde{\Psi}_{12}\\ * & \widetilde{\Psi}_{22}\end{bmatrix} \tag{9.22}$$

这里，

$$\widetilde{\Psi}_{11}=\begin{bmatrix}\widetilde{\Omega}_{11} & \widetilde{M}_2 & \widetilde{R}_1 & \widetilde{\Omega}_{14} & \widetilde{M}_5\\ * & \widetilde{\Omega}_{22} & -\widetilde{M}_2 & 0 & 0\\ * & * & \widetilde{\Omega}_{33} & \widetilde{R}_2 & 0\\ * & * & * & -2\widetilde{R}_2 & 0\\ * & * & * & * & \widetilde{\Omega}_{55}\end{bmatrix}$$

$$\widetilde{\Psi}_{12}=\begin{bmatrix}0 & \widetilde{\Omega}_{17} & \widetilde{M}_8 & 0 & \phi_{3\xi}\\ 0 & 0 & 0 & 0 & 0\\ 0 & 0 & 0 & 0 & 0\\ \widetilde{R}_2 & 0 & 0 & 0 & 0\\ -\widetilde{M}_5 & 0 & 0 & 0 & 0\end{bmatrix}$$

$$\widetilde{\Psi}_{22}=\begin{bmatrix}\widetilde{\Omega}_{66} & \widetilde{R}_3 & 0 & 0 & 0\\ * & -2\widetilde{R}_3 & 0 & \widetilde{R}_3 & 0\\ * & * & \widetilde{\Omega}_{88} & -\widetilde{M}_8 & 0\\ * & * & * & \widetilde{\Omega}_{99} & 0\\ * & * & * & * & -\gamma I\end{bmatrix}$$

$$\widetilde{\Omega}_{11}=H_1+H_1^{\mathrm{T}}+\widetilde{Q}_1-\widetilde{R}_1+\widetilde{M}_1+\widetilde{M}_4+\widetilde{M}_7$$

$$\widetilde{\Omega}_{14}=\bar{\lambda}H_3^{\mathrm{T}},\quad \widetilde{\Omega}_{17}=(1-\bar{\lambda})H_3^{\mathrm{T}}$$

$$\widetilde{\Omega}_{22}=\widetilde{M}_3-\widetilde{M}_1,\quad \widetilde{\Omega}_{33}=\widetilde{Q}_2-\widetilde{Q}_1-\widetilde{R}_1-\widetilde{R}_2-\widetilde{M}_3$$

$$\widetilde{\Omega}_{55}=\widetilde{M}_6-\widetilde{M}_4,\quad \widetilde{\Omega}_{66}=\widetilde{Q}_3-\widetilde{Q}_2-\widetilde{R}_2-\widetilde{R}_3-\widetilde{M}_6$$

$$\widetilde{\Omega}_{88}=\widetilde{M}_9-\widetilde{M}_7,\quad \widetilde{\Omega}_{99}=-\widetilde{Q}_3-\widetilde{R}_3-\widetilde{M}_9$$

另外，

$$\tilde{\theta}_1=\vartheta_1^{\mathrm{T}}\widetilde{R}_2\vartheta_1,\quad \tilde{\theta}_2=\vartheta_2^{\mathrm{T}}\widetilde{R}_2\vartheta_2,\quad \tilde{\theta}_3=\vartheta_3^{\mathrm{T}}\widetilde{R}_3\vartheta_3,\quad \tilde{\theta}_4=\vartheta_4^{\mathrm{T}}\widetilde{R}_3\vartheta_4$$

$$\vartheta_1=\begin{bmatrix}0 & 0 & 0 & I & 0 & -I & 0 & 0 & 0 & 0\end{bmatrix}$$

$$\vartheta_2=\begin{bmatrix}0 & 0 & I & -I & 0 & 0 & 0 & 0 & 0 & 0\end{bmatrix}$$

$$\vartheta_3=\begin{bmatrix}0 & 0 & 0 & 0 & 0 & 0 & I & 0 & -I & 0\end{bmatrix}$$

$$\vartheta_4=\begin{bmatrix}0 & 0 & 0 & 0 & 0 & I & -I & 0 & 0 & 0\end{bmatrix}$$

在 $\widetilde{\Pi}_{12}$ 中，

$$\tilde{\nu}_1=\begin{bmatrix}H_1^{\mathrm{T}} & 0 & 0 & \bar{\lambda}H_3^{\mathrm{T}} & 0 & 0 & (1-\bar{\lambda})H_3^{\mathrm{T}} & 0 & 0 & \phi_{3\xi}\end{bmatrix}^{\mathrm{T}}$$

$$\tilde{\nu}_2 = \begin{bmatrix} 0 & 0 & 0 & H_3^{\mathrm{T}} & 0 & 0 & -H_3^{\mathrm{T}} & 0 & 0 & 0 \end{bmatrix}^{\mathrm{T}}$$

$$\tilde{\nu}_3 = \begin{bmatrix} H_2^{\mathrm{T}} & 0 & 0 & \bar{\lambda}H_4^{\mathrm{T}} & 0 & 0 & (1-\bar{\lambda})H_4^{\mathrm{T}} & 0 & 0 & 0 \end{bmatrix}^{\mathrm{T}}$$

$$\tilde{\nu}_4 = \begin{bmatrix} 0 & 0 & 0 & H_4^{\mathrm{T}} & 0 & 0 & -H_4^{\mathrm{T}} & 0 & 0 & 0 \end{bmatrix}^{\mathrm{T}}$$

这里，

$$H_1 = \begin{bmatrix} \varepsilon_1 W A^{\mathrm{T}} & \varepsilon_1(-V_1 B_1^{\mathrm{T}} + C_2^{\mathrm{T}} V_2) \\ 0 & \varepsilon_2(W A^{\mathrm{T}} + V_1 B_1^{\mathrm{T}} - C_2^{\mathrm{T}} V_2) \end{bmatrix}, \quad H_2 = \begin{bmatrix} \varepsilon_1 W C_1^{\mathrm{T}} \\ 0 \end{bmatrix}$$

$$H_3 = \begin{bmatrix} \varepsilon_1 \alpha V_1 B_1^{\mathrm{T}} & \varepsilon_1(\alpha V_1 B_1^{\mathrm{T}} - \beta C_2^{\mathrm{T}} V_2) \\ -\varepsilon_2 \alpha V_1 B_1^{\mathrm{T}} & -\varepsilon_2 \alpha V_1 B_1^{\mathrm{T}} \end{bmatrix}, \quad H_4 = \begin{bmatrix} \varepsilon_1 \alpha V_1 D^{\mathrm{T}} \\ -\varepsilon_2 \alpha V_1 D^{\mathrm{T}} \end{bmatrix}$$

在 $\widetilde{\Pi}_{22}$ 中，

$$\Upsilon = \begin{bmatrix} \varepsilon_1 W & 0 \\ 0 & \varepsilon_2 W \end{bmatrix}, \quad \hat{\lambda} = \bar{\lambda}(1-\bar{\lambda})$$

则系统 (9.18) 均方渐近稳定，且相应的 H_∞ 范数界为 γ，控制器增益 $K = V_1^{\mathrm{T}} W^{-1}$，观测器增益 $L = V_2^{\mathrm{T}} N^{-\mathrm{T}}$。

证明　对于对称正定矩阵 P 和 R_i $(i=1,2,3)$，总是存在充分小的标量 $a_i \geqslant 0$，使得 $(P-R_i)R_i^{-1}(P-R_i) - a_i P \geqslant 0$，而该不等式等价于

$$-R_i^{-1} \leqslant P^{-1} R_i P^{-1} - (2+a_i)P^{-1} \tag{9.23}$$

基于系统 (9.18)，对式 (9.19) 中的李雅普诺夫泛函 $V(t,\xi_t)$ 取导数，利用凸分析方法、Jensen 不等式 [22]、式 (9.23) 中的放大不等式、H_∞ 性能的定义和矩阵 Schur 补，可以得到定理 9.1 的结果。详细证明此处略。证毕。

注 9.4　Han [23,24] 提出了离散时延分解方法来分析线性时延系统中立系统的稳定性问题，且所考虑的时延为常数。正如本章所见，区间时变时延 $\tau(t) \in [\tau_m,\ \eta)$，时间区间 $[\tau_m,\ \eta)$ 被分解为 $[\tau_m,\ \bar{\eta})$、$[\bar{\eta},\ \eta)$，且式 (9.19) 中给出了基于区间时变时延分解的李雅普诺夫泛函。如果选择 $Q_1 = Q_2 = Q_3$，则式 (9.19) 中的 $V_2(t,\xi_t)$ 退化为文献 [4] 中式 (11) 的 $V_3(t)$。如果 $R_1 = R_2 = R_3$(需要说明的是，式 (9.19) 中 $V_3(t,\xi_t)$ 的 τ_m、$\bar{\eta}-\tau_m$ 和 $\eta-\bar{\eta}$ 是为了表达方便而引入的)，$\int_{-\tau_m}^{0}\int_{t+s}^{t} \dot{\xi}^{\mathrm{T}}(\theta) R_1 \dot{\xi}(\theta) \mathrm{d}\theta \mathrm{d}s + \int_{-\bar{\eta}}^{-\tau_m}\int_{t+s}^{t} \dot{\xi}^{\mathrm{T}}(\theta) R_2 \dot{\xi}(\theta) \mathrm{d}\theta \mathrm{d}s + \int_{-\eta}^{-\bar{\eta}}\int_{t+s}^{t} \dot{\xi}^{\mathrm{T}}(\theta) R_3 \dot{\xi}(\theta) \mathrm{d}\theta \mathrm{d}s$ 退化为文献 [25]中式 (7) 的 $\int_{t-\eta}^{t}\int_{s}^{t} \dot{x}^{\mathrm{T}}(v)\, T \dot{x}(v) \mathrm{d}v \mathrm{d}s$。以上分析表明了本章所提出的李雅普诺夫泛函 (9.19) 的

优点。

不难发现，式 (9.21) 中的等式限制会给数值计算带来一定的困难。下面分析如何去掉等式限制。

对于列满秩的矩阵 C_2^{T}，总是存在两个正交矩阵 $X \in \mathbb{R}^{n\times n}$ 和 $Y \in \mathbb{R}^{l\times l}$，使得

$$XC_2^{\mathrm{T}}Y = \begin{bmatrix} X_1 \\ X_2 \end{bmatrix} C_2^{\mathrm{T}}Y = \begin{bmatrix} \varPhi \\ 0 \end{bmatrix} \tag{9.24}$$

式中，$X_1 \in \mathbb{R}^{l\times n}$；$X_2 \in \mathbb{R}^{(n-l)\times n}$；$\varPhi = \mathrm{diag}(\sigma_1, \sigma_2, \cdots, \sigma_l)$，且 $\sigma_1, \sigma_2, \cdots, \sigma_l$ 是 C_2^{T} 的非零奇异值。

引理 9.1 令矩阵 C_2^{T} 列满秩。如果矩阵 W 可以写为

$$W = X^{\mathrm{T}} \begin{bmatrix} W_{11} & 0 \\ 0 & W_{22} \end{bmatrix} X = X_1^{\mathrm{T}}W_{11}X_1 + X_2^{\mathrm{T}}W_{22}X_2 \tag{9.25}$$

式中，W_{11} 和 W_{22} 为具有适当维数的对称正定矩阵；X_1 和 X_2 在式 (9.24) 中定义。那么，存在非奇异矩阵 N 使得 $WC_2^{\mathrm{T}} = C_2^{\mathrm{T}}N$。

基于定理 9.1 和引理 9.1，可以得到如下结果。

定理 9.2 给定标量 $\bar{\lambda}$、τ_m^{sc}、τ_M^{sc}、τ_m、τ_M、δ、h、ε_1、ε_2、γ、$a_i \geqslant 0\ (i=1,2,3)$，如果存在对称正定矩阵 W_{11}、W_{22}、$\widetilde{Q}_1$、$\widetilde{Q}_2$、$\widetilde{Q}_3$、$\widetilde{R}_1$、$\widetilde{R}_2$、$\widetilde{R}_3$、$\widetilde{M}_1$、$\widetilde{M}_3$、$\widetilde{M}_4$、$\widetilde{M}_6$、$\widetilde{M}_7$、$\widetilde{M}_9$，矩阵 $\widetilde{M}_2$、$\widetilde{M}_5$、$\widetilde{M}_8$、V_1、V_2，使得以下不等式成立：

$$\begin{bmatrix} \widetilde{\varPi}_{11,1}^j & \widetilde{\varPi}_{12,1} \\ * & \widetilde{\varPi}_{22,1} \end{bmatrix} < 0 \tag{9.26}$$

把式 (9.20) 中的 W 用 $X_1^{\mathrm{T}}W_{11}X_1 + X_2^{\mathrm{T}}W_{22}X_2$ 替换，则 $\widetilde{\varPi}_{11,1}^j$、$\widetilde{\varPi}_{12,1}$、$\widetilde{\varPi}_{22,1}$ 可以分别由式 (9.20) 中的 $\widetilde{\varPi}_{11}^j$、$\widetilde{\varPi}_{12}$、$\widetilde{\varPi}_{22}$ 得到。那么，系统 (9.18) 均方渐近稳定且相应的 H_∞ 范数界为 γ，控制器增益 $K = V_1^{\mathrm{T}}(X_1^{\mathrm{T}}W_{11}X_1 + X_2^{\mathrm{T}}W_{22}X_2)^{-1}$ 且观测器增益 $L = V_2^{\mathrm{T}}Y\varPhi W_{11}^{-1}\varPhi^{-1}Y^{\mathrm{T}}$。

证明 控制器增益 K 可以直接从 $K = V_1^{\mathrm{T}}W^{-1}$ 得到。结合定理 9.1、引理 9.1、式 (9.21) 和式 (9.24)，可以得到 $N^{-\mathrm{T}} = Y\varPhi W_{11}^{-1}\varPhi^{-1}Y^{\mathrm{T}}$，根据 $L = V_2^{\mathrm{T}}N^{-\mathrm{T}}$ 可以得到观测器增益。证毕。

定理 9.1 采用放大不等式 $-R_i^{-1} \leqslant P^{-1}R_iP^{-1} - (2+a_i)P^{-1}$ 把非线性矩阵不等式转化为可解的优化问题。显而易见，a_i 值越大，式 (9.26) 中的不等式越容易满足。那么，对于标量 $a_i \geqslant 0\ (i=1,\ 2,\ 3)$，不等式 $-R_i^{-1} \leqslant P^{-1}R_iP^{-1} - (2+a_i)P^{-1}$ 比 $-R_i^{-1} \leqslant P^{-1}R_iP^{-1} - 2P^{-1}$ 具有更小的保守性。然而，如果 a_i 过大，则不等式 $-R_i^{-1} \leqslant P^{-1}R_iP^{-1} - (2+a_i)P^{-1}$ 可能不再成立。因此，选择合适的 a_i 是十分重要的。

算法 9.1 给出了选择合适的 a_i 的方法。

算法 9.1　(1) 给定标量 $\bar{\lambda}$、τ_m^{sc}、τ_M^{sc}、τ_m、τ_M、δ、h、ε_1、ε_2、γ，选择充分大的初始值 $a_i > 0$ $(i = 1, 2, 3)$ 使得不等式 (9.26) 成立。设置合适的步长 $\varDelta_i > 0$。

(2) 求解不等式 (9.26)，比较 $P^{-1}R_iP^{-1} - (2 + a_i)P^{-1}$ 和 $-R_i^{-1}$。

(3) 如果 $-R_i^{-1} > P^{-1}R_iP^{-1} - (2 + a_i)P^{-1}$，设置 $a_i = a_i - \varDelta_i$ 并转入步骤 (4)；否则，输出 H_∞ 范数界 γ、控制器增益 K、观测器增益 L 和标量 a_i，停止运行。

(4) 如果 $a_i > 0$, 则转入步骤 (2)；否则，转入步骤 (5)。

(5) 设置标量 $a_i = 0$, 求解不等式 (9.26), 输出 H_∞ 范数界 γ、控制器增益 K 和观测器增益 L，停止运行。

注 9.5　如果不等式 (9.26) 和放大不等式 $-R_i^{-1} \leqslant P^{-1}R_iP^{-1} - (2+a_i)P^{-1}$ 同时满足，则算法 9.1 会停止运行并得到一组 a_i。如果为 a_i 选择不同的初始值和步长，则会得到另一组 a_i。因此，算法 9.1 所得到的 a_i 是局部最优的。另外，如果 $\varDelta_i$ 比较大，则会导致大的计算误差和小的计算复杂性；而如果 $\varDelta_i$ 比较小，则会导致小的计算误差和大的计算复杂性。这样，在计算复杂性和计算误差之间存在一个折中，可以根据实际需求来选择 $\varDelta_i$。

注 9.6　为了把非线性矩阵不等式转化为可解的优化问题，Gao 等 [26]、Xiong 等 [27] 和 Wang 等 [28] 分别采用放大不等式 $-M_i^{-1} \leqslant P^{-1}M_iP^{-1} - 2P^{-1}$、$-W^{-1} \leqslant \alpha^2X^{-1}WX^{-1} - 2\alpha X^{-1}$ 和 $-Z_j^{-1} \leqslant \mu^2P^{-1}Z_jP^{-1} - 2\mu P^{-1}$。如果采用本章提出的放大不等式 $-R_i^{-1} \leqslant P^{-1}R_iP^{-1} - (2 + a_i)P^{-1}$ 而非 $-M_i^{-1} \leqslant P^{-1}M_iP^{-1} - 2P^{-1}$ 来处理文献 [26] 中的问题，则文献 [26] 的结果可以得到改进。另外，对于对称正定矩阵 P、R_i 和标量 ϵ，总是存在充分小的标量 $a_i \geqslant 0$ 使得 $(P - \epsilon R_i)R_i^{-1}(P - \epsilon R_i) - a_iP \geqslant 0$，而该不等式等价于 $-R_i^{-1} \leqslant \epsilon^2P^{-1}R_iP^{-1} - 2\epsilon P^{-1} - a_iP^{-1}$。容易证明，如果采用不等式 $-R_i^{-1} \leqslant \epsilon^2P^{-1}R_iP^{-1} - 2\epsilon P^{-1} - a_iP^{-1}$ 而非 $-W^{-1} \leqslant \alpha^2X^{-1}WX^{-1} - 2\alpha X^{-1}$ 和 $-Z_j^{-1} \leqslant \mu^2P^{-1}Z_jP^{-1} - 2\mu P^{-1}$ 来处理文献 [27] 和文献 [28] 的问题，可以得到更好的结果。

在定理 9.1 的证明中引入假设 $P = \begin{bmatrix} \varepsilon_1^{-1}S & 0 \\ 0 & \varepsilon_2^{-1}S \end{bmatrix}$，其中 ε_1 和 ε_2 是给定的标量，ε_1 和 ε_2 的选择会影响这些性能指标，如网络诱导时延的容许上界、丢包、H_∞ 范数界 γ 等。

算法 9.2 给出了选择合适的 ε_1 和 ε_2 的方法。

算法 9.2　(1) 给定标量 $\bar{\lambda}$、τ_m^{sc}、τ_M^{sc}、τ_m、τ_M、δ、h，设 ε_κ 的初始值为 $\varepsilon_{\kappa,0} > 0$ $(\kappa = 1,\ 2)$ 而终值为 $\varepsilon_{\kappa,\mathrm{ult}} > 0$ (其中 $\varepsilon_{\kappa,\mathrm{ult}} < \varepsilon_{\kappa,0}$)。设置合适的步长 $\varepsilon_{\kappa,\mathrm{dec}} > 0$，选择充分大的 H_∞ 范数界 γ_{opt} 并设置 $\varepsilon_{\kappa,\mathrm{opt}} = \varepsilon_{\kappa,0}$，$\varepsilon_1 = \varepsilon_{1,0}$。

(2) 设置 $\varepsilon_2 = \varepsilon_{2,0}$。

(3) 运行算法 9.1，如果得到的 H_∞ 范数界 $\gamma < \gamma_{\rm opt}$，则设置 $\gamma_{\rm opt} = \gamma$, $\varepsilon_{\kappa,\rm opt} = \varepsilon_\kappa$，并转入步骤 (4)；否则，直接转入步骤 (4)。

(4) 设置 $\varepsilon_2 = \varepsilon_2 - \varepsilon_{2,\rm dec}$。如果 $\varepsilon_2 \geqslant \varepsilon_{2,\rm ult}$，则转入步骤 (3)；否则，设置 $\varepsilon_1 = \varepsilon_1 - \varepsilon_{1,\rm dec}$。如果 $\varepsilon_1 \geqslant \varepsilon_{1,\rm ult}$，则转入步骤 (2)；否则，转入步骤 (5)。

(5) 输出 $\varepsilon_{\kappa,\rm opt}$ 和 $\gamma_{\rm opt}$。

结合算法 9.1 和算法 9.2，可以得到局部最优的 $\varepsilon_{\kappa,\rm opt}$。很明显，与选择 $\varepsilon_1 = \varepsilon_2 = 1$ 相比，算法 9.2 可以带来更小的保守性。

9.4 对现有结果的改进

本节将在理论上证明基于凸分析方法的控制器设计比现有的一些结果具有更小的保守性。对于网络控制系统 (9.1)，如果令 A、B_1、B_2、C_1、D 分别与文献 [29] 中式 (8) 的 $A(t)$、$B(t)$、B_ω、C、D_1 相同，则网络控制系统 (9.1) 可转化为文献 [29] 中的状态反馈系统，即

$$\begin{cases}\dot{x}(t) = A(t)x(t) + B(t)Kx(i_kh) + B_\omega\omega(t)\\ z(t) = Cx(t) + D_1Kx(i_kh)\end{cases} \tag{9.27}$$

如果采用凸分析方法处理向量乘积的放大不等式，则可以改进文献 [29] 中的 Proposition 1，相应的结果写为推论 9.1。

推论 9.1 给定标量 τ_m、η、γ，如果存在标量 $\tilde{\varepsilon} > 0$, 矩阵 $X = X^{\rm T} > 0$、$\widetilde{Q}_1 = \widetilde{Q}_1^{\rm T} > 0$、$\widetilde{Q}_2 = \widetilde{Q}_2^{\rm T} > 0$、$\widetilde{R}_1 = \widetilde{R}_1^{\rm T} > 0$、$\widetilde{R}_2 = \widetilde{R}_2^{\rm T} > 0$、$\widetilde{S} = \widetilde{S}^{\rm T} > 0$，具有合适维数的矩阵 Y，使得以下不等式成立：

$$\begin{bmatrix}\Gamma_{11}^1 & \Gamma_{12}\\ * & \Gamma_{22}\end{bmatrix} < 0,\quad \begin{bmatrix}\Gamma_{11}^2 & \Gamma_{12}\\ * & \Gamma_{22}\end{bmatrix} < 0 \tag{9.28}$$

式中，$\Gamma_{11}^1 = \Gamma_{11} - \tilde{\zeta}_5^{\rm T}\widetilde{S}\tilde{\zeta}_5$；$\Gamma_{11}^2 = \Gamma_{11} - \tilde{\zeta}_6^{\rm T}\widetilde{S}\tilde{\zeta}_6$；$\tilde{\zeta}_5 = [0\quad -I\quad I\quad 0\quad 0\quad 0]$；$\tilde{\zeta}_6 = [0\quad I\quad 0\quad -I\quad 0\quad 0]$；$\Gamma_{11}$、$\Gamma_{12}$ 和 Γ_{22} 与文献 [29] 中式 (16) 的对应项相同。那么，系统 (9.27)，即文献 [29] 中的系统 (8)，是鲁棒指数稳定的，且相应的 H_∞ 范数界为 γ，控制器增益为 $K = YX^{-1}$。

证明 定义 $\rho_3 = [(t - i_kh) - \tau_m]/(\eta - \tau_m)$。文献 [29] 中的不等式 (20) 可以写为

$$\begin{aligned}&-(\eta - \tau_m)\int_{t-\eta}^{t-\tau_m}\dot{x}^{\rm T}(s)S\dot{x}(s){\rm d}s\\ &\leqslant -\zeta_5^{\rm T}S\zeta_5 - (1-\rho_3)\zeta_5^{\rm T}S\zeta_5 - \zeta_6^{\rm T}S\zeta_6 - \rho_3\zeta_6^{\rm T}S\zeta_6\end{aligned} \tag{9.29}$$

式中，$\zeta_5 = x(t-\tau_m) - x(i_k h)$；$\zeta_6 = x(i_k h) - x(t-\eta)$。

本证明剩余部分类似于文献 [29] 中 Proposition 1 的证明，此处略。证毕。

定理 9.3　考虑系统 (9.27), 即文献 [29] 中的系统 (8)。给定标量τ_m、η、γ，如果存在标量 $\tilde{\varepsilon} > 0$，合适维数的矩阵 $X = X^{\mathrm{T}} > 0$、$\widetilde{Q}_1 = \widetilde{Q}_1^{\mathrm{T}} > 0$、$\widetilde{Q}_2 = \widetilde{Q}_2^{\mathrm{T}} > 0$、$\widetilde{R}_1 = \widetilde{R}_1^{\mathrm{T}} > 0$、$\widetilde{R}_2 = \widetilde{R}_2^{\mathrm{T}} > 0$、$\widetilde{S} = \widetilde{S}^{\mathrm{T}} > 0$ 和 Y，使得文献 [29] 中的式 (16) 成立，则本章的式 (9.28) 也成立。

证明　正如推论 9.1 所示，$\Gamma_{11}^1 = \Gamma_{11} - \tilde{\zeta}_5^{\mathrm{T}} \widetilde{S} \tilde{\zeta}_5$，$\Gamma_{11}^2 = \Gamma_{11} - \tilde{\zeta}_6^{\mathrm{T}} \widetilde{S} \tilde{\zeta}_6$。考虑到 $\widetilde{S} > 0$，可得到 $-\tilde{\zeta}_5^{\mathrm{T}} \widetilde{S} \tilde{\zeta}_5 < 0$，$-\tilde{\zeta}_6^{\mathrm{T}} \widetilde{S} \tilde{\zeta}_6 < 0$。如果文献 [29] 中的不等式 (16)，即 $\begin{bmatrix} \Gamma_{11} & \Gamma_{12} \\ * & \Gamma_{22} \end{bmatrix} < 0$ 满足，则不等式 (9.28) 也成立。证毕。

注 9.7　理论推导证明了推论 9.1 的控制器设计准则比文献 [29] 中 Proposition 1 中的控制器设计准则更容易实现。另外，利用数值算例，文献 [29] 中的结果比文献 [5] 和文献 [25] 具有更小的保守性，则推论 9.1 应该比文献 [5] 和文献 [25] 的相应结果具有更小的保守性。利用凸分析方法，可以证明文献 [30] 和文献 [31] 的结果是可以改进的，详细证明类似推论 9.1 和定理 9.3，此处略。

9.5　数 值 算 例

算例 9.1　验证基于观测器的控制器设计的优点和有效性。考虑如下开环不稳定的网络控制系统：

$$\begin{cases} \dot{x}(t) = \begin{bmatrix} -3 & 0.2 \\ 1.6 & -0.1 \end{bmatrix} x(t) + \begin{bmatrix} -0.06 \\ 0.1 \end{bmatrix} u(t) + \begin{bmatrix} -0.1 \\ 0.2 \end{bmatrix} \omega(t) \\ z(t) = [-0.2 \quad 0.05] x(t) - 0.3 u(t) \\ y(t) = [0.22 \quad -0.16] x(t) \end{cases} \tag{9.30}$$

利用矩阵奇异值分解，且由式 (9.24)，可得到 $X_1 = [-0.8087 \quad 0.5882]$, $X_2 = [0.5882 \quad 0.8087]$, $Y = -1$, $\varPhi = 0.2720$，其中 X_1、X_2、Y、$\varPhi$ 的定义见式 (9.24)。

对于定理 9.2，假设 $\bar{\lambda} = 0.9$, $\tau_m^{\mathrm{sc}} = 0.03$, $\tau_M^{\mathrm{sc}} = 0.08$, $\tau_m = 0.05$, $\tau_M = 0.15$, $\delta = 2$, $h = 0.1$, $\varepsilon_1 = 0.2$, $\varepsilon_2 = 1.2$, $\varDelta_1 = 0.1$, $\varDelta_2 = 0.1$, $\varDelta_3 = 0.01$，则可以得到 $\eta = 0.45$, $\bar{\eta} = 0.25$, $\alpha = 0.625$, $\beta = 0.6667$。利用算法 9.1，可以得到 a_i 的局部最优值，其中 $a_1 = 0.4$, $a_2 = 0.1$, $a_3 = 0.02$。对应于不同情况的 H_∞ 范数界在表 9.1 给出，其中情况 1 对应于 $a_1 = 0.4$, $a_2 = 0.1$, $a_3 = 0.02$，情况 2 对应于 $a_1 = 0.2$, $a_2 = 0.1$, $a_3 = 0.01$，情况 3 对应于 $a_1 = 0.1$, $a_2 = 0$, $a_3 = 0.01$，情况 4 对应于

$a_1 = a_2 = a_3 = 0$。由表 9.1 可知，如果不等式 (9.23) 满足，则 a_i $(i = 1,2,3)$ 越大，H_∞ 性能越好。

本章所考虑的系统与文献 [26]~文献 [28] 中的系统不同，理论分析表明本章提出的放大不等式 (9.23) 和 $-R_i^{-1} \leqslant \epsilon^2 P^{-1} R_i P^{-1} - (2\epsilon + a_i) P^{-1}$ 比文献 [26]~文献 [28] 中的相应不等式具有更小的保守性。本章结果与文献 [26]~文献 [28] 中结果的比较此处略。

表 9.1　对应于不同 a_i 的 H_∞ 范数界

情况 1	情况 2	情况 3	情况 4
1.4816	1.4895	1.5264	1.5318

事实上，当网络诱导时延或者丢包数变大时，定理 9.2 所提出的设计方法仍然是可用的。假设 $\tau_m^{\text{sc}} = 0.05$, $\tau_M^{\text{sc}} = 0.1$, $\tau_m = 0.08$, $\tau_M = 0.25$, $\delta = 3$, $h = 0.2$, $a_1 = a_2 = a_3 = 0$，而 ε_1、ε_2、$\bar{\lambda}$ 与上面给出的对应项相同，则可以得到 $\eta = 1.05$, $\bar{\eta} = 0.565$, $\alpha = 0.5$, $\beta = 0.68$。求解定理 9.2 的控制器设计准则，可以得到控制器增益 $K = [-0.4382 \quad -1.1080]$ 和观测器增益 $L = [-1.4661 \quad -0.4734]$。假定扩展闭环系统的初始状态为 $\xi_0 = [-0.8 \ \ 0.8 \ \ -0.2 \ \ 0.2]^{\mathrm{T}}$，区间时变时延 $\tau(t)$ 在图 9.2 给出，扰动输入为 $\omega t = -2\mathrm{sin}t\mathrm{e}^{-0.3t}$。图 9.3 给出了对象状态和受控输出响应曲线，图 9.4 给出了观测误差响应曲线。图 9.3 和图 9.4 说明了本章所提出的设计方法的有效性。

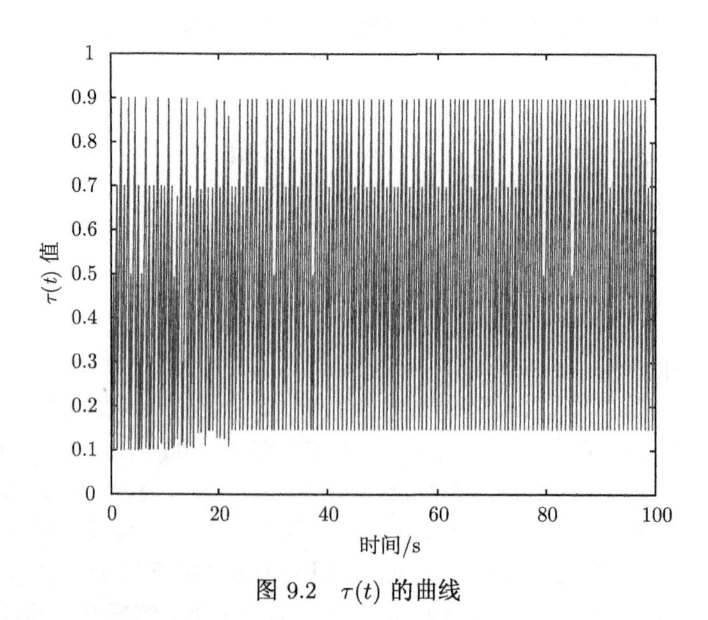

图 9.2　$\tau(t)$ 的曲线

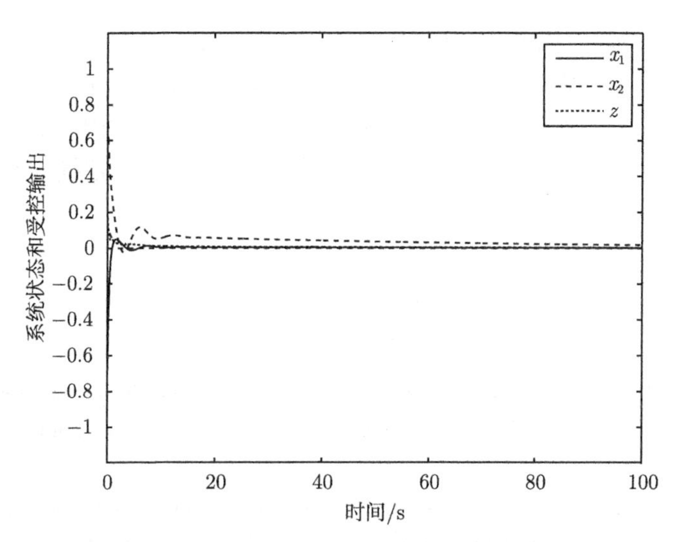

图 9.3　系统 (9.3) 的状态响应和受控输出曲线

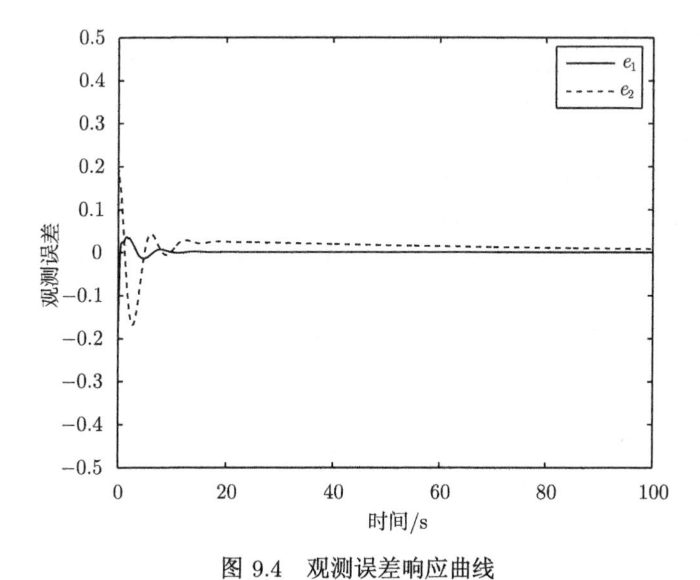

图 9.4　观测误差响应曲线

9.6　本 章 小 结

对于同时考虑传感器–控制器和控制器–执行器网络诱导时延和丢包的连续时间网络控制系统，本章讨论了其建模和基于观测器的 H_∞ 控制器设计问题，提出了基于线性估计的人工时延补偿方法以便为基于观测器的网络控制系统建立新的模型。为减小放大不等式所带来的保守性，提出了新的算法和放大不等式。另外，通过理论推导证明了所得到的结果比现有的部分结果具有更小的保守性。需要说明的是，本章给出了新的建模方法和具有更小保守性的控制器设计准则，所考虑的系统为线性时不变的连续时间网络控制系统，且未考虑量化的影响。对于考虑量化影响的有限时域上的非线性时变离散时间网络控制系统，其建模与设计问题是将来的方向之一。

参考文献

[1] Zhang J H, Xia Y Q, Shi P. Design and stability analysis of networked predictive control systems[J]. IEEE Transactions on Control Systems Technology, 2013, 21(4): 1495-1501.

[2] Hu S L, Yin X X, Zhang Y N, et al. Event-triggered guaranteed cost control for uncertain discrete-time networked control systems with time-varying transmission delays[J]. IET Control Theory & Applications, 2012, 6(18): 2793-2804.

[3] Peng C, Yang T C. Event-triggered communication and H_∞ control co-design for networked control systems[J]. Automatica, 2013, 49(5): 1326-1332.

[4] Gao H J, Chen T W, Lam J. A new delay system approach to network-based control[J]. Automatica, 2008, 44(1): 39-52.

[5] Yue D, Han Q L, Lam J. Network-based robust H_∞ control of systems with uncertainty[J]. Automatica, 2005, 41(6): 999-1007.

[6] Qu F L, Guan Z H, Li T, et al. Stabilisation of wireless networked control systems with packet loss[J]. IET Control Theory & Applications, 2012, 6(15): 2362-2366.

[7] Dong H L, Wang Z D, Ho D W C, et al. Variance-constrained H_∞ filtering for a class of nonlinear time-varying systems with multiple missing measurements: The finite-horizon case[J]. IEEE Transactions on Signal Processing, 2010, 58(5): 2534-2543.

[8] Hu J, Wang Z D, Shen B, et al. Quantised recursive filtering for a class of nonlinear systems with multiplicative noises and missing measurements[J]. International Journal of Control, 2013, 86(4): 650-663.

[9] Jia X C, Zhang D W, Hao X H, et al. Fuzzy H_∞ tracking control for nonlinear networked control systems in T-S fuzzy model[J]. IEEE Transactions on Systems, Man, and Cybernetics, Part B: Cybernetics, 2009, 39(4): 1073-1079.

[10] Hu J, Wang Z D, Gao H J. Recursive filtering with random parameter matrices, multiple fading measurements and correlated noises[J]. Automatica, 2013, 49(11): 3440-3448.

[11] Shen B, Wang Z D, Shu H S, et al. On nonlinear H_∞ filtering for discrete-time stochastic systems with missing measurements[J]. IEEE Transactions on Automatic Control, 2008, 53(9): 2170-2180.

[12] Hu J, Wang Z D, Shen B, et al. Gain-constrained recursive filtering with stochastic nonlinearities and probabilistic sensor delays[J]. IEEE Transactions on Signal Processing, 2013, 61(5): 1230-1238.
[13] Yang F W, Wang Z D, Hung Y S, et al. H_∞ control for networked systems with random communication delays[J]. IEEE Transactions on Automatic Control, 2006, 51(3): 511-518.
[14] Niu Y G, Jia T G, Wang X Y, et al. Output-feedback control design for NCSs subject to quantization and dropout[J]. Information Sciences, 2009, 179(21): 3804-3813.
[15] Wang Z D, Yang F W, Ho D W C, et al. Robust H_∞ control for networked systems with random packet losses[J]. IEEE Transactions on Systems, Man, and Cybernetics, Part B: Cybernetics, 2007, 37(4): 916-924.
[16] Yu J Y, Wang L, Zhang G F, et al. Output feedback stabilisation of networked control systems via switched system approach[J]. International Journal of Control, 2009, 82(9): 1665-1677.
[17] Yue D, Tian E G, Wang Z D, et al. Stabilization of systems with probabilistic interval input delays and its applications to networked control systems[J]. IEEE Transactions on Systems, Man, and Cybernetics, Part A: Systems and Humans, 2009, 39(4): 939-945.
[18] Park P, Ko J W. Stability and robust stability for systems with a time-varying delay[J]. Automatica, 2007, 43(10): 1855-1858.
[19] Shao H Y. New delay-dependent stability criteria for systems with interval delay[J]. Automatica, 2009, 45(3): 744-749.
[20] Wang Y L, Han Q L. Modelling and observer-based H_∞ controller design for networked control systems[J]. IET Control Theory & Applications, 2014, 8(15): 1478-1486.
[21] Lin C, Wang Z D, Yang F W. Observer-based networked control for continuous-time systems with random sensor delays[J]. Automatica, 2009, 45(2): 578-584.
[22] Gu K, Kharitonov V L, Chen J. Stability of Time Delay Systems[M]. Boston: Birkhäuser, 2003.
[23] Han Q L. A discrete delay decomposition approach to stability of linear retarded and neutral systems[J]. Automatica, 2009, 45(2): 517-524.
[24] Han Q L. A delay decomposition approach to stability of linear neutral systems[C]. Proceedings of the 17th IFAC World Congress, Seoul, 2008: 2607-2612.
[25] Yue D, Han Q L, Peng C. State feedback controller-design of networked control systems[J]. IEEE Transactions on Circuits and Systems II: Express Briefs, 2004, 51(11): 640-644.
[26] Gao H J, Chen T W. Network-based H_∞ output tracking control[J]. IEEE Transactions on Automatic Control, 2008, 53(3): 655-667.
[27] Xiong J L, Lam J. Stabilization of networked control systems with a logic ZOH[J].

IEEE Transactions on Automatic Control, 2009, 54(2): 358-363.

[28] Wang Y L, Han Q L, Yu X H. Performance optimization for networked control systems with limited channels and data drift[C]. Proceedings of the 49th IEEE Conference on Decision and Control, Atlanta, 2010: 6704-6709.

[29] Jiang X F, Han Q L, Liu S R, et al. A new H_∞ stabilization criterion for networked control systems[J]. IEEE Transactions on Automatic Control, 2008, 53(4): 1025-1032.

[30] Jiang X F, Han Q L. New stability criteria for linear systems with interval time-varying delay[J]. Automatica, 2008, 44(10): 2680-2685.

[31] Peng C, Yue D, Tian E G, et al. A delay distribution based stability analysis and synthesis approach for networked control systems[J]. Journal of the Franklin Institute, 2009, 346(4): 349-365.

第 10 章　结论与展望

网络控制系统的提出，具有很强的工程背景，其本质上是控制技术、网络通信技术和计算机技术相结合的产物。与传统的点对点结构的控制系统相比，网络控制系统具有可以实现资源共享、容错与故障诊断能力较强、安装与维护简单、系统体积小、系统灵活性和可靠性高等优点。

但是，在控制系统中引入网络后也会带来一些负面影响。网络控制系统所面临的主要挑战如下：① 网络化系统下，多用户共享信道必然会导致网络诱导时延；② 在网络中不可避免地存在网络拥塞和连接中断，导致发生数据包丢失的现象；③ 控制输入数据流可以经过不同信道传到执行器，这会导致数据包时序错乱；④ 计算机负载的变化、非周期性故障等会导致传感器的采样周期发生抖动；⑤ 由于受到网络带宽和数据包大小的限制，一个相对较大的数据包可能被分成若干相对较小的数据包分别进行传输，而多包传输问题使网络控制系统的设计更加困难；⑥ 受网络通信限制的影响，控制输入可能只有部分分量能传到执行器，这样会降低系统的性能。

要使网络控制系统达到稳态且具有良好的动态性能，必须有效解决以上问题。因此，通过合理地设计控制器、采用时延及丢包补偿方案等实现对网络控制系统性能的优化是一个难度较大而又有重大现实意义的课题。本书在总结前人工作的基础上，针对网络控制系统中的时延及丢包现象，提出了时延切换的方法来处理网络诱导时变时延，并通过理论推导证明了时延切换的方法比基于参数不确定性的方法具有更小的保守性；提出了时延切换与参数不确定性相结合的方法，该方法的计算量比时延切换方法要小，而保守性比基于参数不确定性的方法要小；改进了现有文献中基于预测控制的方法以补偿时延及丢包的负面影响，该方法可有效减小预测误差的负面影响；提出了基于线性估计的方法和基于多信道共享的方法来补偿时延及丢包的负面影响，与不考虑补偿的方法相比，可在较大程度上改善系统性能；提出了主动变采样周期方法，与基于常数采样周期的方法相比，该方法既可以保证网络带宽的充分利用又可以减小发生网络拥塞的可能性；讨论了网络控制系统的 H_∞ 输出跟踪性能优化和控制器设计问题，当存在外部干扰时，所提出的控制器设计方法仍可以保证系统有较好的跟踪性能；讨论了具有有限信道和数据漂移的离散时间网络控制系统建模、控制器设计，以及基于观测器的网络控制系统建模与 H_∞ 控制器设计问题。本书的主要内容包括以下几个方面。

（1）针对被动时变采样周期网络控制系统，讨论了系统的稳定性分析和 H_∞ 控制器设计问题。书中既考虑了时延大于一个采样周期且连续丢包数大于一个的情况，也考虑了执行器在一个采样周期内收到一个以上的控制输入的情况，而这两种情况在现有文献中很少考虑，通过合理地设计控制器，可以保证系统对被动时变采样周期有较强的鲁棒性。另外，还提出了一种主动变采样周期方法，该方法可以在网络空闲时缩短采样周期从而改善系统性能，在网络比较忙时适当地延长采样周期从而减少网络上数据包的个数以减小发生网络拥塞的可能性；在此基础上，提出了基于主动变采样的网络控制系统故障检测滤波器设计方案。

（2）提出了一种基于时延切换的方法来处理网络诱导时变时延，并通过理论推导证明了时延切换的方法比基于参数不确定性的方法具有更小的保守性。考虑到基于时延切换的方法会增大计算量，又提出了时延切换与参数不确定性相结合的方法，该方法的计算量比时延切换方法少，且保守性比参数不确定性方法小。另外，还提出了一种改进的主动变采样周期方法，该方法既可以保证网络带宽的充分利用又可以避免采样周期的频繁切换。在确保系统渐近稳定的前提下，利用线性矩阵不等式对系统的 H_∞ 性能指标进行优化处理并设计了 H_∞ 控制器。

（3）提出了基于预测控制与基于线性估计的方法来补偿时延及丢包的负面影响，讨论了线性时不变系统的 H_∞ 性能优化和控制器设计问题。对基于预测的补偿方法而言，改进了现有文献中的结果：在为系统选择控制输入时，充分考虑了网络时延的大小，如果某个控制输入的传输时延小于一个给定的阈值，则使用该控制输入；如果时延大于该阈值，则使用预测的控制输入，这样可有效减小预测误差的负面影响。另外，还提出了一种新的基于线性估计的方法来补偿时延及丢包的负面影响，与基于预测控制的补偿方法相比，该方法无需提前若干步估计控制输入并发送到执行器，因此可有效地减小网络负载。

（4）提出了一种基于多信道共享的方法来补偿时延及丢包的负面影响，讨论了线性时不变系统的 H_∞ 性能优化和控制器设计问题。与基于单信道的方法相比，对空闲信道的共享可以补偿时延及丢包的负面影响，且不会增加系统的硬件成本。与基于预测控制或估计的补偿方法相比，基于多信道共享的方法可以避免预测误差或估计误差可能给系统带来的负面影响。通过定义合适的李雅普诺夫泛函并避免对向量交叉积的放大，基于多信道共享的 H_∞ 性能优化和控制器设计方法具有较小的保守性。

（5）针对具有时延及丢包的离散化网络控制系统的 H_∞ 输出跟踪性能优化和控制器设计问题研究的不足进行讨论。利用基于线性矩阵不等式的方法和离散 Jensen 不等式，分析了常数采样周期网络控制系统的 H_∞ 输出跟踪性能优化和控制器设计方法。对于时变采样周期网络控制系统，采用多目标优化方法来优化系统的 H_∞ 输出跟踪性能。由于采用了离散 Jensen 不等式，本书所提出的 H_∞ 输出跟踪控制器设计方法比基于自由加权矩阵的方法具有更小的计算复杂性。

（6）讨论了具有有限信道和控制器–执行器数据漂移的离散时间网络控制系统的建模、H_∞ 性能分析和控制器设计问题。对于具有有限信道和控制器–执行器数据漂移的网络控制系统，建立了新的系统模型；引入了基于信道利用的切换控制器；提出了能够改善网络控制系统对于外部扰动和数据漂移的鲁棒性的控制器设计准则。在处理李雅普诺夫泛函的前向差中的有限和项时，提出了新的放大不等式，并通过理论推导证明所提出的放大不等式能够提供更精确的估计。

（7）对于同时考虑传感器–控制器和控制器–执行器网络诱导时延和丢包的连续时间网络控制系统，讨论了其建模和基于观测器的 H_∞ 控制器设计问题，并给出了基于线性估计的人工时延补偿方法以便为基于观测器的网络控制系统建立新的模型；为减小放大不等式所带来的保守性，提出了新的算法和放大不等式；另外，通过理论推导证明所得到的结果比现有的部分结果具有更小的保守性。

尽管本书成功地将线性矩阵不等式技术应用到网络控制系统的控制器设计和性能优化中，并给出了一整套新的时延及丢包补偿方案，但作为热点领域的网络控制问题，其本身还有许多问题亟待解决。下面是作者认为在今后需要继续深入讨论的若干问题。

（1）输出反馈。本书所考虑的系统都是状态反馈系统，当系统的状态不可测时，需要讨论动态输出反馈网络控制系统的性能优化问题。如果在传感器–控制器通道和控制器–执行器通道同时存在时延及丢包，且受控对象在一个采样周期内收到一个以上的控制输入，则讨论系统的动态输出反馈控制器设计和性能优化具有重要意义。

（2）多包传输。在网络控制系统中有时需要进行多包传输，传感器–控制器通道和控制器–执行器通道可能都会发生多包传输现象，在这种情况下研究多包传输的调度机制、通信限制对系统的影响、控制器设计和性能指标的优化等是值得考虑的课题方向。

（3）容错控制与故障检测。容错控制与故障检测是对系统运行的安全性和可靠性提出的较高要求。由于在传统控制系统中引入网络会导致网络诱导时延，且网络中不可避免地存在网络拥塞和连接中断，所以数据包丢包在所难免；另外，当执行器、传感器或系统的其他元部件发生故障时，在传统的反馈控制器作用下闭环系统通常不具有期望的性能甚至不稳定，因此必须合理地设计网络控制系统，以使系统具有较高的安全性和可靠性。

（4）跟踪控制。跟踪控制的主要目的是使受控对象的输出尽可能地跟踪给定的参考模型的输出。网络控制与跟踪控制在实际工业系统中有较高应用价值，已经引起了学者的广泛关注。对网络控制系统跟踪控制的分析目前处于起步阶段，如何将网络控制的特性与跟踪控制相结合，从而改善网络控制系统的跟踪性能是值得考虑的问题。另外，动态输出反馈网络控制系统的输出跟踪控制也是值得考虑的课题方向。

（5）多信道共享。基于预测控制的方法和基于估计的方法可以用来补偿时延及丢包的负面影响，但是会存在一定的预测或估计误差。如果能够充分利用空闲的信道来传输控制输入，则即使某些信道发生长时延或丢包，执行器仍然可能收到最新的控制输入，而且这种信道的共享不会导致硬件成本的增加。多信道网络控制系统的性能优化是一个比较有价值的课题，而本书对该问题的分析有待进一步完善。

（6）事件驱动机制。对网络化控制系统而言，将所有的采样数据都发送到控制器可以保证较好的系统性能。然而，在某些情况下以上结论可能不成立。一方面，在通信网络不能提供足够的网络带宽的情况下，将所有采样数据都发送出去可能会导致网络拥塞的发生；另一方面，在采样到的状态或量测输出波动很小的情况下，将所有的采样数据包都发送出去本质上是对网络资源的一种浪费。因此，在保证较好的系统性能的前提下，如何有效地减少发送数据包的个数，并相应地减小发生网络拥塞的可能性具有十分重要的意义。上述问题激发了研究人员对网络化控制系统中事件驱动机制的兴趣。然而，现有的事件驱动机制通常都是固定不变的，即一旦确定了一个事件驱动机制，不论对象状态或量测输出的变化规律如何，事件驱动机制都不能自适应地进行调整。如何提出一种自适应的事件驱动机制以实现对网络带宽的高效利用，具有较高的研究价值。

（7）实际应用。由于许多实际系统如石油化工、冶金等连续流程工业的生产控制和调度，以及现代飞机、汽车、巡航导弹中基于计算机和其他复杂信息处理装置的决策控制操作和实时控制等都存在网络化控制问题，如何将各种网络控制方法应用于实际控制系统，解决工程中遇到的实际问题，也有待进一步探索。